Hitoshi Takeda

Das synchrone Produktionssystem

REDLINE WIRTSCHAFT

Hitoshi Takeda
SPS Management Consultants

Das synchrone Produktionssystem

Just-in-time für das ganze Unternehmen

4. Auflage

Deutsche Übersetzung
Andreas Meynert

REDLINE WIRTSCHAFT

Hitoshi Takeda
Das synchrone Produktionssystem
Just-in-time für das ganze Unternehmen
Frankfurt: Redline Wirtschaft, 2004
ISBN 3-636-03039-6

Unsere Web-Adresse:
http://www.redline-wirtschaft.de

© Hitoshi Takeda
President and General Consultants of SPS Management Consultants
East Hills Building 203, 4-8-7 Higashigotanda, Shinagawa-ku, Tokyo, Japan
Tel. 0081-3-3280-2705 Fax 0081-3-3280-2706
Originally Published as «Douki Seisan Shisutemu»
1990 by Nikkan Kogyo Shinbun Ltd.,
Tokyo, Japan

3. Auflage 2002
2., überarbeitete Auflage 1999
1. Auflage 1995

© 1995 verlag moderne industrie AG, 86895 Landsberg

© 2004 Redline Wirtschaft, 60439 Frankfurt am Main
http://www.redline-wirtschaft.de

Alle Rechte, insbesondere das Recht der Vervielfältigung und Verbreitung sowie der Übersetzung, vorbehalten. Kein Teil des Werkes darf in irgendeiner Form (durch Fotokopie, Mikrofilm oder ein anderes Verfahren) ohne schriftliche Genehmigung des Verlages reproduziert oder unter Verwendung elektronischer Systeme gespeichert, verarbeitet, vervielfältigt oder verbreitet werden.

Umschlaggestaltung: Hendrik van Gemert, Fuchstal
Satz: abc.Mediaservice GmbH, Buchloe
Druck: Himmer, Augsburg
Bindung: Thomas, Augsburg
Printed in Germany
ISBN 3-636-03039-6

Inhalt

Vorwort 11

Einleitung 15

1 Schritt 1: Die »6 S« 29

Das Werk als Schaufenster 30

Die »6 S« beginnen mit einer Reform des Bewußtseins 30

Was sind die »6 S«? 30

Schritt 1 der Umsetzung 31

Schritt 2 der Umsetzung 37

Schritt 3 der Umsetzung 37

2 Schritt 2: Nivellieren und Glätten der Produktion 41

Lagerbestände sind schädlich 41

Das Konzept des Glättens 43

Nivellierte Produktion (Unterteilen in Tagesmengen) 46

Das Glätten der Produktion führt zu einer Erhöhung der Zyklen ... 48

Anzustrebende Form 51

3 Schritt 3: Einzelstück(satz)fluß 55

Standardisierter Puffer 58

Visuelles Management 58

Aspekte bei der Einführung des Einzelstückflusses 60

4 Schritt 4: Fließfertigung 67

Fließen 68

Verkürzung der Durchlaufzeiten 70

U-Linien 70

Vielfach qualifizierte Mitarbeiter 73

Signale für das Störungsmanagement 75

5 Schritt 5: Verkleinerung der Losgrößen 79

Das Lager, die Wurzel allen Übels 79

Verkleinerung der Losgrößen 80

Das Umrüsten 82

Das Signalkanban 85

Der Logistiker 85

Das Transportsystem 88

6 Schritt 6: Adressen und Stellflächen 93

Visuelles Management durch die Gegenstände als solche 93

Konsequentes Festlegen von Flächen und Mengen 94

Kennzeichnungen lenken den Fluß in Bahnen 98

Vorausschauendes Erkennen von Materialmangel mit Hilfe der Behälter 103

Wird der Materialfluß wirklich über die Informationen vom nachgelagerten Prozeß gesteuert? 103

Was ist bei Sichtbarwerden von Störungen zu tun? 107

7 Schritt 7: Produktion in Taktzeit ... 109

Taktzeit – die Grundlage für Produktion, Informationen, Kaizenaktivitäten usw. ... 110

Schrittmacher ... 112

Kostenreduzierung bedeutet flexiblen Personaleinsatz ... 114

Effizienz und Herstellungskosten ... 117

Taktzeit und geglättete Produktion ... 117

8 Schritt 8: Stückzahlenmanagement ... 123

Stückzahlenmanagement auf Stundenbasis ... 125

Die Initiativen der Vorgesetzten sind entscheidend ... 130

Es gibt kein Kaizen, bei dem die Gewinne nicht steigen ... 132

9 Schritt 9: Standardisierte Arbeit ... 137

Die Schwierigkeit bei Standards ist deren Aufrechterhaltung ... 138

Eine Standardisierung, die nicht alle Bewegungsabläufe der Werker beherrscht, ist keine ... 139

Wenn eines der drei Elemente der standardisierten Arbeit fehlt, kann man nicht von standardisierter Arbeit im eigentlichen Sinn sprechen ... 144

Vorgehensweise bei der Erstellung der Standards ... 144

Die drei Verschwendungsebenen ... 153

Das Verbessern der Bearbeitungsstationen macht sich bezahlt ... 153

Von oberflächlich standardisierter Arbeit zu wirklich standardisierter Arbeit ... 157

Kaizen der Bewegungsabläufe der Werker auf jeden Fall schnell umsetzen (nicht unbedingt perfekt) ... 157

Anlagenkaizen erst nach konsequentem Kaizen der Arbeitsabläufe der Werker ... 160

Systemkaizen ... 162

10 Schritt 10: Qualität ... 165

Qualitätsmanagement ... 166
Qualität kann nur von den Mitarbeitern in den Prozessen erzeugt werden ... 166
Lückenlose Kontrolle von Bearbeitung und Montage ... 169
Werkerselbstkontrolle ... 169
Human Error – Full Proof (totale Qualität auch bei menschlichen Fehlern) ... 172
Durch Autonomation Bewegung in wertschöpfende Arbeit verwandeln ... 175

11 Schritt 11: Anlagen ... 177

Wartung zur Gesunderhaltung der Anlagen ... 177
Anlagendefekte werden immer von Menschen verursacht ... 180
Strebe 100prozentige Verfügbarkeit an ... 180
Die Verbesserungsmöglichkeiten sind unendlich – deshalb ist die Leistungsfähigkeit auch unendlich ... 183
Anordnung der Linien und Anlagen ... 183
Entwickle ein Bild von der anzustrebenden Form der Anlagen ... 187
Strategie für die zukünftige Entwicklung der Anlagen ... 189

12 Schritt 12: Kanban ... 191

Unternehmen müssen Gewinne machen ... 191
Anwendung der drei Kanbanfunktionen ... 193
Die sieben Voraussetzungen zur Einführung der Kanban ... 195
Die acht Regeln für die Verwendung der Kanban ... 197
Die Arten der Kanban und ihre Funktion ... 200
Schritte zur Einführung der Kanban ... 207
Fertigteilheranziehkanban ... 208
Bestückungskanban ... 210

Teileheranziehkanban 210

Teilefertigungskanban 213

Restzahlanzeige 213

Briefkästen und rote Briefkästen 213

Kanban und Fertigungsplanung 217

Signalkanban für Pufferbestände 218

Zukaufteilekanban 218

Außerordentliche Kanban 221

Begrenzungskanban 221

Kanbanformate 221

Kanbanzirkulation 226

Kanbanpflege 228

Kanbanhilfsmittel 233

Kaizen durch Kanban 234

13 Zusammenhang und Systematik der einzelnen Schritte 239

Die »6 S« 246

Nivellieren und Glätten der Produktion 246

Einzelstück(satz)fluß 247

Fließfertigung 247

Verkleinerung der Losgrößen 248

Adressen und Stellflächen (Warenhäuser) 248

Produktion in Taktzeit 249

Stückzahlenmanagement 249

Standardisierte Arbeit 249

(Produkt-)Qualität 250

Anlagen 250

Kanban 250

Schlußwort zur Einführung in die Praxis des synchronen Produktionssystems . . . 251

**Epilog – Die zweite Hälfte der neunziger Jahre wird eine Zeit harter
Veränderungen und eine Zeit des Individuums** 253

Anhang 255

Anhang 1 Fünf Punkte für verschwendungsfreie Bewegungsabläufe 256

Anhang 2 Drei Prinzipien zur Verbesserung der Bewegungsabläufe 261

Anhang 3 One-points-hints 264

Abbildungsverzeichnis 269

Stichwortverzeichnis 272

Vorwort

Das Synchrone Produktionssystem stößt seit Erscheinen des vorliegenden Buches vor 3 Jahren auch im deutschen Sprachraum auf ein immer größeres Interesse. Namhafte Firmen haben sich anregen lassen und versuchen, teils mit eigenen Kräften, teils mit Hilfe von SPS-Beratern, ihr Produktionssystem konsequent umzugestalten und damit das Unternehmen für den globalen Wettbewerb vorzubereiten.

Das volle Potential des Synchronen Produktionssystems wird allerdings bisher noch in keinem Unternehmen in Europa voll ausgeschöpft.

Reduzierung der Durchlaufzeit

Bei der Realisierung kommt der drastischen Reduzierung der Durchlaufzeiten die höchste Priorität zu. Unter der Durchlaufzeit ist die tatsächliche Aufenthaltsdauer des Materials im gesamten Produktionsablauf zu verstehen. Konkret bedeutet dies die Zeit von der Ausfassung des Vormaterials bis zu dem Zeitpunkt, an dem das daraus erzeugte Produkt das Werk verläßt.

Man kann zur Zeit davon ausgehen, daß bei konsequenter Anwendung der Prinzipien des Synchronen Produktionssystems in nahezu allen Werken ohne weiteres eine Reduzierung der Durchlaufzeit auf ein Zehntel innerhalb eines Zeitraumes von eineinhalb bis zwei Jahren möglich ist.

Verbesserung der Qualität im Prozeß

Der nächste wichtige Aspekt ist die konsequente Reduzierung der Ausschuß- und Nacharbeitsquote. Das Erzeugen von NIO-Teilen behindert nachhaltig die Synchronisation der einzelnen Abläufe und führt zu erheblichen Verschwendungen, sowohl in der Fertigung als auch bei der Fertigungsplanung und Fertigungssteuerung.

Deshalb ist eine Ausschuß- bzw. Nacharbeitsquote im Prozeß im Prozentbereich, wie dies zur Zeit in vielen Branchen noch durchaus als normal angesehen wird, völlig unakzeptabel. Es muß das Ziel sein, innerhalb eines Zeitraumes von 1 bis 2 Jahren das Ausschußniveau im Prozeß auf unter 1000 ppm (1 ‰) zu senken.

Erhöhung der Mitarbeiterproduktivität

Das dritte Hauptziel im Rahmen des Synchronen Produktionssystems ist die Vervielfachung der Mitarbeiterproduktivität, ohne daß dafür große Summen investiert werden müssen. Die Produktivitätssteigerung wird durch eine veränderte Arbeitsorganisation, durch Layoutveränderungen und einfache, arbeitsentlastende Vorrichtungen erreicht.

Innerhalb eines Zeitraumes von 1 bis 2 Jahren ist eine Verdopplung der Mitarbeiterproduktivität möglich, zumindest in Modellbereichen. Die notwendigen Investitionen liegen im allgemeinen nicht viel höher als 10 % der Investitionen, die herkömmlich zur Produktivitätssteigerung per Automation eingesetzt werden mußten.

Grundsätzlicher Richtungswechsel

Die Realisierung der im vorstehenden genannten Ziele ist nicht utopisch, erfordert jedoch ein Überwinden sehr starker Widerstände, die aus der traditionellen Arbeitsorganisation erwachsen. Die Trennung der Technologien und Funktionen führt zwangsläufig zu einem Denken, das auf eine Optimierung der einzelnen Bereiche hinausläuft.

Notwendig ist jedoch die Orientierung an der Effizienz der gesamten Wertschöpfungskette. Diese Orientierung führt an vielen Stellen dazu, daß das Gegenteil von dem getan werden muß, was bisher gültig war. Ein solch radikaler Richtungswechsel ist nur dann möglich, wenn die Unternehmensführung sich eindeutig für die Einführung der Synchronen Produktion entscheidet und sich rückhaltlos bei der Umsetzung engagiert. Die Umsetzung des Synchronen Produktionssystems hat nur bei Anwendung des „top-down"-Prinzips Aussichten auf Erfolg.

Vorgehensweise bei der Einführung des Synchronen Produktionssystems

Ziele

Die Geschäftsführung formuliert bei der Einführung des Synchronen Produktionssystems die Aufgabenstellung, in zwei bis drei Jahren das Niveau der Prozesse auf das Weltspitzenniveau anzuheben. Nur die Verfolgung einer solchen Zielsetzung verschafft dem Unternehmen die notwendige Stärkung der Wettbewerbssituation. Außerdem zwingt sie die beteiligten Personen zu einer gewollten Infragestellung ihrer bisherigen Denk- und Arbeitsweise, da die Lücke zwischen der Ist-Situation und der Weltspitze in der Regel mit herkömmlichen Methoden nicht zu schließen, es sei denn zu unvertretbar hohen Kosten.

Wie könnte eine solche Zielformulierung aussehen? Wie bereits oben angedeutet kommt der Reduzierung der Durchlaufzeiten die absolute Priorität zu, gefolgt von der Verbesserung sowie der Steigerung der Mitarbeiterproduktivität.

Eine repräsentative Zielformulierung könnte wie folgt aussehen:

- Senkung der Durchlaufzeit von 10 auf 1 Arbeitstag
- Senkung der Ausschuß- und Nacharbeitsquote von 1 % auf 1000 ppm
- Erhöhung der Mitarbeiterproduktivität um den Faktor 2

Schaffung von Modellbereichen

Die oben genannten Ziele müssen innerhalb eines Jahres umgesetzt werden, ohne dafür größere Summen in hochgezüchtete Automatisierungstechnik zu investieren. Dies ist nur dann möglich, wenn man sich im ersten Jahr auf Modellbereiche bzw. Modellprodukte konzentriert und ein Team von Spezialisten mit der Umsetzung dieser Maßnahmen beauftragt. Der Vorteil dieser Vorgehensweise liegt darin, daß man in diesen Modellbereichen erfahren kann, daß es möglich ist, mit eigenen Kräften auch sehr ehrgeizige Ziele zu realisieren.

Die Modellbereiche stellen daneben konkrete Anschauungsbeispiele für den Veränderungsprozeß in den anderen Bereichen des Unternehmens dar. Der Umfang der Modellbereiche hängt selbstverständlich sehr stark von der Branche, der Art der Produkte, dem Automatisierungsgrad und anderer Faktoren ab. Eine praktikable Größe könnten Bereiche sein, in denen 20 bis 50 Mitarbeiter tätig sind.

SPS-Team

Für die Umsetzung der Maßnahmen im Zusammenhang mit der Einführung des Synchronen Produktionssystems ist eine Gruppe von freigestellten Mitarbeitern unverzichtbar. Die Gruppe sollte aus verschiedenen Bereichen zusammengesetzt sein, nicht nur Mitarbeiter und Führungskräfte aus den zu bearbeitenden Modellbereichen. Entscheidend für den Erfolg dieser Gruppe ist, daß sie direkt der Geschäftsführung bzw. Werksleitung unterstellt ist. Ihr müssen weitgehende Kompetenzen zugeordnet werden.

Die Freistellung der Mitglieder des SPS-Teams vom Tagesgeschäft ist deshalb so wichtig, weil die Realisierung der Lösungen außerordentliche Anstrengungen erfordern. Jede Ablenkung durch das Tagesgeschäft ist für den Erfolg der Gruppe schädlich. Andererseits nimmt die 100%ige Freistellung den Mitgliedern des SPS-Teams die Möglichkeit, Ausflüchte für mangelhaftes Umsetzen zu finden.

Als Anhaltspunkt für die Größe des SPS-Teams bei der Bearbeitung des oben konkret genannten Modellbereichs sollte man von 5 bis 7 Personen ausgehen.

LCIA (Low Cost Intelligent Automation)

Eine wichtige Aufgabe des SPS-Teams besteht in der Erarbeitung kreativer und kostengünstiger Lösungen für konkrete Aufgabenstellungen in der Montage, der Logistik und der mechanischen Fertigung. Dies muß in enger Kooperation mit dem Betriebsmittelbau, bzw. dem Werkzeugbau oder der Instandhaltungsabteilung erfolgen.

Externe Unterstützung bei der Einführung des Synchronen Produktionssystems

Grundsätzlich ist es zwar möglich, auf der Grundlage des vorliegenden Buches die Umgestaltung des Produktionssystems nach den Prinzipien der Synchronen Produktion ausschließlich mit eigenen Kräften durchzuführen. Dabei besteht jedoch zum einen die Gefahr, daß aufgrund mangelnder konkreter Erfahrung die günstigsten Angriffspunkte verfehlt werden. Darüber hinaus ist die Umsetzgeschwindigkeit ohne äußeren Druck erfahrungsgemäß deutlich geringer, als wenn man die Hilfe von SPS-Spezialisten mit langjähriger Erfahrung in Anspruch nimmt. Eine dritte Gefahr besteht darin, daß man beim Auftreten größerer Schwierigkeiten kapituliert.

Die Unterstützung durch SPS-Berater erstreckt sich auf folgende Bereiche

- Definition der Ziele und Modellbereiche
- Definition der einzelnen Schritte
- Konkrete Hilfestellung bei der Lösung von Detailproblemen
- Erfolgskontrolle

Es besteht jedoch durchaus die Möglichkeit, daß ein Berater aus der Erfassung der Ist-Situation ein klar strukturiertes detailliertes Handlungskonzept entwickelt, das von dem Unternehmen in Eigenregie umgesetzt wird.

Sollten Sie Fragen zur konkreten Anwendung des Konzepts des Synchronen Produktionssystems in Ihrem Unternehmen haben oder Unterstützung durch erfahrene SPS-Berater wünschen, wenden Sie sich bitte an

SPS Management Consultants Deutschland GmbH
Zedernweg 4, 44799 Bochum
Tel.: 02 34 – 9 71 93 86, FAX: 02 34 – 9 71 93 88

Friedhelm Michels
Geschäftsführer SPS Deutschland

Bochum, im Januar 1999

Einleitung

Das in diesem Buch dargestellte synchrone Produktionssystem basiert auf der Just-in-time-Philosophie und ist eine Strategie zur Reform der Unternehmenskonstitution. Mit ihrer Hilfe werden die Steuerungs- und Produktionsprozesse, bei der Einführungsphase angefangen, schrittweise verändert. Der Schwerpunkt liegt dabei mehr auf der Praxis als auf theoretischer Analyse und Systematisierung. Für jeden einzelnen Schritt werden Hinweise zur praktischen Umsetzung gegeben sowie die wichtigsten Aspekte, Schlüsselbegriffe und Gesichtspunkte erläutert. Ich habe mich bemüht, Punkt für Punkt möglichst verständlich darzustellen. Um die in den einzelnen Schritten erläuterten Maßnahmen auch für sich genommen anwenden zu können, wird jeweils der Bezug zu den dazugehörigen Schritten hergestellt. Ich bin im übrigen der Überzeugung, daß dieses System nicht nur in Produktionsbetrieben, sondern auch in der Handels-, Speditions- und Informationsbranche anwendbar ist.

Die Veränderung des wirtschaftlichen Umfelds

Die japanische Wirtschaft hat seit Mitte der fünfziger Jahre bis heute verschiedene Phasen durchlaufen.

❏ Die Zeit zwischen 1955 und 1965 war eine Zeit der Unternehmensgründungen.

❏ Zwischen 1965 und 1975 lag eine Zeit des Wachstums und der Ausweitung.

❏ Der Zeitraum von 1975 bis 1980 war geprägt von der Öl- und Dollarkrise.

❏ 1980 bis 1985 war eine Zeit der Reife, geprägt von konsequenter Suche nach Effizienz.

❏ Die Zeit von 1985 bis 1988 zwang die Unternehmen zu flexiblen Reaktionen auf starke Veränderungen.

❏ Von 1989 bis 1996 erzwang der Aufstieg der Neuen Industrieländer im asiatischen und südamerikanischen Raum die Veränderung von einer typenreichen Massenproduktion hin zu einer ausschließlich kundenorientierten Fertigung.

Seit 1996 wird Japan von einer Finanzkrise geplagt, die die Organisation der Fertigung vor größte Probleme stellte. Veränderungen sind praktisch nur noch möglich, wenn man

I. Modellinie für das synchrone Produktions-

system

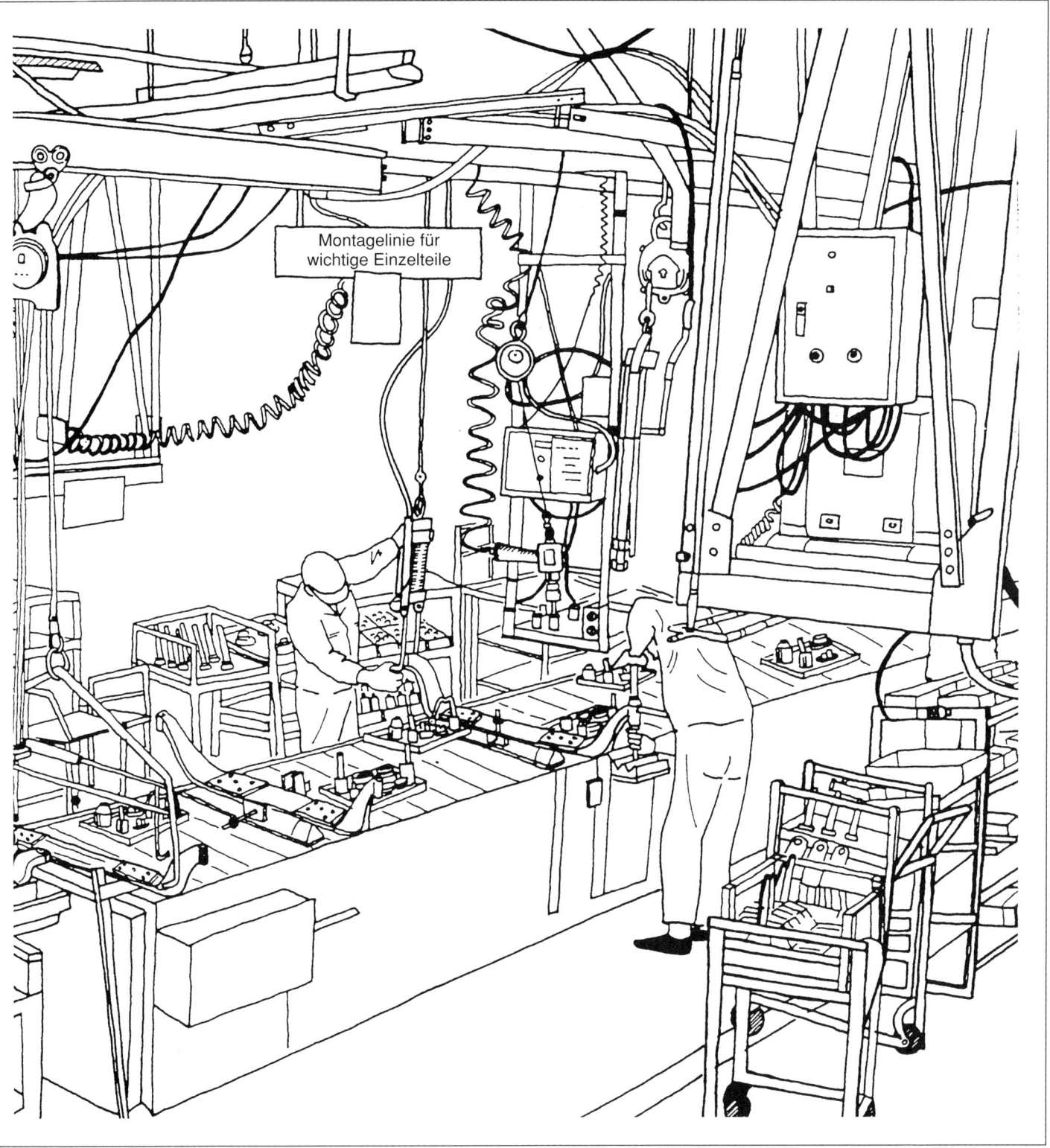

Einleitung

sie im wesentlichen im Eigenbau vornimmt. Dabei wurde das Konzept der preiswerten intelligenten Automation (LCIA) in Verbindung mit einer Fließfertigung bei kürzesten Durchlaufzeiten der überlebenswichtige Faktor für die japanische produzierende Wirtschaft.

Das synchrone Produktionssystem als Strategie zur Veränderung der Unternehmenskonstitution

Angesichts des hier geschilderten wirtschaftlichen Umfelds ist es wichtig, wie die Unternehmen Produktion, Fertigungstechnik, Handel, Logistik, Informationssysteme und Kaizenaktivitäten verändern, um im Wettbewerb bestehen zu können. Läuft man der Entwicklung einfach nur hinterher, so steht die Niederlage von vornherein fest. Es reicht bei weitem nicht aus, die bestehende Situation lediglich punktweise mit Kaizenmaßnahmen zu verbessern, sondern das gesamte System als solches muß schnell und zielgerichtet reformiert werden (Abb. II)!

Der Begriff Strategie muß prozessual aufgefaßt werden. Man muß den Ist-Zustand zerstören und sich bewußt den damit verbundenen Veränderungen aussetzen. Allerdings darf man sich bei der konkreten Umsetzung des strategischen Konzepts am Genba nicht durch aktuell auftretende Unwägbarkeiten irritieren lassen. Das neue

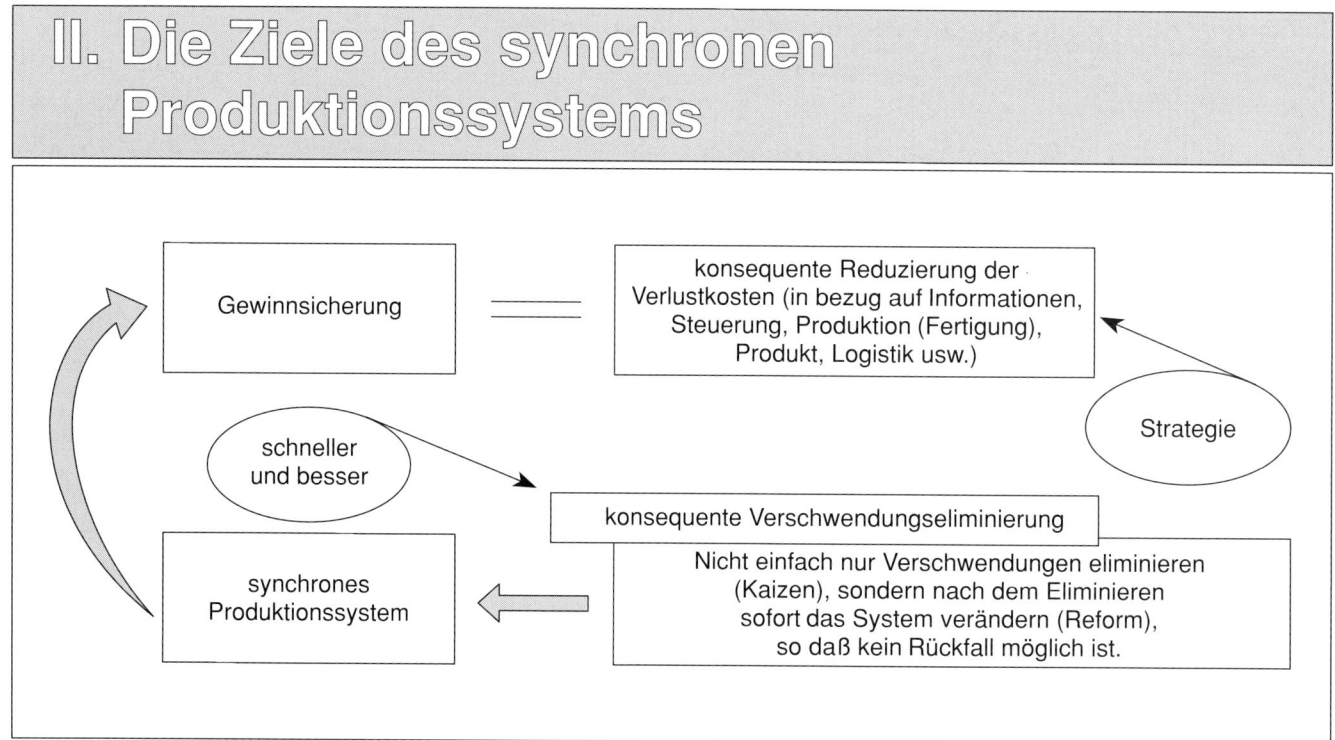

Konzept kann nicht auf den Wegen der Vergangenheit entwickelt werden. Ausgangspunkt muß die Veränderung des eigenen Denkens und Handelns sein. Nur dies führt zu einem wirklich neuen Konzept.

> Selbstreform und schnelle Systemveränderung durch bewußtes Zerstören des Ist-Zustands.

Daß es dabei entscheidend auf die Geschäftsführung ankommt, auf ihren Willen und ihre Kraft zur Umsetzung, ist keine Übertreibung. Am Anfang der Einführung des synchronen Produktionssystems muß eine vollständige Negation der herkömmlichen Produktionsweise stehen.

> Negieren der Unternehmenskonstitution = Reform

Konsequente Eliminierung von Verschwendung

Mit den herkömmlichen Verfahren werden viele Verschwendungsarten nicht einmal entdeckt. Man braucht Techniken zum Aufspüren und Eliminieren der verschiedenen Arten von Verschwendung in bezug auf Informationen, Steuerung, Produktion, Produkt und Logistik. Dabei muß man sich immer wieder klarmachen, daß es eine Fülle von Verschwendungen gibt, die mit den herkömmlichen Mitteln nicht erkannt werden. Das macht wiederum die Notwendigkeit deutlich, daß der Ist-Zustand zerstört werden muß. Verschwendungen müssen als Verlustquellen erkannt werden, die die Herstellungskosten in die Höhe treiben. Man kann davon ausgehen, daß eine Reduzierung der Herstellungskosten von 10 Prozent eine Verdoppelung des Umsatzes bedeutet.

Das Ziel des synchronen Produktionssystems besteht darin, durch das Eliminieren überflüssiger Kosten und Veränderung der Prozesse die Gewinne zu sichern. Dieses System ist nicht nur im produzierenden Gewerbe, sondern auch in vielen anderen Branchen einsetzbar.

Zur Einführung

Unternehmen müssen nicht nur hohe Qualität zu niedrigen Preisen anbieten, sondern auch in der Lage sein, auf die zunehmende Diversifizierung und Pluralisierung der Kundenwünsche einzugehen. Um diese Anforderungen zu erfüllen, reicht es nicht aus, sich nur auf den Bereich der Fertigung zu konzentrieren. Einem Unternehmen, dem es nicht gelingt, in allen Bereichen gleichermaßen stark zu sein, angefangen bei der Steuerung des Informationsflusses über die Einhaltung der Lieferzeit, das Abstimmen

III. Was ist das synchrone Produktionssystem?

Das synchrone Produktionssystem ist ein System, welches darauf abzielt, die Unternehmenskonstitution so zu reformieren, daß die Unternehmen gegen Rezession gefeit sind und im scharfen internationalen Wettbewerb bestehen können. Hierzu ist es notwendig, hohe Produktqualität zu niedrigen Preisen anzubieten und auf zunehmende Diversifizierung reagieren zu können. Die Verschwendungen werden konsequent eliminiert, und die gesamte Prozeßkette vom Auftragseingang über die Produktion bis zur Auslieferung wird synchronisiert.

1. Mit möglichst geringem Einsatz an Personal und Anlagen (geringe Herstellungskosten) werden die benötigten Teile in notwendiger Stückzahl zum geforderten Zeitpunkt hergestellt (zur Abdeckung der diversifizierten Nachfrage).
   Der Fluß der Produktion wird schmal und schnell gemacht (Verkürzung der Durchlaufzeiten).

2. Es werden Systeme geschaffen, welche die Produktionslinien bzw. Maschinen bei Störungen sofort anhalten (hohe Produktqualität), die Prozesse werden transparent gemacht und autonomatisiert.

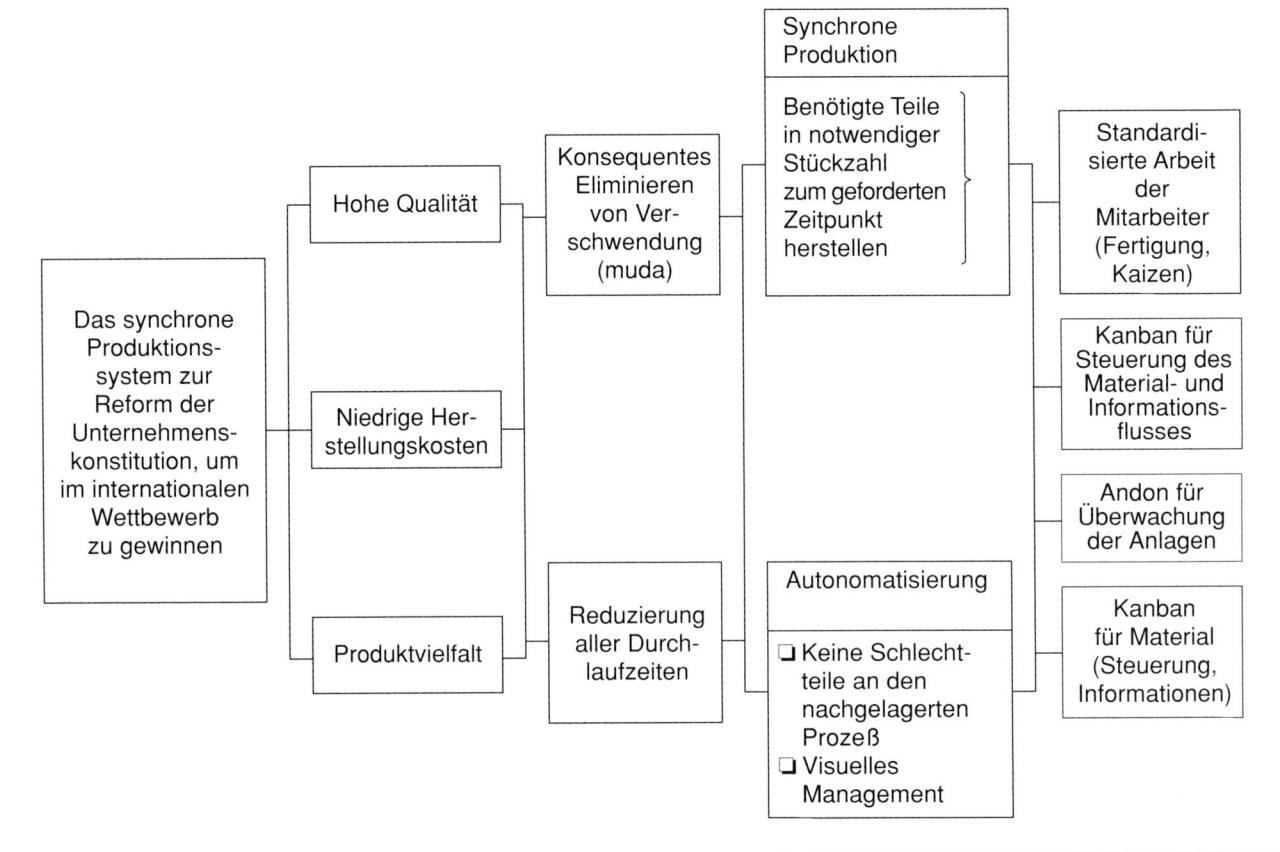

der einzelnen Prozesse aufeinander bis hin zu ihrer Optimierung in Planung und Fertigung, wird langfristig nicht bestehen können. Beim synchronen Produktionssystem wird durch Bündelung aller Kräfte ein umfassend neues System aufgebaut. Dieses gilt jeweils auch für ein einzelnes Werk. Hierbei müssen die Geschäftsführung und alle Abteilungen einschließlich des kaufmännischen Bereichs, der Buchführung usw. zusammenwirken.

Was bedeutet synchrones Produktionssystem?

Synchrone Produktion bedeutet, die benötigten Teile in notwendiger Stückzahl zum geforderten Zeitpunkt herzustellen, zu transportieren, weiterzugeben, zu managen, zu verbessern usw. Dies muß mit möglichst wenig Personal und Maschinen bei möglichst kurzer Durchlaufzeit erfolgen. Werden diese Dinge nach Plan umgesetzt, spricht man von einem synchronen Produktionssystem.

Das System muß mit einem autonomen Nervensystem (Autonomation, visuelles Management) versehen sein, welches Abweichungen schonungslos offenlegt. Hier stellt sich die Frage, in welcher Reihenfolge was getan werden muß, um ein solches System aufzubauen.

Ich bin der festen Überzeugung, daß die in der Folge dargestellte Einführung in das synchrone Produktionssystem für Unternehmen geeignet ist, die das Just-in-time-Produktionsverfahren noch nicht eingeführt haben, aber auch für Unternehmen, die gerade dabei sind, ein solches Verfahren zu installieren, wobei sie hier zur Systematisierung und Orientierung dienen kann. Selbstverständlich ist sie auch für Klein- und Mittelbetriebe geeignet.

Das System basiert auf dem Respekt vor dem Menschen (Kaizenvorschläge, QC-Arbeitsgruppen). Im Mittelpunkt steht der Genba. Das System führt zu einer Reduzierung der Herstellungskosten. Es kann kein synchrones Produktionssystem ohne Senkung der Herstellungskosten geben. Dabei ist eine Reduzierung des Personals auch bei großen Produktionsschwankungen notwendig. Es kommt allerdings darauf an, wie diese in das System integriert werden. Hierzu wird die nivellierte/geglättete Produktion angewandt. Standardisierte Arbeit und Kanban dienen zur Reduzierung der Bestände, die die Wurzel allen Übels darstellen. Mit dieser Methode werden ebenfalls Verschwendungen an die Oberfläche gebracht.

Systemdarstellung

Beim Aufbau des synchronen Produktionssystems beginnt man mit dem letztgelagerten Prozeß, der in direktem Kontakt mit dem externen Kunden steht. In der Systemdarstellung ist als oberstes Ziel die Sicherung der Gewinne aufgeführt (Abb. IV). Hierzu ist es notwendig, das nächstgenannte Ziel, die Reduzierung der Herstellungskosten (Redu-

IV. Systemdarstellung

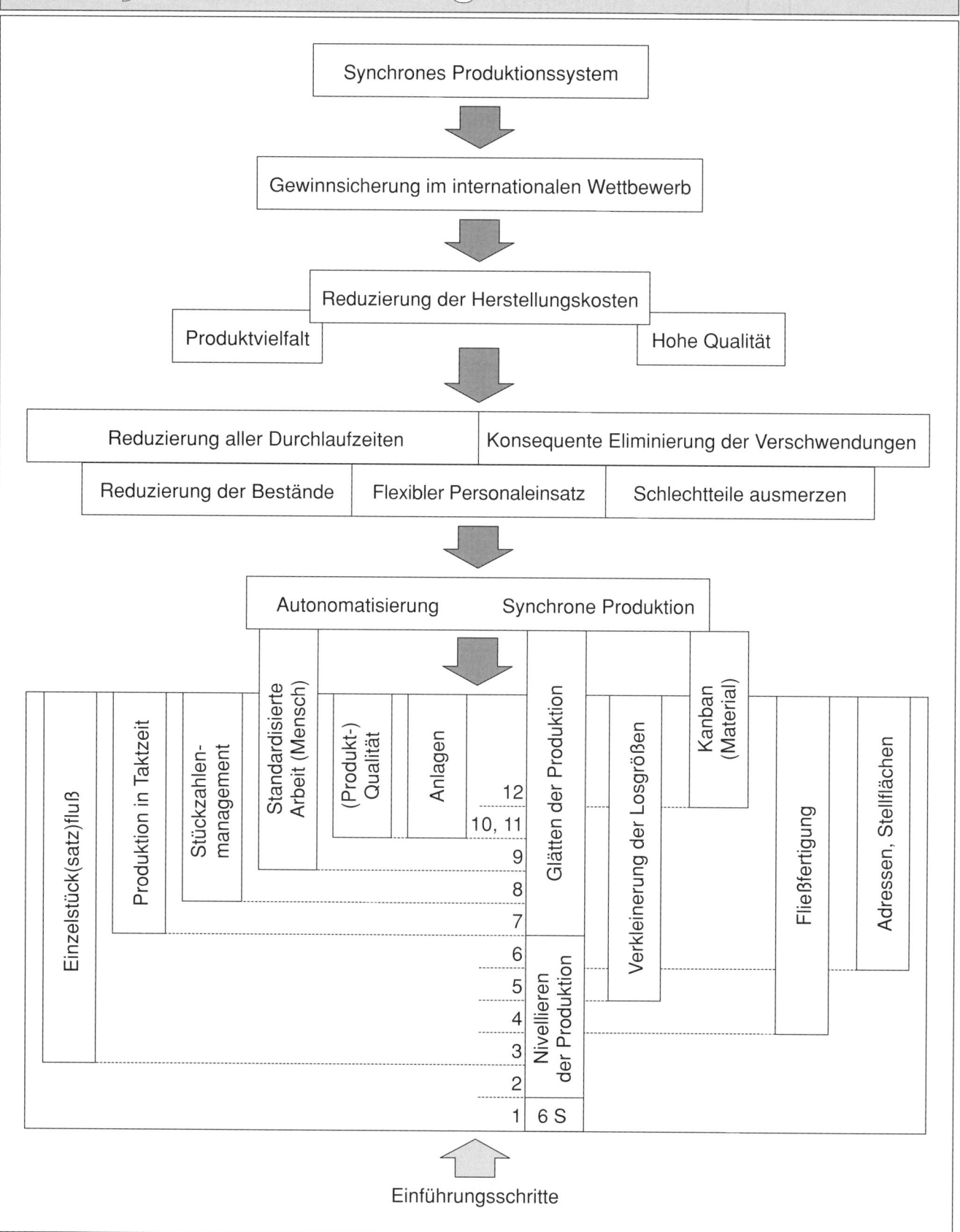

zierung der Verlustkosten), zu erreichen bei gleichzeitiger Gewährleistung von hoher Qualität und der Erhaltung der Fähigkeit, auf Veränderungen schnell reagieren zu können. Die Mittel hierzu sind die in Abbildung V aufgeführten 12 Punkte. Durch ihre Einführung, Umsetzung und Entwicklung wird das System aufgebaut, werden die Verschwendungen an die Oberfläche geholt und eliminiert und die Durchlaufzeiten verkürzt.

1. Hierbei erweist sich das Nivellieren, Glätten der Produktion als wirkungsvollstes Instrument für die Reduzierung der Herstellungskosten und einen flexiblen Personaleinsatz. Dazu ist eine Reduzierung der Produktionsdurchlaufzeit notwendig. Umgekehrt ausgedrückt bestimmt das Niveau der Reduzierung der Durchlaufzeiten das Niveau der nivellierten, geglätteten Produktion. Dabei ist zu beachten, daß der Aufbau eines Einzelstück(satz)flusses und einer Fließfertigung vom Niveau der Verkleinerung der Losgrößen abhängig ist.

2. Als nächstes geht es um die standardisierte Arbeit. Die Grundlage hierfür bildet die Produktion in Taktzeit. Durch das Stückzahlenmanagement auf Stundenbasis erfolgen die mengenmäßige Absicherung und das Management der Herstellungskosten. Mitarbeiter, Maschinen und Material werden optimal kombiniert und standardisiert. Ohne Regeln würde sich allerdings jeder Mitarbeiter nach seinem eigenen Gutdünken bewegen, deshalb ist standardisierte Arbeit für das Management der Mitarbeiter notwendig. Dort, wo es keine Standards gibt, ist kein Kaizen möglich. Dieser Schritt ist im Rahmen der Einführung des synchronen Produktionssystems ausgesprochen wichtig. Er führt zu einer konkreten Reduzierung der Herstellungskosten und steht in einem direkten Zusammenhang mit synchroner Produktion und Autonomatisierung.

3. Kanban sind bei der Umsetzung des synchronen Produktionssystems ein Werkzeug sowohl für die Steuerung als auch für Kaizenaktivitäten. Sie können ein hervorragendes Werkzeug sein, jedoch bei falscher Anwendung großen Schaden anrichten. Bei Beachtung der Regeln sind sie ein wirkungsvolles Werkzeug für die Festigung der Kaizenerfolge, für die Informationsübermittlung, für die Anweisung von Fertigung und Transport sowie zur Feinsteuerung.

4. Die »6 S« sind die Grundlage von allem. Sie sind ein Maßstab für den Grad der Selbstreform und ein wertvolles Kriterium zur Beurteilung der Kraft und Konsequenz bei der Umsetzung, der Einhaltung von Vereinbarungen und der Managementfähigkeiten. Die Kapitel über Adressen, Stellflächen, Qualität, Anlagen sind bei der Umsetzung des bisher Erläuterten unverzichtbar. Man kommt um die Realisierung der entsprechenden Schritte nicht herum.

5. Die Kleingruppenaktivitäten am Genba werden in der Darstellung der Schritte zwar nicht gesondert behandelt, spielen aber trotzdem eine wichtige Rolle. Die Kaizenaktivitäten müssen zusammen mit den Werkern durchgeführt werden, denn es sind die

V. Einführung

Einteilung	Schritte der Einführung ⟶
Material	1. Die »6 S« (Grundlage von allem) 6. Adressen, Stellflächen (Behälter; Warenhäuser)
Menschen	3. Einzelstück(satz)fluß (standardisierter Puffer; visuelles Management) 7. Produktion in Taktzeit (Schrittmacher; flexibler Personaleinsatz) 8. Stückzahlenmanagement (Herstellungskostenmanagement; Störungsmanagement) 9. standardisierte Arbeit (Management-, Kaizenwerkzeug; Verschwendungseliminierung) 10. (Produkt-)Qualität (Narrensicherheit (Poka-yoke); Autonomatisierung) 11. Anlagen (Verfügbarkeit; Anordnung)
System	2. Nivellieren der Produktion — Glätten der Produktion (Erhöhen der Zyklenzahl) 4. Fließfertigung (Durchlaufzeiten; U-Linien; multifunktionelle Mitarbeiter) 5. Verkleinerung der Losgrößen (Umrüsten; Logistiker; Transport) 12. Kanban (Informationen, Management, Anweisungen, Kaizen)

Anmerkung: Die Umsetzung muß mit Sicherheit nicht unbedingt in der Reihenfolge der Schritte erfolgen (zwischen allen Punkten besteht ein enger Zusammenhang).

Da man aber nicht alles gleichzeitig machen kann, wurde eine Einteilung vorgenommen.

Werker, die den Effekt der Aktivitäten widerspiegeln. Jeder Werker wünscht sich, daß seine Arbeit zur Verbesserung der Gewinnsituation seines Unternehmens beiträgt. Er verbringt einen großen Teil seines Lebens im Werk, und es ist für ihn ein wichtiger Ort zur Erfüllung seines Lebenssinnes. Deshalb darf man ihn auf keinen Fall mit sinnloser Arbeit beschäftigen.

Anzustrebende Form

Bei der Einführung des synchronen Produktionssystems ist es wichtig, unablässig die anzustrebende Form konkret darzustellen. Die Differenz zwischen dem Ist-Zustand und der in einem halben bzw. in einem Jahr anzustrebenden Form zeigt die Notwendigkeit für Aktivitäten auf. Wenn man die Ist-Situation aus dem Blickwinkel der anzustrebenden Form betrachtet, werden die Problempunkte und die zu verbessernden Inhalte sichtbar, und es können Maßnahmen daraus abgeleitet werden. Auf den verschiedenen Ebenen wird deutlich, was wie gemacht werden muß, und die Kräfte können auf ein Ziel hin ausgerichtet werden. Abbildung VI zeigt die Niveaustufen I – IV der anzustrebenden Form im Rahmen des synchronen Produktionssystems.

1. Herkömmliche Produktionsform

Bei der herkömmlichen Produktionsform werden die Dinge, die gerade produziert werden können, in der Zeit, in der dies möglich ist, in möglichst großer Stückzahl hergestellt. Es ist eine Produktionsform, in der auf der Grundlage von Erwartungen und Vorausschau geplant wird. Sie wird nur durch die internen Bedingungen gesteuert. Eine andere Bezeichnung für ein solches Produktionssystem ist schiebendes Produktionssystem (push system). Sehr viele Unternehmen produzieren immer noch auf diese Weise. Es kommt zu allen möglichen Verschwendungsarten, Lieferverzögerungen, Mängel an den gerade benötigten Teilen usw. Hierdurch werden die Herstellungskosten für die Produkte in die Höhe getrieben.

2. Stufe I

In einem ersten Schritt wird das Fertigteilwarenhaus direkt mit dem Kunden verknüpft. Es wird nur soviel montiert, bearbeitet, wie aus dem Fertigteilwarenhaus abgezogen wird (nachfüllende Produktion). Das Fertigteilwarenhaus dient dazu, Schwankungen bei der Auslieferung durch Nachfragespitzen vom externen Kunden aufzufangen. Hierdurch werden die Kosten für die Fertigteillagerung zwar erhöht, aber die Gesamtkosten für die Lagerbestände verändern sich gegenüber der vorherigen Situation nicht, weil nur die Bestände, die für das Abfedern der Schwankungen notwendig sind, in das Fertigteilwarenhaus verlagert wurden. So ist es möglich, den letztgelagerten Prozeß mit nivellierter, geglätteter Produktion zu fahren. Auf diese Weise wird das Produktionssystem im Werk verbessert und ein bedeutender Effekt erzielt.

VI. Anzustrebende Form

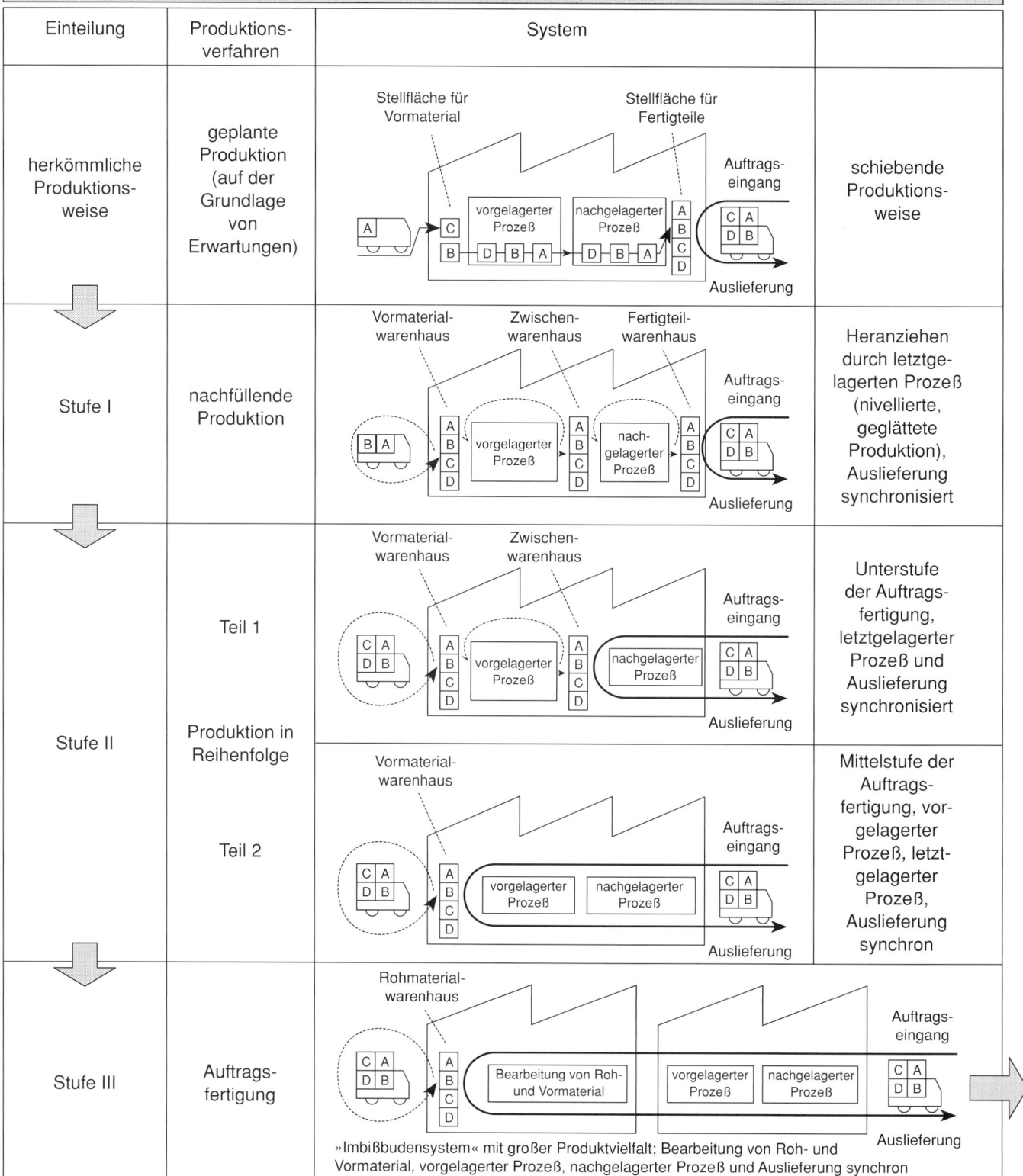

3. Stufe II

Die nachfüllende Produktion wird einen Schritt weiter nach vorne verlegt. Das Fertigteilwarenhaus wird abgeschafft und die Auslieferungsschwankungen an den externen Kunden über ein Zwischenwarenhaus aufgefangen. Der letztgelagerte Prozeß und der Auslieferungsbereich werden zu einem einheitlichen System. Das bedeutet, der letztgelagerte Prozeß und der Auslieferungsbereich arbeiten in der Reihenfolge, die der externe Kunde vorgibt. Dies wird als Fertigung in Reihenfolge (Teil 1) bzw. Unterstufe der Auftragsfertigung bezeichnet. In Teil 2 erfolgt eine Ausweitung auf den vorgelagerten Prozeß. Dies ist gleichbedeutend mit der Mittelstufe der Auftragsfertigung. Die Lieferschwankungen an den externen Kunden werden über das Vormaterialwarenhaus aufgefangen. Der vorgelagerte Prozeß, der letztgelagerte Prozeß und die Auslieferung sind synchronisiert.

4. Stufe III

Hierbei handelt es sich um die eigentliche Auftragsfertigung. Die Voraussetzung hierfür ist, daß die Gesamtdurchlaufzeit vom Eingang des Vormaterials über die vorgelagerten und letztgelagerten Prozesse bis hin zur Auslieferung kürzer ist als die Lieferzeit an den Kunden. Es ist möglich, erst nach Auftragseingang mit der Produktion zu beginnen, und man erhält damit die Möglichkeit, auf eine große Nachfragediversifikation zu reagieren. Eine andere Bezeichnung hierfür ist »Imbißbudensystem«.

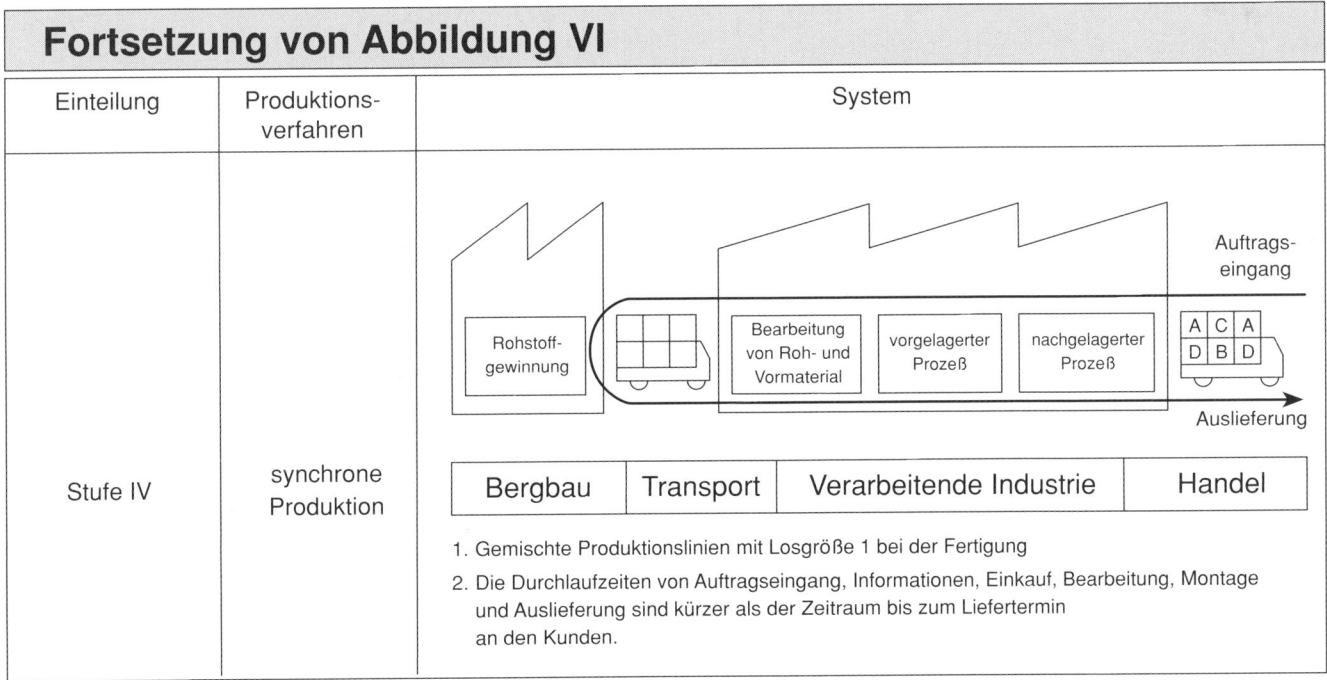

5. Stufe IV

Dies ist das eigentliche synchrone Produktionssystem. Hierbei sind Rohstoffgewinnung, Transport, verarbeitende Industrie und Handel zu einem Ganzen miteinander verschmolzen. Stufe IV der Abbildung VI zeigt ein Beispiel für die anzustrebende Form, das ich auf keinen Fall aufzwingen möchte. Es ist aber notwendig, permanent ein Niveau zu demonstrieren, das ein bis zwei Stufen höher liegt als die Ist-Situation, da ansonsten die Gefahr der Orientierungslosigkeit besteht.

1
Schritt 1: Die »6 S«

In guten Unternehmen sind mit Sicherheit auch Ordnung und Sauberkeit auf einem hohen Niveau. Dies gilt selbstverständlich für die Außenansicht des Werks, aber auch im Inneren sind die Fahrwege klar gekennzeichnet, die Werkzeugablagen übersichtlich gestaltet, und die Werker sind sauber gekleidet. Das Ganze macht einen angenehmen Eindruck.

Schon in der Vergangenheit spielten die »2 S« bzw. »3 S« eine wichtige Rolle bei den Kaizenaktivitäten am Genba. Auch beim synchronen Produktionssystem kommt den »6 S«[1] im Rahmen der Unternehmensphilosophie eine zentrale Bedeutung zu. Die »6 S« können auf verschiedenen Ebenen realisiert werden, zunächst für einzelne Maschinen, dann für ganze Linien bis hin zu einer umfassenden Anwendung im gesamten Unternehmen. In der Elektronikindustrie und der Feinstmechanik gibt es Bereiche, in denen extreme Anforderungen in bezug auf Schutz vor Feinstaub, elektrostatischer Aufladung, Regelung des Luftdrucks, der Feuchtigkeit usw. gestellt werden. Weiterhin besteht ein Zusammenhang zwischen den »6 S« und der Eliminierung von Verschwendungen, da durch das Reinigen der Maschinen Mängel entdeckt und abgestellt werden können. Ebenso wird durch das Entfernen überflüssiger Teile aus dem Arbeitsbereich und das optimale Bereitstellen der benötigten Teile der Zugriff erleichtert. Die inhaltliche Füllung des Begriffs »6 S« hängt also von den spezifischen Bedürfnissen des jeweiligen Unternehmens ab.

Die »6 S« als erster Schritt der Einführung des synchronen Produktionssystems werden auf folgender Basis realisiert:

❏ Die Manager und Meister müssen die Initiative für eine schnelle und gründliche Umsetzung ergreifen. Das praktische Handeln ist entscheidend.

❏ Die »6 S« müssen in einem Schwung auf ein Niveau gebracht werden, auf dem sie sich als dauerhaftes System verfestigen können. Wenn dies nicht rasch erreicht wird, sind die Bemühungen umsonst.

Die Umsetzung muß daher energisch vorangetrieben werden. Dabei ist es wichtig, daß man sich nicht von Mißerfolgen entmutigen läßt. Bei intensiver Umsetzung passieren zwangsläufig Feh-

---

[1] »6 S«: Seiri (Aussortieren), Seiton (Aufräumen), Seisô (Reinigen), Seiketsu (Erhalten des geordneten Zustands), Shitsuke (Disziplin) und Shûkan (Gewöhnung)

ler, deren Beseitigung jedoch der Stabilisierung des erreichten Niveaus dient.

Das Werk als Schaufenster

Beim Aufbau von wichtigen Geschäftsbeziehungen wird der Kunde auf jeden Fall das Werk sehen wollen. Mit Sicherheit wird der erste Eindruck beim Betreten des Werks alles beeinflussen. Der Kunde wird das Niveau an Ordnung und Sauberkeit mit dem anderer Werke vergleichen und entsprechend bewerten.

Wenn er sieht, daß Maschinen, Produktionslinien und Stellflächen sich in ausgezeichneter Ordnung befinden und die Werker überall in rhythmisch sich wiederholender Arbeit tätig sind, wird der Kunde überzeugt sein, daß in diesem Werk Produkte mit hoher Qualität zu niedrigen Herstellungskosten gefertigt werden und daß Lieferverzögerungen nicht zu befürchten sind. Die wirklich guten geschäftlichen Beziehungen entwickeln sich so betrachtet besser über das Werk als Ganzes als allein über die Verkaufsabteilung.

Die »6 S« beginnen mit einer Reform des Bewußtseins

Die Bewußtseinsreform beginnt damit, daß man den Ist-Zustand bewußt negiert und damit alle Voreingenommenheiten über Bord wirft. In dem bestehenden Umfeld eines Betriebes ist eine Bewußtseinsreform, d.h. ein Zerstören der bestehenden starren Begriffe, allerdings sehr schwierig. Das liegt daran, daß in dem jeweiligen Umfeld unbewußt eine bestimmte Unternehmenskultur und bestimmte Verhaltensmuster entstanden sind. Jeder einzelne hat hierzu mehr oder weniger stark beigetragen. Das Ziel der »6 S« im Rahmen des synchronen Produktionssystems besteht darin, durch entschlossenes Vorgehen eine Bewußtseinsreform jedes einzelnen anzuregen, ohne sich von bisherigen Regeln, Gewohnheiten und Normen behindern zu lassen. Diese Reform darf sich auf keinen Fall auf die althergebrachten Verhaltensmuster stützen.

Aufzeigen der anzustrebenden Form

Die »6 S«-Aktivitäten liefern der Unternehmensführung wichtige Anhaltspunkte zur Beurteilung der Fähigkeiten des Managements und der Kraft zur Umsetzung, die in dem Unternehmen vorhanden sind. Bei diesen Aktivitäten müssen die Kräfte aller Mitarbeiter gebündelt und mit großer Dynamik auf ein schnelles Erreichen der Ziele ausgerichtet werden, anderenfalls wird nichts Nennenswertes erreicht.

Im ersten Schritt ist es notwendig, die anzustrebende Form der »6 S« festzulegen und für jeden verständlich zu machen (durch grafische, bildliche Darstellungen usw.). Dabei geht es darum, das Ausmaß der notwendigen Bewußtseinsreform deutlich zu machen.

Was sind die »6 S«?

SEIRI   (Aussortieren der nichtbenötigten Teile)

SEITON   (Aufräumen (Ordnen) der benötigten Teile)

SEISÔ   (Reinigen)

SEIKETSU   (Erhalten des geordneten sauberen Zustands)

SHITSUKE   (Disziplin)

SHÛKAN   (Gewöhnung)

Die »6 S« sind die Grundlage für jedwede Arbeit. Eine entsprechende Gestaltung des Arbeitsumfelds führt zu erhöhter Sicherheit, zu verbesserter Qualität und Steigerung der Produktivität. Vor Einführung des visuellen Managements stellt sich die Situation am Genba häufig folgendermaßen dar: Es gibt viele unnötige bzw. zur Zeit nicht benötigte Teile. Es gibt viel Sucharbeit, es wird viel gestapelt, man stolpert über herumliegende Gegenstände, es entstehen Schlagkerben. Es ist nicht erkennbar, ob die Situation normal oder gestört ist, es wird sehr viel überflüssige Arbeit verrichtet.

Das »1 S« (Aussortieren der nicht benötigten Teile) ist der wesentliche grundlegende Schritt, an dem man nicht vorbeikommt. Die Arbeit wird bis zum »4 S« oder »5 S« kontinuierlich weitergeführt. Eine schleppende Umsetzung führt zu keinem Ergebnis. Hat man sich einmal für die »6 S« entschieden, sollte innerhalb von ein bis zwei Monaten ein bestimmtes Niveau angestrebt werden. Dazu ist es notwendig, planmäßig eine Kampagne zu organisieren. Es geht darum, unter praktischer Mitwirkung aller Beteiligten ein System aufzubauen, bei dem in der Produktion die benötigten Teile in notwendiger Stückzahl zum geforderten Zeitpunkt vorhanden sind. Gleichzeitig muß bei jedem einzelnen eine kontinuierliche Bewußtseinsreform stattfinden.

Schritt 1 der Umsetzung

SEIRI (Aussortieren der nichtbenötigten Teile)

Gesichtspunkt 1

Hierbei kommt es auf schnelles Handeln an, d.h. kurzentschlossen wegwerfen oder entfernen.

Gesichtspunkt 2

Bei der Umsetzung wird ein Bereich bestimmt, der mindestens zwei Meter von der Linie entfernt ist. Dort werden alle entfernten Teile gesammelt. Wenn man glaubt, daß man ein bestimmtes Teil doch benötigt, so darf man es nicht einfach an die Linie zurückbringen, sondern gibt es in einen Mehrwegbehälter. Sobald es an der Linie gebraucht wird, läßt man es zusammen mit den benötigten Werkzeugen fließen. Der Begriff »fließen« ist hier sehr wichtig. Nach Ende der Nutzung an der Linie fließt der Behälter an die durch die Adresse definierte Stelle im Regal zurück (siehe hierzu auch den Punkt Seiton).

1.1 Die »6 S«

Die »6 S« sind die Grundlage aller Arbeit
(Durch die verbesserte Gestaltung des Arbeitsumfeldes wird das Niveau der Arbeitssicherheit, der Qualität und der Produktivität angehoben.)

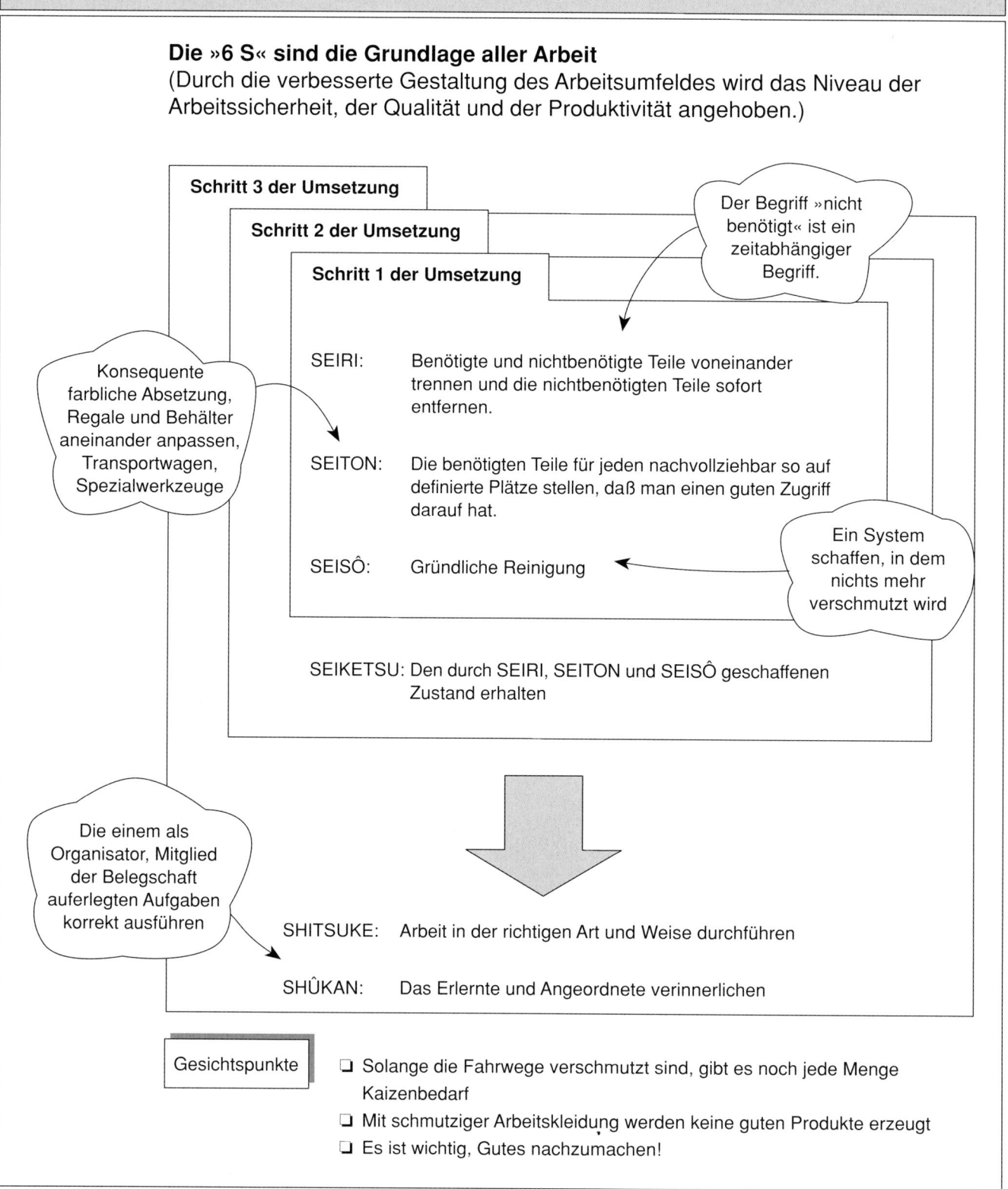

- Schritt 3 der Umsetzung
- Schritt 2 der Umsetzung
- Schritt 1 der Umsetzung

SEIRI: Benötigte und nichtbenötigte Teile voneinander trennen und die nichtbenötigten Teile sofort entfernen.

Der Begriff »nicht benötigt« ist ein zeitabhängiger Begriff.

SEITON: Die benötigten Teile für jeden nachvollziehbar so auf definierte Plätze stellen, daß man einen guten Zugriff darauf hat.

Konsequente farbliche Absetzung, Regale und Behälter aneinander anpassen, Transportwagen, Spezialwerkzeuge

SEISÔ: Gründliche Reinigung

Ein System schaffen, in dem nichts mehr verschmutzt wird

SEIKETSU: Den durch SEIRI, SEITON und SEISÔ geschaffenen Zustand erhalten

SHITSUKE: Arbeit in der richtigen Art und Weise durchführen

Die einem als Organisator, Mitglied der Belegschaft auferlegten Aufgaben korrekt ausführen

SHÛKAN: Das Erlernte und Angeordnete verinnerlichen

Gesichtspunkte
- ❏ Solange die Fahrwege verschmutzt sind, gibt es noch jede Menge Kaizenbedarf
- ❏ Mit schmutziger Arbeitskleidung werden keine guten Produkte erzeugt
- ❏ Es ist wichtig, Gutes nachzumachen!

Schlüsselbegriffe

Der Begriff »nichtbenötigte Teile« ist ein zeitabhängiger Begriff (Teile, die während einer Stunde nicht benutzt werden, sind an der Linie nicht nötig).

Aspekt 1

Das Entfernen der Teile von der Linie muß durch die Werker erfolgen. Dies darf auf keinen Fall durch die Manager oder Meister geschehen (es kann zu großer Unzufriedenheit unter den Werkern führen). Dabei ist es wichtig, den Sinn der Maßnahme klarzumachen. Wenn sich viele nichtbenötigte Teile an der Linie befinden, so bedeutet das nicht nur, daß die verschiedenen Arten der Verschwendung überdeckt werden, sondern auch, daß die Werker während ihrer Wartezeiten irgendwelche überflüssigen Arbeiten vornehmen. Auf diese Weise können sie vorgeben, daß sie keine Wartezeiten hätten. Genau das gleiche läßt sich auch für Büros sagen. Auch dort gibt es neben den wirklich benötigten Unterlagen und Schriftstücken eine Menge totes Material, das auf jeden Fall entfernt werden muß.

Aspekt 2

Die entfernten Regale, Förderbänder, Arbeitstische, Transportwagen, Werkzeuge und Halterungen müssen in einem bestimmten Bereich des Werks zusammengefaßt werden, um sie gegebenenfalls an anderen Linien bzw. an neu anlaufenden Linien einsetzen zu können. Die Erfahrung zeigt, daß dies häufig vorkommen kann.

Aspekt 3

Es gibt Grenzfälle, in denen es schwierig ist, zu beurteilen, ob ein Teil notwendig oder unnötig ist. Im Zweifelsfalle sollte man es als unnötig klassifizieren.

SEITON (Aufräumen der benötigten Teile)

Nach dem Aussortieren geht es darum, die verbliebenen benötigten Teile zu ordnen. Für jeden muß erkennbar sein, was sich wo in welcher Anzahl befindet, so daß er einen optimalen Zugriff darauf hat. Es gibt viele Bereiche, die auf den ersten Blick sehr aufgeräumt wirken. Wird jedoch ein Teil benötigt, muß häufig erst gesucht bzw. müssen erst davorstehende Teile entfernt werden.

Gesichtspunkt

Genau wie bei Kleinteilbehältern ist es wichtig, die Breite der jeweiligen Ablage- oder Stellfläche klein zu halten. Man gewinnt dadurch viel Platz. Die Tiefe sollte ebenfalls möglichst klein sein. Nicht nur für die Produkte, auch für die Einzelteile, Werkzeuge und Halterungen muß das »first in-first out«-Prinzip gelten.

Schlüsselbegriffe

Schnell, gründlich und energisch vorgehen. Gute Beispiele nachahmen!

Aspekt 1

Die für das Umrüsten benötigten Werkzeuge, Formen, Halterungen, Schrauben, Muttern usw. müssen so angeordnet

1.2 Anzustrebende Form der »6 S«
Schritte zur Umsetzung von SEIRI, SEITON
(Teil 1 der anzustrebenden Form)

Die Bedeutung des zeitabhängigen Begriffs »nichtbenötigt« an Produktionslinien mit großer Produktvielfalt **und** SEIRI- und SEITON-Methoden mit Hilfe von Transportwagen

Schritte der Umsetzung

1. Von einer bestehenden Linie werden die momentan nichtbenötigten Teile, Werkzeuge, Ablagen, Modelle, Aushänge, Reinigungsmittel, Hilfsstoffe usw. zunächst einmal entfernt. Was nicht mehr gebraucht wird, wird sofort weggeworfen.
2. Die entfernten Teile werden an einer Stelle zusammengetragen, und je nach Verwendungszweck bzw. Prozeßstation in entsprechende Mehrwegbehälter gelegt. Die Schritte 1 und 2 der Umsetzung bestimmen das Niveau der ersten beiden S (SEIRI und SEITON) ⇨ bei mangelnder Konsequenz muß man sich darauf gefaßt machen, daß die ganze Aktion wiederholt werden muß.
3. Die Bearbeitungswerkzeuge und Halterungen werden je nach bearbeitetem Werkstück bzw. Bearbeitungsschritt zusammen mit den für das Umrüsten benötigten Werkzeugen und Meßvorrichtungen in ein speziell dafür eingerichtetes Regal gestellt.
4. Reinigungsmittel, Hilfsstoffe und Werkzeuge für die spanende Bearbeitung kommen in ein gesondertes Regal.

Über die unten dargestellte Linie fließt das Teil B.
Nur die für die Bearbeitung des Teils B notwendigen Werkzeuge, Meßvorrichtungen, Arbeitsvorschriften befinden sich an der Linie.

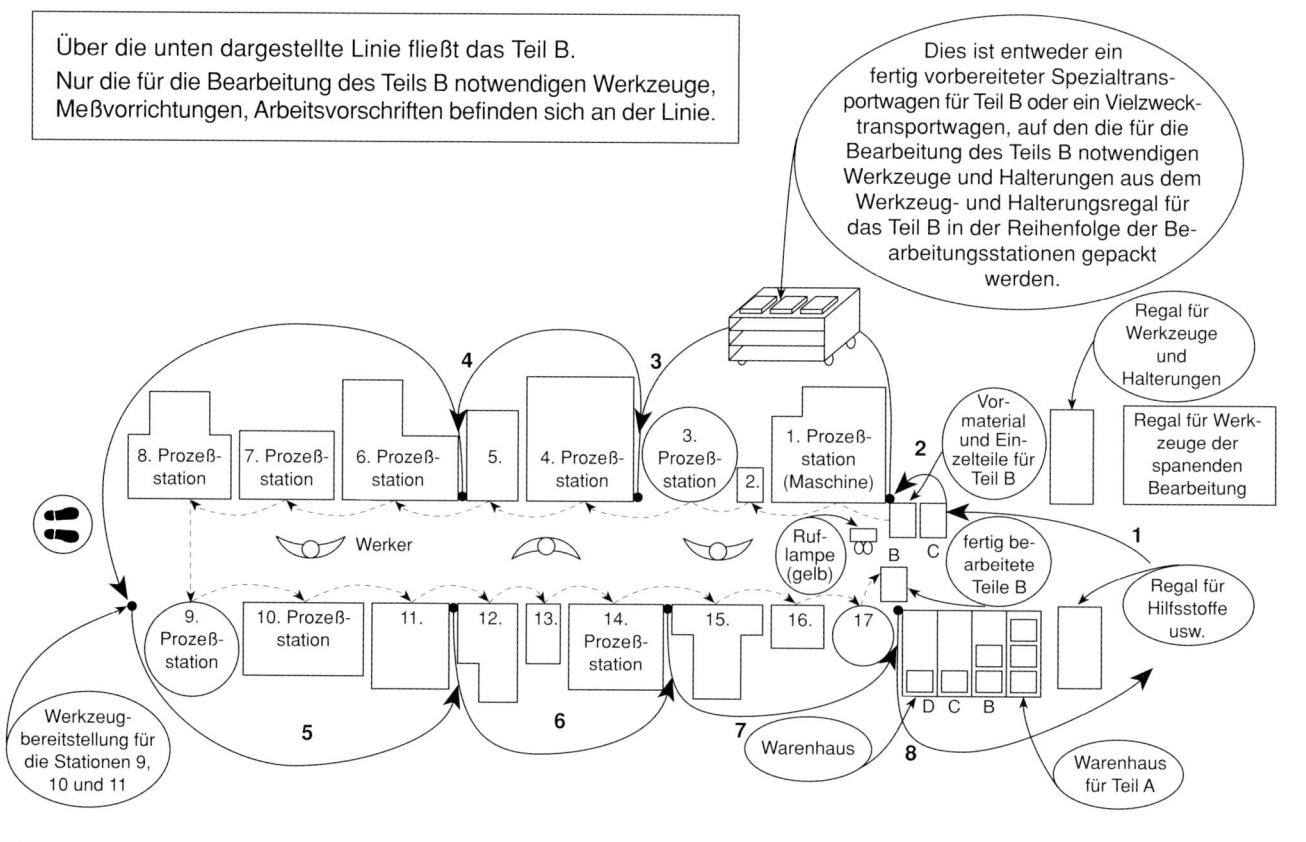

Dies ist entweder ein fertig vorbereiteter Spezialtransportwagen für Teil B oder ein Vielzwecktransportwagen, auf den die für die Bearbeitung des Teils B notwendigen Werkzeuge und Halterungen aus dem Werkzeug- und Halterungsregal für das Teil B in der Reihenfolge der Bearbeitungsstationen gepackt werden.

Fortsetzung von Abbildung 1.2

Sobald die Bearbeitung des Teils B beendet ist (wenn Hand an das letzte Teil gelegt wird), wird die Ruflampe betätigt.
1. Der Logistiker stellt eine Palette mit Vormaterial für das als nächstes die Linie durchlaufende Teil C bereit (Bewegung 1 in der Skizze).
2. Mit dem für Teil B benutzten Transportwagen werden die für die Produktion von Teil C benötigten Bearbeitungswerkzeuge, Halterungen, Umrüstwerkzeuge, Meßvorrichtungen, Arbeitsvorschriften, die sich in Mehrwegbehältern befinden, an die mit einem schwarzen Punkt markierten Stellen gebracht (Bewegung 2 – 7).
3. Gleichzeitig werden die Werkzeuge usw. für Teil A, das vor Teil B gefertigt wurde, eingesammelt (Bewegung 3 – 8).

> Wenn die Bereitstellung in der oben beschriebenen Weise erfolgt, befinden sich wirklich nur die zum jeweiligen Zeitpunkt benötigten Werkzeuge an der Linie.

Hierdurch wird die Verschwendung, die beim Suchen der für die Bearbeitung notwendigen Werkzeuge auftritt, vollständig eliminiert. Da auch die jeweils notwendigen Arbeitsvorschriften mitgeliefert werden, muß der Mitarbeiter nicht alle Einzelheiten im Kopf haben. Er kann sich vor Ort das notwendige Wissen kurzfristig aneignen. Hierdurch ist die Synchronisation der Informationen gewährleistet. Dieses System kann sogar für die Bereitstellung des Materials für die Reinigung am Ende der Schicht verwendet werden.

---

werden, daß sie satzweise an ihren Einsatzort angeliefert werden können (Abb. 1.3). Die Art und Weise, in der Werkzeuge und Halterungen bereitgestellt werden, ist ein wichtiges Kaizenthema. Auf diesem Gebiet sind viele Schätze zu heben:

❏ farbliche Unterscheidung (nach Typ, Prozeßstation, Maschine, Verwendung usw.)

❏ Adressen (Stellflächenkennzeichnung)

❏ Einsatzgebiet (Produktbezeichnung, Bezeichnung der Prozeßstation usw.)

❏ Erstellen einer Arbeitsvorschrift, wenn notwendig

Die hier erwähnten Inhalte werden in Kapitel 6 detailliert erläutert.

Aspekt 2

Die Rasterlinien der Werkshalle und die Fahrwegkennzeichnungen müssen exakt aufgebracht werden (im rechten Winkel zu den Pfeilerreihen der Werkshalle bzw. parallel dazu). Davon ausgehend wird das Layout der Regale, der Abstellflächen für Transportwagen und der Produktionslinien entworfen. Entsprechendes gilt auch für die Anzeige- und Informationstafeln.

Der Meister wählt sich einen Platz aus, von dem aus er seinen gesamten Zuständigkeitsbereich überschauen kann. Aus dieser Position kann er erkennen, ob bei den Werkern, an den Maschinen oder auf den Stellflächen irgendwelche Abweichungen vom Standard auftreten. Von hier aus wird auch das visuelle Management geleitet.

1.3 Bereitstellen von Werkzeugen und Halterungen

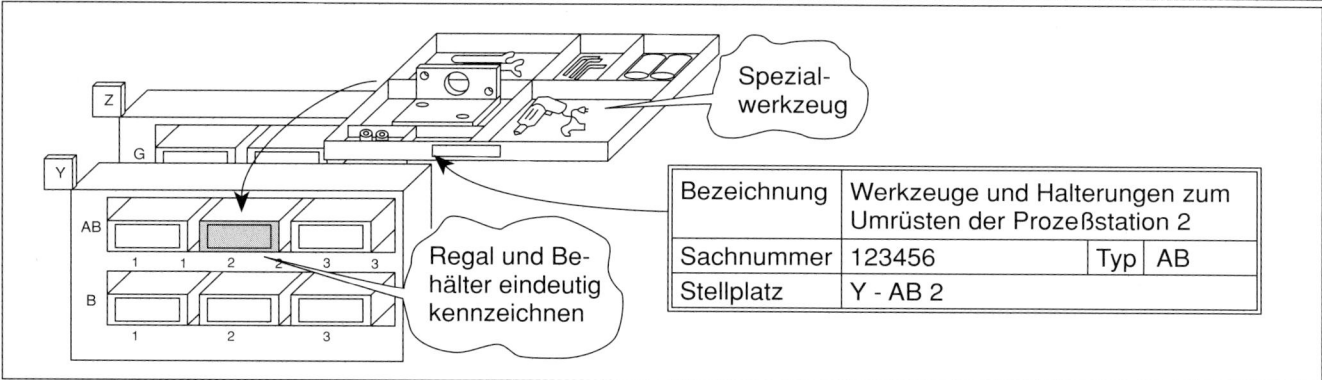

SEISÔ (Reinigen)

Hierbei geht es darum, den sauberen ordentlichen Zustand zu erhalten, d.h. regelmäßig sauberzumachen.

Gesichtspunkt 1

Es gibt den Ausspruch »Reinigen ist Prüfen«. Dadurch, daß man bis in die letzten Ecken und Enden der Maschinen, Anlagen und Regale beim Reinigen Hand anlegt, werden die Störstellen entdeckt und auch kleine versteckte Mängel erfaßt. Hierdurch werden die Gefahren, die die Produktion u.U. beeinträchtigen können, im Vorfeld ausgeschaltet. Durch die Umsetzung entsprechender Kaizenmaßnahmen kann das Niveau der Sicherheit, Qualität, Liefertreue und Produktivität deutlich verbessert werden. Mit Maßnahmen gegen die Verschmutzungsquellen können die Kosten und der Arbeitsaufwand für die Reinigung reduziert werden.

Gesichtspunkt 2

Alle Werker müssen an der gründlichen Reinigung des Werks beteiligt sein. Dabei sollte man sich ständig fragen, wie der Zeitaufwand für das Reinigen reduziert werden kann. Bereiche, die nur schwer zu reinigen sind, werden Gegenstand von Kaizenmaßnahmen. Diese Tätigkeit sollte nicht als »Putzen« bezeichnet werden, sondern integraler Teil der eigentlichen Arbeit sein, damit sie als wichtige Kaizenaktivität begriffen wird.

Schlüsselbegriffe

Solange die Fahrwege verschmutzt sind, gibt es noch einen erheblichen Kaizenbedarf. Häufig wird das Verschmutzen der Fahrwege auf die Gabelstapler geschoben. Die Gründe liegen aber häufiger als man denkt bei den Werkern oder den Maschinen. Z.B. führt mangelhaftes Reinigen oft dazu, daß die Farbe kurz nach dem Auftragen wieder abblättert. Beim Reinigen der Fahrwege, Maschinen und Regale sollte man sich ständig von der Vorstellung leiten lassen, daß man diese wirklich blankpolieren wolle. Nur so wird eine positive Bewußtseinsentwicklung erzielt.

Schritt 2 der Umsetzung

SEIKETSU
(Erhalten des geordneten sauberen Zustandes)

Wir verbringen einen großen Teil des Tages im Werk (oder im Büro). Dabei ermöglicht es uns, eine saubere aufgeräumte Linie (Arbeitsplatz) auf angenehme Weise sicher, schnell und zu niedrigen Kosten zu produzieren. Der Arbeitsplatz ist hygienisch und zeigt die anzustrebende Form. Die in letzter Zeit stark gestiegenen Anforderungen an die Produktpräzision sowie das Vorhandensein vieler ähnlicher Teile aufgrund der zunehmenden Diversifikation verlangt zudem ein präzisere Gestaltung der Arbeitsabläufe.

Schlüsselbegriffe

Seiketsu bedeutet, den aussortierten, aufgeräumten und sauberen Zustand zu erhalten. Die Linien müssen immer frisch, aufgeräumt und adrett erscheinen.

Gesichtspunkt 1

Man muß dahin kommen, daß nichts Überflüssiges mehr im Werk vorhanden ist, angefangen bei Aushängen, Begleitzetteln bis hin zu den Werkzeugen.

Gesichtspunkt 2

Alle benötigten Gegenstände müssen satzweise angeliefert werden. Hierdurch läßt sich der saubere, ordentliche Zustand am leichtesten erhalten. Zur Kontrolle der »6 S« an den Linien hat es sich als sehr vorteilhaft erwiesen, Patrouillegruppen aus weiblichen Firmenangehörigen zu bilden. Hinweise von weiblichen Firmenangehörigen werden eher positiv aufgenommen und auch schneller umgesetzt.

Schritt 3 der Umsetzung

SHITSUKE
(Disziplin)

Dieser Ausdruck setzt sich aus den beiden Wörtern Körper und Schönheit zu-

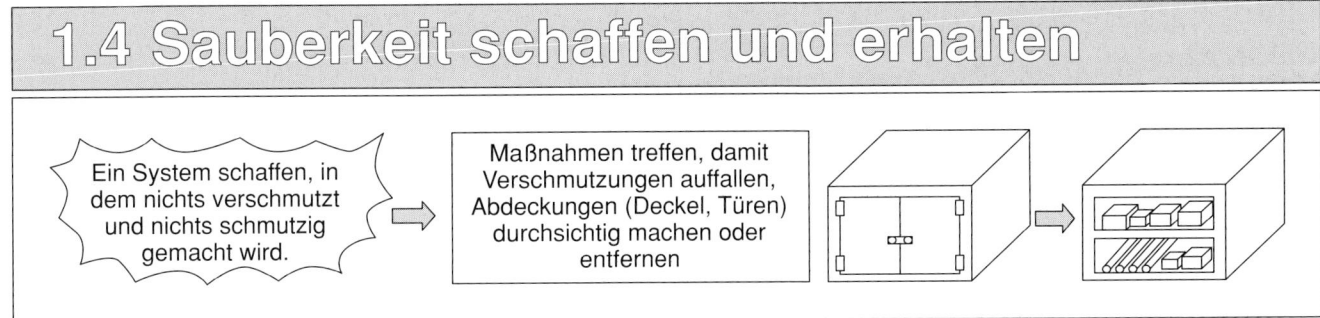

1.4 Sauberkeit schaffen und erhalten

Ein System schaffen, in dem nichts verschmutzt und nichts schmutzig gemacht wird. → Maßnahmen treffen, damit Verschmutzungen auffallen, Abdeckungen (Deckel, Türen) durchsichtig machen oder entfernen

1.5 Verantwortungsbereiche

»6 S«-Bereich	Pausenraum	
Verantwortlicher Takeda	Hitoshi	武田

sammen. Das heißt, die Arbeit in der richtigen Art und Weise durchzuführen. Verschmutzte Arbeitskleidung führt auch zu einem Verschmutzen der Produkte. Das ist ein ausgesprochen schlechter Zustand. »4 S« und »5 S« können daraus nicht entstehen.

Schlüsselbegriffe

Der Hauptdarsteller bei der Disziplin ist der Werker und der Meister ist der Regisseur. Der Meister muß sich in die Psyche der Werker hineinversetzen. Wenn sich die Werker die »6 S« nicht zu eigen machen, hat man auf Sand gebaut (Einheit von Wort und Tat). Können die Werker die festgelegten Regeln nicht einhalten, muß dies dem Meister zu denken geben. Es ist gegebenenfalls notwendig, daß der Meister bestimmte Anweisungen immer wieder gibt. Dies ist seine Aufgabe. Gibt er in einem Punkt nach, kehrt schnell wieder der alte Schlendrian ein.

Gesichtspunkt 1

Der Manager ist für das Ergebnis verantwortlich, während die Werker für ihr Handeln verantwortlich sind. Um Anhaltspunkte dafür zu gewinnen, ob die Arbeit richtig durchgeführt wird, empfiehlt es sich, nach Beendigung der Arbeit einen Kontrollgang durch die Linien zu machen. Dabei erschließt sich für den Meister die tatsächliche Situation an der Linie. Der Grad der Disziplin wird offensichtlich. Er kann feststellen, inwieweit die Anweisungen befolgt werden, wo Verständnismängel bestehen, welche Anweisung nicht eingehalten wurde, welche Anweisung nicht eingehalten werden konnte usw.

Gesichtspunkt 2

Der gründliche Erwerb der Disziplin beginnt mit der äußeren Form. Bei wiederholter Praxis macht man sie sich zu eigen. Durch die ersten »4 S« wird das Arbeitsumfeld verändert, durch die Disziplin wird das Erreichte befestigt.

Aspekt

Bei Arbeitsende erfolgt jeweils eine dreiminütige »6 S«-Aktion. Jeder erhält dabei eine spezielle Aufgabe, die er umzusetzen hat.

1.6 »6 S«-Kampagne

SHÛKAN
(Gewöhnung)

Das Erlernte und Angeordnete wird durch ständiges praktisches Wiederholen (Disziplin) verinnerlicht, so wie es ein altes Sprichwort sagt: »Gewohnheit wird Natur.« Die »6 S« werden so zu einer Selbstverständlichkeit.

Aspekt

Wenn es jedem Firmenangehörigen dann zur Gewohnheit geworden ist, die ihm übertragenen Aufgaben exakt und richtig auszuführen, ist damit die Voraussetzung für die weiteren Schritte der Einführung des synchronen Produktionssystems geschaffen. Bei konsequenter Umsetzung der »6 S« im Rahmen des synchronen Produktionssystems wird die Anzahl der Aufkleber mit Texten wie »Erzeuge Qualität im Prozeß« oder »Achte auf die Sicherheit« oder »Eliminiere Maschinendefekte« auf natürliche Weise immer geringer. Gleichzeitig mit der Reduktion der Arbeitsunfälle und Maschinenschäden, der Schlechtteile usw. werden auch kleinere Mängel wie das Austreten geringer Luft- oder Ölmengen auffallen.

Die »6 S« sind, wie gesehen, die Grundlage für alles Weitere. Bei gründlicher Umsetzung wird nach und nach deutlich, was weiterhin zu tun ist. Das dabei verwendete Konzept, ein vorher festgelegtes Ziel konsequent umzusetzen, läßt sich praktisch auch auf alle anderen Schritte anwenden. Bei dem Vorantreiben des synchronen Produktionssystems im Werk wird das Niveau schrittweise angehoben. Auf jeder Stufe verändert sich dabei die konkrete, anzustrebende der »6 S«.

2
Schritt 2: Nivellieren und Glätten der Produktion

Die effizienteste Form der Güterproduktion besteht darin, jeden Tag von den gleichen Teilen die gleiche Stückzahl herzustellen. Häufig werden aber die benötigten Stückzahlen in einem Schub z.B. am Monatsende oder in einer einzigen Wochenhälfte gefertigt. Dies hat zur Folge, daß zu bestimmten Zeiten sehr viel Leerlauf entsteht, zu anderen Zeiten eine übermäßige Belastung auftritt, die dann nur durch Überstunden oder zusätzlichen Einsatz der Maschinenanlagen bewältigt werden kann. Diese Verfahrensweise führt zu großen Verschwendungen im Unternehmen. Man muß sich klarmachen, daß es für die Effizienz eines Werks günstiger ist, täglich immer die gleiche Stückzahl zu produzieren.

Die anzustrebende Form der Produktion ergibt sich aus dem für jedes Produkt notwendigen Zeitrahmen. Wenn bespielsweise von einem Produkt pro Monat 10.000 Stück verkauft werden und für die Fertigung 20 Arbeitstage zur Verfügung stehen, folgt daraus, daß pro Tag

$$\frac{10.000 \text{ Stück}}{20 \text{ Tage}} = 500 \text{ Stück}$$

produziert werden müssen. Bei einer täglichen Arbeitszeit von 480 Minuten würde dies bedeuten, daß es hinreichend ist, in

$$\frac{480 \text{ Minuten}}{500 \text{ Stück}} = 0,96 \text{ Minuten}$$

ein Stück zu produzieren. Dieser für ein Produkt bestehende Zeitrahmen wird Taktzeit genannt.

Die Methode, die es ermöglicht, das jeweilige Produkt in der entsprechenden Taktzeit zu fertigen, nennt man geglättete Produktion. Die Vorstufe dazu ist die nivellierte Produktion, die man auch als Tagestakt bezeichnen könnte, bei der die Monatsproduktion in Tagesteilmengen unterteilt wird. Es ist weiterhin wichtig zu wissen, daß die verschiedenen Bearbeitungsstationen miteinander verknüpft werden müssen. Jede Bearbeitungsstation muß in Taktzeit produzieren, ansonsten kommt es zu einem ständigen Wechsel zwischen Unter- und Überlastung. Die geglättete Produktion wird im Rahmen des synchronen Produktionssystems als die effizienteste Art der Produktion betrachtet.

Lagerbestände sind schädlich

Bei den herkömmlichen Produktionsverfahren wird von den Teilen, die zu

2.1 Lager

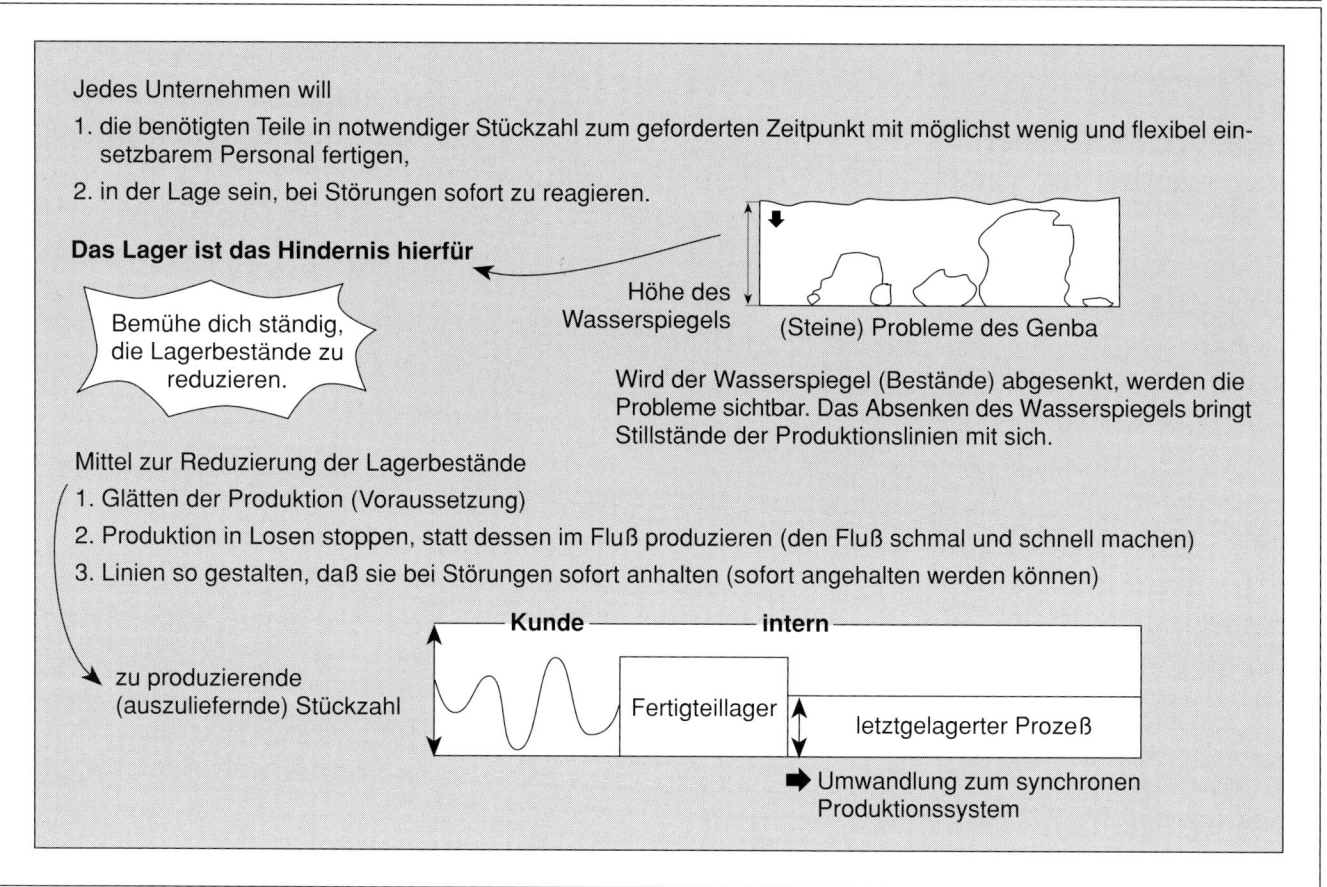

einem bestimmten Zeitpunkt hergestellt werden können, möglichst viel produziert. Dies geschieht ohne Bezug zum konkreten Kunden. Man nennt dies schiebende Produktion.

Obwohl sehr viel vorhanden sind, fehlt es häufig an den benötigten Teilen, und es kommt zu Lieferverzögerungen. Viele Unternehmen produzieren offenbar nach dem Motto: »Verschwendung ist unser Kapital«. Überall gibt es Bestände, nicht ausgelastete Anlagen und Mitarbeiter.

Jedes Unternehmen will im Prinzip durch

1. Synchronisation

2. Autonomation

Produktionsdurchlaufzeiten verkürzen und mit flexiblem Personaleinsatz arbeiten, aber es sind die Lagerbestände, die das Erreichen dieser Ziele verhindern. Deshalb sollte man nicht von angemessenen oder optimierten Lagerbeständen sprechen. Alle Lagerbestände sind schädlich.

> Nimm Dir fest vor, die Lagerbestände, die Wurzel allen Übels, ständig zu reduzieren.

Durch die Verminderung der Lagerbestände werden die verschiedenen Arten der Verschwendung sichtbar. Oder besser gesagt, ohne Eliminierung der Verschwendungen kann es keine Reduktion der Lagerbestände geben. Das Mittel zur Verminderung der Lagerbestände ist die nivellierte, geglättete Produktion, beginnend mit dem letztgelagerten Prozeß.

Der Aufbau des synchronen Produktionssystems, bei dem die benötigten Teile in notwendiger Stückzahl zum geforderten Zeitpunkt gefertigt werden, gelingt nur dann, wenn man in dem Bereich ansetzt, der in direktem Kontakt zum externen Kunden steht. Die Umsetzung muß entgegen der Fließrichtung der Teile bzw. Produkte vom Unterlauf zum Oberlauf erfolgen. Dabei erreicht man schrittweise ein immer höheres Niveau.

Das Konzept des Glättens

Wir leben heute im Zeitalter des Individualismus. Die Unternehmen müssen sich auf die sich vervielfältigenden Wünsche der Kunden einstellen, wenn sie nicht ins Hintertreffen geraten wollen. Die Herstellungskosten werden zu einem großen Teil dadurch bestimmt, inwieweit es gelingt, die Produktionsweise auf Lieferschwankungen und immer größer werdende Produktvielfalt bei kleineren Losgrößen einzustellen.

Die Herstellungskosten werden somit durch die Produktionsweise festgelegt. Sie können nur durch synchrone Produktion gesenkt werden. Es ist einfach entscheidend, kostengünstig herstellen und liefern zu können. Bei der praktischen Umsetzung müssen durch eine geglättete Produktion alle Schwankungen gründlich eliminiert werden. Der Schwerpunkt sollte hierbei weniger auf der Effizienz des einzelnen Bereichs als auf der Effizienz des Gesamtsystems liegen.

Durch ein Fertigteillager wird zunächst sichergestellt, daß den Kundenwünschen unter allen Umständen entsprochen werden kann. Gleichzeitig wird intern die nivellierte, geglättete Produktion konsequent vorangetrieben, Verschwendungen werden eliminiert (Reduzierung der Verlustkosten) und die Durchlaufzeiten verkürzt. Es werden leistungsfähige Linien aufgebaut.

Das Endziel besteht darin, die Produkte genau auf die vielfältigen Kundenwünsche hin herzustellen (minimale Herstellungskosten).

Beim Vorantreiben des synchronen Produktionssystems spielt die Ziffer 1 eine große Rolle. Die Bedeutung dieser Ziffer erklärt sich daraus, daß an der Schnittstelle zum Kunden die 1 letztendlich die kleinste Produktionseinheit darstellt.

2.2 Nivellieren · Glätten der Produktion

Aspekte

Nivellieren bedeutet, die Gesamtstückzahlen für ein bestimmtes Produkt in Tagesmengen einzuteilen. Glätten bedeutet, diese Tagesmengen in weitere Teilmengen zu zerlegen.

Das Konzept des Glättens

Die geglättete Produktion ist die billigste Methode der Güterproduktion. Durch Eliminieren der Schwankungen in bezug auf Sorte und Menge sowie durch geringe Umlaufbestände wird eine hohe Effizienz des Werks insgesamt erzielt. Das Glätten an der letzten Bearbeitungsstation ist besonders wichtig. Schwankungen an der letzten Bearbeitungsstation führen dazu, daß die vorgelagerten Prozesse ihre Umlaufbestände, Anlagen, Arbeitskräfte an den Spitzen orientieren müssen. Je weiter man deshalb stromaufwärts geht, desto stärker sind die Auswirkungen. Verschwendung erzeugt Verschwendung.

Schritte der Umsetzung

1. Nivellieren
(Unterteilen in Tagesmengen)

Sachnummer		monatliche benötigte Stückzahl	Nivellierungsanweisung (20 Arbeitstage) zur Produktion der gleichen täglichen Stückzahl
Ⓐ	123456	2.000	täglich 100
Ⓑ	123457	1.600	täglich 80
Ⓒ	123458	400	täglich 20

2. Glätten
(Tagesmenge wird in weitere Teilmengen unterteilt)

Sachnummer		Tagesproduktion	4 Produktionszyklen Tagesproduktion wird in 4 Teile eingeteilt
Ⓐ	123456	100	täglich wird 25 Stück
Ⓑ	123457	80	4mal ein 20 durch-
Ⓒ	123458	20	Zyklus mit 5 laufen

Die Tagesmenge wird in 4 Teilmengen unterteilt. Dies nennt man 4fach-Zyklen oder 4maliges Heranziehen.

3. Erhöhung der Zyklenzahl
(Häufiges Heranziehen)

Sachnummer		Tagesproduktion	Produktion mit hoher Zyklenzahl (mit 20 Zyklen)
Ⓐ	123456	100	täglich wird 5 Stück
Ⓑ	123457	80	ein Zyklus 4 durch-
Ⓒ	123458	20	mit 1 laufen

Die Teilmenge für das Produkt mit der geringsten Stückzahl wird auf 1 gebracht. Die Teilmengen der anderen Produkte betragen ein Vielfaches.

Jedes Produkt wird in dem Zeitrahmen, der durch den Verkauf vorgegeben wird, gefertigt.

4. Anzustrebende Form

Ⓐ Ⓑ Ⓐ Ⓑ Ⓐ Ⓒ Ⓐ Ⓑ Ⓐ Ⓑ

Das Endziel besteht aus einer weiteren Aufteilung, so daß kein Teil öfter als zweimal hintereinander in rhythmischer Arbeit produziert wird.

2.3 Warum glätten?
Ziel

Wie können diese Anforderungen erfüllt werden?

Nur die benötigten Teile in notwendiger Stückzahl zum geforderten Zeitpunkt produzieren (richtige Reaktion auf die geforderte Produktvielfalt).
(Muß mit minimalen Beständen, Maschinen und Arbeitskrafteinsatz (Personal) geschehen)

Das Glätten aller Prozesse ermöglicht die niedrigsten Herstellungskosten.

Der Kunde ist egoistisch!
(Er verlangt eine große Produktvielfalt.)

Sei fest davon überzeugt, daß alle Herstellungskosten durch die Produktionsweise bestimmt werden

Anzustrebende Form

Die Linie muß sofort reagieren können, auch wenn die Produktionsanweisungen wie ein Kartenspiel gemischt und dann wahllos herausgezogen werden (bei geringen Beständen, Maschinen- und Personaleinsatz).

Beim Glätten der Produktion tritt die Fertigungssteuerungsabteilung an die Stelle des Stammkunden.

(Anweisung zum Nivellieren ⇨ Glätten ⇨ Erhöhen der Zyklen)

Die Verkaufsabteilung versucht, einen möglichst schwankungsfreien Produktionsplan aufzustellen
(Plan wird so aufgebaut, daß er eine Stufe oberhalb der Leistungsfähigkeit der Produktionsabteilung liegt).
Die Fertigungsabteilung versucht, sich in Richtung der Produktionseinheit 1 zu bewegen.

Das Nivellieren • Glätten der Produktion bedeutet, daß alle Verschwendungen sichtbar werden.

Visuelles Management

Schlüsselbegriffe

Im Rahmen des synchronen Produktionssystems spielt die Ziffer 1 eine wichtige Rolle.

Das heißt, es wird mit Verkaufsgeschwindigkeit produziert.
Das Glätten der Produktion erfolgt deshalb, um die Produktionslinien so zu stärken, daß sie auf die egoistischen Anforderungen des Kunden reagieren können (das Glätten ist bestimmt kein Selbstzweck).

In dem durch den Verkauf vorgegebenen Zeitrahmen produzieren.
(Bei stückweisem Verkauf muß die Produktion auch stückweise erfolgen.)

Gesichtspunkt

Das Lager ist die Wurzel allen Übels.
(Es nimmt das Moment der Spannung aus dem Management und verhindert das Aktivieren des Kaizenprozesses)

Nivellierte Produktion (Unterteilen in Tagesmengen)

Schritt 1 der Umsetzung

Beim ersten Schritt der Umsetzung werden, angefangen beim letztgelagerten Prozeß, jeweils nur die Tagesmengen eines bestimmten Produktes gefertigt. Die Fertigungssteuerungsabteilung, die die Produktionspläne erstellt, tritt für den letztgelagerten Prozeß an die Stelle des Stammkunden. Dabei ist es wichtig, daß diese präzise die jeweiligen Stückzahlen heranzieht. Das ist die alles entscheidende Grundlage.

Bei der praktischen Umsetzung stellt man oft fest, daß es nicht möglich ist, die Fertigung aller Produkte (Sachnummern) zu nivellieren. Dies kann daran liegen, daß die Anzahl der zu fertigenden Produkte geringer ist als die Anzahl der Arbeitstage, so daß die Fertigung bereits in der ersten Monatshälfte beendet ist.

Solche Produkte werden im Unterschied zu den regulären als irregulär bezeichnet. Für diese Produkte werden im Tagesablauf freie Zeiten für die Produktion eingerichtet. Bezogen auf die Anzahl der Sachnummern wird der Anteil dieser irregulären Produkte relativ hoch sein, bezogen auf die Gesamtstückzahlen werden sie aber allenfalls 20 – 30 Prozent ausmachen.

Ein anderes Problem, auf welches man bei der Umsetzung sofort stößt, stellen die Umrüstzeiten dar. Man erlebt schmerzhaft, zu welch langen Stillständen der Linie das Umrüsten führt (detaillierte Erläuterungen hierzu in Kapitel 5). Diese Probleme dürfen nicht dazu führen, daß man aufgibt. Es muß alles getan werden, die Umrüstzeiten zu verkürzen, auch wenn dies höheren Personaleinsatz erfordert. Hier hilft nur Kaizen und nochmals Kaizen! Solange die Kaizenmaßnahmen noch nicht greifen, müssen Überstunden gefahren werden. Die Kaizenmaßnahmen führen jedoch schließlich zu einem Abbau der durch die Überstunden verursachten Kosten. Dieser Zusammenhang macht die Notwendigkeit für die Verbesserung des Umrüstens deutlich.

Ein weiterer wichtiger Punkt ist, daß die Auslieferungsstelle für die Fertigteile von der Linie aus nicht zu sehen sein darf. Auch der Produktionsplan darf nur am letztgelagerten Prozeß ausgehängt werden, nicht am vorgelagerten (Produktionsanweisungen ergehen nur an eine Stelle).

Der jeweils nachgelagerte Prozeß zieht exakt die festgelegten Stückzahlen vom vorgelagerten Prozeß heran. Nur auf diese Weise erfährt der vorgelagerte Prozeß den Umfang der Monatsproduktion. Teile, von denen nur ein Stück pro Monat gefertigt werden, werden als Fertigteile vorrätig gehalten, Teile, die nur einmal in zwei Monaten produziert werden müßten, sollten erst gar nicht hergestellt werden. Produkte, die nur auf einen einmaligen Auftrag hin hergestellt werden, werden in Tagesmengen produziert. Auf keinen Fall darf lediglich auf der Grundlage von Erwartungen hin produziert werden.

2.4 Nivellieren der Produktion

Schritt 1 der Umsetzung

Aspekte

Beim Nivellieren wird die Gesamtstückzahl für jedes einzelne Produkt (Produkt A, B, C) in gleiche Tagesmengen (A täglich 100, B täglich 80, C täglich 20) eingeteilt.

In der Realität gibt es wenige Linien, über die lediglich 2 – 3 Sachnummern fließen, in vielen Fällen sind es 10 – 20 Sachnummern. Aber diese Linien sind wegen langer Umrüstzeiten wenig leistungsfähig.

70 – 80% der Tagesproduktion entfallen auf die Hauptprodukte.

Beginne beim Nivellieren mit den Hauptprodukten!

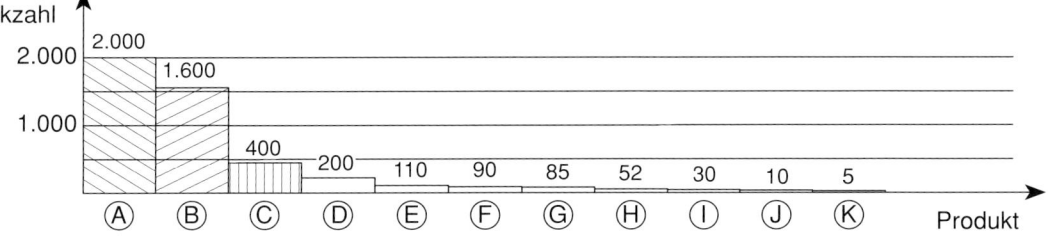

Die Produkte A, B und C werden täglich in jeweils gleicher Stückzahl produziert – es werden reservierte Zeiten bestimmt (reguläre Produkte).

Für die Produkte D – K wird der Tag des Heranziehens festgelegt – es werden freie Zeiten bestimmt und in geplanter Produktion produziert (irreguläre Produkte).

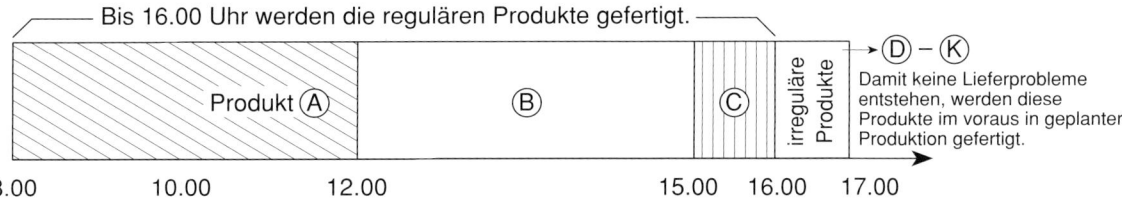

Gesichtspunkte

Die Auslieferungsstelle muß sich an einem Ort befinden, der von der Linie aus nicht zu sehen ist!
Wenn das Fertigteillager von der Linie aus eingesehen werden kann, führt das dazu, daß sich die Mitarbeiter in einem falschen Sicherheitsgefühl wiegen. Die Fertigungssteuerungsabteilung zieht zu festgelegten Zeiten (stündlich) festgelegte Mengen vom Linienende (Fertigteilwarenhaus) ab. Wenn die festgelegte Stückzahl (A 25 Stück) zur festgelegten Zeit (10.00 Uhr) nicht fertiggestellt ist, ist die Produktionslinie verpflichtet, diese Teile sofort nach ihrer Fertigstellung an die Fertigungssteuerungsabteilung (Lager) zu liefern.

Schritte

1. Zunächst erfolgt das Glätten des letzten Bearbeitungsprozesses
   (Hauptprodukte kommen auf reservierte Zeitplätze, die Exoten auf die freien Zeitplätze)
2. Den vorgelagerten Prozessen wird die Anzahl der täglich benötigten Teile bekanntgegeben (sie bekommen grundsätzlich keinen Produktionsplan, außer für die Exoten D – K)

2. Schritt 2: Nivellieren und Glätten der Produktion

Fortsetzung von Abbildung 2.4

3. Das Abziehen der Fertigprodukte erfolgt exakt zur festgelegten Zeit in festgelegter Menge. So wird eine Situation geschaffen, die auf einen Blick erkennen läßt, ob die Produktion zu schnell oder zu langsam ist.

Visuelles Management

Beispiel für das Nivellieren einer Sachnummer, die an einen Kunden geliefert wird

	Zeitplan Punkte	Tag 1	2	3	4	5	6	7	8	9	10
1.	Auslieferungsanweisung	0	0	200	0	400	200	0	200	0	100
	Bedingungen Fertigstellung am Tag vor der Auslieferung										
	A. Summe der benötigten Stückzahl		200		600	800		1.000		1.100	
	B. benötigte tägliche Stückzahl berechnet aus A	100	100								
		150	150	150	150				1.000 Stück/ 7 Tage		
	Es muß das Maximum produziert werden, da man sonst am 6. Tag Lieferschwierigkeiten bekommt	(160)	(160)	(160)	(160)	(160)					
		143	143	143	143	143	(143)	(143)			
		123	123	123	123	123	123	123	(123)	(123)	
	C. Maximum der berechneten B	160	160	160	160	160	143	143	123	123	
2.	D. Anweisung für das Nivellieren	160									→
	E. Summe der produzierten Teile	160	320	480	640	800	960	1.120	1.280	1.440	
3.	Lagerbestand nach Auslieferung	160	320	280	440	200	160	320	280	440	
4.	Maxima der Lagerbestände				440					440	

Das Glätten der Produktion führt zu einer Erhöhung der Zyklen

Schritte 2 und 3 der Umsetzung

Repräsentativ für die geglättete Produktion ist die Produktion in vier bzw. acht Zyklen (vier- bzw. achtmaliges Heranziehen). Die gleiche Sachnummer wird alle zwei Stunden bzw. jede Stunde vom Fertigteillager herangezogen. Wenn dies gelingt, bedeutet dies, daß die Warenhäuser in den vorgelagerten Prozessen im Vergleich zur nivellierten Produktion mit einem Viertel bzw. einem Achtel der Bestände auskommen. Die große Hürde hierbei ist wieder das Umrüsten. Wenn man dies nur halbherzig angeht, werden die Lagerbestände nie kleiner!

Es ist anzustreben, die Zyklen immer weiter zu erhöhen, bis die Produktionseinheit 1 erreicht ist. Alle Prozeßstationen sollen gleichsam wie durch eine

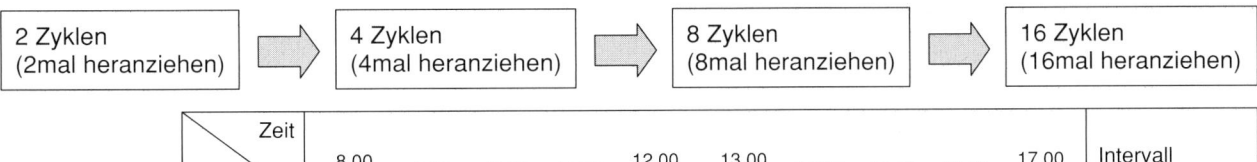

Schritt 2 der Umsetzung

Aspekt 1

Wenn sich die nivellierte Produktion stabilisiert hat, wird als nächstes die Tagesmenge in Teilmengen unterteilt.

| 2 Zyklen (2mal heranziehen) | ⇒ | 4 Zyklen (4mal heranziehen) | ⇒ | 8 Zyklen (8mal heranziehen) | ⇒ | 16 Zyklen (16mal heranziehen) |

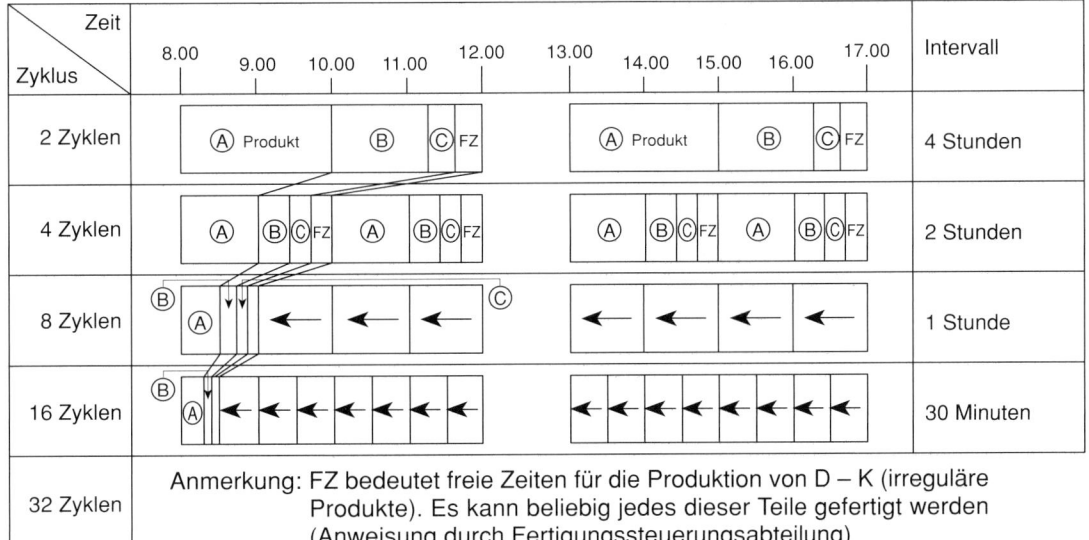

Bestände am vorgelagerten Prozeß auf 1/4 reduziert

Bestände am vorgelagerten Prozeß auf 1/16 reduziert

Anmerkung: FZ bedeutet freie Zeiten für die Produktion von D – K (irreguläre Produkte). Es kann beliebig jedes dieser Teile gefertigt werden (Anweisung durch Fertigungssteuerungsabteilung)

Schlüsselbegriffe

Die Anzahl der Zyklen drückt aus, wie oft das gleiche Produkt (Sachnummer) im Laufe eines Tages von der Auslieferungsstelle herangezogen wird.

Häufig wird mit 4 Zyklen (alle 2 Stunden), 8 Zyklen (jede Stunde), 16 Zyklen (alle 30 Minuten) gearbeitet.

Aspekt 2

Durch diesen Zyklus werden die verschiedenen Prozeßstationen wie durch eine Kette miteinander verknüpft, und die Fertigung wird synchronisiert (die vorgelagerten Prozesse produzieren nichts Überflüssiges, die Umlaufbestände sind auf ein Minimum reduziert).

Zu den irregulären Produkten zählen solche, die nicht täglich fließen: Produkte, bei denen im 4-Zyklen-Modus weniger als 4 Stück produziert werden – Teile, die auf Grund der Verpackung in festgelegter Stückzahl produziert werden müssen usw.

Die freien Zeiten liegen grundsätzlich so, wie in der Skizze angegeben. In einer Übergangszeit ist es aber auch denkbar, alle irregulären Teile nach Beendigung der Zyklen hintereinander zu produzieren.

2.6 Erhöhen der Zyklenzahl
Schritt 3 der Umsetzung

Aspekt 1

An jedem Tag zu jeder Stunde werden jeweils die gleichen Produkte hergestellt. Die Zyklen werden verkürzt und die Anzahl erhöht.

Unter den Produkten, die mit hoher Zyklenzahl gefertigt werden, wird dasjenige mit der geringsten Stückzahl auf eine Produktionseinheit von 1 gebracht.

Sachnummer	Tagesproduktion	Produktion mit hoher Zyklenzahl (mit 20 Zyklen)		
A	123456	100	5	Stück durchlaufen
B	123457	80	täglich wird ein Zyklus mit	4
C	123458	20		①

> Das Endziel des synchronen Produktionssystems ist die Produktionseinheit 1. Bei C ist keine weitere Verringerung möglich.

> Es ist umgekehrt auch möglich, die Zyklenzahl zu erhöhen, um dadurch die Notwendigkeit für die Verkürzung der Umrüstzeiten dringender zu machen.

Kaizenmaßnahmen

Zur Erhöhung der Zyklenzahl ist es unumgänglich,

1. die Umrüstzeiten zu verkürzen – Ein-Griff-Umrüsten (das Niveau des Umrüstens bestimmt das Ausmaß der Glättung und die Zyklenzahl)
2. Schlechtteile/Maschinendefekte auszumerzen (Rationalisierung, Stabilisierung der Linien)
3. die Einheit des Heranziehens vom vorgelagerten Prozeß auf 1 zu bringen (Zuverlässigkeit des vorgelagerten Prozesses und des Transports)

Gesichtspunkte

Durch die Verkürzung der Zyklen und die Erhöhung der Zyklenzahl können die Bestände in den vorgelagerten Prozessen (Warenhäusern) auf der Basis eines Vertrauensverhältnisses jeweils auf 1/2, 1/4, 1/8, 1/16 verringert werden.

Die vorgelagerten Prozesse fertigen mit Blick auf das Warenhaus in der Reihenfolge, in der vom nachgelagerten Prozeß abgezogen wird. Sie produzieren nur die abgezogene Menge (die vorgelagerten Prozesse erhalten zwar keinen Produktionsplan, aber Richtwerte für die Stückzahl jeder Sachnummer).

Produktionsmodus   1 Zyklus

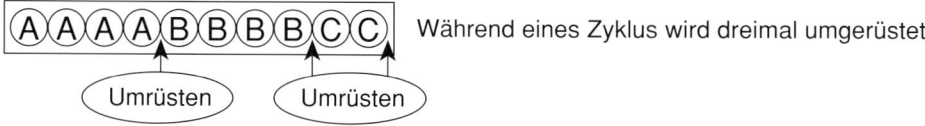

Während eines Zyklus wird dreimal umgerüstet.

Endloskette miteinander verknüpft werden. Es muß eine Kette sein, die durch ein zuverlässiges Logistiksystem zwischen den Prozeßstationen und minimierte Umrüstzeiten getragen wird. Eine Kette deshalb, weil man nicht schieben, wohl aber ziehen kann (der nachgelagerte Prozeß zieht heran).

Anzustrebende Form

Schritt 4 der Umsetzung

Die Herstellungskosten für ein Produkt werden durch Qualität, Menge und Zeit bestimmt (Zeit ist Geld). Der Zeitrahmen wird ermittelt, indem die Arbeitszeit durch die benötigte Stückzahl dividiert wird. Dieser Zeitrahmen wird Taktzeit genannt (detaillierte Erläuterungen hierzu in Kapitel 7).

Wenn man alle Produkte, Teile und Zukaufteile in Taktzeit herstellt bzw. heranzieht, führt dies zur Reduktion der Herstellungskosten. Wenn es zudem gelingt, alle Produkte und Teile in Taktzeit und darüber hinaus nie mehr als zwei hintereinander in rhythmischer Arbeit zu produzieren, ist es mit geringstem Einsatz an Beständen, Anlagen und Personal möglich, kurze Durchlaufzeiten zu erzielen und die vom Kunden geforderte Produktvielfalt zu realisieren.

2.7 Anzustrebende Form für die geglättete Produktion
Schritt 4 der Umsetzung

Aspekt 1

Für jedes Produkt gibt es einen **notwendigen Zeitrahmen** (jedes Produkt sollte in dem durch den Verkauf vorgegebenen Zeitrahmen produziert werden).

Bei stückweisem Verkauf wird auch stückweise produziert.

⇨ **Produktion ist ein genaues Abbild des Verkaufs**
(Produktionsprojektion 1:1)

Zeitrahmen

Sach-nummer	Tagespro-duktion	Arbeits-zeit	Zeitrahmen
A 123456	100	480 min	4,8 min/Stück (480/100)
B 123457	80	(60 min x 8)	6,0 min/Stück (480/80)
C 123458	20		24 min/Stück (480/20)

> Im Falle von Produkt A ist es ausreichend, wenn alle 4,8 min ein Teil produziert wird.

Dieser Zeitrahmen wird Taktzeit genannt (detaillierte Erläuterung in Kapitel 7).

Der Zeitrahmen (Taktzeit) für A, B und C wird in der nachfolgenden Skizze dargestellt.

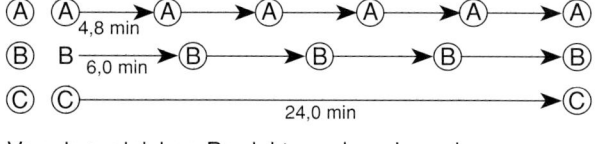

Von dem gleichen Produkt werden nie mehr als 2 hintereinander in rhythmischer Arbeit gefertigt.

> Die Taktzeit der Linie beträgt 480 min/200 Stück = 2,4 min/Stück

Es wird jedesmal mit einem Griff umgerüstet

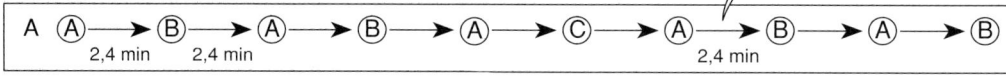

Das Umrüsten wird in die rhythmisch sich wiederholende Arbeit integriert (Arbeitselement)

Wenn es gelingt, auf diese Weise zu produzieren, ist man in der Lage, unmittelbar auf jeden Kundenwunsch zu reagieren.

Als nächstes werden Kaizenmaßnahmen, Reformen und Veränderungen mit dem Ziel eingeleitet, daß auch der vorgelagerte Prozeß wie oben dargestellt in rhythmischer Wiederholung produzieren kann (Reduzierung der Bestände).

Fortsetzung von Abbildung 2.7

Glätten der Produktionsmenge und des Arbeitsvolumens

Es geht darum, wie man die geglättete Produktion mit möglichst wenig Mitarbeitern bewerkstelligen kann.
Reduzierung der Herstellungskosten ⇨ Reduzierung der Mitarbeiter

Angenommen, man hat folgende Arbeitsvolumina:

Produkt A	5 Bearbeitungsstationen	5 Personen
Produkt B	7 Bearbeitungsstationen	7 Personen
Produkt C	10 Bearbeitungsstationen	10 Personen

und einen Zyklus ⒶⒷⒶⒷⒶⒸⒶⒷⒶⒷ

Produktions-reihenfolge		Stationen										benötigte Stationen
		Station 1	2	3	4	5	6	7	8	9	10	
1 Zyklus ↓	A	○	○			○				○	○	5
	B	○	○	○		○	○			○	○	7
	A	○	○			○				○	○	5
	B	○	○	○		○	○			○	○	7
	A	○	○			○				○	○	5
	C	○	○	○	○	○	●	●	●	○	○	10
	A	○	○			○				○	○	5
	B	○	○	○		○	○			○	○	7
	A	○	○			○				○	○	4
	B	○	○	○		○	○			○	○	7
Anordnung der Mitarbeiter		☙	☙	Station 3 und 6 ☙		☙	○			☙	☙	

> Bei der Produktion von Produkt C übernimmt der Mitarbeiter die Stationen 3 und 4

Es wird mit 6 Personen gearbeitet.

○ Bei der Produktion des Teils C werden die Stationen 6, 7 und 8 vom Logistiker oder vom Meister bedient. Es gibt noch Kaizenbedarf.

3
Schritt 3: Einzelstück(satz)fluß

Der Einzelstück(satz)fluß ist der Ausgangspunkt des synchronen Produktionssystems. Die große Bedeutung der Ziffer 1 wird hier konkretisiert. Er stellt die Voraussetzung für den Aufbau der Fließfertigung dar, die im nächsten Schritt behandelt wird. Der Einzelstück(satz)fluß ermöglicht es, an allen Bearbeitungsstationen nach festgesetzten Regeln und zeitgenau zu arbeiten. Das zugrundeliegende einfache Prinzip wird von den meisten zwar verstanden, aber häufig nicht umgesetzt. Es wird demgegenüber in großen Losen produziert, was zur Folge hat, daß zwischen den einzelnen Bearbeitungsstationen große Pufferbestände vorgehalten werden. Es besteht hierbei eben ein großer Unterschied zwischen Verstehen und Realisieren können.

Wo viele Menschen zusammenarbeiten, wird die Notwendigkeit von Teamarbeit schnell offenbar. Gerade der Einzelstück(satz)fluß führt in Teamarbeit zu effizienten Arbeitsabläufen. Außerdem besteht hier die Möglichkeit, beim Auftreten von Qualitätsmängeln sofort Maßnahmen zu treffen.

Um den Einzelstück(satz)fluß wirklich umsetzen zu können, müssen die Bewegungsabläufe durch ständiges Üben in Fleisch und Blut übergehen. Was auf den ersten Blick so einfach aussieht, erweist sich in Wirklichkeit jedoch als äußerst schwierig. Denn der Einzelstück(satz)fluß bedeutet sowohl, daß jedes(r) Stück (Satz) einzeln gefertigt, transportiert, weitergegeben wird als auch, daß das gleiche Produkt nicht mehrmals hintereinander gefertigt bzw. weitergegeben wird.

Die anzustrebende Form besteht in einem ununterbrochenen, durchgängigen Einzelstück(satz)fluß vom Vormaterial bis hin zum Fertigprodukt. Da dies nicht auf einmal zu erreichen ist, wird zunächst der Einzelstück(satz)fluß in den einzelnen Produktionslinien aufgebaut. Diese werden schrittweise miteinander verknüpft, so daß letztendlich das ganze Werk bzw. Unternehmen zu einer großen Linie mit Einzelstück(satz)fluß wird.

Für ein Produkt benötigt man in der Regel Hunderte oder Tausende von Teilen. Fehlt nur ein Teil, ist es nicht verkaufsfähig. Mangelhafte Steuerung kann dazu führen, daß man zwar viele Teile, aber kein verkaufsfähiges Produkt erzeugt. Es kommt wesentlich darauf an, dieses komplizierte System zu vereinfachen und sicher in den Griff zu bekommen. Deshalb muß der Einzelstück(satz)fluß mit Mut und Entschlos-

3.1 Einzelstück(satz)fluß

Bei der synchronen Produktion

wird, auf der Grundlage nivellierter/geglätteter Produktion, angefangen beim letztgelagerten Prozeß, in allen Bearbeitungsschritten von der Fertigstellung bis zum Vormaterialeingang **für jedes Produkt jeweils nur ein Teil (Satz)** transportiert, montiert, bearbeitet oder herangezogen.

Die Produktion erfolgt im Einzelstückfluß, der nachgelagerte Prozeß zieht einzeln heran. (Fertigen und Heranziehen der benötigten Teile in notwendiger Stückzahl zum notwendigen Zeitpunkt.)

- Verkürzung der Durchlaufzeit (Den Materialfluß schmal und schnell machen) — Reaktion auf Produktvielfalt
- Minimale Bestände in den Linien
- Visuelles Management (Standardisierung)
- Aktivierung der Linie

Schlüsselbegriffe

❏ Mit jeweils einem Stück kommt die Linie in Fluß und werden die Stationen miteinander verbunden (es ist immer nur ein Stück notwendig!)

❏ Sobald ein Teil die Linie verläßt, ein Teil eingeben (bei der U-Linie liegen Eingang und Ausgang der Linie nebeneinander), Reaktion im Verhältnis 1:1

❏ Informationen und Kaizen auch im Einzelstückfluß

Aspekte

❏ Verwandle beim Einzelstückfluß die anderen Verschwendungsarten in Verschwendung durch Wartezeit (Verschwendung durch Überproduktion, Verschwendung bei der Bearbeitung, Verschwendung durch Transport, Verschwendung durch Bewegung)

❏ Bringe die Arbeit in Fluß! ⇨ Verknüpfe die Einzelflüsse!

❏ Gerade der Einzelstückfluß ist ein geschichteter Fluß

senheit zu einer zukunftsorientierten Veränderung aufgebaut werden. Unter unbeirrtem Festhalten an seinen Grundprinzipien wird unablässig an weiteren Verbesserungen gearbeitet.

Das Prinzip, an allen Stationen nur die benötigten Teile zu fertigen, wird dadurch realisiert, daß die Bearbeitungs- und Montagestationen in der Reihenfolge der Arbeitsabläufe aufgestellt werden (Aufbau einer Fließfertigung). Dabei durchläuft jedes(r) einzelne Stück (Satz) alle Stationen ohne Unterbrechungen im Takt. Man kann sich das bildlich wie ein Orchester vorstellen, das nach dem Willen des Dirigenten spielt, oder wie ein Ruderachter, in dem der Schlagmann den Takt vorgibt.

Da der Endverbraucher als Einzelperson in der Regel nur ein(en) Stück (Satz) kauft, muß der Produktionsbetrieb einzeln produzieren. Dieses Prinzip gilt auch für die Teilefertigung und den Transport.

Es geht mit anderen Worten um die konsequente Verwirklichung der synchronen Produktion mit Einzelstück(satz)fluß. Es dürfen keine nicht benötigten Teile produziert werden. Die Beschränkung der Fertigung auf solche Teile, die sofort verkauft werden können, führt zu einer Verkürzung der Produktionsdurchlaufzeit (Vorfertigung plus Montage plus Stillstandszeiten) und damit zur Reduzierung der Herstellungskosten. Hierbei ist besonders wichtig, daß auch die Informationsweitergabe und Kaizenmaßnahmen in einem Einzelstückfluß erfolgen.

Der Einzelstückfluß der Informationen

Produktionsbetrieb

Ein Übermaß an Informationen führt tendenziell zu Überproduktion und zu Fehlern in der Reihenfolge. Dies ist die Ursache dafür, daß die tatsächlich benötigten Teile nicht zum geforderten Zeitpunkt vorhanden sind. Aus beidem entstehen unbewegliche Produktionsstrukturen, die auf Diversifikation nicht hinreichend reagieren können.

Kaufmännischer Bereich

Gegenwärtig geht man in der Fülle der Information fast verloren. Es ist jedoch notwendig, die wichtigen Dinge auszuwählen. Die Schrittfolge Information (1), Verarbeitung (2), Entscheidung (3) und Umsetzung (4) muß daher auch im Einzelstückfluß ablaufen. Es ist jeweils immer nur eine Information wirklich notwendig.

Der Einzelstückfluß der Kaizenmaßnahmen

Um Kaizen durchführen zu können, müssen zunächst die Verschwendungen als solche identifiziert werden. Häufig werden jedoch Abweichungen und Störungen nicht erkannt oder einfach hingenommen. Die vorgesehenen Kaizenmaßnahmen müssen immer eine nach der anderen exakt und vollständig umgesetzt werden. Versucht man, viele Kaizenschritte gleichzeitig zu gehen, so kommen nur halbe Sachen heraus, und man verliert die Orientierung.

Die Umsetzung des Einzelstückflusses in allen Bereichen führt zu einer Verkürzung der Durchlaufzeiten, zur Fähigkeit, auf Diversifikation flexibel reagieren zu können, zu einer Reduzierung der Herstellungskosten und einer hohen Qualität.

Standardisierter Puffer

Die Festlegung eines standardisierten Puffers ist eine unabdingbare Voraussetzung für die Realisierung des Einzelstückflusses. Mit jeweils einem Stück im Puffer wird der Fluß der Produktion und die Verbindung zwischen den Bearbeitungsstationen aufrechterhalten. In welchem Umfang Verschwendungen sichtbar gemacht werden können, hängt von der Konsequenz ab, mit der die Standards für den Puffer und für die rhythmisch sich wiederholende Arbeit der Werker eingehalten werden. Es ist daher wichtig, die tatsächliche Stückzahl im standardisierten Puffer anzuzeigen. Da nun ständig Hinweise auf Abweichungen erfolgen können, muß der Meister den Genba ständig beobachten und sofort Kaizenmaßnahmen einleiten können. Dies ist ein weiteres Ziel der Reform an den Linien.

Visuelles Management

Es geht nicht alles nach Plan. Deshalb müssen alle Vorgänge möglichst vereinfacht werden. Bei Abweichungen vom Standard sowie bei Störungen müssen Warnsignale erfolgen. Das visuelle Management dient dazu, die Kluft zwischen dem gegenwärtigen Niveau der Managements und dem anzustrebenden Niveau zu erkennen und durch energische Kaizenmaßnahmen zu schließen. Sein Ziel muß darin bestehen, die verschiedenen Verschwendungsarten, die die Herstellungskosten in die Höhe treiben, zu eliminieren. Man darf nicht vergessen, daß das visuelle Management kein Selbstzweck, sondern nur ein Werkzeug ist. Wenn keine Kaizenmaßnahmen hieraus erwachsen, hat es keinen Sinn.

Optische und akustische Signale

Dies sind Werkzeuge zum Anzeigen von Störungen. Zur Erhöhung der Verfügbarkeit (es geht um die Verfügbarkeit, nicht um den Nutzungsgrad; eine Anlage muß immer dann, wenn erforderlich, einsatzbereit sein) werden bei Maschinendefekten, Werkzeugwechsel, Umrüsten usw. Ruf- und Warnsignale eingesetzt. Wichtig ist hierbei, die Zeitplanung so zu gestalten, daß möglichst jede Maßnahme einen zeitlichen Vorlauf erhält. Aufgabe des Werkers ist es, das Rufsignal zu betätigen, das Anhalten der Linie erfolgt durch den Meister (ausgenommen hiervon sind sicherheits- und qualitätsrelevante Fälle). Bei der Eliminierung der Verschwendung wirken so alle mit.

Durch das visuelle Management erhalten alle Beteiligten die gleiche Informationsbasis. Es stellt eine Innovation dar, die auf eigenständiger geistiger Tätigkeit beruhen muß. Für die Einführung des visuellen Managements ist die Zer-

3.2 Standardisierter Puffer

Für die konsequente Umsetzung des Einzelstückflusses wird ein standardisierter Puffer eingerichtet.

Der standardisierte Puffer bezeichnet den Mindestbestand an der Linie, der für die rhythmisch sich wiederholende Arbeit (Einzelstückfluß) unbedingt notwendig ist. Er wird in unmittelbarer Nähe der Maschinen eingerichtet.

Anzeigetafeln an den Puffern (visuelles Management)
(Größe auch von der Werkstückgröße abhängig)

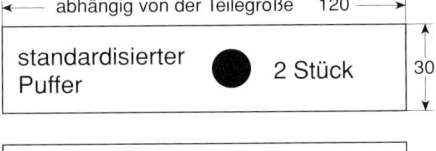

vor der Bearbeitung — standardisierter Puffer ● 2 Stück — abhängig von der Teilegröße 120 × 30

Die Stückzahl des standardisierten Puffers wird an der Ablagestelle angezeigt.

in Bearbeitung — standardisierter Puffer ⊗ 2 Stück

Der standardisierte Puffer wird durch das Maschinenlayout und die Reihenfolge der Arbeitsschritte bestimmt.

Bereich des standardisierten Puffers	Bestände außerhalb des standardisierten Puffers
1. Teile auf eingesetzten Rutschen und innerhalb der Maschine 2. Teile beim Abkühlen, Trocknen, Wasser entfernen, Öl entfernen	1. Für Qualitätskontrolle 2. Für Umrüsten 3. Für Zeitausgleich zwischen verschiedenen Mitarbeitern 4. Kleinteile in den Greifbehältern 5. Bestände für Maschinenstörungen, Schlechtteile, Arbeitsverzögerungen und sonstige Störungen

Aspekte

Der standardisierte Puffer wird möglichst klein gehalten. Je kleiner er ist, desto kürzer die Durchlaufzeit, desto besser die Qualitätssicherung. Die Verschwendungen kommen besser an die Oberfläche, das visuelle Management wird erleichtert.

Durch den rhythmischen Einzelfluß des Materials werden
{
die Bewegungsabläufe der Mitarbeiter,
die Bereitstellung des Materials,
die maschinellen Bewegungen,
die Arbeitsweise und
das Kaizenverfahren
}
klarer erkennbar.
↓
Verschwendungen werden für jeden sichtbar

3. Schritt 3: Einzelstück(satz)fluß

Fortsetzung von Abbildung 3.2

Gesichtspunkte bei der Einrichtung des standardisierten Puffers

Ein minimierter standardisierter Puffer beeinträchtigt gelegentlich die Arbeit (er kann zu Kurzstillständen und damit zu Verschwendung durch Wartezeiten führen).

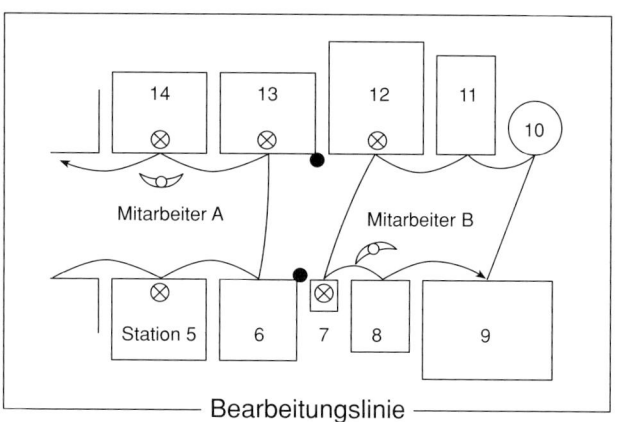
— Bearbeitungslinie —

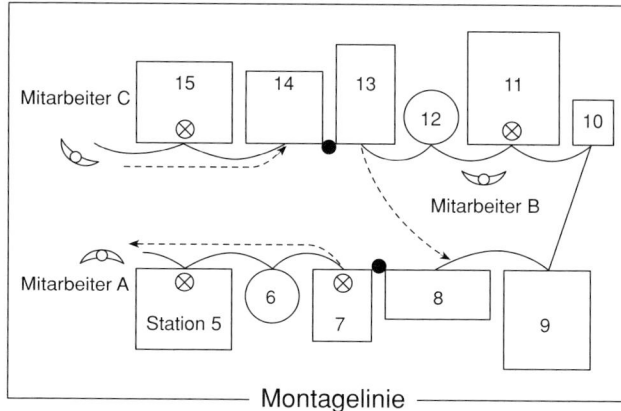
— Montagelinie —

Gesichtspunkte

1. An den Schnittstellen zwischen den einzelnen Werkern wird auf jeden Fall ein standardisierter Puffer eingerichtet. Wenn an der Schnittstelle zwischen den Arbeitsbereichen (in der linken Zeichnung an den Stationen 7 und 13) der Werker an den vorgelagerten Stationen nur etwas langsamer ist (bis zu 5%), braucht kein Puffer eingerichtet zu werden, solange gewährleistet werden kann, daß kein Materialmangel auftritt.

2. Unter dem Gesichtspunkt der Verschwendung durch Wege ist das in der linken Zeichnung dargestellte Layout besser. Bei der Montagelinie sollte auf jeden Fall die Zahl der Schnittstellen zwischen den Werkern möglichst gering gehalten werden. Auch wenn die zu gehenden Wege etwas länger sind, kann die an Montagelinien größere Schwankungsbreite bei weniger Schnittstellen besser aufgefangen werden.

störung der herkömmlichen Managementmethoden unumgänglich.

Aspekte bei der Einführung des Einzelstückflusses

Wie die zugehörige Darstellung zeigt, müssen bei der Schaffung eines für den Einzelstückfluß günstigen Umfelds die drei Bereiche Anlagen, menschliche Arbeit und der Systemaspekt einbezogen werden.

1. Anlagen

Es ist bereits häufig gesagt worden, daß es auch aus Sicherheitsgründen notwendig ist, den Arbeitsbereich von autonomatisierten Maschinen und den Bewegungsbereich der Werker voneinander zu trennen. Das gleiche gilt für die

3.3 Visuelles Management

Bei der Herstellung und dem Transport der benötigten Teile in notwendiger Stückzahl zum geforderten Zeitpunkt kommt es darauf an, die Mitarbeiter, das Material und die Maschinen so miteinander zu kombinieren, daß möglichst schnell und kostengünstig produziert werden kann. Ein gut gemanagter Genba läßt **alle Störungen für jeden Fall sofort erkennbar werden** (⇨ so daß sofort gehandelt werden kann).

Visuelles Management ist **Störungsmanagement**

Werkzeuge für das visuelle Management:
1. Adressen, Stellflächenkennzeichnung (Stellen, von denen Teile geholt werden)
2. Anzeige der Taktzeit
3. Stückzahlenmanagement auf Stundenbasis (Stand der Produktion und reale Fertigungsdauer)
4. Aushängen eines Standardarbeitsblattes (Reihenfolge der Bearbeitungsstationen, standardisierte Puffer)
5. Kanban (nicht benötigte Teile werden nicht produziert, können nicht produziert werden)
6. optische und akustische Signale (für das Heranrufen, bei Linienstillständen, um Störungen anzuzeigen)
7. Schrittmacher
8. farbliches Absetzen

wird in den verschiedenen Kapiteln erläutert

Das System des visuellen Managements:
1. Einzelstückfluß
2. Die verschiedenen Arten der Verschwendung: Verschwendung durch Überproduktion, Verschwendung durch Transport, Verschwendung bei der Bearbeitung als solche, Verschwendung bei Bewegungen — werden in Verschwendung durch Wartezeiten umgewandelt.
3. U-Linien
4. Es wird ein Regiepunkt eingerichtet, von dem aus der Meister die gesamte Linie überblicken kann.
5. Die Informationen für den Genba gehen nur an eine Stelle.

3.4 Aspekte beim Aufbau des Einzelstückflusses

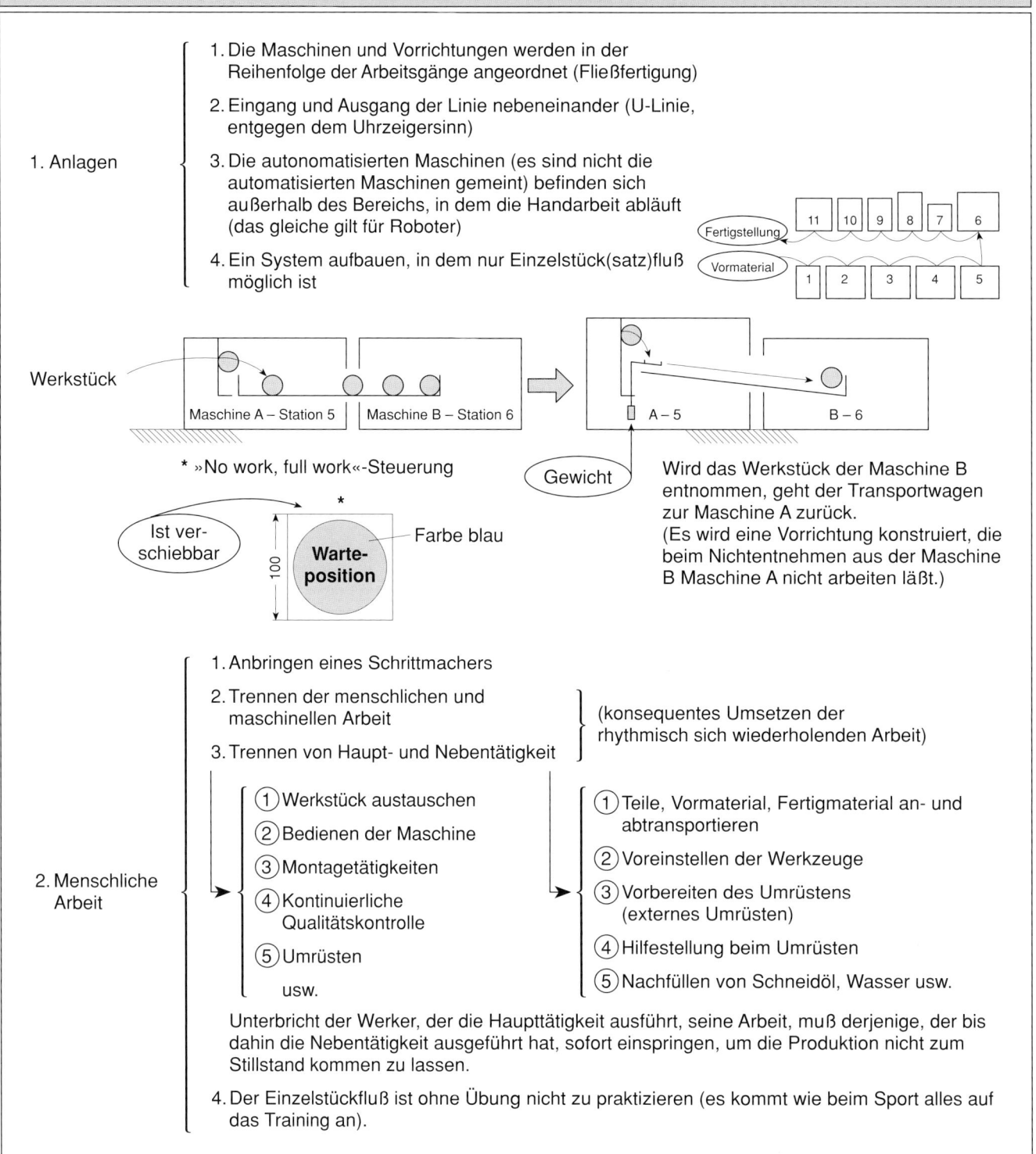

1. Anlagen
   1. Die Maschinen und Vorrichtungen werden in der Reihenfolge der Arbeitsgänge angeordnet (Fließfertigung)
   2. Eingang und Ausgang der Linie nebeneinander (U-Linie, entgegen dem Uhrzeigersinn)
   3. Die autonomatisierten Maschinen (es sind nicht die automatisierten Maschinen gemeint) befinden sich außerhalb des Bereichs, in dem die Handarbeit abläuft (das gleiche gilt für Roboter)
   4. Ein System aufbauen, in dem nur Einzelstück(satz)fluß möglich ist

* »No work, full work«-Steuerung

Wird das Werkstück der Maschine B entnommen, geht der Transportwagen zur Maschine A zurück.
(Es wird eine Vorrichtung konstruiert, die beim Nichtentnehmen aus der Maschine B Maschine A nicht arbeiten läßt.)

2. Menschliche Arbeit
   1. Anbringen eines Schrittmachers
   2. Trennen der menschlichen und maschinellen Arbeit
   3. Trennen von Haupt- und Nebentätigkeit

   (konsequentes Umsetzen der rhythmisch sich wiederholenden Arbeit)

   ① Werkstück austauschen
   ② Bedienen der Maschine
   ③ Montagetätigkeiten
   ④ Kontinuierliche Qualitätskontrolle
   ⑤ Umrüsten
   usw.

   ① Teile, Vormaterial, Fertigmaterial an- und abtransportieren
   ② Voreinstellen der Werkzeuge
   ③ Vorbereiten des Umrüstens (externes Umrüsten)
   ④ Hilfestellung beim Umrüsten
   ⑤ Nachfüllen von Schneidöl, Wasser usw.

   Unterbricht der Werker, der die Haupttätigkeit ausführt, seine Arbeit, muß derjenige, der bis dahin die Nebentätigkeit ausgeführt hat, sofort einspringen, um die Produktion nicht zum Stillstand kommen zu lassen.

   4. Der Einzelstückfluß ist ohne Übung nicht zu praktizieren (es kommt wie beim Sport alles auf das Training an).

Fortsetzung von Abbildung 3.4

3. System	1. Gleichzeitiges Starten und gleichzeitiges Anhalten an festgelegten Positionen
	2. Alle Teile für Produkt satzweise heranziehen (auch Bolzen, Muttern, Unterlegscheiben, Schrauben usw. konsequent umsetzen)
	3. Die Qualität in den Einzelstückfluß integrieren (Stichproben (z.B. 1 von 10) abschaffen)

Prinzip des gleichzeitigen Startens an festgelegten Positionen bei der Bearbeitung und Montage

(Achtung-Fertig-Los-Verfahren)

Dies ist eine Methode, um die **zeitliche Abstimmung der Produktion (Takt)** zwischen den Stationen bzw. Linien, die im Rahmen des synchronen Produktionssystems eine große Rolle spielt, zu ermöglichen.

Wenn ein Produkt fertig wird, schreiten alle Linien, Stationen, Transporte einen Schritt voran, und zwar gleichzeitig.

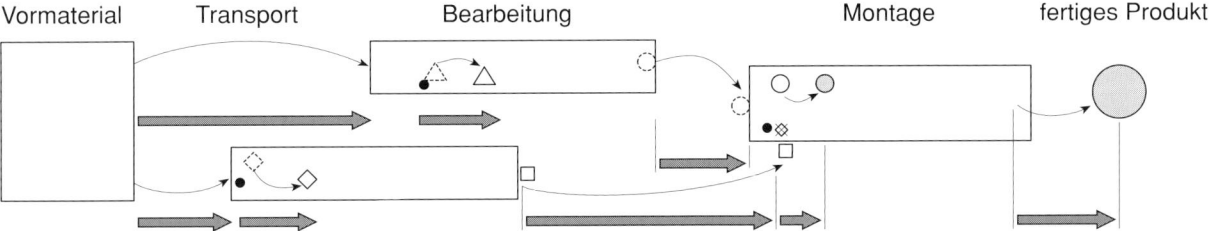

Die durch die Pfeile bezeichneten Stellen sind die Startpositionen für den ersten Takt (werden als Wartepositionen kenntlich gemacht)

Gesichtspunkte

1. Alle Stationen im Werk werden synchronisiert (Produktion in Taktzeit).
2. Es wird an jeder Linie deutlich gemacht, ob die Werker zu schnell oder zu langsam arbeiten. Verschwendung wird auf diese Weise sichtbar (visuelles Management).
3. Verbesserung der Fertigkeiten der Werker.

Einführung von Robotern und anderen hochentwickelten Vorrichtungen. Die Anlagen müssen so konstruiert werden, daß sie nur im Einzelstückfluß arbeiten können. Dieses Problem muß unter Einbeziehung der Fähigkeiten und des Know-how aller Beteiligten möglichst kostengünstig gelöst werden, wobei Transportverschwendungen zu eliminieren sind.

2. Menschliche Arbeit

Das in Abbildung 3.4 genannte Trennen der menschlichen und maschinellen Arbeit wird von vielen scheinbar verstanden. Es gelingt aber nur selten, es umzusetzen. Das Trennen der Haupttätigkeit von der Nebentätigkeit muß konsequent durchgeführt werden. Dies ist eine unabdingbare Voraussetzung für eine rhythmisch sich wiederholende Arbeit, die eine Grundlage des synchronen Produktionssystems bildet. Und es ist der feste Glaube nötig, daß es möglich ist, es zu schaffen. Bei allen die menschliche Arbeit betreffenden Maßnahmen ist die Führungsfähigkeit und die Kraft zur Umsetzung der Manager in besonderem Maße gefordert. Deshalb ist eine ausreichende Vorbereitung und die Festlegung klarer Regeln notwendig.

3. Systemaspekte

In den in Abbildung 3.4 unter Punkt 3 (System) aufgeführten Punkten sind wichtige Inhalte für die Entwicklung und Umsetzung genannt. Das Prinzip des gleichzeitigen Startens an bestimmten Positionen bedeutet konkret die Schaffung der Voraussetzung für die exakte zeitliche Abstimmung der Arbeit an den verschiedenen Bearbeitungsstationen. Die weiterhin aufgeführte satzweise Anlieferung verhindert den vorzeitigen Verbrauch von Arbeitskraft und ermöglicht es, die Arbeitsabläufe in einem möglichst kleinen Bereich zu konzentrieren. Darüber hinaus wird hierdurch ein Beitrag zur Qualitätssicherung (Verhindern von Materialmangel) geleistet. Durch das Hinzufügen von Arbeitsanweisungen wird auch ein Einzelstückfluß für Informationen erzeugt.

Die 100prozentige Qualitätskontrolle schließlich ist eine wichtige Grundlage. Die 100%-Kontrolle muß in den Einzelstückfluß integriert werden, weil sonst keine Ideen für Ein-Griff-Messungen und Autonomation entwickelt werden.

3.5 Anzustrebende Form eines Einzelstück(satz)flusses

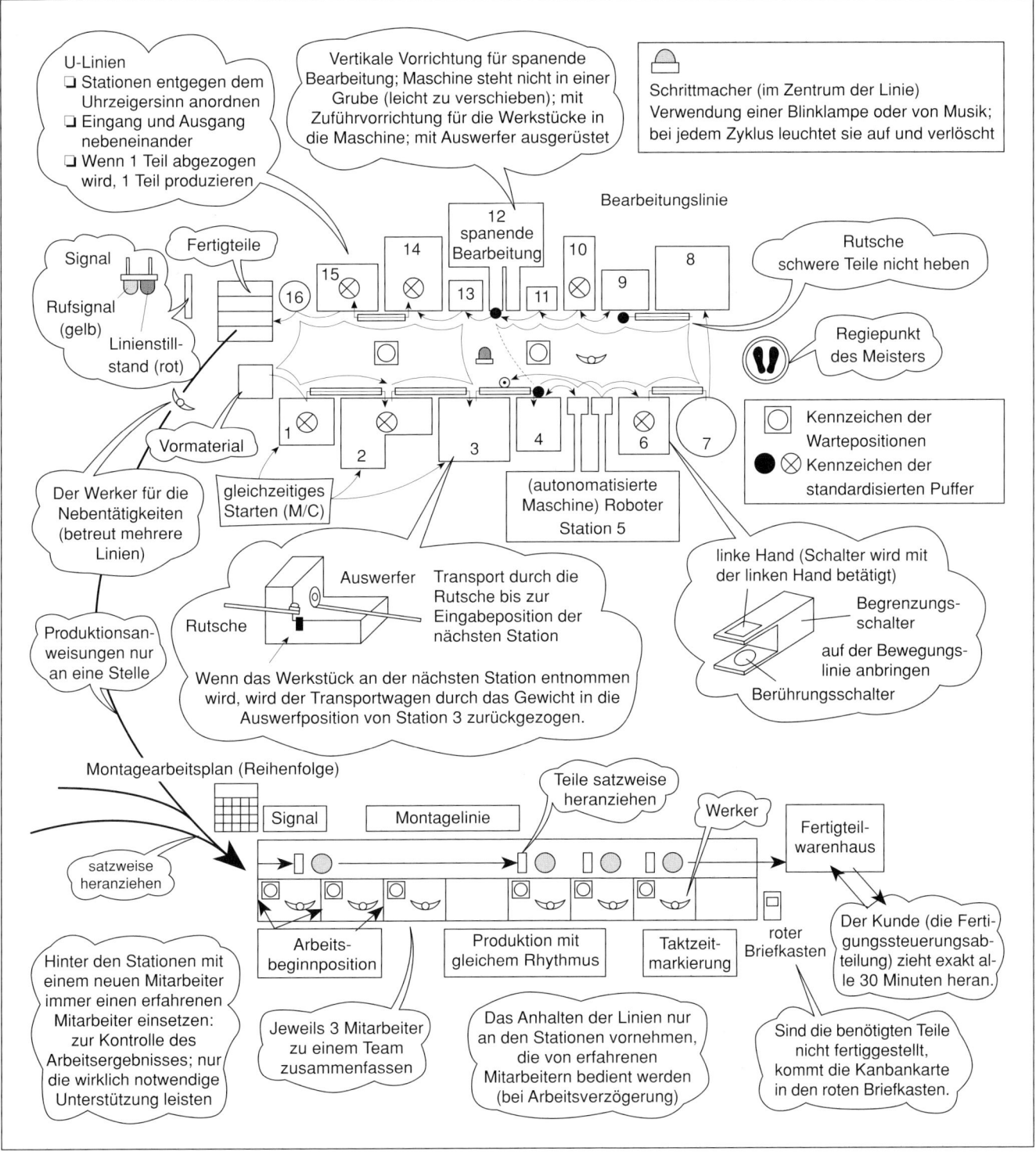

4
Schritt 4: Fließfertigung

Bei dem Wort »fließen« denkt man an einen großen Fluß wie den Nil, der kraftvoll dahinströmt. Auch Produktionsbetriebe müssen vom Eingang des Vormaterials bis hin zur Auslieferung der Fertigprodukte zum Fließen gebracht werden. Erst durch den Fluß werden das Material, die Arbeitsstandards, die Kaizenaktivitäten und die Informationen usw. lebendig. Im Ergebnis bedeutet das, daß nur noch benötigte Teile hergestellt werden und alle Bewegungsabläufe im Werk standardisiert werden. Umgekehrt heißt das, daß es dort, wo kein Fluß existiert, auch keine Standards gibt. Es kommt darauf an, eine starke Strömung zu erzeugen. Die nachfolgend aufgeführten Maßnahmen haben einen bedeutenden ökonomischen Effekt auf das Unternehmen.

❏ Aufbau der Logistik: Durch die Realisierung einer geglätteten Produktion und des Einzelstückflusses wird die Arbeitsweise bestimmt.

❏ Fließfertigung als Basis für Qualitätssicherung, Kaizenaktivitäten und Arbeitssicherheit (durch Standardisierung der Bewegungsabläufe).

❏ Erzeugen einer starken Strömung, die flexibel auf Veränderungen reagieren kann, durch Verkürzung der Durchlaufzeiten, durch Aufbau von U-Linien, durch Heranbildung vielfach qualifizierter Mitarbeiter und aktives Kaizen.

❏ Erzeugen eines effizienten Flusses: Fließfertigung mit flexiblem Personaleinsatz, Trennen von menschlichen und maschinellen Arbeitsabläufen.

Nur in einer Fließfertigung kommen die positiven Wirkungen der Kaizenmaßnahmen und der Heranbildung vielfach qualifizierter Mitarbeiter zum Tragen. Ich wünsche Ihnen, daß Sie dies selbst erfahren.

In vielen Werken werden Dinge produziert, von denen man nicht weiß, ob oder wann sie verkauft werden können, was offenbar niemanden stört. Dies liegt daran, daß als oberste Priorität gilt, Mitarbeiter und Maschinen irgendwie zu beschäftigen. Es wird ebenfalls einfach hingenommen, daß zwar Standardarbeitsvorschriften existieren, diese aber nicht eingehalten werden. An eine rhythmisch sich wiederholende Arbeit bei der Produktion ist unter diesen Umständen gar nicht zu denken. Der Weg zur Realisierung des synchronen Produktionssystems kann nur darin bestehen, konsequent und hartnäckig am Aufbau einer Fließfertigung festzuhalten.

Fließen

Unternehmen müssen es schaffen, die benötigten Teile in notwendiger Stückzahl zum geforderten Zeitpunkt in Fließfertigung zu erzeugen. Bei einer wirklichen Fließfertigung geht es aber nicht allein um die Stückzahlen, sondern ebenfalls um die Reduzierung der Herstellungskosten sowie um Qualität und Arbeitssicherheit. Dies gilt nicht nur für die Produktion als solche, sondern in gleicher Weise auch für den Informationsfluß, die Kaizenmaßnahmen und den indirekten Bereich. Auch Akten und Daten müssen im Einzelstückfluß bearbeitet werden. Ansonsten entstehen Verwirbelungen, und es kommt zu einer Überschwemmung durch Informationen, wobei die tatsächlich benötigten Daten untergehen.

Es gibt verwirbelte und gleichmäßige Ströme. Wenn nach einem Wolkenbruch der Fluß über die Ufer tritt und es zu Überschwemmungen kommt, so werden die damit entstehenden Probleme sofort spürbar. An vielen Produktionslinien allerdings tritt diese Situation regelmäßig auf, ohne daß es jemandem auffällt. Die verschiedenen Bearbeitungsstationen stehen durcheinander. Es ist nicht transparent, welche Arbeitsabläufe im Moment stattfinden. Darüber hinaus werden an die nachgelagerten Prozesse auf einmal große Stückzahlen angeliefert, die vorher extra angesammelt wurden. Das ganze nennt man eine Produktion in Losen. Dies ist ein Beispiel für einen verwirbelten Strom.

Ein gleichmäßiger Strom dagegen fließt immer stetig. Es ist ein Fluß, in dem standardisierte Arbeit erfolgt und in dem in rhythmisch sich wiederholender Arbeit (Taktzeit) produziert werden kann. Hierdurch können die Probleme (Verschwendungen) sichtbar gemacht werden. Qualitätssicherung, Maßnahmen gegen das Wiederauftreten von Störungen und Eliminierung von Verschwendung können nur bei rhythmisch sich wiederholender Arbeit durchgeführt werden.

Zunächst gilt es, einen Fluß zu erzeugen. Wichtig ist, daß es sich dabei um einen gleichmäßigen Fluß handelt. Als erstes wird am Ende jeder Linie ein Warenhaus eingerichtet. Die Werker arbeiten nun im gleichmäßigen Strom. Dabei bedienen sie mehrere hintereinander gelagerte Bearbeitungsstationen, weshalb sie zu vielfach qualifizierten Mitarbeitern herangebildet werden. Anschließend wird das Warenhaus durch Kaizenmaßnahmen verkleinert (stufenweises Kaizen). Der Fluß wird in die kürzeste Bahn, die U-Linie, gezwängt. Dabei werden die Maschinen in der Reihenfolge der Arbeitsgänge möglichst dicht aneinandergestellt.

Die Maschinen sind Werkzeuge zum Herstellen von Gegenständen und gleichzeitig dienen sie als Mittel zum Erzeugen eines gleichmäßigen Flusses. Maschinen brauchen überhaupt nicht teuer zu sein. Man benötigt einfache und preiswerte Maschinen, die den Takt halten können. Bei Produktionssteigerungen kann man sehr effizient reagieren.

4.1 Fließfertigung

Aspekte

> Wo nicht im Fluß produziert wird, entsteht Verschwendung.

Der Fluß der Fertigung (Bearbeitungsstationen, Material, Informationen, Mitarbeiter, Kaizen) gerät nicht ins Stocken.

Dies ist die Voraussetzung für hohe Qualität, für niedrige Herstellungskosten und für eine Reaktionsfähigkeit auf zunehmende Diversifikation.

Wenn an jeder Bearbeitungsstation hohe Bestände existieren (funktional getrennte Fertigungsinseln, Lager, nicht verarbeitete Informationen, Verschwendung), kann man nicht nur keine autonomatisierten Anweisungen geben, auch das visuelle Management (Störungsmanagement) wird unwirksam. In dieser Situation ist nicht erkennbar, ob an der Linie Probleme bestehen oder nicht.

Gesichtspunkte

1. Das Rohmaterial wird in der kürzestmöglichen Zeit zu einem Produkt verarbeitet (Verkürzung der Durchlaufzeiten).

2. Das Produktionssystem ist in der Lage, flexibel auf Änderungen der Produktionsmenge zu reagieren (vielfach qualifizierte Mitarbeiter ⇨ Bedienung vieler hintereinander gelagerter Bearbeitungsstationen durch einen Mitarbeiter).

3. Der Einzelstückfluß gerät ins Stocken, wenn die benötigten Teile nicht in notwendiger Stückzahl zum geforderten Zeitpunkt gefertigt und transportiert werden, die Informationen nicht einzeln fließen und dabei nicht in standardisierter Arbeit gefertigt wird.

4. Der Fluß muß für jedermann sofort erkennbar sein (visuelles Management).

➤ Transparente, lebendige Fertigung im Fluß

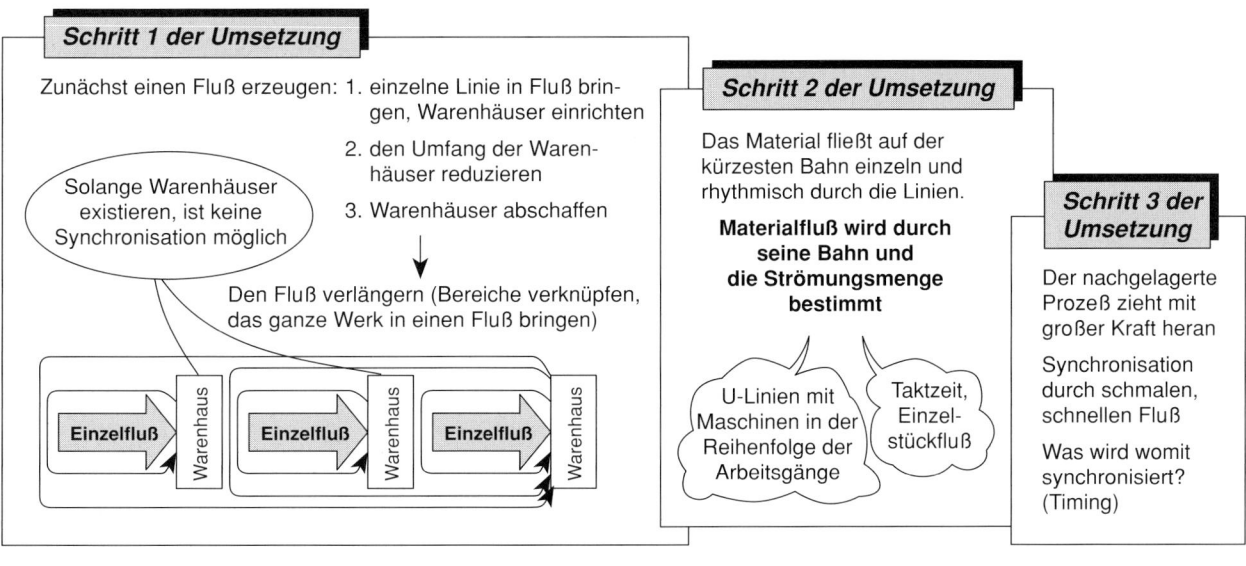

Schritt 1 der Umsetzung

Zunächst einen Fluß erzeugen:
1. einzelne Linie in Fluß bringen, Warenhäuser einrichten
2. den Umfang der Warenhäuser reduzieren
3. Warenhäuser abschaffen

Solange Warenhäuser existieren, ist keine Synchronisation möglich

Den Fluß verlängern (Bereiche verknüpfen, das ganze Werk in einen Fluß bringen)

Schritt 2 der Umsetzung

Das Material fließt auf der kürzesten Bahn einzeln und rhythmisch durch die Linien.

Materialfluß wird durch seine Bahn und die Strömungsmenge bestimmt

U-Linien mit Maschinen in der Reihenfolge der Arbeitsgänge

Taktzeit, Einzelstückfluß

Schritt 3 der Umsetzung

Der nachgelagerte Prozeß zieht mit großer Kraft heran

Synchronisation durch schmalen, schnellen Fluß

Was wird womit synchronisiert? (Timing)

Ein weiterer Aspekt ist die Strömungsmenge. Diese hängt mit dem Einzelstück(satz)fluß und der Produktion in Taktzeit zusammen. Hierbei ist das richtige Timing sehr wichtig, d.h. es darf weder zu schnell noch zu langsam produziert werden. Dies hat große Auswirkungen auf Qualität und Kosten.

> Materialfluß wird durch seine Bahn und die Strömungsmenge bestimmt.

Der letztgelagerte Prozeß muß (Abteilung für Fertigungssteuerung) kraftvoll und entschlossen heranziehen. Dies macht deutlich, was womit synchronisiert wird. Die Probleme kommen in Form von Störungen an die Oberfläche und bilden Ansatzpunkte für Kaizen. Kaizen muß in einer Fließfertigung erfolgen, sonst wird keine Senkung der Herstellungskosten erreicht. Letztendlich muß auch der Abtransport der Leerbehälter, das Anliefern der Einzelteile, das Nachfüllen von Hilfsstoffen und Schneidöl, die Entsorgung von Polierstäuben, Spänen und Müll rhythmisch und im Fluß erfolgen.

Verkürzung der Durchlaufzeiten

Angesichts der großen Diversifikation und Pluralisierung der Märkte ist es in vielen Branchen ein starkes Verkaufsargument, wenn man die vom Kunden gewünschten Produkte schneller liefern kann als die Konkurrenten. Kurze Durchlaufzeiten als solche sind vermarktbar und reduzieren zudem die Kosten. Es kommt darauf an, Stillstandszeiten, die keine Wertschöpfung, aber Berge von Verschwendung darstellen, zu reduzieren. Ich möchte Sie dringend bitten, einmal die Durchlaufzeiten bei Ihrer gegenwärtigen Arbeit zu untersuchen. Sie werden feststellen, wie kurz die wertschöpfende Zeit im Vergleich zur Gesamtdurchlaufzeit ist. Eine lange Durchlaufzeit stellt eine große Entfernung zum Ziel dar, was die Wahrscheinlichkeit von Fehlschüssen vergrößert.

Wenn man treffsicher auf den Markt zielen und schießen will, müssen die Durchlaufzeiten kurz sein, da ansonsten die Treffgenauigkeit abnimmt. Um die Durchlaufzeiten zu verkürzen, müssen die Bearbeitungsstationen in der Reihenfolge der Arbeitsschritte dicht hintereinander stehen. Erst ein gleichmäßiger Strom ermöglicht standardisierte Arbeit und das Erfassen der wahren Störungsursachen. Dadurch kann das Wiederauftreten von Störungen verhindert werden.

U-Linien

Die Maschinen werden in der Reihenfolge der Arbeitsgänge entgegen dem Uhrzeigersinn aufgestellt. Warum entgegen dem Uhrzeigersinn? Weil hier die Materialbewegung von rechts nach links erfolgt und die Werker als Rechtshänder gewohnt sind, mit der rechten Hand Werkstücke beispielsweise in eine Drehbank einzusetzen und mit der linken Hand etwa einen Schalter zu betätigen. Im Baseball und bei der Leichtathletik

4.2 Durchlaufzeiten

Aspekte

Ob es gelingt, ein synchrones Produktionssystem aufzubauen, hängt davon ab, inwieweit die Durchlaufzeit (die Zeit, in der aus dem Vormaterial das Fertigprodukt entsteht) verkürzt werden kann.

Durch die Verkürzung der Durchlaufzeiten ist man in der Lage,
1. den Kunden kurzfristiger zu beliefern
2. auf Veränderungen (Schwankungen der Produktionsmengen, Modellveränderungen usw.) rasch zu reagieren (bei minimalem Fertigteillagerbestand).

Durchlaufzeit der Produktion
Durchlaufzeit der Information
Durchlaufzeit von Kaizen

Die Verkürzung aller Durchlaufzeiten ermöglicht die auftragsbezogene Fertigung und die synchrone Produktion

Durchlaufzeit der Produktion = Bearbeitungszeit + Stillstand

(ist wertschöpfend) (umfaßt Transportzeiten, Prüfzeiten)

(Warenhaus, Stellplätze, standardisierte Puffer)

Gesichtspunkte

Bewertung	Bearbeitungszeit	Stillstandszeit
gut	1	: 200 - 400
mittel	1	: 2.000 - 4.000
schlecht	1	: 20.000 - 40.000
Codes	○	▽ ○ □ ◇

Untersuchungsmethode

Mit Hilfe von Anhängern, Aufklebern und Farbe wird der Zeitraum vom Eingang des Vormaterials bis zur Auslieferung des Fertigproduktes sowie der Anteil der wertschöpfenden Bearbeitungs-/Montagezeit ermittelt.

Schlüsselbegriffe

1. Überall dort, wo das Werkstück nicht verändert wird, herrscht Verschwendung (erkennen, wie lang die Stillstandszeiten sind).
2. Es kommt zu Stillständen, weil zu viel überflüssiges Material, Maschinen und Personal vorhanden sind.
3. Achte darauf, daß die Arbeit der Werker nicht unterbrochen wird.
   ⇨ klare Trennung zwischen menschlicher und maschineller Arbeit
4. Betrachte den gegenwärtigen Fluß als den schlechtestmöglichen! (Bewußtseinsreform)

Reduzierung der Produktionsdurchlaufzeit

(Erzeuge in der kürzestmöglichen Zeit aus Vormaterial verkaufsfähige Produkte)

1. Bestimme Adressen, richte Warenhäuser ein.
2. Minimiere die Bestände
3. Produziere nur Gutteile
4. Einzelstück(satz)fluß in Taktzeit
5. Nivelliere, glätte die Produktion
6. Lege die standardisierte Arbeit fest
7. Gestalte die Linien so, daß sie für jedermann verständlich sind (visuelles Management)
8. Das Erkennen der Kaizenpunkte (Verschwendungen) wird erleichtert
9. Kaizen kommt voran
10. Der Fluß der Linien wird gestärkt

4.3 U-Linien

Aspekte

Um den Fluß der Fertigung zu verbessern, und um besser auf Veränderungen reagieren zu können, wird das bisherige Layout, bei dem die Werker von Maschinen eingeschlossen waren, zu U-Linien verändert, in denen die Maschinen in der Reihenfolge der Arbeitsgänge angeordnet sind, so daß die Werker mehrere Stationen bedienen können.

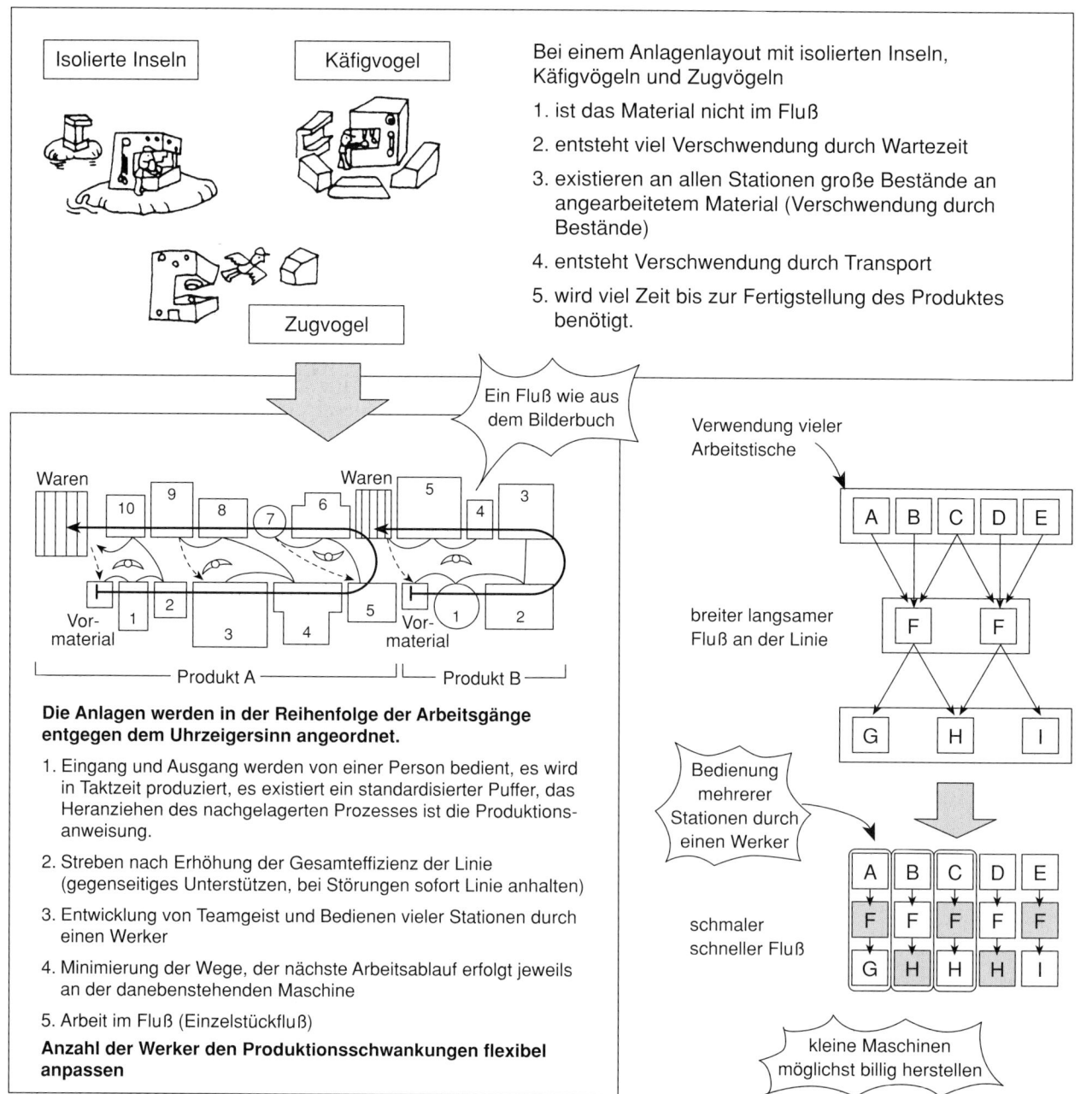

Bei einem Anlagenlayout mit isolierten Inseln, Käfigvögeln und Zugvögeln

1. ist das Material nicht im Fluß
2. entsteht viel Verschwendung durch Wartezeit
3. existieren an allen Stationen große Bestände an angearbeitetem Material (Verschwendung durch Bestände)
4. entsteht Verschwendung durch Transport
5. wird viel Zeit bis zur Fertigstellung des Produktes benötigt.

Die Anlagen werden in der Reihenfolge der Arbeitsgänge entgegen dem Uhrzeigersinn angeordnet.

1. Eingang und Ausgang werden von einer Person bedient, es wird in Taktzeit produziert, es existiert ein standardisierter Puffer, das Heranziehen des nachgelagerten Prozesses ist die Produktionsanweisung.
2. Streben nach Erhöhung der Gesamteffizienz der Linie (gegenseitiges Unterstützen, bei Störungen sofort Linie anhalten)
3. Entwicklung von Teamgeist und Bedienen vieler Stationen durch einen Werker
4. Minimierung der Wege, der nächste Arbeitsablauf erfolgt jeweils an der danebenstehenden Maschine
5. Arbeit im Fluß (Einzelstückfluß)

Anzahl der Werker den Produktionsschwankungen flexibel anpassen

Das synchrone Produktionssystem

gilt das gleiche. Es ist natürlich und damit selbstverständlich.

Warum werden die Maschinen in der Reihenfolge der Arbeitsgänge aufgestellt? Dies geschieht, wie oben bereits erläutert, um in Fließfertigung zu arbeiten. Sie ist das bessere und effizientere System und bringt die Verschwendungen an die Oberfläche. Bitte betrachten Sie die Skizze in Abbildung 4.3. Es gibt eine Linie mit einem breiten und langsamen Fluß und eine mit einem schmalen und schnellen Fluß. Die Werker bedienen die Stationen einmal gemäß den verschiedenen Fertigungsfunktionen und im anderen Fall gemäß den bearbeiteten Teilen. Bei der Arbeit in Fließfertigung (ein Werker bedient mehrere Bearbeitungsstationen) wird die Arbeit gemäß den bearbeiteten Teilen aufgeteilt. Ich möchte besonders darauf hinweisen, daß man für die mit einer Schraffur markierten Maschinen möglichst einfache und billige (kleine Maschinen) einsetzen sollte.

Die bereits vorhandenen Maschinen (zweimal F, G und H) werden selbstverständlich auch eingesetzt. Die verwendete Fläche darf aber auf keinen Fall vergrößert werden. Aus mehreren U-Linien kann gegebenenfalls auch ein Fertigungsgroßraum errichtet werden.

Fertigungsgroßraum

Viele kleine Linien werden zusammengefaßt (Linien, die jeweils nur von einem Werker bedient werden). Sie bilden nur noch eine Linie, an der mehrere Werker arbeiten. Diese Maßnahme erleichtert Kaizen und führt zu einer Reduzierung der Herstellungskosten. Bei gleicher Taktzeit an den verschiedenen Linien wird ein besonders großer Effekt erzielt.

Vielfach qualifizierte Mitarbeiter

Die Schulung vielfach qualifizierter Mitarbeiter ist für den Aufbau einer Fließfertigung und den flexiblen Mitarbeitereinsatz von großer Bedeutung. In der Regel allerdings verlassen wir uns beim Betreiben von Produktionslinien viel zu sehr auf die Fähigkeiten der einzelnen Werker. Dabei wurde versäumt, die Maschinen so zu gestalten, daß sie einfach zu bedienen sind. Ich möchte Ihnen hier sehr dringend ans Herz legen, für den Aufbau einer Fließfertigung auch das System der Maschinen zu verändern. Die Ausbildung vielfach qualifizierter Mitarbeiter für herkömmliche Maschinen würde nämlich große Kosten verursachen. Wenn die Maschinen aber so verändert werden, daß jeder leicht damit umgehen kann, wird die Schulung der Mitarbeiter weniger aufwendig.

Schritt 1 der Umsetzung

Der Meister muß dafür seine eigene Linie genau kennen. Wenn möglich, sollte der Meister auch die vor- und nachgelagerte Linie kennen. Die nächste Generation von Meistern sollte in der Lage sein, zur Unterstützung an die vor- bzw. nachgelagerte Linie zu gehen. Bei Linien, die starken saisonalen Schwankungen unterliegen, sollten Schwesterli-

4.4 Vielfach qualifizierte Mitarbeiter

Aspekte

Schaffung eines gleichmäßigen Flusses an der Linie

Wechsel von der Bedienung nebeneinanderliegender Arbeitsgänge durch einen Werker hin zur Bedienung hintereinanderliegender Arbeitsgänge durch einen Werker

Von einfach qualifizierten zu **vielfach qualifizierten Werkern**

Das Einlegen des Werkstücks in die Maschine mit der Betätigung des Schalters kombinieren (Maschine entsprechend verändern)

Der Schulungsaufwand wird durch Vereinfachung der Maschinen reduziert, so daß auch **ein einfacher Bediener als vielfach qualifizierter Mitarbeiter** eingesetzt werden kann.

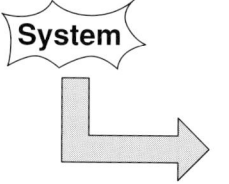

System

→ **Auf dieser Grundlage kann ein Fluß erzeugt werden.**

Gesichtspunkte

Zunächst Rotation der Vorgesetzten
- ❏ Die Vorgesetzten geben ein Beispiel für die von den Werkern verlangte Vielfachqualifizierung, die nach einer gewissen Zeit auch die vor- und nachgelagerten Prozesse einbezieht.
- ❏ Rotation zwischen Haupt- und Nebentätigkeit ist ebenfalls unbedingt notwendig → (Simulation)

Rotation der Werker
- ❏ Der Vorgesetzte muß sich ständig fragen, was er bei Ausfall eines Mitarbeiters tun würde.

1. Zielgerichtet schulen (deutlich machen, um welche Klasse von Mitarbeitern es sich handelt, und kurzfristig umsetzen)

Klasse	Station	Niveau	Anteil	Anmerkung
A	1 2 3 4 5 6 7 8 9 10	alle Stationen innerhalb einer Linie	20%	Umrüsten, Voreinstellungen vornehmen, M/C erhalten, satzweises Anliefern an Montagelinien, Springer, Logistiker
B	1 2 3 4 7 8 9 10 4 5 6 7	alle Stationen an der Linie innerhalb einer Gruppe abdecken	50%	bei der Einteilung der Gruppen unbedingt Arbeitsgänge überlappen
C	4 5 6	beide benachbarten Bearbeitungsstationen	30%	Aushilfskräfte, Zeitarbeitskräfte

2. Die zukünftigen Meister (Klasse A) ständig zur Unterstützung an andere Linien schicken (ca. 10% der Mitarbeiter)
3. Ausweitung des Systems der Vielfachqualifizierung

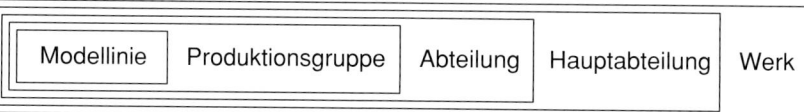

nien eingerichtet werden, mit denen gegebenenfalls ein Austausch vorgenommen werden kann. Wenn zu Beginn der Qualifizierungsmaßnahmen auch die Arbeitsgeschwindigkeit etwas absinkt, ist dies nicht weiter schlimm.

Schritt 2 der Umsetzung

Die vielfach qualifizierten Mitarbeiter werden in drei Klassen (Klassen A, B und C) eingeteilt. An einer Linie mit z.B. 10 Mitarbeitern besteht das Ziel der Qualifizierung der 20 Prozent zur Klasse A darin, daß ein Mitarbeiter zur Unterstützung an andere Linien gehen bzw. als Kaizenmann aktiv werden kann und ein weiterer die eigene Linie zu leiten in der Lage ist.

Ein weiteres Ziel der Maßnahmen ist, daß die Linie auch mit einer Anwesenheitsquote von nur 90 Prozent normal gefahren werden kann. Das Ziel der Qualifizierung für die Klasse C besteht darin, neue Mitarbeiter möglichst schnell zu vollwertigen Kräften heranzuziehen. Dazu ist es notwendig, an jeder Linie drei sogenannte Anfängerstationen einzurichten.

Die Schulung von Aushilfskräften und Ferienarbeitern muß sich auf ein bis zwei Stationen beschränken, aber gründlich sein. Es empfiehlt sich grundsätzlich, vielfach qualifizierte Mitarbeiter nicht bereichsübergreifend in der mechanischen Vorfertigung und im Montagebereich einzusetzen. Der Schulungsplan für diese Mitarbeiter sollte im Pausenraum ausgehängt und erläutert werden. Bei der Ausbildung sollte man bevorzugt mit solchen Mitarbeitern beginnen, die dafür Interesse zeigen.

Signale für das Störungsmanagement

Es gibt verschiedene Werkzeuge des visuellen Managements. Unter diesen spielen die optischen und akustischen Signale eine aktive Rolle (Autonomation des visuellen Managements). Durch sie werden Ausnahmesituationen von der Linie aus angezeigt.

Der Meister muß darauf rasch reagieren. Er begibt sich unverzüglich zu dem gestörten Bereich, untersucht die Situation und leitet konkrete Maßnahmen ein, um das Wiederauftreten der Störung zu verhindern. Zur gründlichen Eliminierung werden die Linien angehalten. Auf diese Weise werden starke betriebssichere Linien aufgebaut.

Es wird oft die Meinung vertreten, daß Linien nur von Werkern angehalten werden dürfen, aber niemals vom Meister. Ich bin dagegen der Auffassung, daß es eigentlich niemals passieren darf, daß die Linie ohne Wissen des Meisters zum Stillstand kommt. Der Werker darf lediglich beim Entdecken von Qualitätsmängeln oder bei Problemen der Arbeitssicherheit die Linie anhalten. Bei Arbeitsverzögerungen, Störungen, Maschinendefekten jedoch betätigt er ein gelbes Rufsignal (SOS). In diesem Falle eilen der Meister und der Springer herbei und versuchen, die Situation zu bereinigen. Nur wenn dies nicht gelingt, entscheidet der Meister im letzten Mo-

4.5 Optische und akustische Signale

Aspekte

Dies ist ein Werkzeug des visuellen Managements. **Hiermit wird das Auftreten von Störungen im Fluß der Produktion angezeigt.** Beim Auftreten von Qualitätsproblemen, Maschinendefekten und Störungen betätigt der Werker mit einem Knopf das Rufsignal, wodurch Meister und Wartungsmitarbeiter über das Auftreten einer Störung informiert werden.

Störungsmanagement

Für die Signale werden rote und gelbe Lampen und Summer eingesetzt. Sie werden am Kopfende der Linie bzw. an einer von allen zu sehenden Stelle angebracht. In den nachfolgend aufgeführten Fällen werden folgende Knöpfe betätigt:

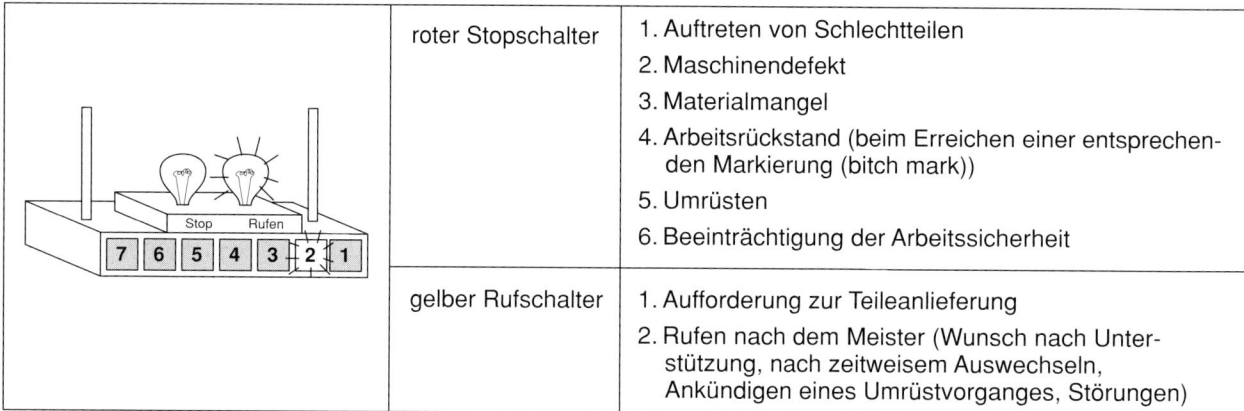

	roter Stopschalter	1. Auftreten von Schlechtteilen 2. Maschinendefekt 3. Materialmangel 4. Arbeitsrückstand (beim Erreichen einer entsprechenden Markierung (bitch mark)) 5. Umrüsten 6. Beeinträchtigung der Arbeitssicherheit
	gelber Rufschalter	1. Aufforderung zur Teileanlieferung 2. Rufen nach dem Meister (Wunsch nach Unterstützung, nach zeitweisem Auswechseln, Ankündigen eines Umrüstvorganges, Störungen)

Gesichtspunkte

❏ Es wird oft die Meinung vertreten, daß Linien nur von Werkern angehalten werden dürfen, aber niemals vom Meister. Das Gegenteil ist richtig: Dem Meister darf es eigentlich niemals passieren, daß die Linie ohne seinen Willen zum Stillstand kommt.

❏ Es darf nicht sein, daß wegen eines fehlenden Springers ein Stillstand der Linie durch Arbeitsrückstand erfolgt (das Timing für den Einsatz des Springers ist sehr wichtig, immer erst im letzten Moment einsetzen und sobald wie möglich wieder herausziehen)

❏ **Zur konsequenten Eliminierung von Störungen darf man sich nicht scheuen, die Linie anzuhalten.**

Aspekte

Beim Auftreten von Abweichungen die Linie nicht sofort anhalten, sondern den Meister rufen. Der Meister hält die Linie in einer bestimmten Position an (wenn die anderen Werker einen Arbeitszyklus beendet haben). Wenn ein Werker mit der Arbeit in Rückstand gerät, drückt er nicht selber den Knopf. Es ist besser, durch einen Begrenzungsschalter das Rufsignal oder das Stopsignal auszulösen.

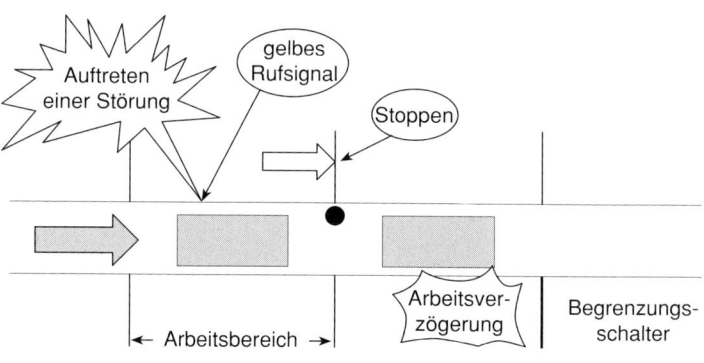

Fortsetzung von Abbildung 4.5

Regeln für das Anhalten einer Linie

Anhaltende Person	Grund für das Anhalten
Werker	1. Bei Beeinträchtigung der aktiven und passiven Sicherheit und 2. beim Entdecken von Qualitätsmängeln Linie sofort anhalten und Meister rufen

Meister (im Fall seiner Abwesenheit Stellvertreter bestimmen)	1. Bei Maschinendefekten und
	2. Materialmangel
	hält die Linie an. ⇨ Linienstillstand auf Grund von Materialmangel ist das schlimmste, was passieren kann!
	3. Bei Arbeitsrückstand und
	4. Störungen
	  1. Meister rufen (mit der gelben Ruflampe (SOS))
	  2. Wenn mit Hilfe des Meisters oder eines Springers die Situation nicht bewältigt werden kann, erfolgt ein Anhalten der Linie durch den Meister an einer festgelegten Position.

Beim Beheben der Störung geht es um Sekunden

Entlastungssystem (Springersystem)

1. Für Arbeitsverzögerungen aufgrund unterschiedlicher Fertigungsdauer bzw. unterschiedlicher Leistungsfähigkeit der Werker gibt es in jedem Fall Vorzeichen. Wenn notwendig, wird im letzten Moment eine Entlastung gegeben.
2. Das Entlasten bedeutet nicht gemeinsames Arbeiten, sondern Ersetzen.

---

ment, die Linie anzuhalten. Er darf in keinem Fall die Initiative aus der Hand geben.

Die anzustrebende Form ist die eines Unternehmens, dessen Fertigungsfluß mit dem Kunden synchronisiert ist. Das oberste Ziel besteht in der Minimierung der Durchlaufzeiten und des Ressourceneinsatzes (Mitarbeiter, Material, Anlagen).

5
Schritt 5: Verkleinerung der Losgrößen

Das Ziel der Verkleinerung der Losgrößen, was gleichbedeutend ist mit der Verkürzung der Umrüstzeiten, besteht darin, angesichts starker Schwankungen und raschen Wandels auf den Märkten nur die benötigten Teile in der notwendigen Stückzahl zum geforderten Zeitpunkt einzeln herzustellen. Die Lagerbestände müssen reduziert und die Herstellungskosten minimiert werden. Die Veränderung der Umrüsttechniken ist ein wichtiger Ansatz, um die Produktion auf einen geglätteten Einzelstück(satz)fluß umzustellen und die Gewinne zu erhöhen. Viele Unternehmen versuchen, wirtschaftliche Losgrößen zu ermitteln, indem sie von feststehenden Umrüstzeiten ausgehen. Durch Kaizen wird schnell deutlich, daß es sich bei den Umrüstzeiten um veränderbare Größen handelt und daß es darum geht, diese möglichst zu verkürzen, um eine Produktion mit kleinen Losgrößen zu ermöglichen. Dies ermöglicht eine Reduzierung der Pufferbestände, eine bessere Qualitätssicherung und eine Reduzierung der Produktionsdurchlaufzeiten. Anzustreben ist eine Unternehmenskonstitution, die in der Lage ist, rasch auf Veränderungen zu reagieren.

Die Umrüstzeit wird wie folgt definiert: Zeit vom Produktionsende des gerade produzierten Produkts bis zu dem Zeitpunkt, von dem an Gutteile des nächsten Produkts hergestellt werden. Umrüsten bedeutet also nicht nur das Auswechseln von Form- und Bearbeitungswerkzeugen. Die gesamte Umrüstzeit ergibt sich aus der Summe von externem Umrüsten und internem Umrüsten. Diese gilt es zu reduzieren. Um die Effizienz eines Werks insgesamt zu steigern, ist die vordringliche Aufgabe zunächst die Reduzierung der internen Umrüstzeit. Ähnliches gilt für den Transport. Es kommt darauf an, den Teiletransport (Pull-System) effizient, zeitgenau und synchron mit den Begleitdaten zu organisieren. Man kann durchaus sagen, daß die Qualität der Logistik darüber bestimmt, inwieweit das Ziel der Losgrößenverkleinerung erreicht werden kann.

Das Lager, die Wurzel allen Übels

Unter den vielen Arten von Verschwendung gibt es eine, die die schlimmste ist. Es handelt sich dabei um die Verschwendung durch Überproduktion. Die Verschwendung durch Überproduktion führt zu einer erhöhten Belastung der vor- und nachgelagerten Prozesse. Sie verdeckt Probleme, führt zu überhöhten Pufferbeständen und ist wiederum Ursache für viele andere Arten von Verschwendung. Verschwendung erzeugt

Verschwendung. Unter Berücksichtigung der Effizienz des Ganzen ist es daher wichtig zu untersuchen, wie man Zwischenpuffer reduzieren und in der Produktion einen geglätteten Einzelstück(satz)fluß verwirklichen kann. Produktion in großen Losen bedeutet Überproduktion.

Verkleinerung der Losgrößen

1. Bedeutung der Reform des Umrüstens

Es gibt herkömmliche Produktionslinien, bei denen eine Produktion in größeren Losen kaum zu vermeiden ist. Dies ist bei den Giganten unter den Produktionsanlagen wie z.B. bei Gießprozessen, Schmiedeprozessen, Großpressen oder Umformprozessen häufig der Fall. Ausgehend von den Produktionszahlen pro Stunde und der für das Umrüsten benötigten Zeit versucht man nun fälschlicherweise, die Erhöhung der Produktivität durch eine Vergrößerung der Losgrößen zu erreichen.

Um die Durchlaufzeiten zu reduzieren und eine Produktion aufzubauen, bei der die benötigten Teile nur in der notwendigen Menge zum geforderten Zeitpunkt hergestellt werden, und um die Umrüstzeiten zu reduzieren, ist es notwendig, die in bezug auf das Umrüsten herrschenden Vorurteile zu zerstören und das Umrüsten zu reformieren. Eine Verkleinerung der Losgrößen bedeutet letztlich nichts anderes als eine Verkürzung der Umrüstzeiten.

> Verkleinerung der Losgrößen = Verkürzung der Umrüstzeiten

Die Umrüsttechnik beeinflußt zudem entscheidend die Wettbewerbsfähigkeit und die Effizienz der Anlageninvestitionen. Die kostengünstigste Art der Produktion ist die mit gemischten Produktionslinien. Auch hierbei ist die Reduzierung der Umrüstzeiten eine dringende Aufgabe. Im Konkurrenzkampf ist dies eine starke Waffe.

2. Verkleinerung der Losgrößen beim Transport

Innerhalb der Produktionslinien erfolgt die Verkleinerung der Losgrößen über die Reduzierung der Umrüstzeiten. Bei dem Transport zwischen den Linien ist es ebenfalls nötig, die Losgrößen zu reduzieren und einen Einzelstück(satz)fluß anzustreben. Hier ist die Logistik gefordert. Es geht darum, die für die Montage eines bestimmten Werkstücks benötigten Teile in kurzen Intervallen von einer Bearbeitungsstation zur nächsten zu ziehen. Der Transport, der je nach Transportmittel als Einzelstück(satz)fluß oder als Fluß mit kleinen Losgrößen organisiert ist, spielt also eine wichtige Rolle. Um Schwankungen im vorgelagerten Prozeß zu reduzieren, ist es wichtig, jeweils exakt nur ein Stück (Satz) entsprechend den aktuellen Daten heranzuziehen.

5.1 Verkleinerung der Losgrößen

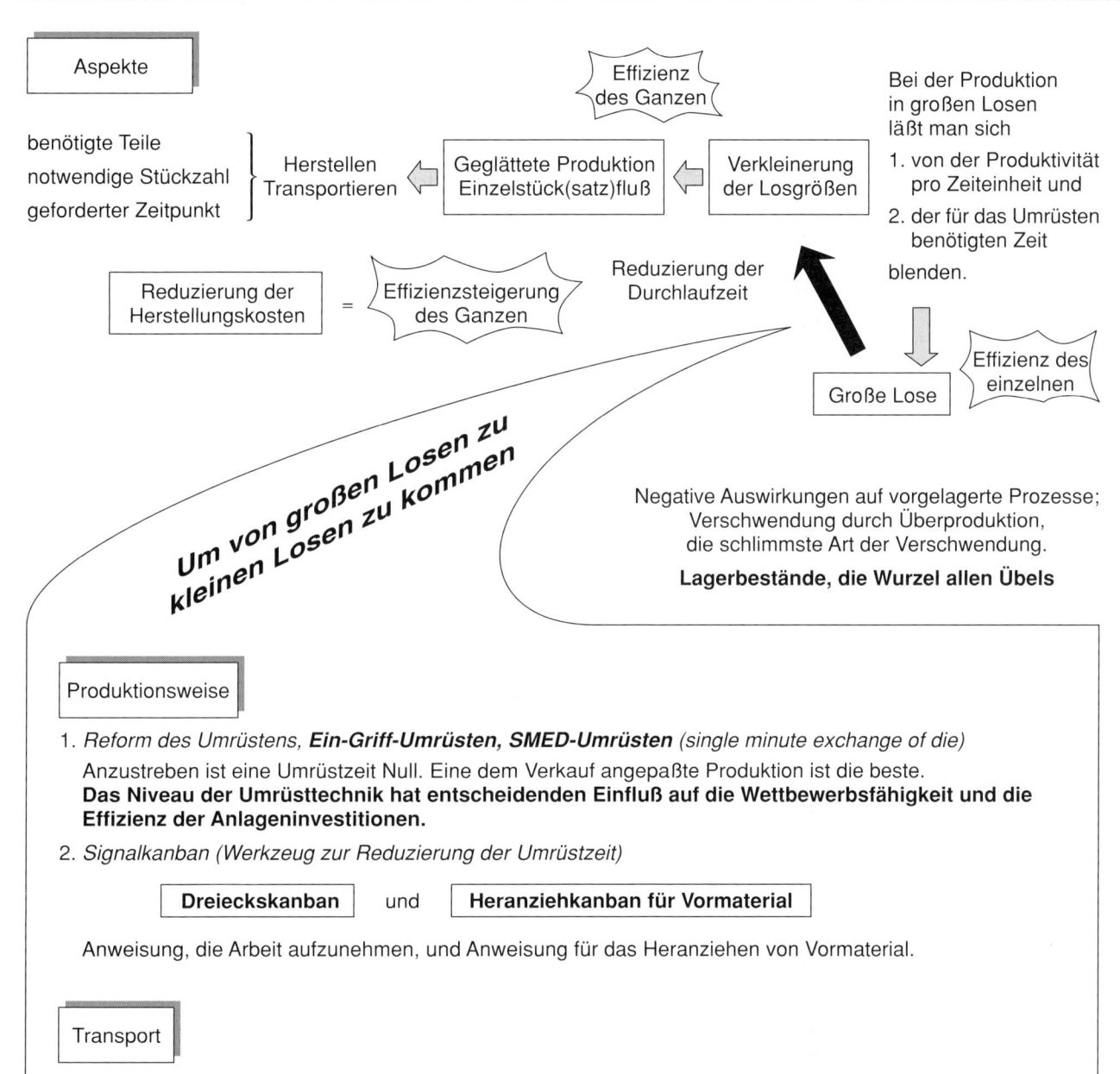

Produktionsweise

1. *Reform des Umrüstens, **Ein-Griff-Umrüsten, SMED-Umrüsten** (single minute exchange of die)*
   Anzustreben ist eine Umrüstzeit Null. Eine dem Verkauf angepaßte Produktion ist die beste.
   Das Niveau der Umrüsttechnik hat entscheidenden Einfluß auf die Wettbewerbsfähigkeit und die Effizienz der Anlageninvestitionen.
2. *Signalkanban (Werkzeug zur Reduzierung der Umrüstzeit)*

   Dreieckskanban und **Heranziehkanban für Vormaterial**

   Anweisung, die Arbeit aufzunehmen, und Anweisung für das Heranziehen von Vormaterial.

Transport

3. *Logistik (zirkulierende Transportwagen mit gemischter Beladung)*
   Diese Transportwagen zirkulieren in kurzen Zeitabständen zwischen den Linien und Prozeßstationen und nehmen zyklisch Teile auf bzw. liefern sie an.
4. *Transportsystem bei synchroner Produktion*
   Der Transport wird in den Produktionsfluß einbezogen und dadurch die Effizienz erhöht.
   Transport einer bestimmten Menge (zu unregelmäßigen Zeiten)
   Transport zu bestimmten Zeiten (unterschiedlicher Mengen)

5. Schritt 5: Verkleinerung der Losgrößen

Fortsetzung von Abbildung 5.1

Gesichtspunkte beim Reduzieren der Umrüstzeit

1. Das Umrüsten soll von Fachleuten vorgenommen werden (Umrüster, Einrichter müssen sehr fähige Mitarbeiter sein), auch wenn der Maschinenführer derweil unbeschäftigt bleibt.
2. Entscheidend ist die Standardisierung und Übung. Die Zahl der Umrüstvorgänge pro Tag soll auf jeden Fall erhöht werden. (Sowohl im Sport als auch bei der Arbeit ist es nicht damit getan, etwas verstandesmäßig begriffen zu haben, sondern es muß in Fleisch und Blut übergehen. Da hilft nur üben. Alles ist eine Frage der Wiederholung.)
3. Solange Kräne und Hebezeuge beim Umrüsten verwendet werden, gibt es keinen Fortschritt. Es müssen spezielle Umrüstwagen eingesetzt werden.
4. Jeder noch so kleine Zeitgewinn (auch nur 1 oder 2 Sekunden) ist wichtig. (Statt Schrauben Schnellspannsysteme einsetzen; wenn doch Schrauben verwendet werden, dann nur solche mit einer Grobführung; für die Fixierung der Matrize reichen 2 diagonal angebrachte Schrauben, in der Patrize lange Schrauben und Stifte).
5. Nach Reduzierung der Umrüstzeiten sofort den Lagerbestand reduzieren. (Im Falle des Teils A, dessen Umrüstzeit reduziert wurde, nur noch in kleinen Losen produzieren und entsprechend häufig umrüsten.)
6. Umrüsten in Anwesenheit einer Beobachtungsgruppe ist ein wirksames Mittel zur Verkürzung der Umrüstzeiten.
7. Nach Einführung des SMED-Umrüstens ist der nächste Schritt die Einführung des Ein-Griff-Umrüstens.
   ⇨ In die sich wiederholende Arbeit integrieren. Im ersten Schritt auf unter 9 min 59 sek im zweiten Schritt auf unter 81 sek usw.
8. Umrüsten in den Produktionsfluß integrieren.
9. Zwischenlager täglich kontrollieren.
10. Auf jeden Fall die Stillstandszeiten der Linien minimieren.

Teil	Umrüstzeit	Losgröße (kleines Los → großes Los)
A	2 min	10 → 10 → 10
B	30	100
C	40	200
D	20	150

(Umstellen von Teil A auf Teil B)

Prozeßschritt	1	2	3	4	5
	A	A	A	A	A
	O	A	A	A	A
	B	O	A	A	A
	B	B	O	A	A
	B	B	B	O	A
	B	B	B	B	O
	B	B	B	B	B

O Umrüsten (innerhalb eines Zyklus beenden)

Das Umrüsten

Wenn man ohne Umrüsten auskäme, wäre dies optimal. Dies ist heute jedoch nicht mehr realistisch. Geht man gemäß der hier vorgeschlagenen Schritte vor, wird sowohl das SMED-Umrüsten (single minute exchange of die) als auch das Ein-Griff-Umrüsten (one touch) möglich.

Es muß mit den Umrüstvorgängen begonnen werden, die das Anhalten der

5.2 Umrüsten

Aspekte

Verschwendung durch Überproduktion

geglättete Produktion ⇐ Verkleinerung der Lose ⇐ große Lose
- große Lager und Zwischenpuffer
- lange Durchlaufzeiten
- erschwerte Qualitätssicherung
- Produktionsplanung nicht kundenorientiert

Hinderungsgrund: lange Umrüstzeiten

Reform: Da das Umrüsten **lange dauert** (Verschwendung), produziert man in großen Losen.
Durch Ein-Griff-Umrüsten und SMED-Umrüsten flexible Reaktion auf Diversifizierung und Reduzierung der Herstellungskosten

Schritte bei der praktischen Umsetzung der Umrüstzeitreduzierung

Reformkreis

1. Erfassen des Ist-Zustandes (**Umrüsten in Anwesenheit einer Beobachtungsgruppe**, Videoaufnahme usw.)
2. 6 S (Stellflächen, Werkzeugablage, Visualisieren, Vorbereiten usw.)
3. Standardisierung der Arbeitsschritte

   ↓ **Arbeitsvorschrift für das Umrüsten** ↓

   Sichtbarmachen der Verschwendung

   (Deutlichmachen der Problemstellen: Einteilen des Arbeitsvolumens in Arbeiten, die nacheinander erledigt werden müssen, und in Arbeiten, die parallel vorgenommen werden können. Wenn durch erhöhten Personaleinsatz die Umrüstzeit reduziert werden kann, so soll man dies tun.)

   Das Bewußtsein des Einrichters spielt hierbei eine wichtige Rolle. Durch Festlegung der Arbeitsschritte und permanentes Üben läßt sich rasch eine Halbierung des Zeitbedarfs erzielen.

4. **Internes Umrüsten (Umrüsten, bei dem die Maschine angehalten werden muß. Ein-Griff-Wechsel)**
   Externes Umrüsten (Umrüsten, das während des Laufens der Maschine durchgeführt werden kann. Vorbereiten)

   voneinander trennen

5. Verlagern vom internen zum externen Umrüsten (Reduzierung der internen Umrüstzeit hat absolute Priorität. Entschlossen vorgehen.)
6. Weitere Reduzierung der internen Umrüstzeit, Abschaffen von Justierarbeiten – Maschinenstillstand auf das absolute Minimum beschränken (Einsetzen – ja, Justieren – nein; von Anfang an müssen Gutteile produziert werden; Verwenden von Bajonettverschlüssen, Stiften, Schnellwechsellehren, Wechsel von ganzen Einheiten, Verwenden bedienerfreundlicher Werkzeuge, z.B. Pneumatikwerkzeuge)
7. Reduzierung der externen Umrüstzeit (Standardisierung, Voreinstellung der Halterungen und Werkzeuge und andere Arbeiten konsequent vorbereiten)
8. Reduzierung der Umrüstzeit auf null (durch Veränderung der Bearbeitungsstationen und durch konstruktive Veränderungen, vielfache Verwendbarkeit der Teile und automatisches Identifizieren)

Wichtiger Gesichtspunkt

Der Effekt der Reduzierung der Umrüstzeit soll nicht in erster Linie in einem Zeitgewinn bestehen, sondern darin, durch Erhöhung der Umrüstvorgänge Zwischenpuffer und Lagerbestände zu reduzieren.

5. Schritt 5: Verkleinerung der Losgrößen

Fortsetzung von Abbildung 5.2

Wechsel der Bearbeitungswerkzeuge

Bei der synchronen Produktion kommt es mehr auf die Reduzierung der Werkzeugwechselzeiten an als auf eine Verlängerung der Lebensdauer der Bearbeitungswerkzeuge.

Der Fluß der Produktionslinie darf nicht gestört werden.

Reduzierung der Werkzeugwechselzeiten

1. Konsequentes externes Umrüsten
   ① Voreinstellen von Bohrern, Schneid- und Schleifwerkzeugen usw.
   ② Verwenden von Lehren
   ③ Verwenden von Abstandhaltern   ⎫ Griffbereite Vorhaltung an jedem Prozeßschritt
   ④ Wechsel ganzer Einheiten (Module) ⎭

2. Ein-Griff-Wechsel
   ① Verwendung von Bajonettverschlüssen
   ② Schnellwechselhalter (für Bohrer und andere Bearbeitungswerkzeuge)
   ③ Verwendung geeigneter Umrüstwerkzeuge (Pneumatikwerkzeuge)

3. Umrüstkonzept
   ① Wechsel während des Produktionsflusses (Einsatz von Fachleuten, erstes Neuteil muß ein Gutteil sein)
   ② Vereinheitlichung der Lebensdauer der Werkzeuge (auf der Basis des am häufigsten auszutauschenden Werkzeugs)

Produktionslinie erfordern. Jede Maßnahme, die die Stillstandszeit der Linie verringert, muß vordringlich umgesetzt werden, auch wenn sich dadurch der Umfang des externen Umrüstens vergrößert bzw. die Zahl der Einrichter erhöht werden muß.

Für eine Übergangszeit können gegebenenfalls stillgelegte Anlagen wieder in Betrieb genommen werden, die dann nach Erreichen der Ein-Griff-Umrüsttechnik wieder außer Betrieb gesetzt werden. Umrüstvorgänge sollten in Anwesenheit von Beobachtergruppen (öffentliches Umrüsten) durchgeführt und darüber hinaus mit Videokamera aufgezeichnet werden.

Wichtig in diesem Zusammenhang ist eine Veränderung der eingefahrenen Denkweisen der mit den mit dem Umrüsten Beschäftigten. Es gibt viele Beispiele, bei denen durch geringfügige Änderungen eine Reduzierung der Umrüstzeiten um 50 Prozent erreicht werden konnte. Häufig werden die Möglichkeiten des externen Umrüstens einfach nicht genutzt.

Da das Ziel der Umrüstzeitverkürzung darin besteht, ein System aufzubauen, bei dem nur die benötigten Teile in der notwendigen Stückzahl zum geforderten Zeitpunkt hergestellt werden, muß sie sich in einer permanenten Verkleinerung der Lose widerspiegeln. Dazu muß die

Zahl der Umrüstvorgänge erhöht und bewußt eine Situation geschaffen werden, die unweigerlich zu einem Stillstand der nachgelagerten Prozesse führt, wenn die Umrüstzeiten nicht verkürzt werden. Dadurch werden sehr viele Ideen und Kaizenvorschläge angeregt.

Bei langen Linien kommt es entscheidend auf das richtige Umrüstkonzept an. Die Integration des Umrüstens in den Fertigungsfluß bedeutet im Falle von Montagelinien, das Umrüsten zu einem Bestandteil der sich rhythmisch wiederholenden Arbeit zu machen. Die Methode, bei der nach Beendigung der Fertigung des Produktes A ein Umrüsten auf das Produkt B erfolgt, wird bei Bearbeitungslinien nicht angewendet. Hier wird nacheinander innerhalb einer Taktzeit an allen Maschinen umgerüstet. Diese Methode, bei der durch das Umrüsten ein Produktionsausfall von einem Teil zu verzeichnen ist, nennt man auch »Luftdurchgang« oder »Ein-Takt-Umrüsten«.

Gerade in Bearbeitungslinien wirkt sich der Werkzeugwechsel negativ auf die Produktion aus. Die Lebensdauer der Werkzeuge ist sicherlich ein wichtiger Gesichtspunkt, entscheidend aber bleibt, die Stillstandszeiten der Linie zu minimieren. Die Losgrößen und die Umrüstintervalle hängen letztlich von der Dauer des Umrüstens ab.

Das Signalkanban

Diese Kanbanart wird an Linien verwendet, die in Losen produzieren. Hierbei werden dreieckige Kanban zum Anweisen des Produktionsbeginns und eine weitere Kanbanart für das Heranziehen von Vormaterial verwendet. Kanban sind Mittel zur Informationsweitergabe und dienen dazu, Losgrößen zu verkleinern. Die Pflege der Kanban und der Behälter ist von entscheidender Bedeutung.

Der Logistiker

Zwischen den Lagerflächen und der Montagelinie sowie zwischen den einzelnen Arbeitsplätzen muß ein Einzelstück(satz)fluß bzw. ein Fluß in kleinen Losen erzeugt werden. In kurzen Intervallen werden die Teile aus den Warenhäusern an die Linien gezogen. Diese Aufgabe wird vom Logistiker durchgeführt. Er muß ein fähiger Werker sein, der die Situation in dem Bereich sehr gut kennt. Er kümmert sich außerdem um die Informationsübermittlung. Die Informationsmenge wird auf das notwendig Mindestmaß beschränkt. Dabei muß jedoch die Fähigkeit zur flexiblen Reaktion auf Veränderungen erhalten bleiben (Vergleich mit einem Taumelkäfer).

Teile und Informationen werden immer nur satzweise herangezogen. Durch die Zykluszeit des Logistikers wird die Teilemenge bestimmt. Der Logistiker ist zudem bei Bearbeitungslinien für unregelmäßig auftretende Arbeit zuständig. Ein Logistiker, der mehrere Linien betreut, ist für diese Linien der »playing manager«. Er ist bei der synchronen Produktion eine unverzichtbare Schlüs-

5.3 Signalkanban

Aspekte

Wenn man bei großen Pressen, mechanischen Bearbeitungslinien, Gieß- und Schmiedeanlagen auf Grund längerer Umrüstzeiten nicht in der Lage ist, in der Reihenfolge zu produzieren, in der die Teile vom nachfolgenden Prozeß angefordert werden, produziert man in Losen.

Mit dem hier behandelten Kanban wird angezeigt, wann etwas produziert werden muß. (Anweisung zum Produktionsbeginn und zum Heranziehen von Vormaterial)

2 Arten
{ Dreieckskanban (Anweisung zum Produktionsbeginn)
  Heranziehkanban von Vormaterial

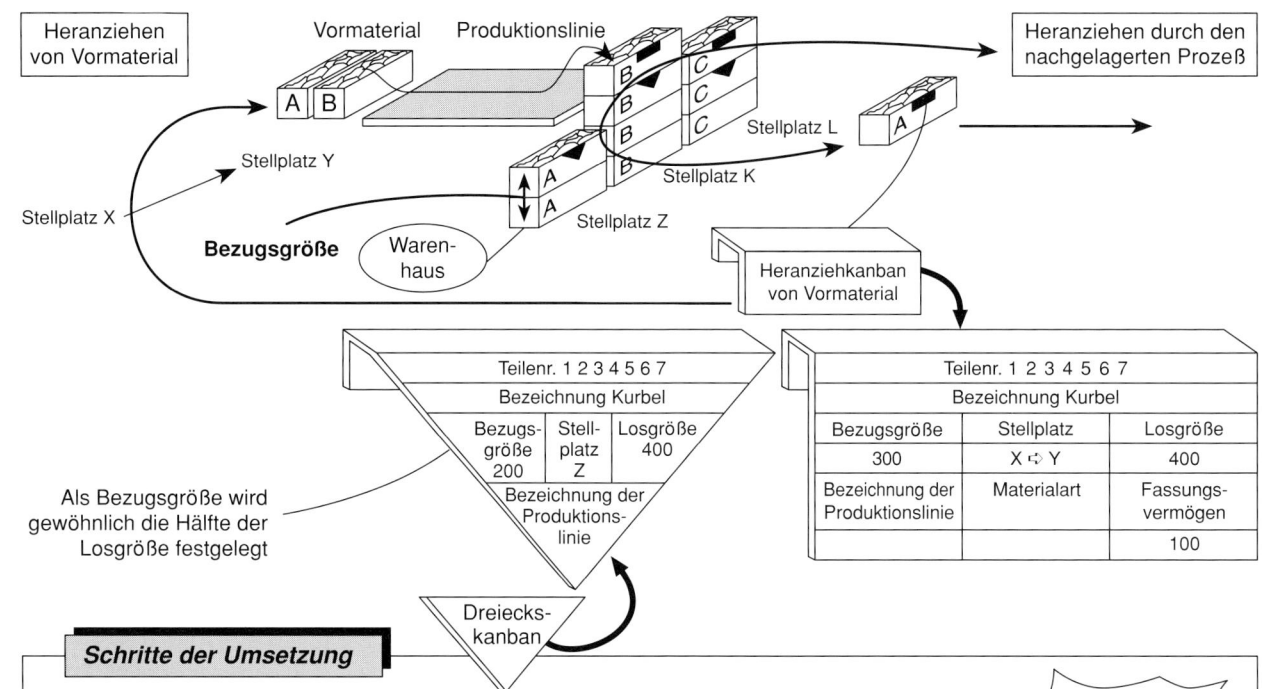

Als Bezugsgröße wird gewöhnlich die Hälfte der Losgröße festgelegt

Schritte der Umsetzung

Wie kann die Notwendigkeit zur Reduzierung der Umrüstzeiten deutlich gemacht werden? *Notwendigkeit aufzeigen*

1. Bezugsgröße jeweils um eine Kiste reduzieren
2. Auftreten eines Problems ⇨ Umrüstzeit verkürzen ⇨ Lösung des Problems
3. Durch ständiges Wiederholen Bezugsgröße bis auf 1 Kiste reduzieren
4. Dann die Losgröße reduzieren (in gleichem Maße wie die Verkürzung der Umrüstzeit; Umrüstzeit halbiert ⇨ Losgröße ebenfalls halbieren).
   Die Bezugsgröße wird allerdings auf dem unter Schritt 3 genannten Niveau gehalten, um die Versorgung des nachgelagerten Prozesses zu gewährleisten.
5. Wiederholung der Schritte 1 bis 4

Gesichtspunkte

1. Entscheidend ist hierbei das Behälter- und Kanbanmanagement.
2. In dem oben dargestellten Fall muß auf die Einhaltung des »first in, first out«-Prinzips geachtet werden.

5.4 Logistik

Der Taumelkäfer ist ein Insekt, welches sich sehr leicht auf der Wasseroberfläche bewegt und dabei rasch seine Richtung ändert.

Ist-Zustand
- Es wird jedesmal eine große Menge eines Teils angeliefert (große Lose).
- An den Linien befindet sich sehr viel Material.
- An den Arbeitsplätzen bietet sich folgendes Bild: Teile werden hineingeschoben (Pushsystem) ⇨ der Werker muß Teile auswählen ⇨ Teile werden wieder zurückgelegt ⇨ es wird bestückt/bearbeitet (ein Wust an Verschwendung!).
- Es werden viele nicht regelmäßige Tätigkeiten ausgeführt (die nicht zu den sich wiederholenden Arbeiten gehören).
- Es ist nicht erkennbar, ob zuviel oder zuwenig produziert wird (mangelnde Information).

Das Vormaterial und die produzierten Teile sollten nur in kleinen Mengen an die Linie angeliefert bzw. abgezogen werden (an die Montageplätze soll die Anlieferung satzweise erfolgen).

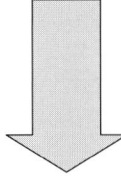

Logistiker
(erzeugt einen gleichmäßigen Strom)

Auf den Wagen sind die für die Herstellung eines bestimmten Teils notwendigen Vormaterialien satzweise gemischt zusammengestellt. Es werden verschiedene Bearbeitungsstationen versorgt.

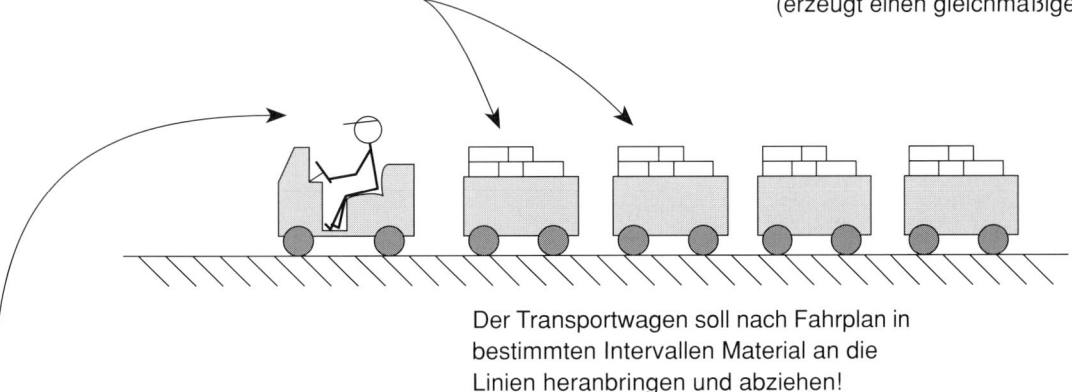

Der Transportwagen soll nach Fahrplan in bestimmten Intervallen Material an die Linien heranbringen und abziehen!

Aspekte

1. Mit dieser Aufgabe muß ein fähiger Werker beauftragt werden, der die Verhältnisse an den verschiedenen Arbeitsplätzen gut kennt.
2. Wenn Teile vom nachgelagerten Prozeß abgezogen werden, ist dies für den vorgelagerten Prozeß eine Produktionsanweisung.
3. Informationsübermittler (für das Störungsmanagement)

Zirkulierendes Transportsystem mit gemischter Beladung

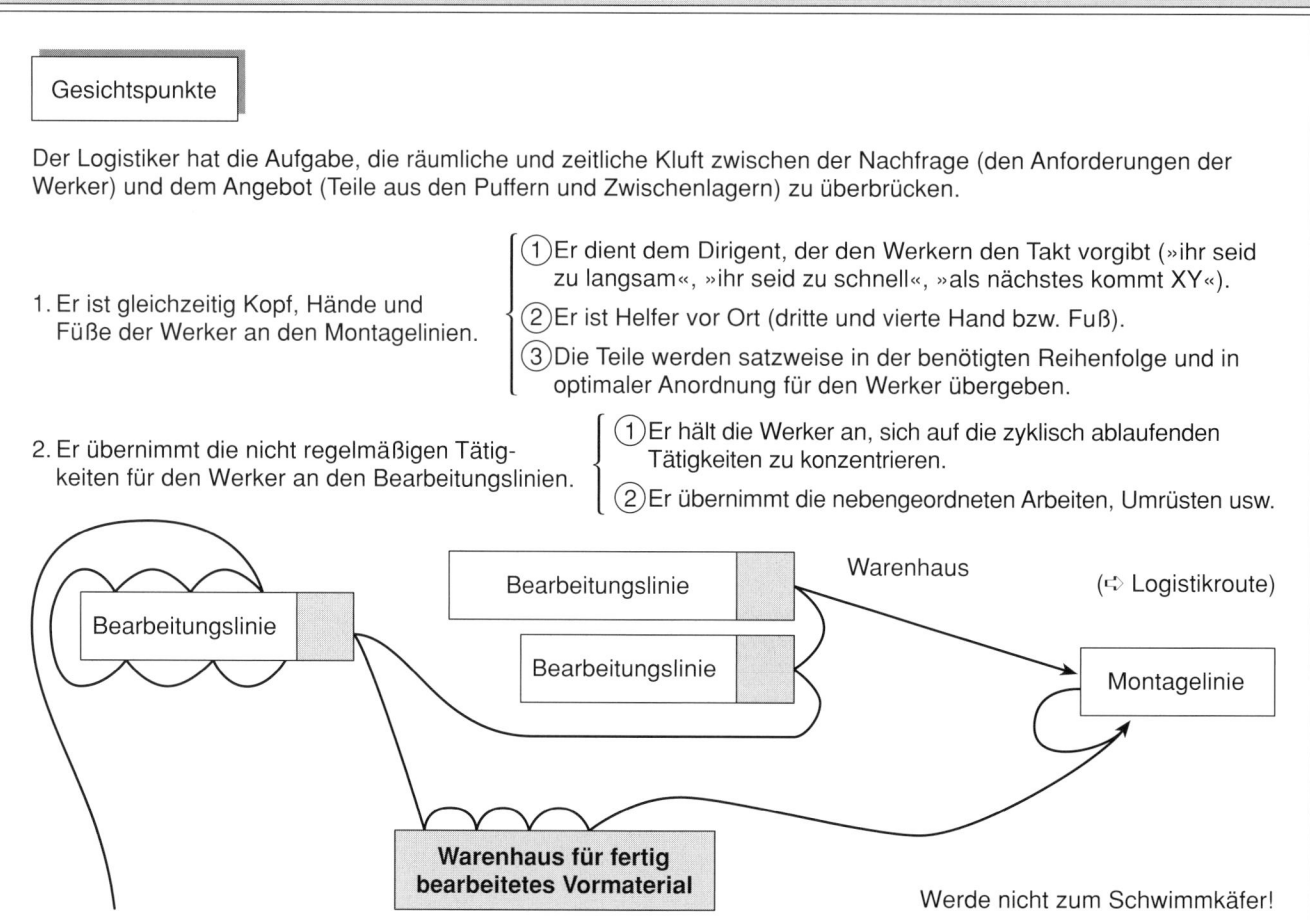

selfigur. Der Synchronisationsgrad des Transports wird durch ihn bestimmt

Das Transportsystem

Transport ist das Bewegen von Gegenständen. Im Rahmen des synchronen Produktionssystems kommt es allerdings mehr darauf an, daß Just-in-time geliefert wird als auf die maximale Ausnutzung der Transportkapazität. Das Schwergewicht muß auf der zeitlichen Abstimmung der Teileanlieferung an die jeweiligen Stationen liegen. Gleichzeitig kommt es darauf an, daß die dazugehörigen Informationen zusammen mit den Teilen fließen. Der Transport hat die Aufgabe, durch das Integrieren des Teile- und Informationsflusses sowie die zeitliche Abstimmung die Effizienz des Werks insgesamt zu erhöhen.

Abbildung 5.6 zeigt ein Beispiel für die anzustrebende Organisationsform des Transports. An einigen Stellen sind die relevanten Zeiteinheiten (Sekunden, Minuten, Stunden) dargestellt. Hierdurch

5.5 Transportsystem

Aspekte

Grundsätzlich ist Transport Verschwendung (muda), aber ohne Transport kann keine Produktion stattfinden. Bei der synchronen Produktion bedeutet **Transport, die kleinstmögliche Menge gerade zum geforderten Zeitpunkt zusammen mit den notwendigen Informationen effizient zu bewegen** (heranzuziehen).

Aufgabe

Um die Effizienz des Ganzen zu erhöhen, wird der Transport in den Produktionsfluß integriert.

Hierfür ist folgendes notwendig:

1. Der nachgelagerte Prozeß, der die Teile benötigt, ist für den Transport zuständig.
2. Die Mengeneinheit, die herangezogen wird, soll ein Teil oder ein Satz für **ein Produkt** sein. Der Transport soll in gemischter Form in kurzen Zeitintervallen erfolgen. Bei der Anlieferung an die Bearbeitungs- bzw. Montagelinien sollen die Transportwagen nicht mit gleichen Teilen, sondern gemischt beladen werden.

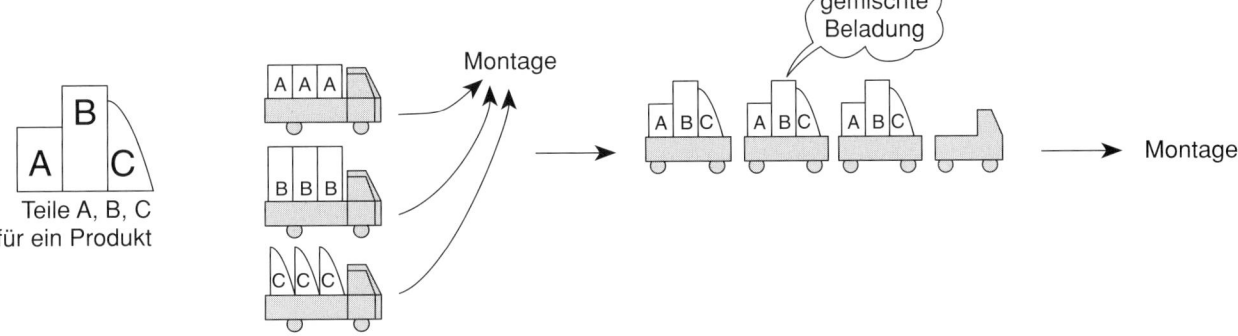

3. Die angelieferte Menge wird durch den Anlieferungszyklus bestimmt.
4. Es wird zu unregelmäßigen Zeiten eine bestimmte Menge angeliefert.
5. Be- und Entladen einerseits sowie der Transport andererseits werden getrennt.
6. Den Teilen werden die Fertigungsinformationen beigegeben.

Schlüsselbegriffe

Transport einer bestimmten Menge *(unregelmäßige Intervalle)*

Sobald im nachgelagerten Prozeß eine bestimmte Menge abgearbeitet wurde, werden Teile aus dem vorgelagerten Prozeß herangezogen (bei Störungen verlagert sich der Zeitpunkt des Abziehens automatisch nach hinten).

Transport zu bestimmten Zeiten *(unterschiedliche Mengen)*

Der Transport erfolgt in bestimmten Zeitabständen (jede Stunde bzw. alle 2 Stunden) in Abhängigkeit von den Entfernungen und der Durchlaufzeit. Bei Störungen wird die abgezogene Menge jeweils angepaßt.

5. Schritt 5: Verkleinerung der Losgrößen

wird die Zykluszeit der jeweiligen Logistikbereiche bestimmt. Durch geschickte Verknüpfung zwischen dem Werk und der Zulieferfirma kann es gelingen, Fertigteillager sowie Lager von fertig bearbeitetem Vormaterial zu eliminieren. Durch ein Andocken der Bearbeitungslinien an die Montagelinien werden Zwischenlager und Puffer überflüssig. So wird nach und nach die anzustrebende synchrone Produktionsform herausgearbeitet. Durch kontinuierliches Verkleinern der Losgrößen und beständige Fortsetzung der Kaizenaktivitäten nähert man sich dem Einzelstück(satz)fluß an.

5.6 Anzustrebende Form des Transportsystems

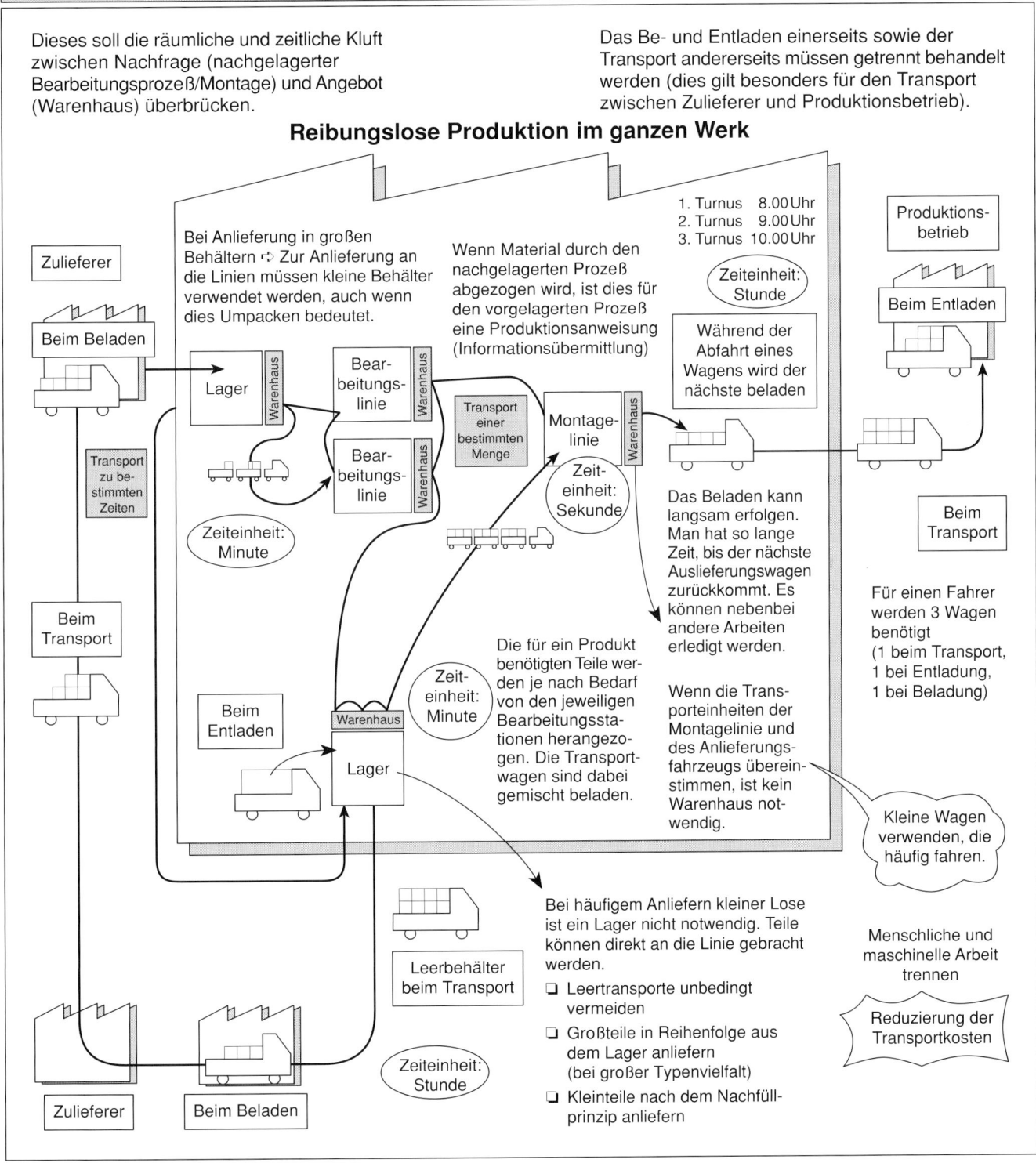

5. Schritt 5: Verkleinerung der Losgrößen

6
Schritt 6: Adressen und Stellflächen

Das wichtigste Ziel des visuellen Managements besteht darin, vor Ort erkennbar zu machen, ob die Situation normal oder gestört ist. Es ist natürlich sehr wichtig, daß man Informationen in einer Form erhält, mit der gearbeitet werden kann. Alle Produkte und Teile müssen gekennzeichnet werden. Dies ermöglicht die Beurteilung der Situation und führt gegebenenfalls zu Handlungen (Kaizen). Kennzeichnungen erfüllen Standards erst mit Leben. Sie bilden die Basis für Aktivitäten und zwingen den Fluß in Bahnen. Da Kennzeichnungen eine derart wichtige Managementgrundlage darstellen, muß man sich über ihre Inhalte ausreichend Gedanken machen. Häufig werden zwar Artikelnummer, Teilebezeichnung, Behälterart und Mengenangaben eingetragen, aber kein maximaler bzw. minimaler Bestand angegeben, so daß nicht erkennbar ist, ob die Situation normal oder gestört ist. In vielen Fällen erfüllt die Kennzeichnung nur die Funktion der Bezeichnung einer Stellfläche. Dies sollte überprüft und gegebenenfalls abgestellt werden.

In diesem Kapitel werden Adressen, Verpackungsarten, Behälter und das Erstellen von Anleitungen für den Einsatz der Behälter behandelt. Es ist mir jedoch sehr daran gelegen, daß Sie für Ihr Werk ein eigenes Handbuch zu diesem Thema entwickeln. Da es hier um Inhalte geht, die das ganze Unternehmen betreffen, müssen möglichst schnell Standards geschaffen werden, da sich sonst sehr schnell lokale Eigenheiten festsetzen. Dies würde bei der Einführung des Kanbansystems zu großer Verwirrung führen.

Die wichtigsten Ziele dieses Kapitels sind, daß Sie die Organisationsform des Fertigteilauslieferungsplatzes sowie den großen Unterschied zwischen einem Warenhaus und einer Stellfläche verstehen. Sie sollen selbst in die Lage versetzt werden, die Initiative zu ergreifen und den Kaizenprozeß entschlossen voranzutreiben. Die Umsetzung wird am Beispiel eines Produktionsbetriebs dargestellt, aber diese Methode läßt sich auch in Büros, Dienstleistungsbetrieben und anderen Bereichen des tertiären Sektors anwenden.

Visuelles Management durch die Gegenstände als solche

Alle Gegenstände müssen in einer Art und Weise erfaßt werden, die jede beliebige Person unter allen Umständen und ohne Vorinformation in die Lage versetzt, die Situation vor Ort zu beurteilen. Insbesondere das höhere Management muß vor Ort an den Gegenständen ablesen können, wie der Stand der Produktion ist (zu langsam, zu schnell), um darauf mit Maßnahmen zur Problemlösung reagieren zu können. Die hier dargestellten Prinzipien werden auf Produkte, Teile, Vormaterial, fertig bearbeitetes Material und Waren in gleicher Weise angewendet.

Der Begriff »visuelles Management« taucht auf den verschiedenen Stufen dieses Buches auf. Dieses Konzept muß in einem genau definierten Zeitraum gleichzeitig im gesamten Unternehmen vorangetrieben werden, und zwar deshalb, weil ein enger Zusammenhang mit den vor- und nachgelagerten Prozessen besteht und es sich daher nicht auf einen bestimmten Bereich beschränken läßt. Das visuelle Management ist zusammen mit den »6 S« eine entscheidende Grundlage für das Management. Zur konsequenten Umsetzung müssen seine Ziele deutlich gemacht werden, damit es nicht bei einer reinen Formsache bleibt. Letztlich geht es darum, durch das Schaffen von Standards für Adressen und Stellflächen Herstellungskosten zu reduzieren.

Information führt zu Aktion (Kaizen)

Die Bestimmung und Kennzeichnung der Adressen und die Regeln für die Art der Bereitstellung der Gegenstände sind Werkzeuge für konkrete Kaizenaktivitäten. Ihre Entwicklung muß einhergehen mit einer Weiterqualifizierung der Werker bzw. Meister, einer Anhebung des Niveaus des Produktionsverfahrens sowie mit der Verbesserung des gesamten Managements. Der Umfang der Regeln und Informationen sollte möglichst gering gehalten werden. Die konkrete Einführung beginnt immer beim letzten Prozeßschritt, d.h. beim Auslieferungsplatz. Dadurch entsteht ein System, in dem immer erkennbar ist, ob die gegenwärtige Situation normal oder gestört ist, damit gegebenenfalls sofort Aktionen (Kaizen) eingeleitet werden können.

Konsequentes Festlegen von Flächen und Mengen

Das Konzept der Adressenkennzeichnung soll es ermöglichen, daß auch ein neuer Mitarbeiter problemlos in der Lage ist, in kurzer Zeit die Produkte und Teile fehlerfrei an die richtigen Stellen zu liefern. Überall, wo sich Gegenstände befinden, muß auch eine dazugehörige Adresse existieren. In den Abbildungen 6.2 und 6.3 werden Beispiele für die Bestimmung der Adressen gegeben. Dies kann Ihnen als Leitlinie für das eigene Werk dienen. Es kommt darauf an, mit möglichst wenigen Informationen den exakten Standort eines Teils identifizieren zu können.

Grundsätzlich gilt das Prinzip, eine Teilenummer = eine Adresse. Wenn man mit der konkreten Definition der Adressen beginnt, wird man überrascht sein, wie stark der Genba von lokalen Gewohnheiten bestimmt ist. Fragt man die zuständigen Mitarbeiter, was es mit bestimmten abgestellten Teilen auf sich hat, bekommt man u.U. zur Antwort: Ein

6.1 Adressen, Stellflächen

Aspekte

Visuelles Management ⇨ Erfassen der Bestandssituation
Erkennen der Produktionssituation (zu schnell, zu langsam)

Informationen müssen zu Aktionen (Kaizen) werden

Informationsübermittlung

⬇

Sichtbarmachen von Störungen

Werkzeuge für die konkrete Umsetzung
{ Kennzeichnung der Adressen
Art der Teilebereitstellung (Warenhaus); MAX-, MIN-Anzeige
Verpackungsform, Behälter }

Es gibt zwar auch Stellflächen für Halterungen, Bearbeitungswerkzeuge, Transportwagen, Meßgeräte, Hilfsstoffe usw. In diesem Abschnitt werden jedoch nur Stellflächen für Produkte, Teile, Vormaterial, fertig bearbeitetes Material usw. behandelt.

Gesichtspunkt

Die Adressenbezeichnung ist ein Werkzeug, mit dessen Hilfe die **Gegenstände als solche deutlich machen, ob es sich um eine normale oder gestörte Situation handelt. Dies führt unmittelbar zu Kaizenaktivitäten.**

1. **Adressen**

   Kennzeichnungen müssen für jeden nachvollziehbar sein. Ort und festgelegte Menge müssen leicht erfaßbar sein. Ortsbezeichnung durch möglichst wenig Informationen präzise festlegen.

2. **Abstellen von Gegenständen und ihre Kennzeichnung**

   ① Das Abstellen muß nach einem Konzept erfolgen, das sofort erkennbar macht, ob eine Situation normal oder gestört ist.

   ② Wozu ist eine Kennzeichnung erforderlich? Sie ist dazu da, um den Materialfluß in Bahnen zu zwingen.
   Dabei soll man sich auf solche Teile konzentrieren, für die eine zentrale Vorgabe der Taktzeit (Heranziehen durch die Auslieferungsstelle) besonders nötig ist.

   { Standortkennzeichnung
   Teilekennzeichnung
   Angabe der maximalen Menge
   Angabe der minimalen Menge }

3. **Verpackungsart und Behälter**

   Die für den Materialfluß verwendeten Behälter sind häufig nicht den Bedürfnissen der Linie angepaßt und wirken sich negativ auf die Produktion aus. Behälter dienen zudem dem vorausschauenden Erkennen von Fehlbeständen.

4. **Warenhaus – eine Schatzkammer für Informationen**

   Der nachgelagerte Prozeß braucht eigentlich jeweils nur ein Stück. Das Niveau des synchronen Produktionssystems wird durch den Auslieferungsplatz und die Warenhäuser bestimmt.

6.2 Adressen

Aspekte

Alle Gegenstände (Produkte, Teile, Vormaterial, Werkzeuge, Hilfsvorrichtungen usw.) sind mit einer Adresse versehen. So wie jeder Haushalt eine Adresse besitzt, muß für jeden Standort auch **eine Adresse festgelegt werden**.
Die Verwaltung der festgelegten Mengen und Flächen wird dadurch erleichtert (visuelles Management).

Im Rahmen des synchronen Produktionssystems muß die Kennzeichnung der Flächen so konsequent umgesetzt werden, daß jeder problemlos mit einer Kanbankarte zum vorgelagerten Prozeß gehen kann, um dort Teile zu holen.

Schritte zur Bestimmung der Adressen und weitere Gesichtspunkte

1. Das Konzept muß so einheitlich umgesetzt werden, daß jeder es leicht nachvollziehen kann.

2. Ausgehend von den Wänden und Pfeilern als feststehende Begrenzungen wird die ganze Produktionshalle in verschiedene Raster bis zu einer Maschenweite von 5 m eingeteilt.

} Zur Adressenvergabe wird eine Anleitung erstellt.

Anmerkung: Produktionslinien oder Anlagen dürfen nicht als feste Begrenzungen genommen werden, da durchaus die Möglichkeit besteht, daß sie abgeschafft werden bzw. ihre Position verändert wird.

3. Adresseneinteilung (exakte Ortsbeschreibung mit möglichst wenig Angaben)

Beispiel

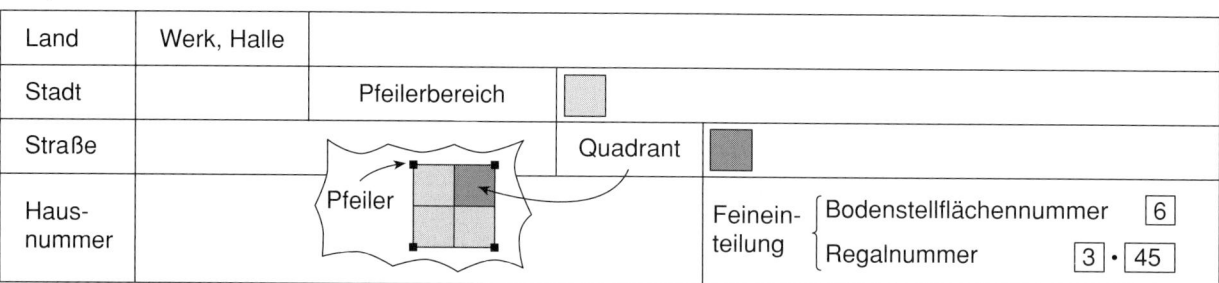

4. Prinzip der Adressenvergabe:

   1 Sachnummer, 1 Teilebezeichnung = 1 Adresse

5. Die Adresse wird von der Abteilung bestimmt, die auch damit arbeitet. Die Adresse wird von der Verwaltung registriert (Abteilung für allgemeine Angelegenheiten oder Abteilung für Fertigungssteuerung).

   Die Adressenvergabeanleitung muß befolgt werden, um eine doppelte Vergabe von Adressen zu verhindern. Es wird ein Adressenkataster erstellt.

6. Es hat sich als günstig erwiesen, die Fahrwege mit Namen zu versehen, um eine bessere Orientierung für jeden zu ermöglichen (z.B. Westallee, Goethestraße, Harmonikagasse).

   ⇨ Um das Teil A zu holen, von der Theaterstraße nach links in die Zitronenstraße abbiegen, bei Hausnummer 4 rechts abbiegen und dort aus dem 5. Regal das Teil entnehmen.

   Man kann auch kleineren und mittleren Bereichen Namen geben.

Fortsetzung von Abbildung 6.2

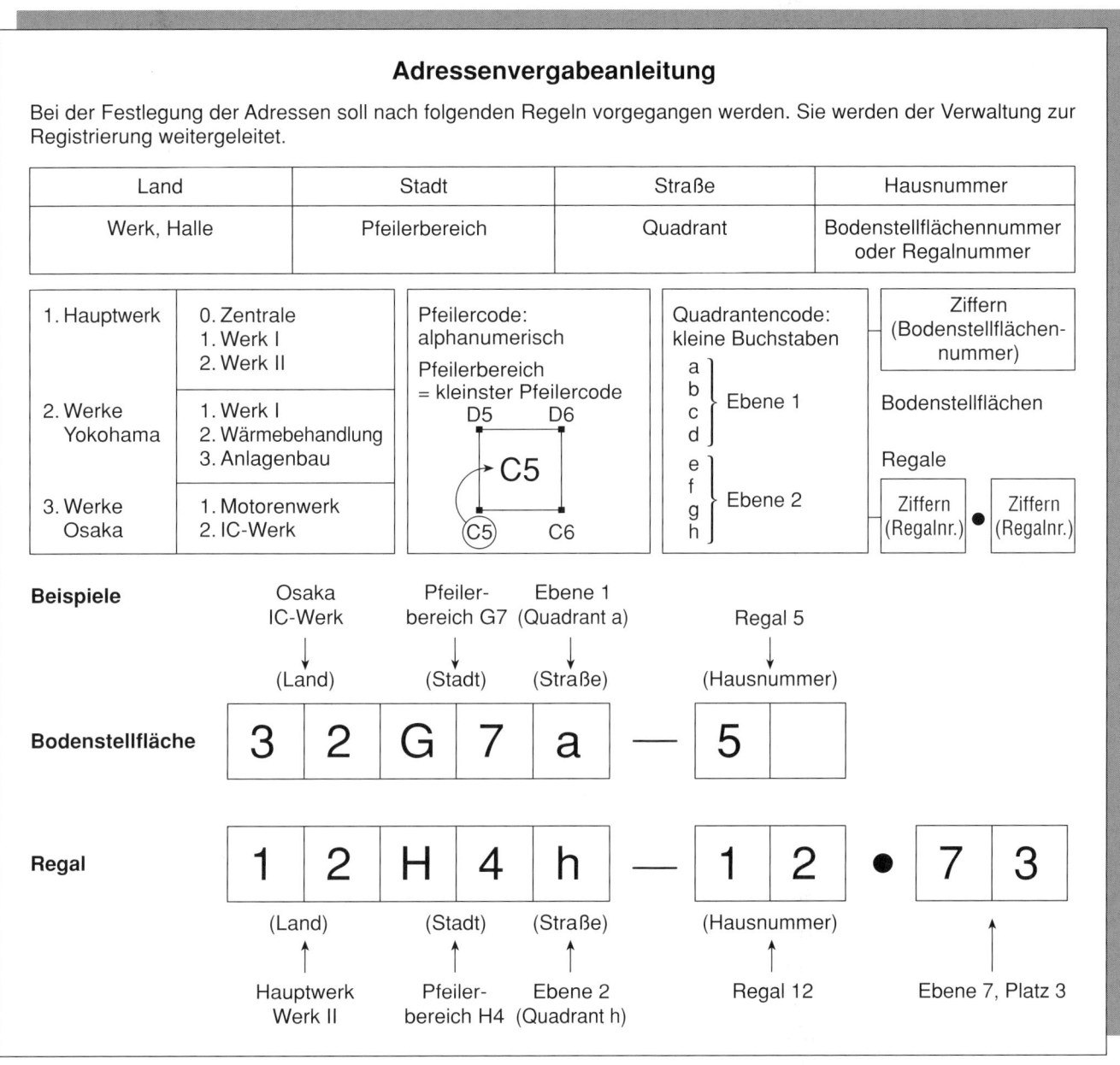

bestimmtes Produkt würde z.Z. nur in geringem Umfang produziert und man stelle deshalb die Teile hier ab. Bisweilen hört man auch, daß bestimmte Fertigteile einer Linie wohl dort neben dem Pfeiler oder auch anderswo abgestellt sein müßten. Die Situation stellt sich oft so ungeordnet dar, daß man sich fragt, ob hier überhaupt von Management die Rede sein kann.

Als Gegenmaßnahme müssen zunächst einmal die Adressen und Mengen für die wichtigsten Teile exakt definiert werden. Teile mit geringen Stückzahlen werden auf freie, im einzelnen nicht reservierte Plätze in einem genau definierten Bereich abgestellt, wobei man eine gewisse Flexibilität hinsichtlich seiner Größe zuläßt. Ein übertriebenes Regulieren hat hier eher einen gegenteiligen Effekt. Der wichtigste Grundsatz lautet allerdings, daß die bestehenden festgelegten Regeln unter allen Umständen eingehalten werden müssen. Ein Adressenregister muß eingerichtet und sorgfältig geführt werden, da sich ansonsten schwerwiegende Fehler einschleichen können. Veränderungen werden schriftlich festgehalten und systematisch kontrolliert. Die Bestimmung der Adressen erfolgt unbedingt durch die Mitarbeiter, die täglich damit umgehen. Sie darf auf keinen Fall vom Management vorgegeben werden.

Kennzeichnungen lenken den Fluß in Bahnen

Dort, wo Gegenstände bereitgestellt werden, muß erkennbar sein, welches Teil in welcher Stückzahl vorhanden ist, wieviel Produkte damit hergestellt werden können bzw. wie lange die Produktionslinie hiermit versorgt werden kann. Der zuständige Meister hat jede Art von Überproduktion als Störung zu bewerten. Leider gibt es viele, die Überproduktion als normal oder sogar als wünschenswert betrachten. Beim Nachhinken der Produktion muß das Produktionstempo entsprechend erhöht werden.

Der Meister sollte sich ständig darüber Gedanken machen, wie er die Menge der in den Warenhäusern befindlichen Teile reduzieren kann, selbst wenn es nur ein Teil bzw. eine Kiste ist. Die Anlage von Sicherheitspuffern verhindert problemlösende Maßnahmen.

Warenhäuser werden am Ausgang der Linien eingerichtet. Wo dies nicht der Fall ist, kann der für die Linie Verantwortliche die Anforderungen des nachgelagerten Prozesses nicht erkennen und weiß folglich auch nicht, was als nächstes produziert werden muß. Alle Informationen befinden sich in den Warenhäusern. Das »first in, first out«-Prinzip stammt zwar aus der Zeit vor der Entwicklung des synchronen Produktionssystems, ist aber eine unverzichtbare Voraussetzung und muß unbedingt eingehalten werden (dies nur zur Erinnerung). Im Warenhaus ist für jede Sachnummer eine Maximal- und Minimalmenge angegeben. Auf diese Weise wird der Materialfluß in Bahnen gezwungen und die Situation für jeden transparent.

Die Effizienz eines Werks hängt entscheidend vom Organisationsniveau des Auslieferungswarenhauses ab

Das Heranziehen der Produkte durch das Auslieferungswarenhaus gibt den Montagelinien den Takt vor. Die konsequente Organisation dieses Heranziehens ist das einzige Mittel zur Verbesserung der Montagelinien. Man könnte sagen, daß es die Rolle eines Dirigenten für das gesamte Werk spielt (zentrale Vorgabe der Taktzeit). In gleicher Weise, wie die

6.3 Adressenkataster

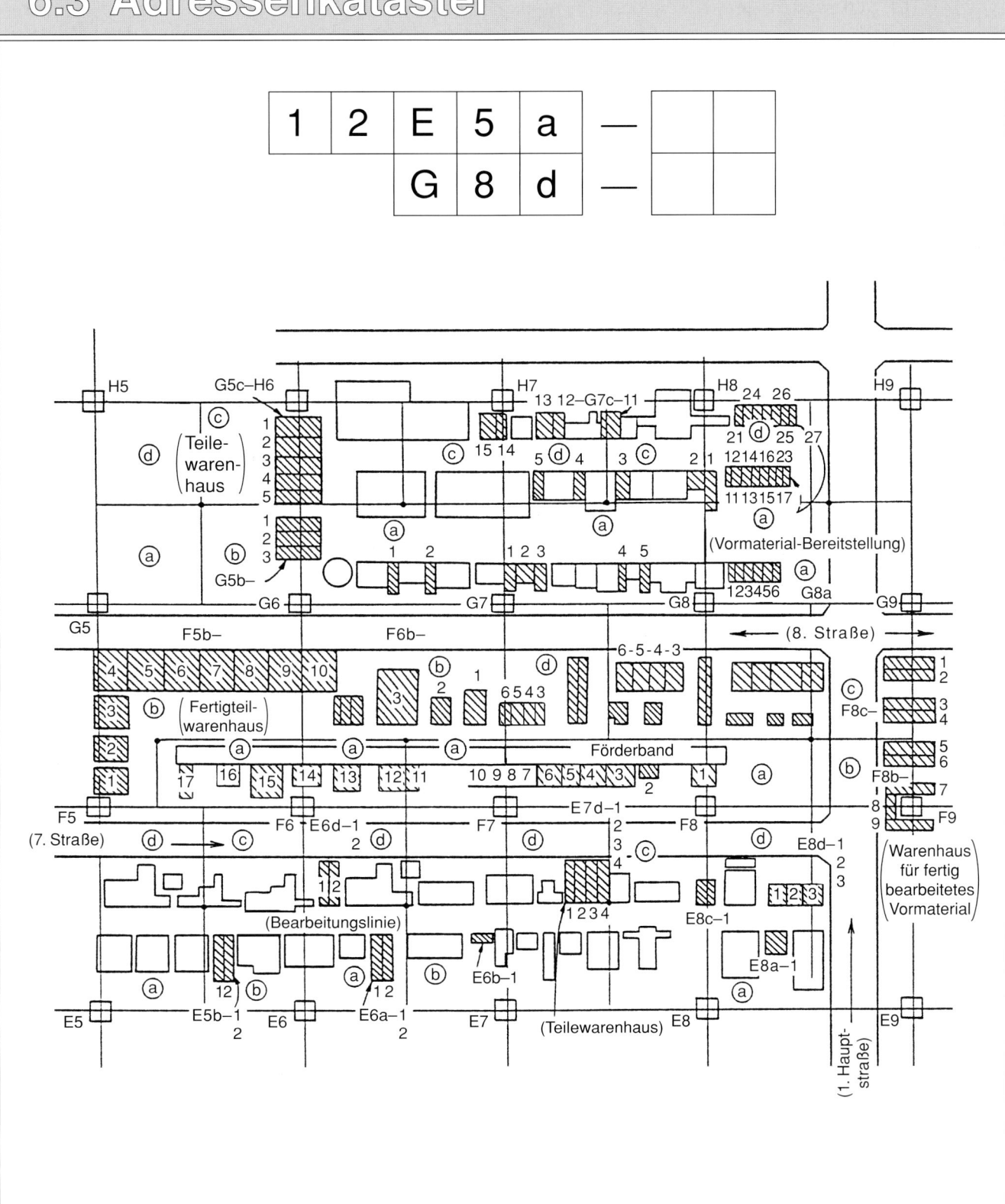

6. Schritt 6: Adressen und Stellflächen

6.4 Abstellen und Kennzeichnen (Teil 1)

Aspekte

Um die Lagerhaltung (für Produkte, Teile, Vormaterial, fertig bearbeitetes Vormaterial, Hilfsstoffe, Werkzeuge), die die Wurzel allen Übels darstellt, in den Griff zu bekommen, muß sie transparent gemacht werden.

Durch Standort- und Teilekennzeichnung, MAX- und MIN-Angaben wird ein Zustand geschaffen, bei dem permanent erkennbar ist, ob die Situation **normal oder gestört** ist (**für jeden zu jeder Zeit**).

⇨ **Verpackungsart, Kennzeichnung und Mengenangaben müssen exakt erfolgen.**

Was heißt visualisieren?

1. Alle Teile befinden sich auf den dafür definierten Plätzen.
2. Man kann durch einen Blick auf das Produkt(Teile)warenhaus erkennen, ob die Linie **zu schnell** oder zu langsam arbeitet.

   ⟶ Besonders wichtig! (Wenn zu langsam produziert wird, führt dies direkt zu einem Stillstand des nachgelagerten Prozesses und fällt damit auf. Da ein zu schnelles Produzieren jedoch nicht zu einem Produktionsstillstand führt, besteht Gefahr, daß man dies nicht als Störung wahrnimmt.)

3. Es muß erkennbar sein, was als nächstes montiert (bearbeitet) wird.

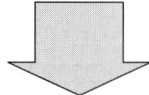

Umsetzungsschritte

1. Die in den Bearbeitungslinien bearbeiteten Teile werden am Ausgang der Linie abgestellt.
2. Die fertig bearbeiteten Teile werden je nach Adresse getrennt. Die jeweilige Menge ist auf einen Blick erkennbar. Die notwendige Menge (für 1 Stunde oder 1 Tag) wird angegeben.
3. **Das »first in, first out«-Prinzip wird eingehalten.**
4. Insbesondere die **MAX-Angabe muß deutlich** sein ⇨ Jede Überproduktion wird aus dem Warenhaus entfernt!
   - Für jede Sachnummer wird die notwendige Menge für einen Tag angegeben (dies kann durch Angabe der Behältermenge geschehen).
   - Für jede Sachnummer wird die Taktzeit kenntlich gemacht (wann wird wieviel verbraucht?).
   - Die Bedeutung der MAX-Angabe liegt darin, daß sie ein Signal dafür ist, daß eine weitere Produktion dieses Teils einen Produktionsrückstand für andere Teile bedeutet.
5. Es muß eine MIN-Angabe vorhanden sein. (Sie verhindert, daß Teile ausgehen. Dies steht im Zusammenhang mit dem Niveau der Umrüsttechnik.) ⇨ Sie ist ein Signal zur Wiederaufnahme der Produktion.
6. Adressenkennzeichnung (hängende Schilder, Ständer, Bodenmarkierungen)
7. Die Teile müssen einzeln (satzweise) entnommen werden können. ◄ (Der nachgelagerte Prozeß ist der Kunde.)
8. Farbliche Absetzung und Aufbringen von Rückennummern geben exakte Informationen, die sofort in Handlungen umgesetzt werden können.

100   Das synchrone Produktionssystem

Fortsetzung von Abbildung 6.4

Auslieferungsplatz

Das Warenhaus an der Endmontagelinie müßte eigentlich der Auslieferungsplatz sein (dort müßte der LKW beladen werden). Aus Kapazitätsgründen usw. wird aber häufig ein spezieller Auslieferungsplatz eingerichtet.

Kernpunkt: Es handelt sich um kein Auslieferungslager! Die Vorstellung vom Lager und der Ausdruck Lager existieren einfach nicht mehr.

Der Auslieferungsplatz muß so arbeiten, als ob die Endmontagelinie und die Eingangslinie des Kunden sich nebeneinander befinden würden.

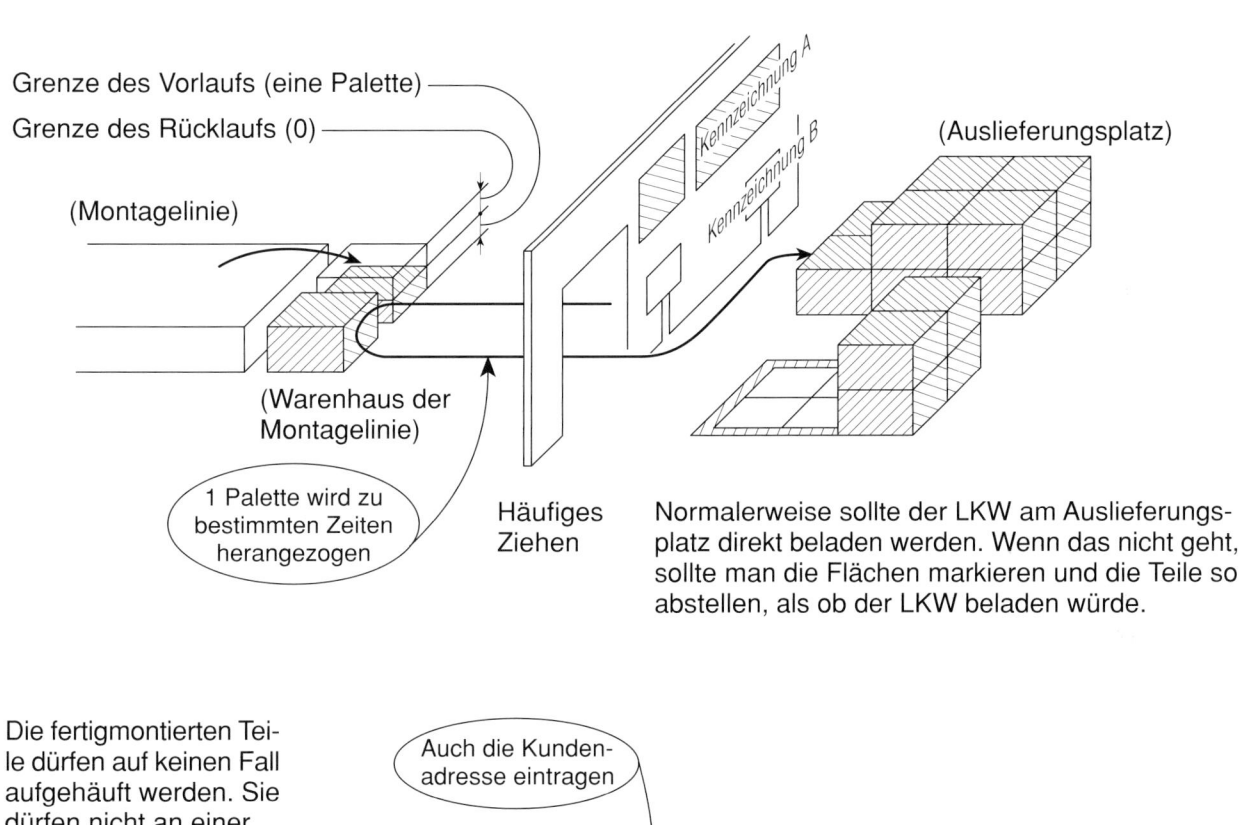

Normalerweise sollte der LKW am Auslieferungsplatz direkt beladen werden. Wenn das nicht geht, sollte man die Flächen markieren und die Teile so abstellen, als ob der LKW beladen würde.

Die fertigmontierten Teile dürfen auf keinen Fall aufgehäuft werden. Sie dürfen nicht an einer Stelle abgestellt werden, die von der Endmontagelinie einsehbar ist.

Es muß ein kräftiges Heranziehen erfolgen, jedoch nur die benötigten Teile.

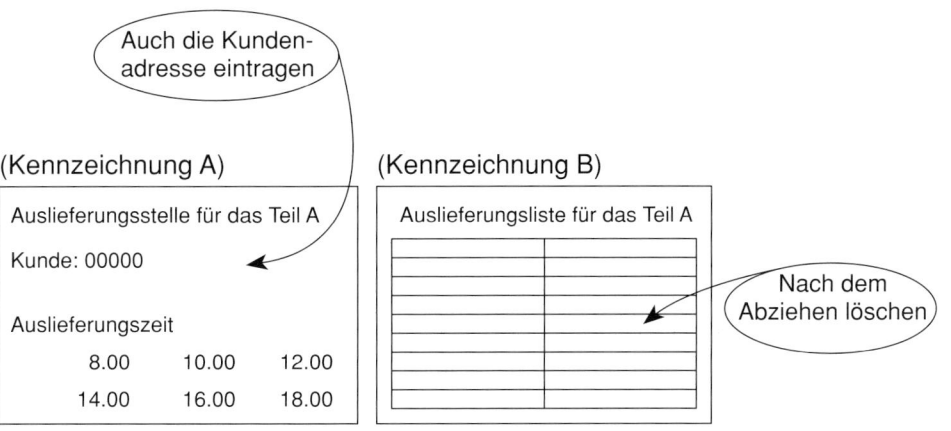

6.5 Abstellen und Kennzeichnen (Teil 2)

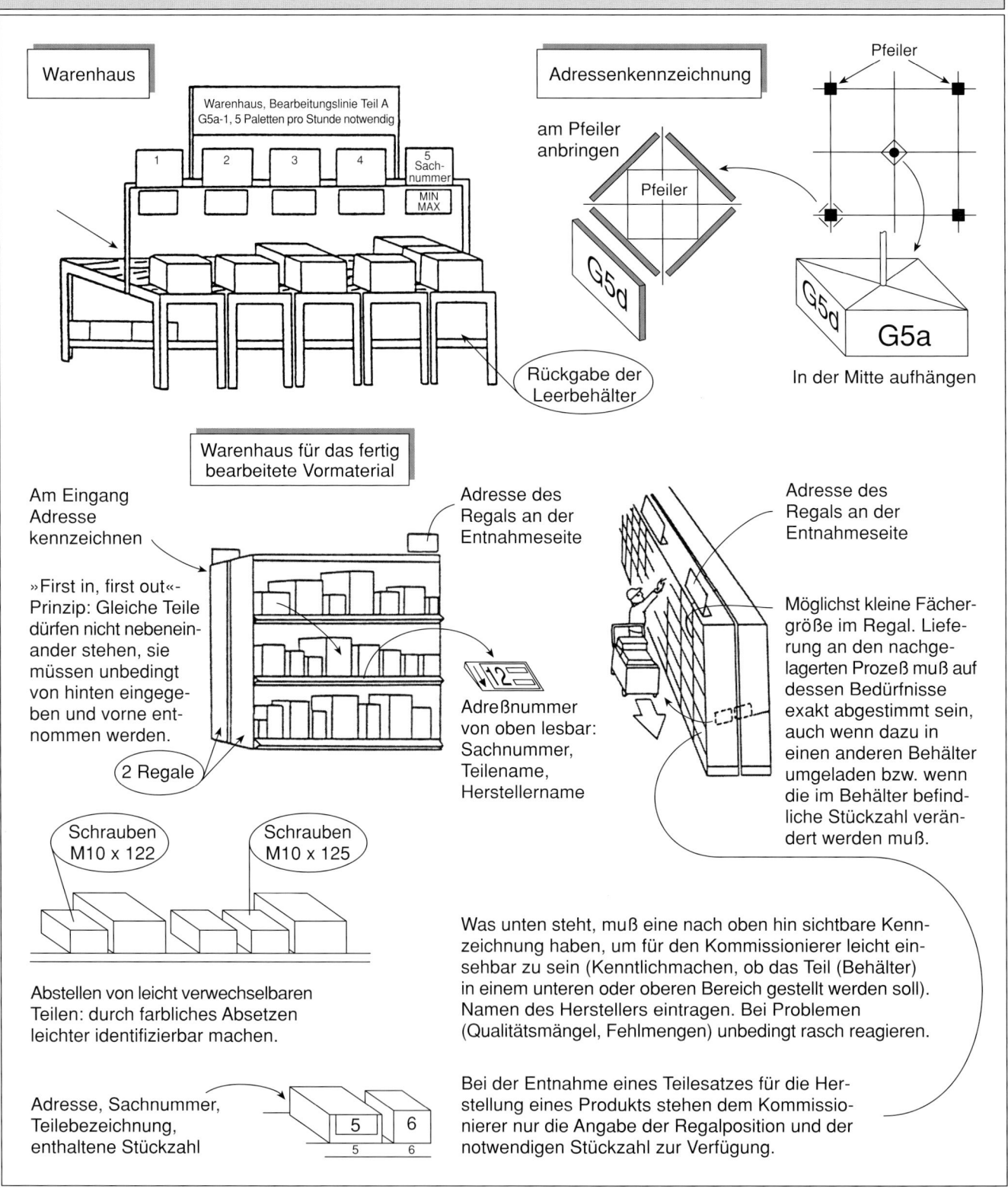

Teile von den Montagelinien nach der Fertigstellung sofort weitertransportiert werden, soll auch in dem Auslieferungswarenhaus so weitergeliefert werden, als ob eine in unmittelbarer Nachbarschaft befindliche Linie bedient würde. Ohne ein solches Vorgehen kommt das synchrone Produktionssystem nicht zustande. Daran erkennt man die Bedeutung dieser Stelle für das gesamte Werk.

Die Kennzeichnungen sollten möglichst groß sein (»Aha, es hat sich etwas verändert!«). Da in einem Produktionsbetrieb auch die selbstverständlichsten Dinge nicht selbstverständlich zu sein pflegen, sollte man in der Anfangsphase alles kennzeichnen, was sich kennzeichnen läßt. Dasselbe gilt auch für das »first in, first out«-Prinzip. Tritt irgendein Problem auf, sollte man ruhig davon ausgehen, daß dies an einer mangelhaften Kennzeichnung liegt.

Vorausschauendes Erkennen von Materialmangel mit Hilfe der Behälter

Für das Abstellen und Transportieren von Gegenständen benötigt man Behälter. Über den Umgang mit Leerbehältern macht man sich normalerweise kaum Gedanken. Dabei sind die Leerbehälter für die Organisation der Logistik und der Warenhäuser von entscheidender Bedeutung. Einwegbehälter (Wellpappe, Papiertüten, Plastiktüten usw.) passen nicht in das Konzept der zyklischen Verwendung, wie es im Rahmen des synchronen Produktionssystems vertreten wird. Deshalb sollten sie, sofern sie verwendet werden, rasch durch Mehrwegbehälter ersetzt werden. Durch die Einhaltung bestimmter Regeln für die Handhabung der Leerbehälter wird das vorausschauende Erkennen von Materialmangel möglich.

Es kommt häufig vor, daß die Behältergröße, die Verpackungsart und die Transportmengeneinheit irgendwelchen sachfremden Beschränkungen unterliegen. Dies ist ein unhaltbarer Zustand, der davon zeugt, daß die zu erreichenden Ziele nicht richtig verstanden wurden. Die Beschaffenheit der Behälter hat sich auf jeden Fall nach den Bedürfnissen des nachgelagerten Prozesses zu richten. Wenn die z.Z. verwendeten Behälter den Anforderungen des nachgelagerten Prozesses nicht entsprechen, müssen die Teile in die richtigen Behälter gefüllt werden, auch wenn dies ein Umladen bedeutet. Der nachgelagerte Prozeß ist als Kunde zu behandeln. Außerdem müssen die Behälter sauber sein. Auch im Supermarkt würde man bei schmutzigen Behältern vermuten, daß etwas nicht stimmt, selbst wenn der Inhalt an sich akzeptabel sein sollte.

Wird der Materialfluß wirklich über die Informationen vom nachgelagerten Prozeß gesteuert?

Der Autor hat für die Bereiche, an denen Produkte, Teile und Vormaterial abgestellt werden, den Begriff »Stellplatz« möglichst vermieden. Solche Plätzen sind ohne Zusammenhang mit dem nachgelagerten Prozeß, nur nach den Bedürfnissen der eigenen Produktionslinie organisiert. Von ihnen sind keine

6.6 Behälter, Verpackungsart

Kommentar

Im Rahmen des synchronen Produktionssystems ist es sehr wichtig, das Material in Fluß zu bringen (Verkleinerung der Losgrößen, Verkürzung der Anlieferungsintervalle, Reduzierung der Durchlaufzeit). Die Auswahl der Behälter und die Verpackungsart wirken sich hierbei sehr stark aus.

Auswahlkriterien
1. Die Qualität der Teile darf nicht beeinträchtigt werden (Stoßschäden, Verstauben, Feuchtigkeitsschäden, Verformung)
2. Pro Behälter eine Sachnummer
3. Möglichst kleine Behälter, nicht vollständig füllen (ca. 80%)
4. Enthaltene Stückzahl muß auf einen Blick erkennbar sein (1, 2, 5, 10, 50, 100)
5. Leichte Handhabbarkeit (Kleinteilebehälter dürfen maximal 12 kg wiegen)
6. Behälter müssen mehrfach verwendbar sein (Mehrwegbehälter)

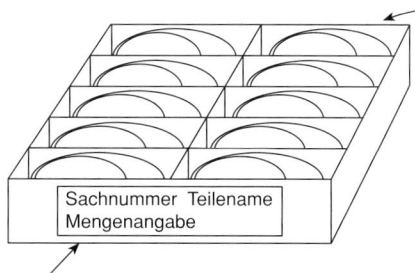

Die Teile dürfen nicht aneinanderstoßen; behandle Getrieberäder so, als ob sie aus Glas wären (geschliffene Teile).

Wenn in einem Produkt ein Teil A und ein Teil B verarbeitet werden bzw. wenn von einem Teil eine linke und eine rechte Seite benötigt werden, so werden sie jeweils in gleicher Stückzahl verpackt.

◎ Statt Wellpappe Mehrwegbehälter
Ab der 10. Verwendung sind sie rentabel.

Abschaffen von Einwegbehältern

Das gleiche gilt für Plastik- und Papiertüten

Auf jeder Behältereinheit sind Verpackungshinweise angegeben. Zum Schutz vor Verstauben wird z.B. ein Deckel aufgesetzt. Eine bestimmte Behälterart muß immer die gleiche Anzahl an Teilen enthalten (unabhängig von der Teileart).

Festlegen des Standortes, der enthaltenen Menge, der Anzahl der Behälter, Behältermanagement

Leerbehälter müssen genauso sorgfältig behandelt werden wie volle Behälter
⇨ Regeln für das Rückführen der Leerbehälter konsequent einhalten.

Ein weiterer Punkt

Um Verwechslungen zu vermeiden, ein Originalexemplar des Teils an der Stelle der Montagelinie befestigen, wo der entsprechende Behälter ankommt (besonders für kleinere und mittlere Teile)

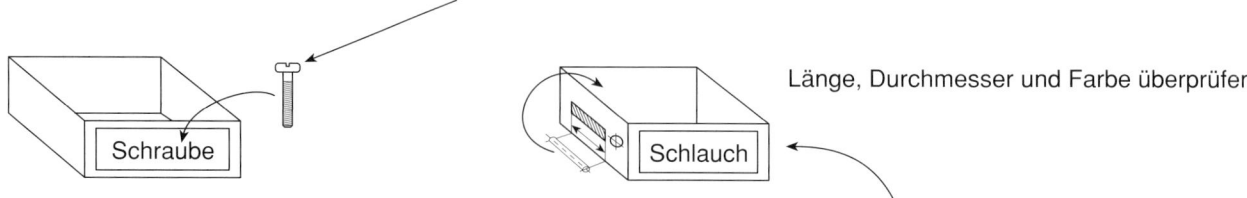

Länge, Durchmesser und Farbe überprüfen

Bei mittleren und großen Teilen an der Seite des Behälters ein Foto oder eine Zeichnung des Teils anbringen.

Fortsetzung von Abbildung 6.6

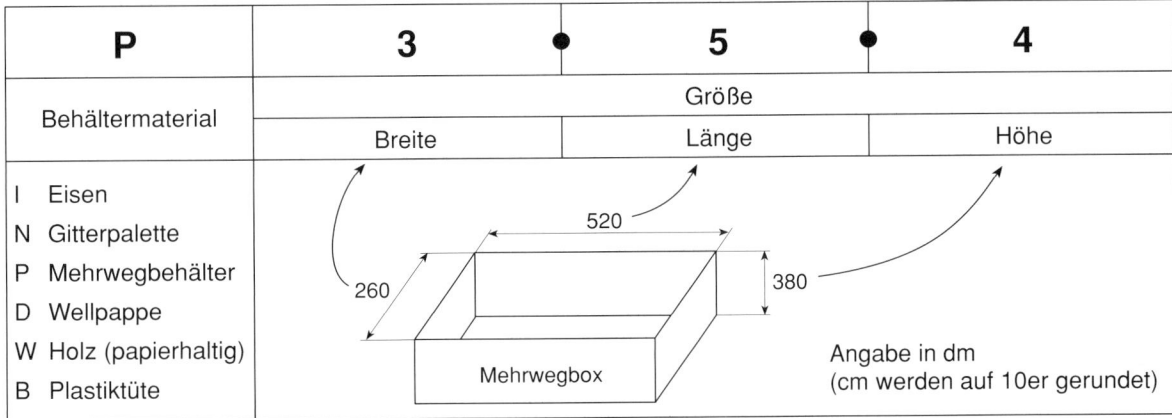

Anleitung zur Bestimmung der Behälterart

Zur Verkleinerung der Losgrößen, zur Festlegung von Standort und Menge sowie zur Standardisierung des Transports wird anhand der nachfolgenden Anleitung die Art der Behälter festgelegt.

1. Kennzeichnung von Art und Größe

2. Die herkömmlichen Bezeichnungen werden weiterverwendet.
3. Bei der Einführung von Spezialbehältern wird die Bezeichnung bei der Registrierung festgelegt.
4. Die Verpackungs- und Behälterart wird von der Abteilung vorgeschlagen, die damit umgeht, und von der Verwaltung lediglich registriert.

verwertbaren Informationen zu erhalten, und es werden keine Kaizenaktivitäten angeregt. Wenn statt dessen keine sich selbst regulierenden Warenhäuser eingerichtet sind, werden Verschwendungen (muda) und Störungen nicht erkennbar und der Kaizenprozeß wird dadurch verhindert. Im Rahmen des synchronen Produktionssystems werden alle Stellen, an denen sich Gegenstände befinden, als sich selbst regulierende Warenhäuser betrachtet. Das gleiche gilt für die Lager. Im Grunde genommen gibt es keine Lager im herkömmlichen Sinne mehr. Wenn diese nicht als sich selbst regulierende Warenhäuser organisiert sind, die mit dem nachgelagerten Prozeß verknüpft sind, wird die eigentliche Aufgabe nicht erfüllt. Es kommt letztlich darauf an, wie man sich einem Zustand nähert, bei dem an den verschiedenen Stationen einer Montagelinie jeweils nur das eine Stück eines bestimmten Teils bereitliegt, das zur Montage auf das gerade durchlaufende Produkt benötigt wird.

6.7 Warenhäuser und Stellflächen

Aspekte

Warenhäuser und Stellflächen sind grundsätzlich verschiedene Dinge.

In einem **Warenhaus** werden die auf Grund eines Signals vom nachgelagerten Prozeß hergestellten (bzw. angelieferten) Teile übersichtlich bereitgestellt. Sie sind mit einer Adresse, einer Artikelnummer, einer Bezeichnung und einer MIN-MAX-Angabe versehen.

Eine **Stellfläche** ist ein Bereich, in dem produzierte (oder angelieferte) Teile ohne Bezug zum nachgelagerten Prozeß abgestellt werden.

Bei der Einführung des synchronen Produktionssystems müssen zuerst Warenhäuser eingerichtet werden. Bei Stellflächen darf man es auf keinen Fall belassen.

**Stellflächen werden einfach vollgestellt,
Warenhäuser dienen als Werkzeug des Informationsmanagements.**

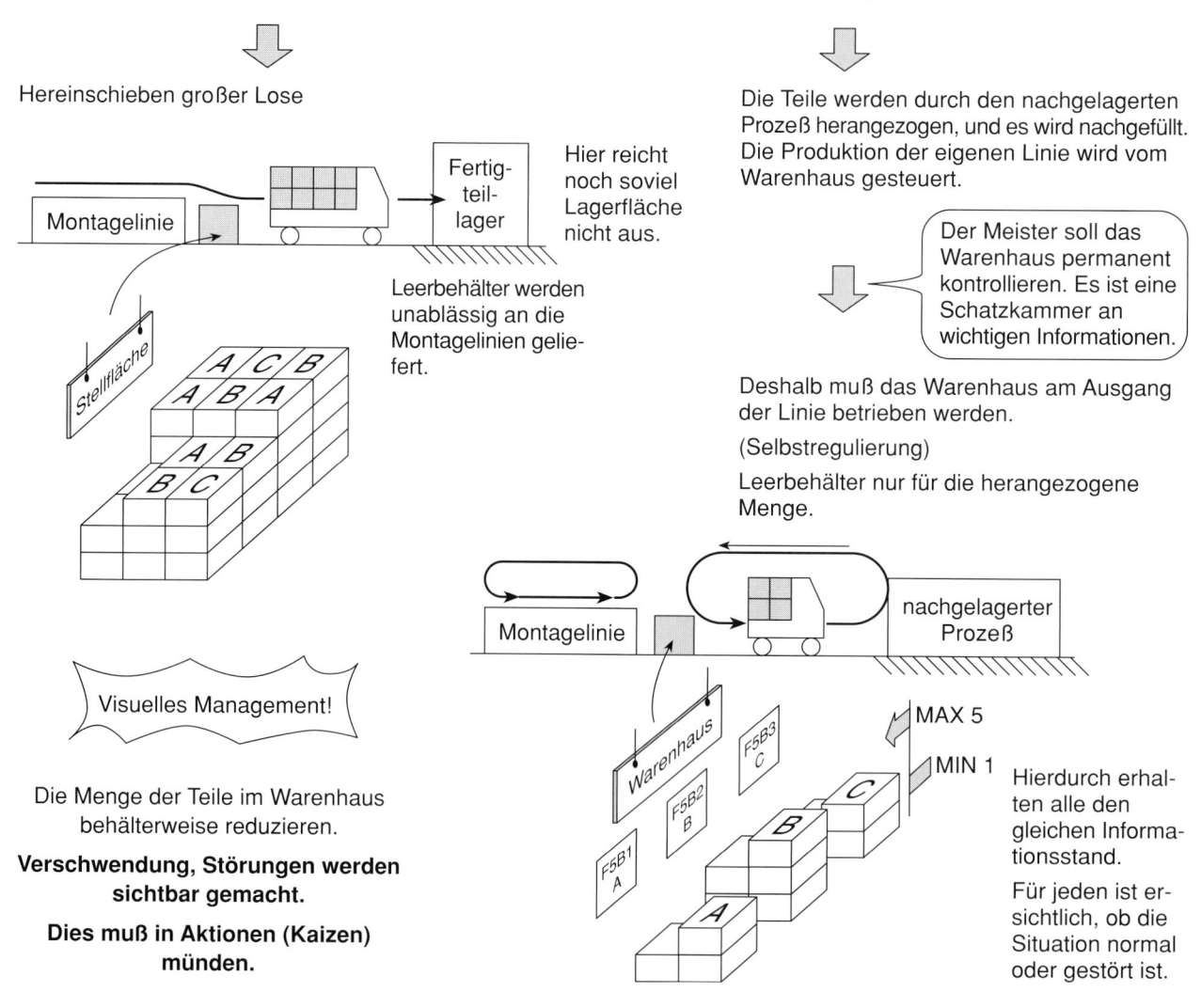

Hereinschieben großer Lose

Hier reicht noch soviel Lagerfläche nicht aus.

Leerbehälter werden unablässig an die Montagelinien geliefert.

Die Teile werden durch den nachgelagerten Prozeß herangezogen, und es wird nachgefüllt. Die Produktion der eigenen Linie wird vom Warenhaus gesteuert.

Der Meister soll das Warenhaus permanent kontrollieren. Es ist eine Schatzkammer an wichtigen Informationen.

Deshalb muß das Warenhaus am Ausgang der Linie betrieben werden.

(Selbstregulierung)

Leerbehälter nur für die herangezogene Menge.

Visuelles Management!

Die Menge der Teile im Warenhaus behälterweise reduzieren.

Verschwendung, Störungen werden sichtbar gemacht.

Dies muß in Aktionen (Kaizen) münden.

Hierdurch erhalten alle den gleichen Informationsstand.

Für jeden ist ersichtlich, ob die Situation normal oder gestört ist.

Was ist bei Sichtbarwerden von Störungen zu tun?

| Informationen werden zu Aktionen |

Beim Vorantreiben des synchronen Produktionssystems ist das visuelle Management bei Adressen und Stellflächen unverzichtbar. Es ist allerdings lediglich ein Werkzeug zur Sichtbarmachung von Verschwendung und ein Werkzeug für das vorbeugende Management. Es ist nicht damit getan, jeweils sichtbar werdende Störungen abzustellen, das wichtigste ist, aktiv und entschlossen Kaizen durchzuführen und die Verschwendungen vollständig zu eliminieren.

Schritt 7: Produktion in Taktzeit

Der Markt ist der letztgelagerte Prozeß. Die anzustrebende Form der synchronen Produktion besteht darin, exakt den Bedürfnissen des Marktes zu entsprechen. Der Markt gibt somit die Taktzeit für die Produktion vor. Diese Taktzeit ist die Zeitbasis für alle Aktivitäten im Unternehmen (Produktion, Informationen, Kaizen usw.). Sie bestimmt den Zeitrahmen für den Materialstrom und alle damit zusammenhängenden Aktionen.

Die starken Schwankungen auf dem Markt führen zu ständigen Veränderungen der Taktzeiten. Die Prozesse im Unternehmen müssen so flexibel sein, daß trotzdem stetig Gewinne erzielt werden können. Es gilt, das Bewußtsein für Verschwendungen zu entwickeln und ein dauerndes Krisenbewußtsein aufrechtzuerhalten. Verschwendungen werden energisch eliminiert. Es erfolgt ein Wechsel von einem einfachen Personalabbau hin zu einem flexiblem Personaleinsatz (variabler Personalstand). Die jeweilige Taktzeit dient als Zeitbasis, wobei es um die Reduzierung der Überstunden und einen flexiblen Personaleinsatz geht.

Viele Unternehmen bemühen sich um eine Qualitätsverbesserung und konzentrieren sich auf Kostenminimierung und Mengenmaximierung. Einige Firmen nutzen außerdem auch die Ressource Zeit zu ihrer Entwicklung. In diesen Unternehmen wird in Taktzeit produziert, wobei der Anteil an wertschöpfenden Elemente sehr hoch ist. Durch Konzentration der Bearbeitungsprozesse und eine Reduzierung der Durchlaufzeiten erzielen sie wesentliche Wettbewerbsvorteile. Es kommt darauf an, den Anteil der wertschöpfenden Arbeit innerhalb der Taktzeit zu erhöhen. Für die synchrone Produktion ist es von entscheidender Bedeutung, diesen Begriff der Taktzeit flächendeckend an allen Linien umzusetzen.

Taktzeit ist der vom nachgelagerten Prozeß (Kunden) vorgegebene Zeitrahmen, der für die Produktion eines Teils zur Verfügung steht. Der Lagerbestand an der eigenen Linie wird möglichst minimiert, jedoch muß gewährleistet sein, daß der nachgelagerte Prozeß (der Kunde) die notwendigen Teile in benötigter Stückzahl zum erforderlichen Zeitpunkt erhält.

Man erhält die Taktzeit, indem man die reguläre Arbeitszeit eines Tages durch die pro Tag benötigte Stückzahl dividiert. Das bedeutet, daß die Produktion an den verschiedenen Bearbeitungsstationen bzw. in den verschiedenen Werken synchronisiert wird. Die Arbeitszeit wird einheitlich festgelegt. Erwartete Ausfallzeiten aufgrund von Maschinenstörungen, Umrüstzeiten, geringer technischer Verfügbarkeit usw. dürfen nicht von vornherein abgezogen werden (dies gilt nicht für die von der Firma angeordneten Zeiten für den Morgen- und Abendappell, Pausenzeiten, Reinigungszeiten usw.). Es ist ebenfalls nicht zulässig, bei der Errechnung der notwendigen Stückzahlen für den nachgelagerten Prozeß von vornherein eine gewisse Schlechtteilquote einzukalkulieren. Es kommt darauf an, die verschiedenen Arten der Zeitverschwendung, die zu Kaizenaktivitäten führen müssen, erkennbar zu machen und in Überstunden abzuarbeiten.

Wenn alle Produkte in Taktzeit hergestellt werden, so bedeutet dies, unabhängig von der Vielfalt der Produktpalette, daß an allen Stationen mit einem Minimum an Personal, Anlagen und Informationen gearbeitet werden kann. Sowohl zu langsames als auch zu schnelles Produzieren muß vermieden werden. In viel zu vielen Werken und Produktionslinien wird ein zu schnelles Produzieren allerdings nicht negativ gesehen.

> Merke: Es gibt nichts Schlimmeres als zu schnelles Produzieren!

Die Auffassung, es sei ja alles in Ordnung, wenn die Produktion nicht hinterherhängt, ist leider allzu verbreitet. Es darf kein Spielraum eingeplant werden. Im Gegenteil, ein ganz leichtes Nachziehen ist der beste Zustand.

Taktzeit – die Grundlage für Produktion, Informationen, Kaizenaktivitäten usw.

Um alle Prozeßschritte zu synchronisieren, muß das Material in Fluß gebracht werden. Die Anlagen werden dazu in der Reihenfolge der Arbeitsgänge aufgestellt. Um jedes(n) Stück (Satz) über alle Prozeßstationen ohne Stillstand und im Takt fließen lassen zu können, müssen auch die Informationen in Taktzeit fließen.

In einer Taktzeit bestehen die für die Produktion notwendigen Informationen im wesentlichen darin, nach Beendigung der Fertigung eines Stücks die Anweisung zur Fertigung des nächsten zu geben. Gleiches gilt für alle Kaizenaktivitäten. Wenn die Arbeitsverteilung auf der Grundlage der Taktzeit erfolgt, wird der Flaschenhals sichtbar. Hierdurch ist ein Ansatzpunkt für Kaizenaktivitäten gegeben. Andererseits kommt es übrigens häufig vor, daß eine anscheinend überlastete Anlage bzw. Linie die Anforderungen, gemessen an der Taktzeit, problemlos bewältigen kann.

Es ist wichtig, die Taktzeit am Kopf der Linie ständig anzuzeigen. Alle Mitarbeiter müssen darüber aufgeklärt werden, daß es die Aufgabe der jeweiligen Bearbeitungsstation ist, genau in Taktzeit zu produzieren. Die Differenz zwischen dem jeweiligen Ist-Zustand und der Taktzeit muß sichtbar gemacht werden.

Wenn aus Gründen der Anlagenkapazität oder aus Personalmangel unbedingt Überstunden gefahren müssen, so kann

7.1 Produktion in Taktzeit

Aspekte

Die Taktzeit ist ein bestimmter Zeitraum, in dem ein Produkt hergestellt wird (sowohl zu schnelles als auch zu langsames Produzieren ist unzulässig). Sie wird durch die notwendige Stückzahl und die zur Verfügung stehende reguläre Arbeitszeit bestimmt.

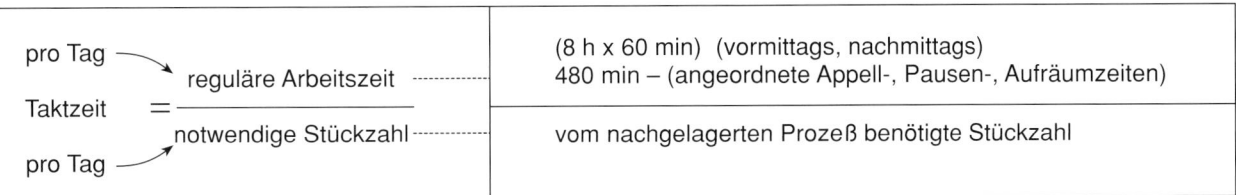

$$\text{Taktzeit} = \frac{\text{reguläre Arbeitszeit pro Tag}}{\text{notwendige Stückzahl pro Tag}}$$

- reguläre Arbeitszeit: (8 h × 60 min) (vormittags, nachmittags) 480 min − (angeordnete Appell-, Pausen-, Aufräumzeiten)
- notwendige Stückzahl: vom nachgelagerten Prozeß benötigte Stückzahl

Gesichtspunkte

1. Durch den Verkauf der Produkte wird der Takt (Rhythmus) vorgegeben. In jedem Prozeßschritt wird gemäß der Taktzeit produziert.
   - ❏ Man muß sich der Herausforderung stellen, genau in der festgelegten Zeit die jeweils benötigten Dinge herzustellen.
   - ❏ Die Synchronisierung des ganzen Werkes (bzw. der verschiedenen Bearbeitungsstationen) muß vorangetrieben werden (die notwendigen Teile nur in der benötigten Stückzahl zum geforderten Zeitpunkt).
2. Die Taktzeit ist die Grundlage für Produktion, Information, Kaizen usw.

Schritte bei der Umsetzung

1. Die Taktzeit muß an der Linie angezeigt werden (in Sekunden)
2. Schrittmacher einführen (mit Anzeige beim Überschreiten der Taktzeit, Markierungen am Förderer)
3. Arbeitsverteilung nach Taktzeit

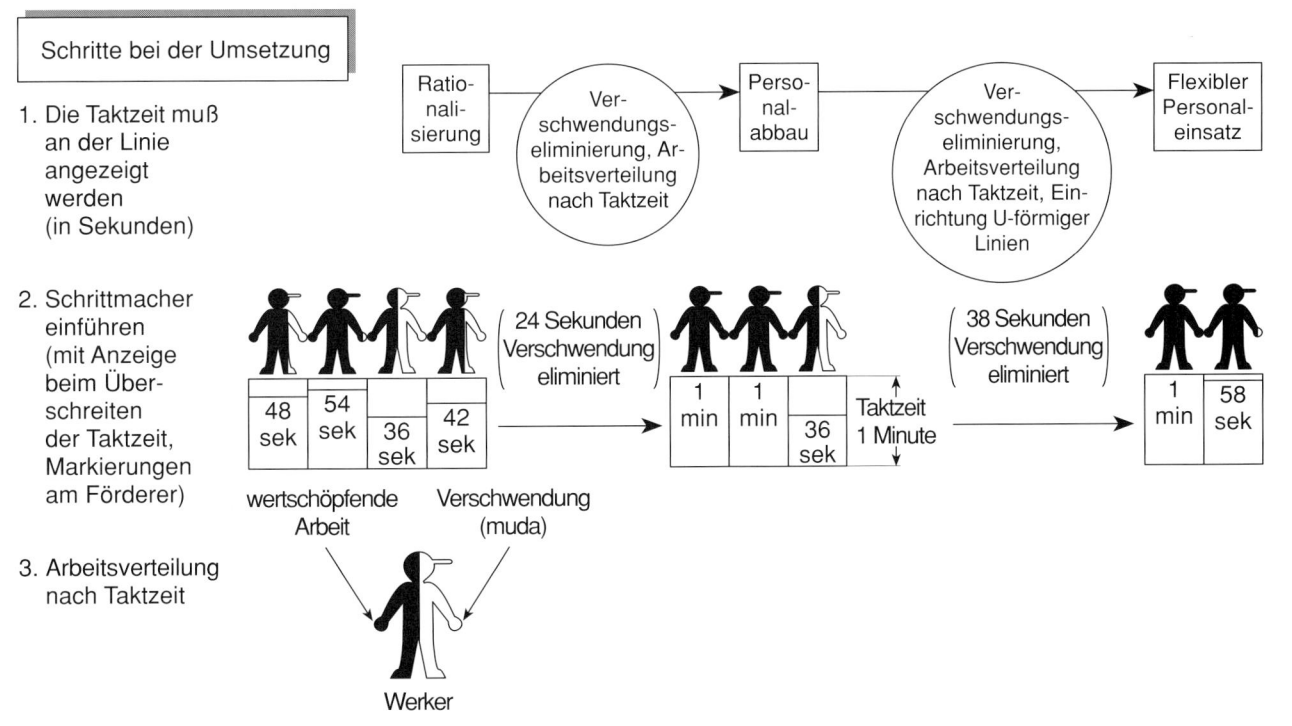

7. Schritt 7: Produktion in Taktzeit

Fortsetzung von Abbildung 7.1

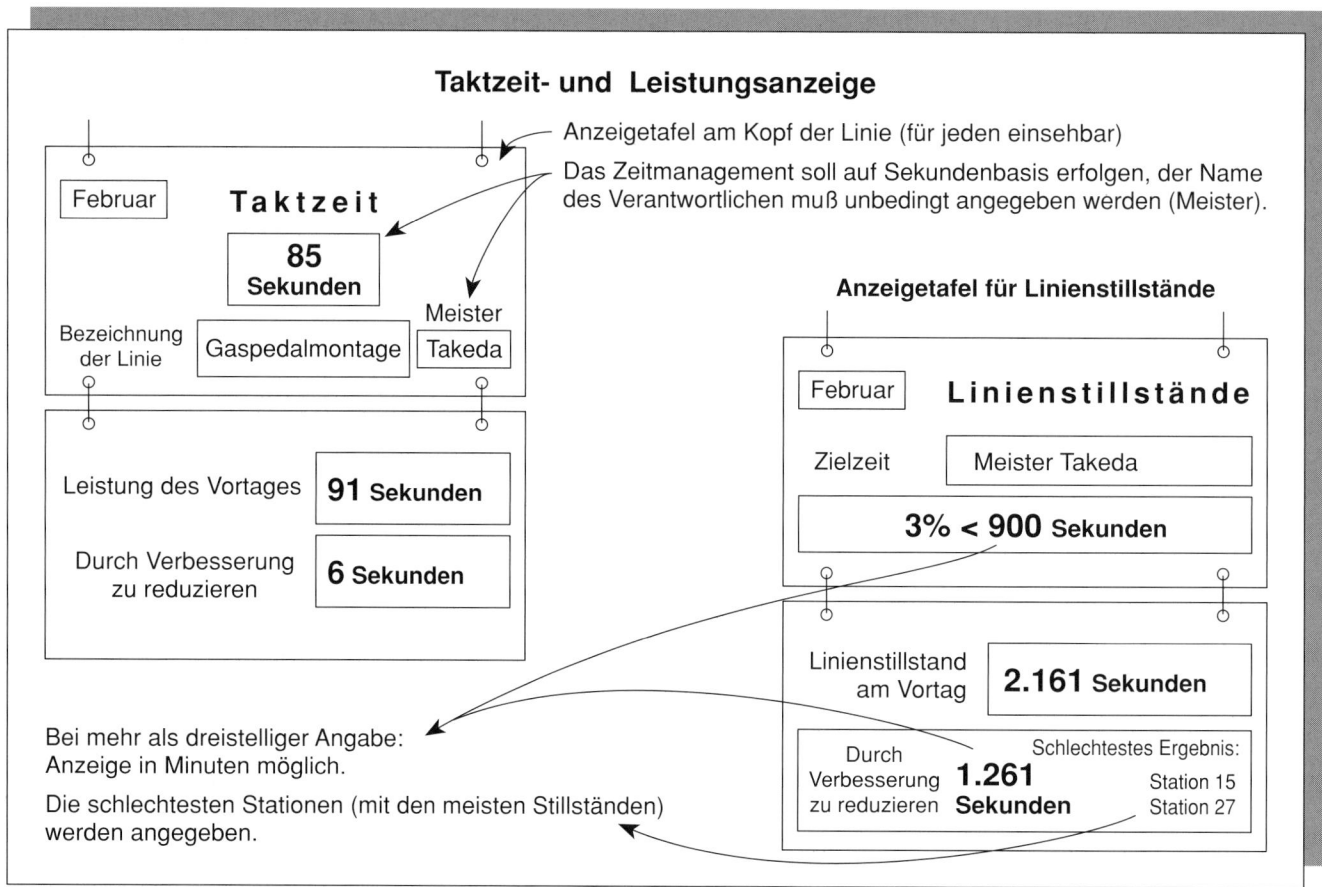

ausnahmsweise die Arbeitszeit dieses Tages verlängert und die Taktzeit entsprechend neu festgelegt werden. Diese wird als »Sondertaktzeit« bezeichnet. Es muß klar sein, daß es sich dabei um eine außerordentliche Maßnahme handelt. Die zeitliche Begrenzung dieser Maßnahme wird angezeigt.

Schrittmacher

Bei der Produktion in Taktzeit geht es nicht um irgendwelche Durchschnittswerte, sondern um das Prinzip, daß alle Teile, gleich welcher Art, an jeder Bearbeitungsstation in ihrer jeweiligen Taktzeit produziert werden. Der Schrittmacher ist ein Werkzeug für Management- und Kaizenaktivitäten.

Ohne einen Einzelstück(satz)fluß mit rhythmisch sich wiederholender Arbeit führt der Einsatz eines Schrittmachers nicht zu einer Produktion in Taktzeit. Es handelt sich beim Schrittmacher lediglich um ein Werkzeug. Der Wert eines Werkzeuges wird durch seine Handhabung bestimmt.

7.2 Schrittmacher

Aspekte

Der Schrittmacher ist ein Werkzeug, mit dem die Taktzeit **sichtbar** gemacht wird.

Hilfsmittel, die als Schrittmacher verwendet werden können

1. Leuchtanzeigen, die ein Überschreiten der Taktzeit anzeigen (mit eingebautem Zeitschalter):
   entweder eine pro Werker oder eine pro Linie (am Flaschenhals)

2. Markierungen am Förderer
   Bei angetriebenen Förderern, bei denen die Bearbeitung während der Bewegung erfolgt, wird durch die Markierung die Zeiteinhaltung gewährleistet: gleichzeitiger Start an bestimmten Positionen, Haltelinie an bestimmten Positionen, Linien zur Kennzeichnung bestimmter Arbeitsvorgänge.

3. Anzeigetafeln für Produktionsziffern:
   Geplanter Wert, tatsächlicher Wert (hierbei handelt es sich nicht um das stündliche Stückzahlenmanagement)

Gesichtspunkte

1. Zunächst ist dafür zu sorgen, daß in rhythmischer Wiederholung gearbeitet wird.

2. Installierung eines Schrittmachers; da es sich um ein Hilfsmittel handelt, muß es nicht unbedingt von Anfang an an der Taktzeit orientiert sein.

   ① Er kann durch die tatsächliche Leistungsfähigkeit des Ist-Zustandes bestimmt sein ⇨ nicht vergessen, daß es sich um ein Kaizenhilfsmittel handelt.

   ② Auf eine Überstundendauer von 30 Minuten auslegen.

   ③ Anhand der Taktzeit bestimmen.

   Es muß permanent erkennbar sein, ob in Taktzeit produziert wird oder nicht. Wenn die Taktzeit dauernd überschritten wird, wird der Schrittmacher nicht mehr ernst genommen und als Werkzeug unbrauchbar.

3. Die Werker müssen gleichzeitig mit der Arbeit beginnen und gleichzeitig mit der Arbeit aufhören (gleichzeitiger Start an verschiedenen Positionen ⇨ gleichzeitige Beendigung der Arbeit an bestimmten Positionen).

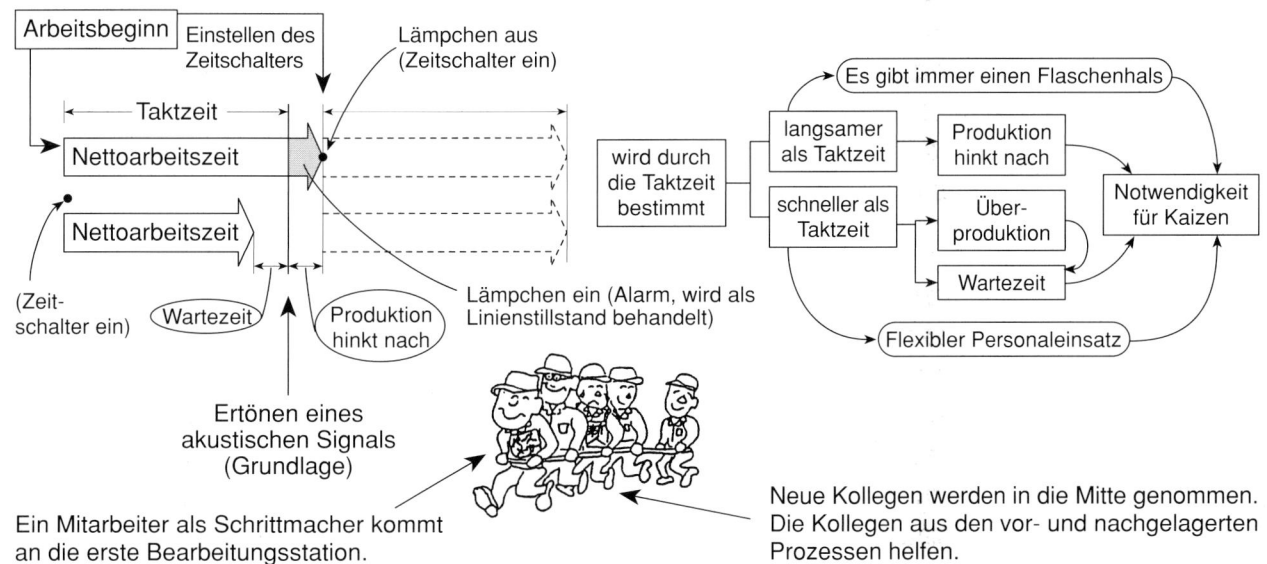

Wenn die Taktzeit längerfristig überschritten wird, so wird dies leicht zu einer schlechten Gewohnheit. In diesem Fall muß man entweder die Kaizenmaßnahmen beschleunigen oder vorübergehend den tatsächlichen Leistungswert für die Produktion zugrundelegen. Es bleibt jedoch das Ziel, möglichst schnell eine Produktion in Taktzeit zu erreichen, weil sonst große Verluste, nicht nur an der eigenen Linie, sondern auch in den vor- und nachgelagerten Prozessen entstehen. Anzustreben ist ein Zustand, in dem jederzeit erkennbar ist, ob die Produktion in Taktzeit läuft oder nicht.

Bei Überschreiten der Taktzeit muß die Linie angehalten werden. Beträgt die Taktzeit z.B. 85 Sekunden, die Nettoarbeitszeit an einer Bearbeitungsstation aber 93 Sekunden, so muß die Linie nach Ablauf der 85 Sekunden für acht Sekunden angehalten werden (93 – 85). Anschließend wird die Linie wieder 85 Sekunden gefahren und erneut acht Sekunden angehalten. Zur Eliminierung dieser Stillstände werden sofort Kaizenmaßnahmen eingeleitet. Solche Probleme werden auf diese Weise für jedermann sichtbar gemacht.

Um die Linie künftig nicht anhalten zu müssen, wird sie jetzt angehalten

Die Mitarbeiter werden konsequent dazu angehalten, absolut nichts zu tun, sobald Wartezeiten auftreten. Da sie allerdings fleißig sind, neigen sie dazu, irgend etwas zu tun. Dies muß unbedingt unterbunden werden. Ihre Aufgabe in einem solchen Fall ist es, untätig stehen zu bleiben. Die Aufgabe der Meisters besteht darin, unablässig die Rücken der Mitarbeiter zu beobachten. Viele Meister schauen lediglich hin, während es tatsächlich darauf ankommt, präzise zu beobachten, um gegebenenfalls sofort handeln zu können (Kaizenmaßnahmen einleiten). Die Meister müssen sich darauf konzentrieren, die Mitarbeiter von unnötigen Tätigkeiten abzuhalten.

Kostenreduzierung bedeutet flexiblen Personaleinsatz

Glauben Sie, daß der Zustand Ihrer Linie der schlechtestmögliche ist? Die Verschwendungseliminierung beginnt damit, die Mängel des Ist-Zustandes anzuerkennen (Bewußtseinsreform). Alles, was nicht in Fluß ist, ist Verschwendung. Dies gilt für Produkte, Teile, Menschen, Anlagen, Werkzeuge und Informationen. Davon muß man ausgehen. Bei der Suche nach Verschwendungen darf man jedoch noch nicht über Gegenmaßnahmen nachdenken. Die Maßnahmen kommen später. Zunächst kommt es darauf an, die Verschwendungen zu erkennen, und zwar bis in alle Details. Das Eliminieren der Verschwendungen erfolgt dann in einzelnen Schritten rasch und konsequent. So wird das Bewußtsein für Verschwendungen (muda) geschärft. Je konsequenter die Maßnahmen umgesetzt werden, desto geringer ist die Gefahr des Rückfalls.

Bei der Reduzierung des Personals an einer Linie beginnt man mit den fähigsten Mitarbeitern. Diese sollten aber noch einen Monat lang an der Linie

7.3 Flexibler Personaleinsatz

Aspekte

Gliederungspunkt	Personal-system	Inhalt	Zustand
Reduzierung der Arbeitsbelastung	Fester Personalstand	Kaizenaktivitäten reduzieren lediglich die Arbeitsbelastung der Werker. Dies drückt sich in steigender Überproduktion oder längeren Wartezeiten aus.	Viele isolierte Inseln und »Vogelkäfige«
Personalabbau	Fester Personalstand	Grobe Verschwendungen wurden beseitigt und überschüssiges Personal in anderen Bereichen eingesetzt.	Gerade Produktionslinien (Basis für Kaizen)
Flexibler Personaleinsatz	Variabler Personalstand	Die Anzahl der Werker wird der jeweiligen Produktionsmenge flexibel angepaßt. Ziel ist es, **die Herstellungskosten für jedes einzelne Teil kontinuierlich unter Berücksichtigung der wechselnden Anforderungen des nachgelagerten Prozesses zu senken.** Produktionssteigerung darf auf keinen Fall zu einer Erhöhung des Personalstands führen.	Linien im Fluß (U-förmig), Werker an einer Stelle konzentriert, Mehrmaschinenbedienung und vielfachqualifizierte Werker

Schritte zur Umsetzung

Grundsatz: Der jetzige Zustand ist der schlechtestmögliche! Diese Erkenntnis steht am Anfang.

1. Erkennen von Verschwendungen (muda) ⇨ Krisenbewußtsein
   - ① Alles, was stillsteht, ist Verschwendung, gleichgültig, ob es sich um Personen, Informationen oder Maschinenanlagen handelt.
   - ② Erkennen und Eliminieren von Verschwendung darf nicht gleichzeitig erfolgen – erst kommt das Erkennen
   - ③ Ausmaß der Verschwendung erfassen und die einzelnen Punkte auflisten (möglichst lückenlos, je mehr, desto besser)
2. Verschwendung sichtbar machen (nicht benötigte Dinge entfernen, Bewegungsabläufe definieren ⇨ führt zu rhythmisch sich wiederholender Arbeit)
   - ① Haupttätigkeit und Nebentätigkeit trennen
3. Verschwendungsarten gewichten und die Reihenfolge der Eliminierung festlegen (mangelnde Konsequenz bei der Umsetzung hat zur Folge, daß die gleichen Dinge mehrmals gemacht werden müssen)
4. Entwicklung von Maßnahmen zur Eliminierung der einzelnen Verschwendungspunkte
   - ① Wurde die wirkliche Ursache erkannt?
   - ② Wird durch die getroffene Maßnahme ein Wiederauftreten verhindert?
   - ③ Wurden die Herstellungskosten durch die Maßnahme gesenkt? Welche Wirkung wurde erzielt?
5. Verschwendungseliminierung (Verschwendungen einzeln nacheinander eliminieren; Verzettelung führt zu nichts)
6. Die Eliminierung der groben Verschwendungen muß sich auf die standardisierte Arbeit auswirken
   - ① Auf der Grundlage der Taktzeit wird ein Plan für den flexiblen Personaleinsatz entwickelt.
   - ② Der Personaleinsatz wird so geplant, daß die Produktionsanforderungen nur mit einer halben Überstunde bewältigt werden können (knapp oberhalb der Leistungsgrenze).
7. Dem Überschreiten der Taktzeiten wird mit Kaizenmaßnahmen begegnet (ab hier beginnt erst das eigentliche Kaizen)

Schritte 1 – 7 wiederholen

Fortsetzung von Abbildung 7.3

Arbeitsweise	Layout	Qualität der Bewegungsabläufe	Art der Teilebereitstellung
Fluß	Meßverfahren	Qualität der maschinellen Bewegungen	

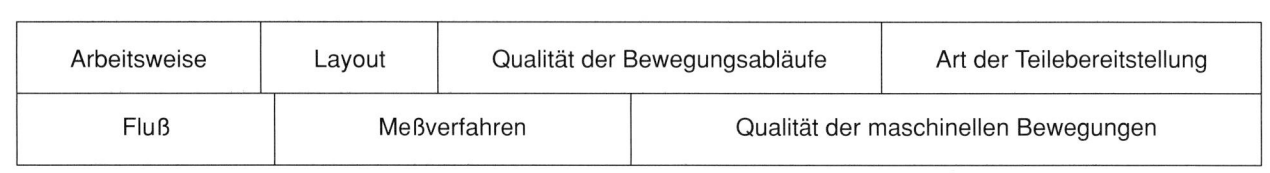

Eliminierung von Verschwendung (muda)

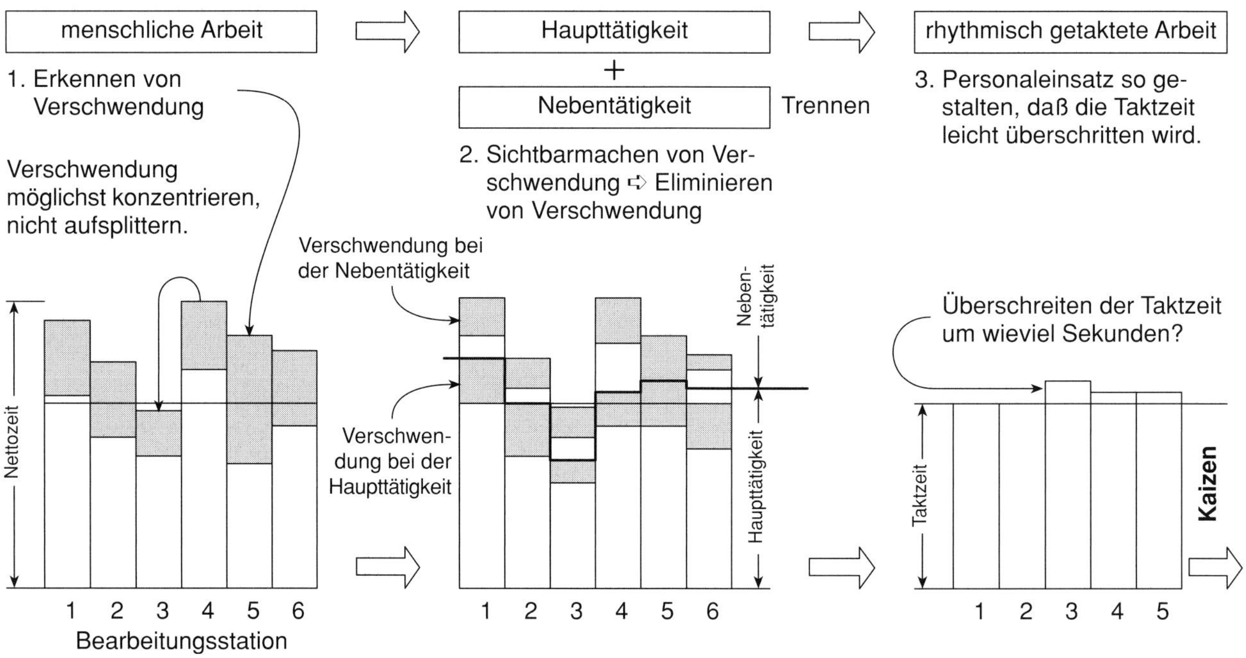

1. Lege nicht das Arbeitsvolumen einer Station bzw. eines Mitarbeiters zugrunde, sondern die einzelnen Arbeitselemente (3 – 5 Sekunden). Gehe bei der Planung z.B. davon aus, daß ein Mitarbeiter, der an einer Station 10 Arbeitselemente bewältigt, auch 12 bewältigen kann, wenn er eine zweite Station mitbedient.
2. Da die Arbeit im Rhythmus erfolgen soll, darf es kein Heben schwerer Teile, keine Justierarbeiten und kein Heraussuchen geben.
3. Das Eliminieren der Verschwendungen muß einzeln, aber in kurzen Zeiträumen erfolgen ⇨ rasch handeln (reformieren).

Bei langsamem Kaizen fällt man leicht wieder in den alten Zustand zurück.

bleiben, um bei weiteren Kaizenmaßnahmen mitzuwirken. Werden die eingesparten Mitarbeiter unmittelbar in einen anderen Bereich versetzt, so hat dies negative psychologische Folgen, die den Kaizenprozeß beeinträchtigen. Sie sollten dann nach ein bis zwei Monaten in das Kaizenteam der Abteilung integriert bzw. als PM-Mann eingesetzt werden. Dieses stärkt das Kaizensystem und die Werkserhaltung.

Effizienz und Herstellungskosten

Der Verkaufspreis wird z.Z. nicht mehr von den Unternehmen, sondern von den Kunden bestimmt. Wenn Gewinne erwirtschaftet werden sollen, bleibt nichts anderes übrig, als die Herstellungskosten zu senken. Diese Kosten werden in hohem Maße durch das Zeitmanagement beeinflußt.

Die Produktion in Taktzeit ist der Maßstab für die Effizienz. Um die Effizienz des Ganzen zu erhöhen (Kostenreduzierung), besteht nur die Möglichkeit, unter Erfüllung der Anforderungen des nachgelagerten Prozesses (des Kunden) Überstunden abzubauen und weniger Personal flexibel einzusetzen.

Taktzeit und geglättete Produktion

Bei der gemischten Produktion auf langen Montagelinien empfiehlt es sich, eine Hauptlinie, eine Sublinie und eine Sub-Sublinie einzurichten. Auf der Hauptlinie werden verschiedene Produkte in ihrer jeweiligen Taktzeit montiert. Die Sublinie produziert verschiedene Typen in geglätteter Produktion, wobei die Taktzeit im Durchschnitt für jeweils mehrere Teile eingehalten wird. Auf der Sub-Sublinie produziert man Teile mit besonders langer Fertigungsdauer. Sie ist über ein Warenhaus abgepuffert.

Die Hauptlinie bedarf keines Fertigungsdauermanagements und keiner Glättung. Jedes Teil kann in Taktzeit gefertigt werden. Die Wartezeit beträgt 0. Die Regeln des gleichzeitigen Beginnens und Beendens werden streng eingehalten.

Die Arbeitsgeschwindigkeit liegt auf einem hohen Niveau. Bei einer Veränderung der Taktzeit sind folgende Punkte zur Aufrechterhaltung der Balance auf der Hauptlinie zu berücksichtigen:

❏ Auf jeder Bearbeitungsstation werden lange und kurze Bearbeitungselemente kombiniert.

❏ Die Kleinteile und benötigten Werkzeuge werden satzweise so bereitgestellt, daß sie leicht zwischen den Bearbeitungsstationen hin- und herbewegt werden können.

❏ Der Schwierigkeitsgrad der Arbeit wird bewertet und die Personaleinteilung erfolgt entsprechend der Erfahrung der Mitarbeiter. Das Personal sollte so eingeteilt werden, daß hinter einem Neuling jeweils ein erfahrener Mitarbeiter kommt.

Auf der Sublinie ist eine geglättete Produktion erforderlich. Der Pufferbestand zwischen den Bearbeitungsstationen ist davon abhängig, inwieweit das Glätten gelingt. Die Personalplanung erfolgt auf der Grundlage der durchschnittlichen Fertigungsdauer. Je nach Art des Flusses treten Wartezeiten und andere Ver-

7.4 Effizienz

Aspekte

Effizienz = Anteil der wertschöpfenden Arbeit in einem bestimmten Zeitraum
Arbeit = wertschöpfende Arbeit + nichtwertschöpfende Arbeit (muda) + sonstige muda

→ Ohne Erkennen von muda ⇨ Sichtbarmachen von muda ⇨ Eliminieren von muda
ist keine Effizienzsteigerung möglich.

Ziel der Effizienzsteigerung = Reduzierung der Herstellungskosten (Personaleinsparung)

Die Effizienzsteigerung des gesamten Unternehmens bzw. des gesamten Werkes hat Priorität. Den Anforderungen des nachgelagerten Prozesses (des Kunden) muß entsprochen werden.

Die Grundlage der Effizienz ist Synchronisation und geglättete Produktion (Eliminieren von Schwankungen bei Qualität, Menge, Personal und Anlagen).

erforderliche Teile (Qualität)	benötigte Stückzahl (Menge)	geforderter Zeitpunkt (Timing)
erforderliche Produktionszahl (Menge)		Arbeitszeit (regulär)
Produktion in Taktzeit		

Herstellungskosten = Qualität + Menge + Timing

Gesichtspunkte

1. Bevor man an eine Effizienzsteigerung herangeht, untersucht man zunächst, ob in Taktzeit produziert wird.
2. Handle immer nach dem Grundsatz: hohe Effizienz = geringe Herstellungskosten.
   Wenn man auf der Grundlage der Taktzeit denkt, wird von selber sichtbar, was zu tun ist.
3. Bei Produktionsausweitung ist es einfach, die Effizienz zu steigern (Probleme erschließen sich unmittelbar).
   ⇨ In Zeiten schrumpfender Produktion zeigt sich der wirkliche Wert der Effizienz.
   ⇨ In der darauffolgenden Phase der Produktionsausweitung darf der Personalstand auf keinen Fall erhöht werden.
4. Strebe die Effizienzsteigerung vom nachgelagerten Prozeßschritt aus an (Eliminierung der Verschwendung im Rahmen der Fließfertigung).
5. Die zeitliche Abstimmung wirkt sich sehr stark auf die Effizienz aus (wichtiger noch als wann etwas produziert werden soll ist, **wann nicht produziert werden darf**).
6. Effizienz und Schwankungen (Personal, Anlagen, Gegenstände) stehen in einem engen Verhältnis zueinander. Eliminiere zunächst Schwankungen in den Bewegungsabläufen der Werker.

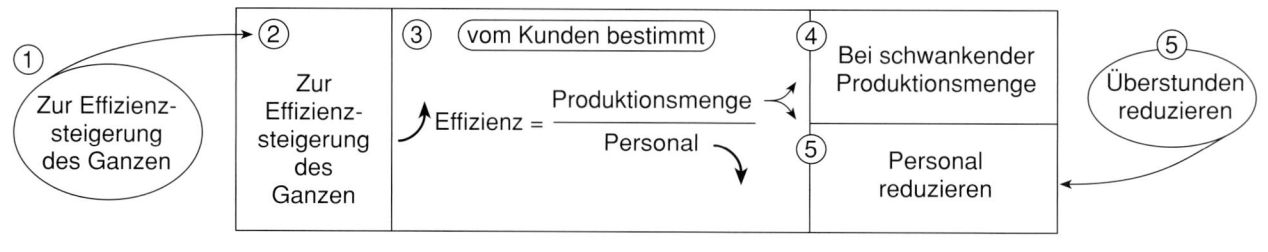

7.5 Taktzeit und Glätten des Arbeitsvolumens

Aspekte

An allen Stationen soll grundsätzlich in Taktzeit produziert werden. Wenn an einer Linie verschiedene Produkte gefertigt werden (gemischte Produktionslinien), gibt es einmal die Möglichkeit, jedes Produkt in seiner eigenen Taktzeit zu produzieren. Andererseits kann man verschiedene Produkte in verschiedener Anzahl zu Gruppen zusammenfassen, diese gemäß einem Gruppenmuster fertigen und dadurch die Produktion nivellieren bzw. glätten. Die Einteilung muß sehr klar sein, da ansonsten die Linie in Unordnung gerät (dies gilt besonders für lange Montagelinien).

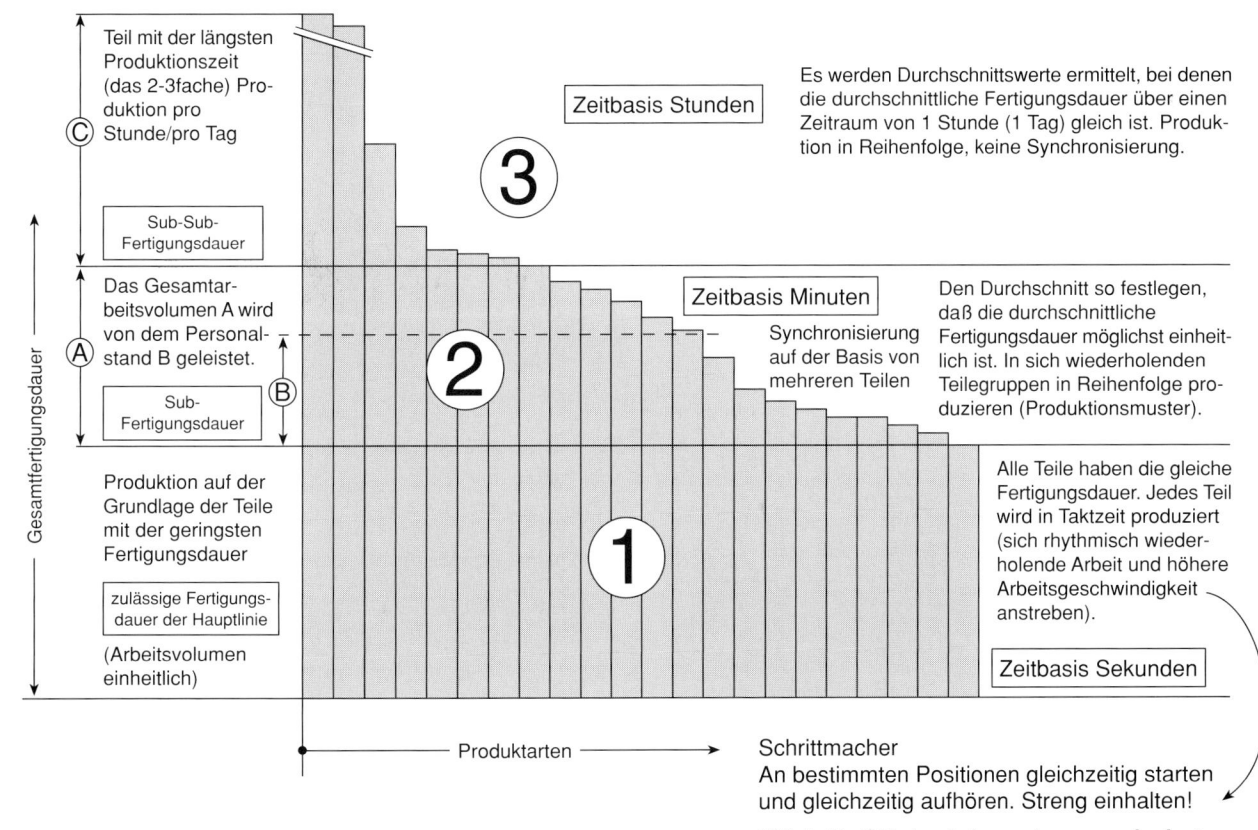

Gesichtspunkte

1. ② und ③ je nach Fertigungsdauer der Teile einteilen (Sublinie und Sub-Sublinie)
   - ❏ Durchschnittswerte ermitteln und glätten, insbesondere bei ② Produktionsmuster mit möglichst wenig Typen erstellen.
   - ❏ Die Regeln für gleichzeitiges Starten und Beenden sind nicht betroffen.
2. ① synchrone Produktion auf hohem Niveau (jeder Bewegungsablauf wird analysiert und verbessert, Kampf auch um 1 oder 2 Sekunden)

Fortsetzung von Abbildung 7.5

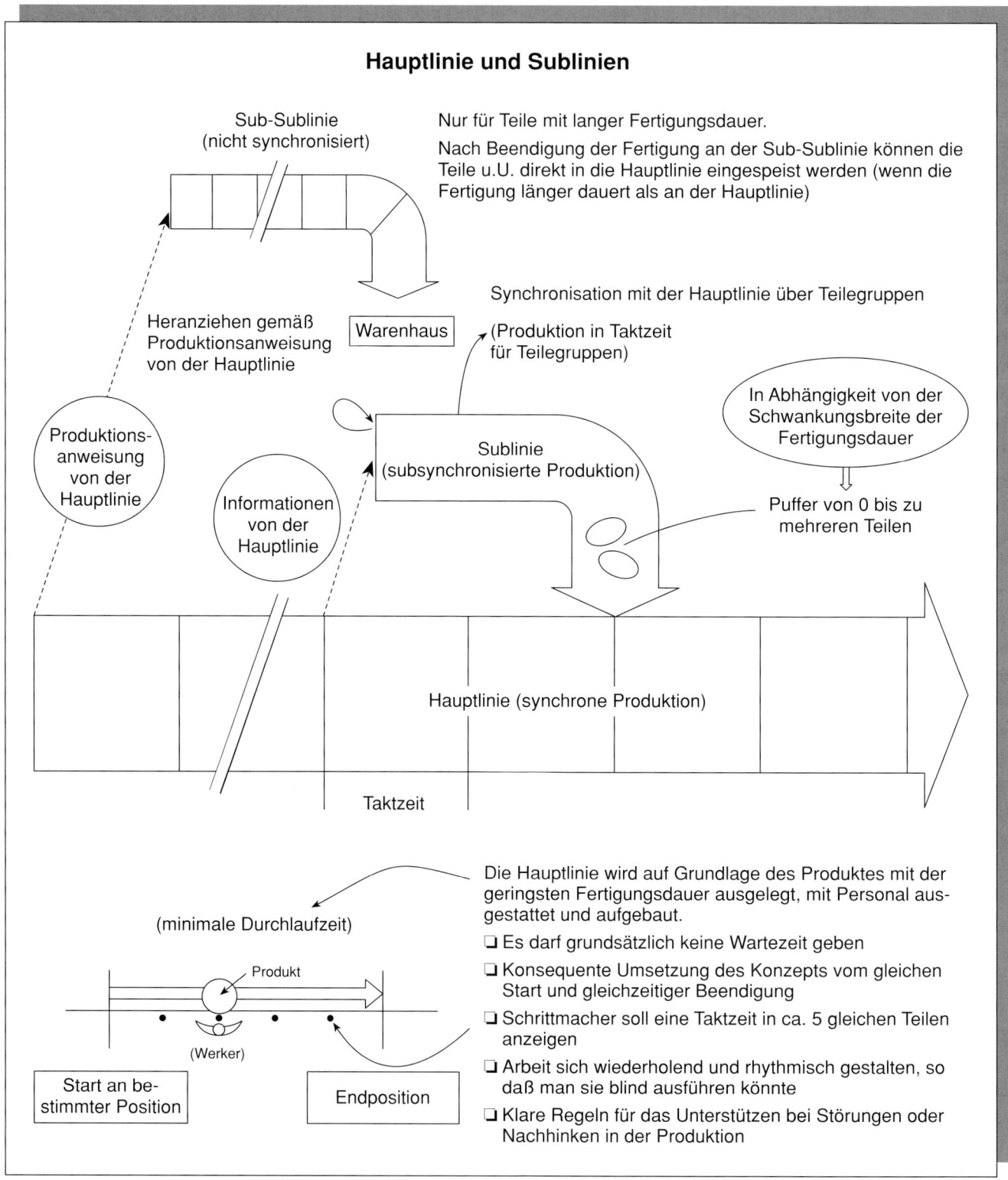

120 Das synchrone Produktionssystem

schwendungen auf. Der Schrittmacher wird auf Minutenbasis eingesetzt.

Auf der Sub-Sublinie werden Teile mit langer Fertigungsdauer bearbeitet, die aus dem Zeitrahmen der Hauptlinie bzw. Sublinie herausfallen. Die Produktion muß einigermaßen gleichmäßig bzw. in Spotreihenfolge erfolgen.

Es gibt in den Werken viele Linien, auf denen sich eine Produktion in Taktzeit nicht ohne weiteres umsetzen läßt. Bei der Linienplanung im Rahmen des synchronen Produktionssystems ist es eine wichtige Frage, ob die Linie als spezialisierte Linie oder in gemischter Produktion gefahren werden soll.

8
Schritt 8: Stückzahlenmanagement

Bei der Umsetzung von Kaizen ist es sehr wichtig, die Aktivitäten mit dem Ergebnis zu verknüpfen, d.h. deutlich zu machen, wie sich die Herstellungskosten verändern. Kosten und Nutzen werden gegenübergestellt. Alle Aktivitäten müssen sich in einem entsprechenden Ergebnis niederschlagen. Ein Werkzeug zur quantitativen Darstellung dieser Ergebnisse ist die Stückzahlenmanagementgrafik. Sie ist Teil des visuellen Managements. Der gegenwärtige Stand der Herstellungskosten kann dabei mit Hilfe einer stündlich aktualisierten Stückzahlenmanagementgrafik erfaßt werden.

Das Stückzahlenmanagement dient zwar auch der Bewältigung von Störungen, in erster Linie aber der Schaffung von schwankungsfreien Produktionslinien. Dabei muß bis ins Detail ermittelt werden, warum es zu Schwankungen gekommen ist. Andernfalls wird es keinen Kaizeneffekt geben. Es müssen die Ursachen für die Störungen aber auch für einen ungestörten Produktionsablauf erfaßt werden.

In diesem Schritt werden auch die Anforderungen an die Persönlichkeit des Meisters behandelt. Der Meister als Leiter muß in stärkerem Maße als die übrigen Mitarbeiter über eine klare Zielvorstellung verfügen. Für deren Verwirklichung muß er sich mit Eifer einsetzen. Weiterhin ist Mut und Entschlußfreudigkeit zum Beschreiten unbekannter Bereiche unerläßlich. Es werden hier fünf Anforderungen an seine Führungsfähigkeit formuliert:

1. Er muß eine klare Vorstellung von der Zukunft haben und in der Lage sein, seine Idealvorstellungen klar darzustellen.

2. Er muß die anzustrebende Form der Produktionslinie gegenüber seinen Vorgesetzten, Kollegen und Untergebenen konkret und quantitativ ausdrücken können.

3. Er muß auf der Grundlage eines Vertrauensverhältnisses eigene Initiativen entwickeln.

4. Er muß über die Fähigkeit des Selbstmanagements und der Selbstaufklärung verfügen.

5. Er muß permanent an seiner Selbstverwirklichung arbeiten.

Es ist für die anderen Mitarbeiter ein großer Ansporn, wenn sie sehen, wie der Meister trotz der vielfältigen Belastung des Tagesgeschäfts systematisch seine

Fähigkeiten ausbaut und tatkräftig seine Vorstellungen umsetzt.

> Stückzahlenmanagement ist ein Werkzeug zur Erfassung und Senkung der Herstellungskosten.

Visuelles Management bedeutet allgemein, die unterschiedlichen Störungen (Abweichungen vom Standard) vor Ort deutlich zu machen bzw. die Situation so darzustellen, daß für jeden erkennbar ist, ob sie normal oder gestört ist. Die Kennzeichnung der Adressen und Stellflächen, die Anzeige der Taktzeiten, das Standardarbeitsblatt, die Kanbankarten und die Warnvorrichtungen geben Auskunft über den momentanen Zustand der Linie. Das Stückzahlenmanagement stellt den Zustand der Linie für einen Monat, einen Tag oder eine Stunde dar. Man kann mit seiner Hilfe erkennen, wie groß der Produktionsrückstand bei gleichbleibender Produktion sein wird, ob Überstunden gemacht werden müssen, welche Art von Störungen aufgetreten sind, wie sich Kaizenaktivitäten ausgewirkt haben, wie die Einsatzbereitschaft der Mitarbeiter ist und, das wichtigste, wie lange die Fertigungsdauer ist. Solche und andere Informationen, die die anderen Hilfsmittel des visuellen Managements nicht bieten, kann man hier erhalten.

Es gibt drei wichtige Aufgaben für das Stückzahlenmanagement:

❏ Erstens, vor der grafischen Darstellung können die Meister, die Werker und Mitglieder des höheren Managements auf der Grundlage von Fakten diskutieren.

❏ Zweitens, das Stückzahlenmanagement dient dazu, Lieferzeiten einzuhalten. Für das Nichteinhalten gibt es keine Ausrede. Man hört zwar oft: »Wegen des vorgelagerten Prozesses oder sonstiger Unwägbarkeiten konnten wir dieses und jenes nicht einhalten.« Eine Produktionslinie muß aber auf jeden Fall die Forderungen des nachgelagerten Prozesses erfüllen, selbst wenn keine Zeit, keine Leute und kein Material da sind.

❏ Drittens und letztens, die Herstellungskosten werden durch die Stückzahlenmanagementgrafik ausgewiesen. Die Kosten, die durch Wege von Mitarbeitern, Anlagen, Lagerbeständen, Qualitätsproblemen usw. entstehen, werden hier quantitativ dargestellt. Die überflüssigen Arbeiten (Kosten) müssen verdeutlicht werden, um dadurch beim Meister und den Werkern den Willen zu Kaizenaktivitäten zu wecken.

Die Herstellungskosten hängen von der Beschaffenheit der Produktionslinien ab. Es sind die Menschen, die mit ihnen umgehen. Mit den herkömmlichen Verfahren und Denkweisen kann man die Verschwendung (muda) insgesamt nicht eliminieren, weil auch das Umfeld voller muda steckt. Man muß sich ständig bewußt machen, daß die gegenwärtige Arbeitsweise die schlechtestmögliche ist (Bewußtseinsreform führt zur Negierung des Ist-Zustandes). Es geht nicht darum, die gegenwärtige Fertigungsdauer irgendwie zu senken, sondern Verschwendung in jeglicher Form zu eliminieren. Über die Bewußtseinsreform der Mitarbeiter werden mit Hilfe des Stückzahlenmanagements die Herstellungskosten gesenkt.

Stückzahlenmanagement auf Stundenbasis

Wenn man am Ende eines Arbeitstages die Produktionsleistung mit der an diesem Tag notwendigen Stückzahl vergleicht, stellt man häufig fest, daß die Bedürfnisse des nachgelagerten Prozesses nicht erfüllt werden konnten. Da die Arbeit jedoch bereits beendet ist, besteht keine Möglichkeit mehr, Maßnahmen zu ergreifen. Man kann das Problem nur noch diagnostizieren (Patient tot). Das liegt daran, daß die Basis für die Zeitplanung bei einem Tag liegt und damit entsprechend ungenau ist.

Bei stündlicher Aktualisierung des Produktionsstands besteht etwa im Falle einer Verspätung die Möglichkeit, rasch Gegenmaßnahmen zu ergreifen. Dies wirkt sich auch auf das Bewußtsein der Mitarbeiter aus, die die Arbeitsgeschwindigkeit entsprechend erhöhen können. Auf diese Weise kann man bis zum Ende des Arbeitstages gewährleisten, daß die Bedürfnisse des nachgelagerten Prozesses erfüllt werden. Es besteht gleichfalls die Möglichkeit, die jeweilige Fertigungsdauer zu erfassen und Fortschritte in bezug auf die Reduzierung der Herstellungskosten, die an diesem Tag erzielt wurden, deutlich zu machen.

Dieses Managementverfahren, bei dem die ständig wechselnde Situation an den Bearbeitungsstationen exakt und zeitgenau erfaßt wird und bei dem Probleme und kritische Situationen rasch behoben werden, so daß die Linien und Bearbeitungsstationen permanent im optimalen Zustand gehalten werden, nennt man Stückzahlenmanagement auf Stundenbasis. Man verwendet zwei Arten von Grafiken als Werkzeuge für das Management der Fertigungsdauer und der Produktionsstückzahlen.

1. Stückzahlenmanagementgrafik

In dieser Grafik werden die Produktionsstückzahlen stündlich aktualisiert und für den Fall des Zurückbleibens der Grund dafür rot eingetragen. Man verschafft sich einen Überblick über die Störungen (nichtsynchrones Arbeiten) für eine ganze Woche und kann auf einen Blick den Unterschied zwischen tatsächlicher und angestrebter Fertigungsdauer pro Stück erkennen.

Hierbei sind drei wichtige Aspekte zu berücksichtigen.

1. Die Produktionsstückzahlen, die morgens zu Arbeitsbeginn erzielt werden, bestimmen die Produktionsstückzahlen des ganzen Tages. Zugespitzt formuliert, die Zeit, die gebraucht wird, um morgens nach Arbeitsbeginn das erste Stück zu produzieren, ob es also gelingt, nach Ertönen der Glocke in Taktzeit zu produzieren oder ob diese

8.1 Stückzahlenmanagement auf Stundenbasis

Aspekte

Das Stückzahlenmanagement ist ein Werkzeug des visuellen Managements. Zusammen mit der Gewährleistung der täglichen und stündlichen Stückzahlen geht es um die Erfassung der Fertigungszeiten für ein Stück, um die Reduzierung der Herstellungskosten und um rasche Maßnahmen beim Auftreten von Störungen. Es gilt, die Produktionslinien permanent in einer stabilen Lage zu halten.

Schwankungsfreie Linie ⇨ **Optimaler Linienzustand**

Als Werkzeug werden die folgenden beiden Grafiken verwendet.

1. *Stückzahlenmanagementgrafik*
   Für den Zeitraum von einer Woche werden die Stückzahlen und die Fertigungsdauer für jede Stunde notiert und mit den entsprechenden Planungsdaten verglichen. Die Probleme werden sichtbar gemacht.

2. *Grafische Darstellung der Veränderung der Stückzahlen und Fertigungsdauer*
   Auf der Grundlage der Stückzahlenmanagementgrafik werden für einen Monat die täglichen Stückzahlen und Fertigungszeiten grafisch dargestellt und mit den Plandaten verglichen. Auf diese Weise wird die Entwicklung sichtbar gemacht.

Ziele

Ursache und Dauer von **Störungen** (Maschinenstörungen, Materialmangel, Schlechtteile, Umrüsten, Werkzeugwechsel, zu langsames Arbeiten, sonstige Störungen), die die **Ursache für das Nichterreichen** der vorgegebenen Stückzahlen sind, werden aufgezeichnet. Sie werden gewichtet, und es werden Maßnahmen eingeleitet, die die Probleme nacheinander lösen.

Stückzahlenmanagement ist **Herstellungsmanagement an sich**.
⇨ Das Bewußtsein für die Herstellungskosten an den Linien wecken!
(Angabe des Umsatzes jeder Linie bezogen auf die Anzahl der Behälter und quantitative Darstellung der Leistung)

Mitarbeiterschulung!
$\left(\begin{array}{l}\text{1 Behälter 30.000 Yen}\\ \text{⇨ Fertigung von 15 Behältern heißt}\\ \text{Produktion in Höhe von 450.000 Yen}\end{array}\right)$

Praktische Umsetzung

1. Die notwendigen Rubriken eintragen und an der letzten Bearbeitungsstation der Linie anbringen.
2. Der Werker an der letzten Bearbeitungsstation trägt zur festgelegten Zeit beim Ertönen der Stundenglocke die Stückzahlen ein.
3. Der Meister ermittelt **morgens bei Arbeitsbeginn die Zeit**, die benötigt wird, um das erste Stück zu fertigen.
4. Wenn die Stückzahlen den Planungswert **um 5% unterschreiten**, werden sie **rot eingetragen. Ursache und Dauer** werden von den Werkern eingetragen.
5. Der Produktionsplan für einen Tag muß an diesem Tag erfüllt werden (bei Störungen müssen Überstunden gemacht werden, um den Plan zu erfüllen).
6. Der Meister trägt täglich nach Arbeitsende die Summe der Stückzahlen, die Anzahl der Mitarbeiter, Menge der eingesetzten Mannstunden und die Fertigungsdauer pro Stück ein.
7. Ein Mitglied des höheren Managements kontrolliert mehr als viermal täglich die Stückzahlen. Bei Störungen führt er Kaizenmaßnahmen durch.

Das synchrone Produktionssystem

8.2 Stückzahlenmanagementgrafik

Die Stückzahlenmanagementgrafik zeigt den Willen der Manager und Meister, die Stückzahlen unablässig zu kontrollieren. Wenn notwendig, tragen sie mit ihrer jeweiligen Kennfarbe Kommentare ein.

↳ Die Vorarbeiter und Werker sowie die Manager und Meister tauschen sich über die Stückzahlen aus.

$$\text{Taktzeit} = \frac{23 \text{ Tage} \times (8 \text{ h} \times 60 \text{ min} - 10 \text{ min}) \times 60}{6.765 \text{ Stück}} = 95,9 \text{ sek}$$

Zeitwerte unter 3 min werden in sek angegeben

$$\frac{\text{angestrebte}}{\text{Fertigungsdauer}} = \frac{97 \text{ sek} \times 2 \text{ Personen}}{60 \times 60} = 0,054 \text{ h}$$

aufgrund mangelnder Leistungsfähigkeit der Linie Festlegung auf 90%

$$\frac{60 \text{ min} \times 60 \text{ sek}}{95,9 \text{ sek}} \times 0,9 = 33,8$$

Pausenzeiten vormittags/nachmittags

$$\frac{55 \text{ min} \times 60 \text{ sek}}{95,9 \text{ sek}} \times 0,9 = 31,0$$

geplante Stückzahl pro Stunde $\left(\frac{60 \times 60}{95,9}\right)$

38/149

↑ geplante Summe

Da vom nachgelagerten Prozeß keine Produktionsanweisung kam, wurde die Linie für 10 min angehalten.

Der Meister weist die Werker auf mangelhafte Eintragung hin.

reguläre Arbeitszeit ▲
Überstunden ▼

Man geht davon aus, daß sich die Maschinenstörung an der Bearbeitungsstation 6 in die Länge zieht. Der Gruppenleiter schickt 2 Mitarbeiter zur Unterstützung an die Linie B, die mit der Produktion in Rückstand ist.

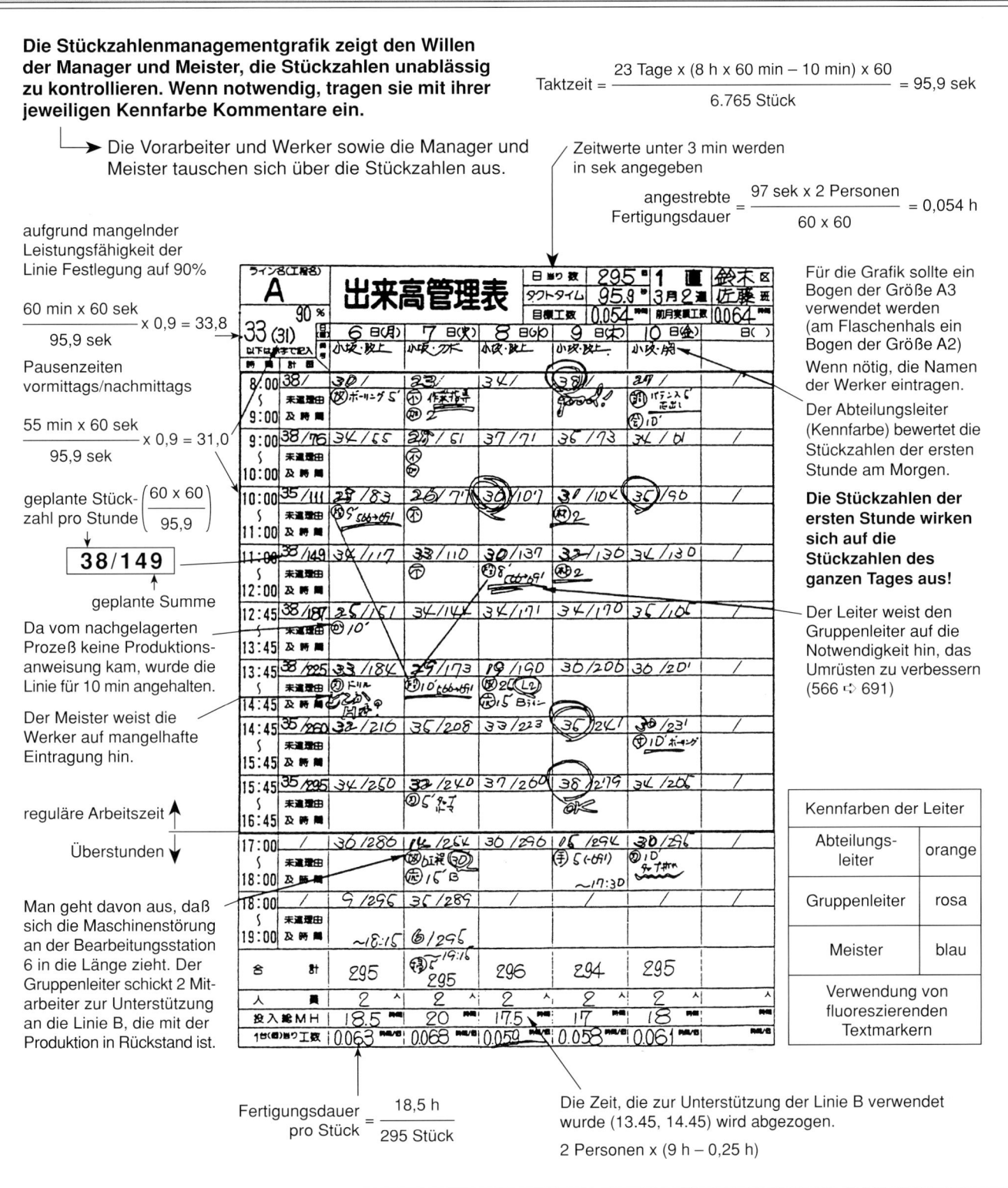

Für die Grafik sollte ein Bogen der Größe A3 verwendet werden (am Flaschenhals ein Bogen der Größe A2)

Wenn nötig, die Namen der Werker eintragen.

Der Abteilungsleiter (Kennfarbe) bewertet die Stückzahlen der ersten Stunde am Morgen.

Die Stückzahlen der ersten Stunde wirken sich auf die Stückzahlen des ganzen Tages aus!

Der Leiter weist den Gruppenleiter auf die Notwendigkeit hin, das Umrüsten zu verbessern (566 ⇔ 691)

Kennfarben der Leiter	
Abteilungsleiter	orange
Gruppenleiter	rosa
Meister	blau
Verwendung von fluoreszierenden Textmarkern	

$$\frac{\text{Fertigungsdauer}}{\text{pro Stück}} = \frac{18,5 \text{ h}}{295 \text{ Stück}}$$

Die Zeit, die zur Unterstützung der Linie B verwendet wurde (13.45, 14.45) wird abgezogen.

2 Personen × (9 h – 0,25 h)

8. Schritt 8: Stückzahlenmanagement

mehr oder weniger stark überschritten wird, bestimmt über die Fertigungsdauer pro Stück dieses Tages. Auf diesen Kernpunkt müssen sich die Manager und Meister konzentrieren. Es ist keine Übertreibung, wenn man sagt, daß die Zeit für die Fertigstellung des ersten Stücks am Morgen den Rhythmus der Linie für diesen Tag vorgibt.

2. Mit Hilfe der Stückzahlenmanagementgrafik kommunizieren: Diese Grafik ist Ausdruck des Willens der Manager und Meister, permanent die Produktionsstückzahlen zu kontrollieren. Die Kommunikation an der Linie und das Erteilen von Anweisungen muß an Hand konkreter Fakten aus der Stückzahlenmanagementgrafik erfolgen. Sie ist dauerndes Training für die Werker, Vorarbeiter und Meister.

3. Ein Wegweiser zur Kaizenschatzkammer: Das Kritische an vielen Situationen ist, daß Störungen nicht als solche erkannt werden. Management bedeutet Bewältigen gestörter Situationen. Daher besteht ein direkter Zusammenhang zwischen der Fähigkeit, Störungen zu erkennen und dem Kaizenniveau.

Es klingt paradox, aber es geht nicht darum, die gegenwärtige Fertigungsdauer zu reduzieren, sondern zu erkennen, was an Verschwendung existiert (Störungen, Probleme), wie man diese eliminieren und die wirklich notwendige Fertigungsdauer erreichen kann. Dies ist jedoch noch kein Kaizen, sondern es handelt sich lediglich um Maßnahmen zur Bewältigung von Störungen. Erst wenn die Schwankungen der Produktionsstückzahlen verschwunden sind, beginnt das eigentliche Kaizen.

2. Grafische Darstellung der Stückzahlen und der Veränderung der Fertigungsdauer

Auf der Basis der Stückzahlenmanagementgrafik werden die täglichen Produktionsziffern, Fertigungszeiten und deren Summen grafisch dargestellt. So werden die Schwankungen, die im Laufe eines Monats auftreten, sichtbar. Auf der linken Seite der Grafik sind die Kommentare der Vorgesetzten und ihre Anweisungen eingetragen. Unten sind die Hauptgründe für Störungen angegeben.

Die Vorarbeiter (erste Hierarchiestufe) brauchen sich um die Stückzahlenmanagementgrafik nicht weiter zu kümmern. Sie müssen sich ganz auf die Arbeitsabläufe der Werker konzentrieren. Ihre Hauptaufgabe besteht darin, unablässig darauf zu achten, ob die Arbeit der Werker effektiv ist und mit dem nachgelagerten Prozeß synchron verläuft. Die Stückzahlenmanagementgrafik ist für das höhere Management bestimmt, die grafische Darstellung der Stückzahlen und der Veränderung der Fertigungsdauer eher für das untere Management.

Bei der Kurve, die die Veränderung der Fertigungsdauer darstellt, sind die Wendepunkte wichtig, die im einzelnen erklärt werden müssen. Es sollen nicht nur die Gründe für das Auftreten von Problemen angegeben werden, sondern

8.3 Übersicht über Eintragungsrubriken in die Stückzahlenmanagementsgrafik

1. Der Verantwortliche trägt die notwendigen Punkte (Name des Bereichs, der Gruppe, der Linie, Stückzahlen pro Tag, Taktzeit, tatsächliche Fertigungsdauer des Vormonats, angestrebte Fertigungsdauer, geplante Stückzahl pro Stunde sowie die Summen für die monatlichen, wöchentlichen und täglichen Werte, Gründe für das Nichterreichen der Planvorgaben, Vorgaben) ein und befestigt die Grafik an der letzten Bearbeitungsstation bzw. an der Station, wo sie benötigt wird.

2. Der Werker, an dessen Station die Grafik angebracht ist, trägt stündlich beim Ertönen des Stundensignals die Stückzahlen ein. Wenn die vorgegebenen Stückzahlen nicht erreicht werden, wird dies **rot eingetragen**. Außerdem werden die **Gründe für das Nichterreichen und die Dauer der Störung eingetragen**.

3. Der Verantwortliche trägt bei Arbeitsende die Summe der produzierten Stückzahlen, die Anzahl des eingesetzten Personals, die eingesetzten Gesamt-Mannstunden und die Fertigungsdauer pro Stück ein.

Abkürzungsverzeichnis für die Gründe des Nichterreichens der Planung

- ... Maschinenstörung
- ... Material nicht vorhanden
- ... Qualitätsprobleme
- ... Umrüsten
- ... Werkzeugwechsel
- ... fehlende Kanbankarte
- ... zu langsames Arbeiten

- ... mangelnde Übung (neue Mitarbeiter)
- ... Justieren
- ... Überprüfen der Maße
- ... mangelhaftes Material
- ... mangelhafte Bearbeitung
- ... Nacharbeit
- ... Probelauf

- ... Reinigen
- ... Unterstützung anderer Linien
- ... Erhalt von Unterstützung von anderen Linien
- ... Mitarbeiterbesprechung
- ... Gewerkschaftsangelegenheiten
- ... Sonstiges

Formel zur Errechnung der Taktzeit (morgens und nachmittags jeweils 5 Minuten Pause):

$$\frac{\text{monatliche (wöchentliche) Arbeitstage} \times (8\,h\ (\text{bzw. } 16\,h) \times 60\,\text{min} - 10\,\text{min}) \times 60\,\text{sek}}{\text{monatlich (wöchentlich) benötigte Stückzahl}} \quad \text{sek}$$

Formel zur Errechnung der angestrebten Fertigungsdauer:

$$\frac{\text{maximale Zeit (sek) der Nettoarbeitszeit jedes Werkers} \times \text{Linienpersonal}}{60\,\text{sek} \times 60\,\text{min}} \quad h$$

8.4 Stundensignal

Vielen Dank für Euren harten Arbeitseinsatz. Es ist Zeit zum Eintragen! Vergeßt nicht, die Eintragungen in die Stückzahlenmanagementgrafik bzw. Eure Selbstkontrollgrafik vorzunehmen.

auch diejenigen für positive Entwicklungen. Bei der konkreten Umsetzung sollten die folgenden sechs Aspekte beachtet werden:

1. Wofür wird die Stückzahlenmanagementgrafik geführt? Es gilt, das Verständnis der Werker zu wecken. Wenn sie das Gefühl haben, daß die Grafik nützlich ist, werden sie sie mit Freude durch Eintragungen ergänzen.

2. Die unterschiedlichen Bedingungen zwischen produktiven und nichtproduktiven Zeiten müssen sichtbar werden. Werden die Stückzahlen nicht erreicht, gibt es nur eine Möglichkeit, nämlich die nichtproduktiven Zeiten zu reduzieren.

3. Man kann einen gewissen Sportsgeist entwickeln, indem man ein Punktespiel aufbaut. »Gestern haben wir fünfmal gewonnen und fünfmal verloren, das gilt als verloren, heute haben wir 7 zu 1 gewonnen, im ganzen Monat waren es jetzt 10 zu 4 Punkte.«

4. Wenn die Werker bei der Fertigungszeit einen neuen Rekord aufgestellt haben, sollten sie vom Abteilungsleiter gelobt werden (Bestätigungsurkunde).

5. Die Stückzahlenmanagementgrafik wird direkt neben den Werkern angebracht, d.h., wenn die Manager oder Meister sie einsehen wollen, müssen sie sich vor Ort begeben. Auch diese Tätigkeit der Manager sollte sich rhythmisch wiederholen (Zeitbasis für die sich wiederholende Arbeit der Werker im Sekundenbereich, für die Manager im Minutenbereich).

6. Bei Linien mit langen Taktzeiten sollten stündlich die Planungsgrößen für das Produkt mit der kleinsten Stückzahl eingetragen werden. Schwankungen bei diesem Produkt wirken sich am stärksten aus.

Die Initiativen der Vorgesetzten sind entscheidend

Manager und Meister müssen Kaizenprofis sein. Das wichtigste bei Kaizen ist, wie viele Maßnahmen in kurzer Zeit initiiert werden können und was davon

8.5 Die Meister, Werker und das Stückzahlenmanagement

1. Der Meister muß deutlich machen, wieviel Stück pro Stunde erforderlich sind. Die Grundlage hierfür sind die Anforderungen des nachgelagerten Prozesses.
2. Die Werker verlassen nach Erhalt der Anweisung den Arbeitsplatz nicht eher, bis die Stückzahlen erreicht sind. Während der Nettoarbeitszeit widmen sie sich vollständig der sich wiederholenden Arbeit.
3. Die Meister und die Werker diskutieren täglich die Stückzahlen und die Fertigungsdauer. Wenn der Grund für das Nichterreichen der Vorgabe bei einem selbst liegt, wird die Verantwortung dafür übernommen. **Aber auch, wenn die Ursache woanders liegt, wird von allen unter allen Umständen die erforderliche Stückzahl gewährleistet.**
4. Durch ständiges Üben und Verbessern werden die Stückzahlen erhöht und Überstunden reduziert.
5. Das Kostenbewußtsein wird entwickelt, indem die Ziele in Geldwert dargestellt werden.
6. Bei Erreichen der Vorgaben sollen alle Beteiligten gemeinsam sich am Erfolg freuen und sich neuen Herausforderungen stellen.

8.6 Urkunde für neue Rekorde bei der Fertigungsdauer

Bezeichnung des Prozesses: Flanschbearbeitungslinie
Produktbezeichnung: Steuerflansch
Artikelnummer: 52347-1689

alter Rekord	
Datum	12.1.89
Fertigungsdauer	0,048 h
Name	Takahashi, Suzuki, Abe
Reg.Nr.	19108

neuer Rekord	
Datum	17.3.89
Fertigungsdauer	0,043 h (24 h/575 St)
Name	Takahashi, Sato, Suzuki
Reg.Nr.	19327

Hiermit bestätige ich, daß die obengenannte Linie einen neuen Rekord bei der Fertigungsdauer aufgestellt hat.

20.3.1989   1. Hauptabteilungsleiter der Fertigung

umgesetzt werden kann. Dieses läßt sich mit der Stückzahlenmanagementgrafik leicht überprüfen. Fähige Leiter ziehen vor der Umsetzung der Kaizenmaßnahmen bereits Mitarbeiter ab, andere beginnen erst einmal mit Kaizen.

8.7 Die gegenwärtige Linie (Arbeitsplatz) vom Standpunkt der anzustrebenden Form betrachtet

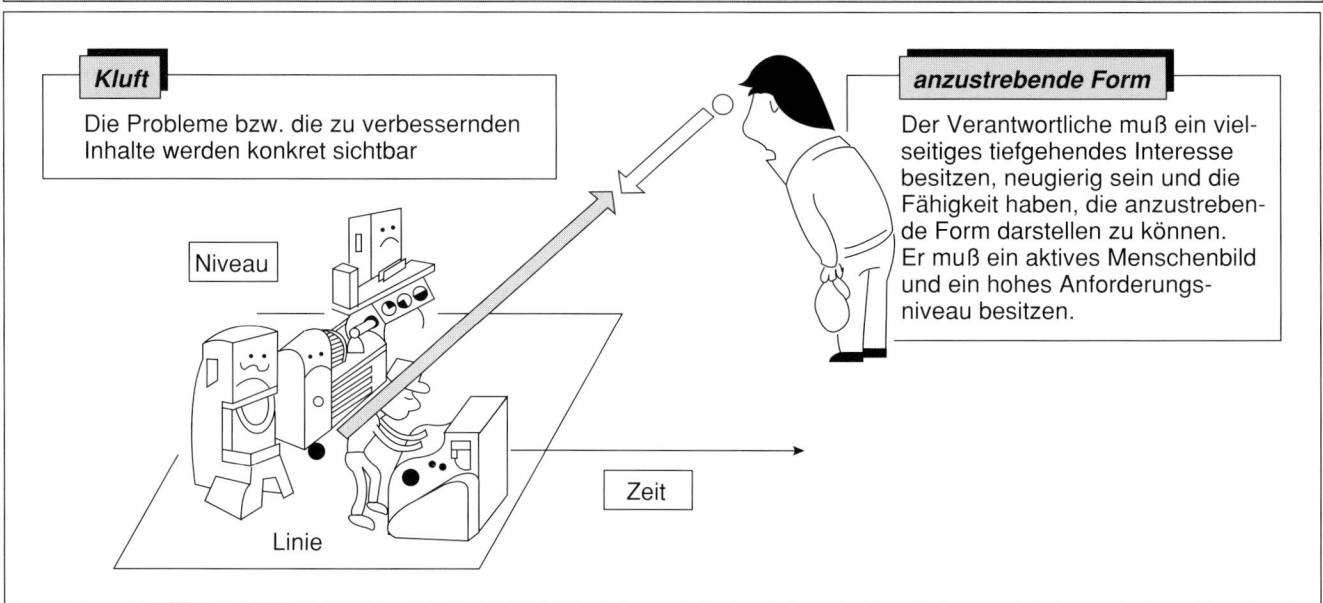

Kluft
Die Probleme bzw. die zu verbessernden Inhalte werden konkret sichtbar

anzustrebende Form
Der Verantwortliche muß ein vielseitiges tiefgehendes Interesse besitzen, neugierig sein und die Fähigkeit haben, die anzustrebende Form darstellen zu können. Er muß ein aktives Menschenbild und ein hohes Anforderungsniveau besitzen.

Die Manager und Meister müssen, wenn sie das Geschehen vor Ort beobachten, klare Ziele und den entsprechenden Willen zu ihrer Realisierung haben. Ihr Auftreten bei Arbeitsbeginn ist besonders wichtig. Sie müssen ihren Untergebenen gegenüber immer wieder ihre Vorgehensweise und Ziele deutlich machen.

Der russische Schriftsteller Gorki hat einmal gesagt: »Diejenigen, die nicht wissen, was sie morgen tun sollen, sind unglücklich.« Es braucht Vorgesetzte, die eine klare Zukunftsvorstellung haben, die Visionen entwickeln und vorangehen können. Es geht nicht um die Fähigkeit, andere überreden oder ihnen etwas befehlen zu können, sondern um Kommunikationsfähigkeit.

Es gibt kein Kaizen, bei dem die Gewinne nicht steigen

Wenn man nichts tut, steigen die Herstellungskosten. Man kann versuchen, durch irgendeine Art der Reduzierung der Herstellungskosten die Gewinne zu verbessern. Man sollte jedoch ein Verfahren vorziehen, bei dem alle unzulässigen Kosten und Verluste vollständig eliminiert werden. Als wichtigste sind zu nennen:

8.8 Profil der Manager und Meister

Aspekte

Um in einer Zeit raschen Wandels Führungsfähigkeit zu entwickeln, ist eine strenge Selbstkontrolle und Selbstaufklärung nötig. Der verantwortliche Meister ist derjenige, der die Werker eigentlich zur Arbeit anhält. Das Reden und Handeln der Meister wirkt sich direkt auf die Sicherheit, Qualität, Menge, zeitliche Abstimmung und die Kosten aus.

Der verantwortliche Meister ist die wichtigste Person bei der Einführung und Entwicklung des synchronen Produktionssystems. Er soll seine Untergebenen mit der festen Überzeugung anleiten, daß es sich lohnt.

Der Meister muß getroffene Vereinbarungen unbedingt einhalten und dafür sorgen, daß die Werker dies ebenfalls tun.

⇨ Er muß sich zutrauen, die Arbeit besser gestalten und die Kosten reduzieren zu können.

Gesichtspunkte

Wenn man glaubt, daß man es schaffen wird, kommen Ideen.
Wenn der Meister der Meinung ist, daß es sowieso nicht klappt, kommt nichts dabei heraus.

Erfolg oder Mißerfolg hängen von der Selbstverwirklichung ab.

Die Werker sind fleißig. Wenn man sich nicht um sie kümmert, werden sie sich beschäftigen, u.U. auch mit solchen Arbeiten, die nicht getan werden dürfen. Man muß sie von der Notwendigkeit überzeugen, dies zu unterlassen.

Auch noch so geringfügige Dinge müssen geregelt werden. Erst wenn Regeln (Standards) existieren, kann Kaizen beginnen.

Nach Standards arbeiten lassen ⬇ Die drei Fähigkeiten des Bereichsleiters ⬇	1. Fähigkeit zum Entdecken	1. Beobachte den Genba ständig mit klaren Zielvorstellungen! Besonders der Arbeitsbeginn am Morgen ist wichtig. 2. Veränderungen bei den »4 M« (Mensch, Maschine, Material, Methode) müssen genau beobachtet werden. Unter den »4 M« ist es besonders der Mensch (Werker), der sich unkontrolliert verhält. Den Menschen zu kontrollieren heißt, die »4 M« zu kontrollieren.
	2. Kaizenfähigkeit	1. Mache die Ziele und die Bedeutung der standardisierten Arbeit konsequent deutlich. 2. Gehe bei der Führung der Mitarbeiter von der Voraussetzung aus, daß Nichtwissen Nichtmachenkönnen und Nichtmachen bedeutet. Man kann nicht davon ausgehen, daß die Dinge bereits nach einmaligem Erklären umgesetzt werden. Man muß die Geduld haben, das gleiche immer wieder zu wiederholen.
	3. Fähigkeit zur Aufrechterhaltung des Erreichten	1. Führe die Maßnahmen mit den Werkern gemeinsam durch, bzw. laß es sie selber machen, damit sie sich in die Entscheidungen miteinbezogen fühlen. 2. Entscheidungen mit allen Beteiligten gemeinsam treffen. Gegenseitig die Einhaltung kontrollieren. Immer wieder diskutieren, ohne dies als lästig abzutun.

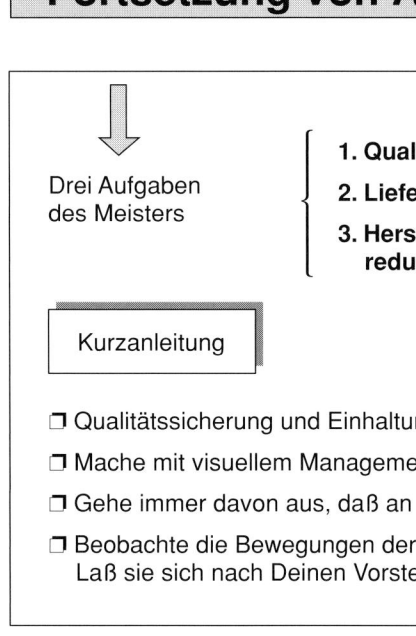

- Linienstillstände (Arbeitskosten, Lagerkosten, außerordentliche Verluste)

- durch Fehler verursachte Kosten (Abfall, Nacharbeit, Vertrauensverlust des Kunden)

- Anlagenstörungen (Produktionsrückgang, Maschinenverluste, Reparaturkosten)

- Planungsfehler (Sonderschichten, Überstundenzuschläge)

- Kosten aufgrund noch nicht durchgeführten Kaizens (Verluste durch das Nichtausschöpfen von potentiellen Möglichkeiten, geringe Effizienz)

Die Herstellungskosten werden durch die gegenwärtige Produktionsweise, Einkaufsweise, Produktspezifikation und die Managementtechniken bestimmt. Ohne Kaizen gibt es keine Gewinnsteigerung.

In vielen Unternehmen wird der Faktor Zeit gegenüber anderen Kostenfaktoren vernachlässigt. Durch ein entsprechendes Zeitmanagement lassen sich jedoch die Produktpalette vergrößern, vielfältige und mehrdimensionale neue Märkte erschließen und die technischen Leistungen der Produkte verbessern. Die Auswirkungen des Zeitfaktors auf die Herstellungskosten sind oft erheblich stärker als angenommen. Daher ist eine durchgreifende Reform der Herstellungsweise erforderlich. Kurz, der Synchronisationsgrad der Produktion bestimmt die Herstellungskosten.

Die Mitarbeiter vor Ort interessieren sich in der Regel nicht für die Kosten und Gewinne. Sie wissen nicht, zu wel-

8.9 Herstellungskosten

Kommentar

Bei Aufrechterhaltung des Ist-Zustandes steigen die Herstellungskosten unvermeidlich (durch Lohnerhöhungen, Anlageninvestitionen usw.)

⇒ Wenn man keine aktive Reduzierung der Herstellungskosten betreibt, nehmen die Gewinne ab.

Herstellungskostenmanagement bedeutet, die für die Gewinnrechnung benötigten Herstellungskosten exakt zu erfassen

⇒ Den Anteil der Verschwendung an den Herstellungskosten durch Kaizen eliminieren, dadurch die Herstellungskosten reduzieren und die Gewinne erhöhen.

Verkaufspreis – Herstellungskosten = Gewinn (wird vom Marktpreis bestimmt)

Gesichtspunkte

1. Herstellungskosten werden durch die Produktionsweise, den Einkauf und die Managementtechniken bestimmt. Diese Techniken sind nichts anderes als Kaizen. Kostenreduzierung wird durch die Akkumulation dieser Techniken erreicht.

2. **Auch der Faktor Zeit zählt zu den Herstellungskosten.**
   Gegenwärtig ist die Zeit ein viel wichtigerer Maßstab für die Herstellungskosten als die herkömmlichen Faktoren des Rechnungswesens (Kosten, Qualität, Lagerhaltung)

3. Betrachtungsweise von Herstellungskosten
   Herstellungskosten + Gewinn = Verkaufspreis .... NG (falsch)
   Verkaufspreis – Herstellungskosten = Gewinn ....OK (richtig)

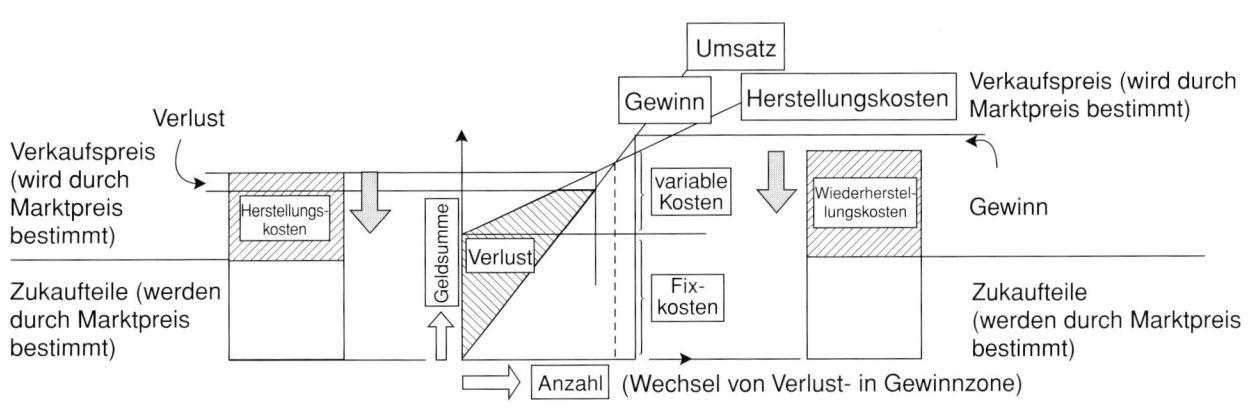

8. Schritt 8: Stückzahlenmanagement

Fortsetzung von Abbildung 8.9

Der Verkaufspreis und die Preise für die Zukaufteile werden durch den Markt bestimmt. In Zukunft wird man mit einem Schrumpfen der Umsätze und kaum mit einer Zunahme rechnen müssen. } Es gibt keinen anderen Weg, als die Herstellungskosten zu reduzieren.

4. Die Beteiligten sollen das Gefühl von Eignern haben:
   Die Meister sind die Eigentümer der Linien, die Werker sind die Prokuristen der jeweiligen Bearbeitungsstationen. Wenn man nur Dinge herstellt und dabei einzig auf die Einhaltung der Menge achtet, ist das nur eine halbe Sache. Es geht darum, wie man gute Produkte billig herstellen kann.

Arbeit nur als Arbeit betrachten (schlecht)
Arbeit nicht nur als Arbeit betrachten (gut) } (Man muß sich fragen, ob die Arbeit zur Reduzierung der Herstellungskostenbeiträgt bzw. wie sie sich zu den Gesamtkosten des Unternehmens (Herstellungskosten) verhält)

5. Konsequente Reduzierung der Verlustkosten (Informationen, Management, Produktion, Produkte, Logistik)

---

chem Preis die von ihnen hergestellten Produkte verkauft werden, obwohl die Herstellungskosten durch den Genba bestimmt werden. Das System der Linien muß so verändert werden, daß jeder die Kosten unmittelbar im Kopf ausrechnen kann. Wenn Personaleinsatz (Arbeitskosten), Lagerhaltung (Zinsen), Buchwert (Abschreibungskosten) sowie die Produktionsstückzahlen bekannt sind, ist dies möglich.

Mit anderen Worten, die Manager, Meister und auch die Werker müssen in der Lage sein zu beurteilen, ob die gegenwärtigen Herstellungskosten wettbewerbsfähig sind und wenn nein, wieweit sie abgesenkt werden müssen, um im Wettbewerb mit anderen Unternehmen bestehen zu können. Der Synchronisationsgrad hängt davon ab, inwieweit es gelingt, alle Mitarbeiter und die Kunden einander nahezubringen.

9
Schritt 9: Standardisierte Arbeit

Unter den 12 Schritten zur Einführung des synchronen Produktionssystems ist dieser derjenige mit dem größten Gewicht. Die standardisierte Arbeit ist der Dreh- und Angelpunkt der neuen Produktionsweise. Man kann ohne weiteres so weit gehen zu behaupten, daß ohne standardisierte Arbeit kein synchrones Produktionssystem möglich ist. Solange Menschen im Unternehmen arbeiten, ist standardisierte Arbeit notwendig. Für alle Bewegungsabläufe müssen Standards entwickelt werden. In diesem Kapitel werden verschiedene Werkzeuge dazu vorgestellt. Inwieweit diese jedoch wirksam werden, hängt von den Menschen ab, die damit umgehen.

In diesem Zusammenhang ist es wichtig, daß die standardisierte Arbeit nicht nur für Werker gilt, sondern auch für die Mitarbeiter des indirekten Bereichs (Kontrolleure, Logistiker, Werkserhalter, Wachpersonal) und darüber hinaus selbstverständlich auch für die Manager und Meister. Denn auch für einen Abteilungsleiter gilt, daß er standardisierte Arbeiten erledigt, indem er morgens zuallererst an die Linie A geht, danach an die Linie B usw. In seinem Fall können allerdings nicht alle Bewegungsabläufe von morgens bis abends vorgeschrieben werden. Insofern unterscheidet sich seine Art der standardisierten Arbeit schon von der des Werkers vor Ort.

Bei der standardisierten Arbeit kommt es darauf an, die Situation durch visuelles Management so transparent zu machen, daß bei Störungen sofort Kaizenmaßnahmen ergriffen werden können und man sich so in einem ständigen Kreislauf von Standardisierung und Verbesserung bewegt.

Notwendig sind Techniken zum Erkennen der verschiedenen Arten von Verschwendung sowie Techniken, diese zu eliminieren. Die einzelnen Bewegungsabläufe müssen konsequent verbessert werden, und, falls notwendig, muß auch eine Verbesserung der Anlagen erfolgen. Der Ausgangspunkt ist aber in jedem Fall die Verbesserung der Bewegungsabläufe bei der Arbeit. Durch Einführung von Standards werden diese stetig, jedoch Schritt für Schritt verbessert. Dies bedeutet einen dauernden Kampf mit sich selbst. Das Kaizen des eigenen Inneren hat dabei eine hohe Priorität.

> Standardisierte Arbeit ist ein Werkzeug zur Synchronisation der Bewegungsabläufe der Mitarbeiter und dient dazu, alle Arbeitsabläufe zu verbessern.

Für den Aufbau des synchronen Produktionssystems muß jede Art von Verschwendung eliminiert und der Fluß des Materials schmal und schnell gestaltet werden. Um eine Produktion zu erzielen, bei der die Mitarbeiter, Maschinen und die Materialien optimal miteinander verknüpft sind, müssen zuerst die Bewegungsabläufe der Menschen genau definiert werden. Von den Faktoren Mensch, Maschine und Material ist nur der Mensch in der Lage, sich frei zu bewegen. Die Bewegungen der Menschen zu regulieren heißt, effektiv zu produzieren. Dafür benötigt man Standards. Standards müssen unter allen Umständen eingehalten werden, gleichgültig, ob sie gut oder schlecht sind. Erst Standards machen Kaizen möglich. Wo jeder nach seinem Gutdünken handelt, gibt es kein Kaizen.

Die Schwierigkeit bei Standards ist deren Aufrechterhaltung

Bei der Standardisierung in einem Unternehmen geht man gewöhnlich so vor, daß man zunächst eine Standardbeschreibung erstellt. Eine effektive Arbeitsweise zu entdecken, hierfür einen Standard zu formulieren und diesen kurzfristig zu Papier zu bringen, ist verhältnismäßig einfach. Diesen jedoch in der Praxis aufrechtzuerhalten, ist extrem schwierig. Das wichtigste bei der Standardisierung ist es, vor Ort einen System zu entwickeln, das die standardisierte Arbeitsweise kontinuierlich aufrechterhält.

Standardisierung wird schon seit langem als eine wichtige Aufgabe betrachtet. Meistens erschöpft sich dies aber in der Erstellung einer Standardvorschrift. Die Realität sieht dann so aus, daß davon selten positive Impulse ausgehen. Das Schwierigste bei der Standardisierung besteht darin, dafür zu sorgen, daß die Bewegungsabläufe exakt den Standards entsprechend durchgeführt werden, egal ob die Standards gut oder schlecht sind. Die Abteilungen, in denen bestimmte Standards praktisch angewendet werden, müssen die Standardisierung und deren Aufrechterhaltung als ihre ureigenste Aufgabe begreifen. Um dies zu erreichen, gibt es keinen anderen Weg, als daß die jeweilige Abteilung ihre Standards selber entwickelt.

Visuelles Management ist Störungsmanagement

Dort wo es keine Standards gibt, gibt es natürlich auch keine Störungen und demzufolge auch keine Verschwendung, oder besser gesagt, sie werden nicht erkannt. Das Schlimme dabei ist, daß die Manager, Meister und Werker die Störungen nicht als solche erkennen können. Das Management ist nicht transparent und nachvollziehbar. Standardisierung dagegen bedeutet, Arbeitsabläufe so zu gestalten, daß sie in einem kontinuierlich sich wiederholenden Rhythmus ablaufen. Dies ist auch Kaizen. Standardisieren heißt Festlegen (unabhängig davon, ob gut oder schlecht), Umsetzen und dann immer wieder Revidieren.

Eine Standardisierung, die nicht alle Bewegungsabläufe der Werker beherrscht, ist keine

Es werden nur die gerade benötigten Teile hergestellt

Die anzustrebende Form ist die, bei der alle Bewegungen unternehmensweit konsequent standardisiert werden (standardisierte Arbeit) und die Bewegungsabläufe aller Mitarbeiter für die Herstellung der gerade benötigten Teile gemäß den Regeln wiederholt werden und rhythmisch in Taktzeit ablaufen.

Soll die Arbeit standardisiert werden, so ist das nur möglich, wenn dies alle Bewegungen der Werker vollständig umfaßt. Mit einer herkömmlichen Arbeitsvorschrift lassen sich die Bewegungsabläufe der Mitarbeiter nicht vollständig beherrschen. Wenn bei gleicher Arbeitsweise die Arbeit einmal 30 Sekunden, ein andermal 60 Sekunden dauert, so ist klar, daß die Bewegungsabläufe der Mitarbeiter qualitativ völlig verschieden sein müssen. Deshalb müssen alle Bewegungsabläufe präzise vorgeschrieben werden. Die Taktzeit, die den ganzen Bewegungsablauf bis zu seinem Ende umfaßt, ist dabei ein unverzichtbarer Bestandteil. Dieses Vorgehen hat nicht nur Auswirkungen auf das Arbeitsvolumen, sondern auch in hohem Maße auf die Qualität.

Durch den Wiederholungsrhythmus werden die Bewegungsabläufe des Werkers für den ganzen Tag festgelegt. Dieses Timing bildet wiederum die Grundlage für die Festlegung des standardisierten Pufferbestandes. Wenn bei der Standardisierung in einem Unternehmen nicht in Taktzeit und ohne standardisierten Puffer gearbeitet wird, kann von standardisierter Arbeit im eigentlichen Sinne keine Rede sein. Bei den herkömmlichen IE- bzw. QC-Aktivitäten kommen diese Begriffe so gut wie überhaupt nicht vor.

Standardisierte Arbeit an nur einer Bearbeitungsstation ist nicht möglich. Voraussetzung ist der Aufbau einer Fließfertigung

Standardisierte Arbeit, die durch die Taktzeit reguliert wird, kann an einer einzelnen Bearbeitungsstation allein nicht realisiert werden. Dies wird erst möglich, wenn die den Regeln entsprechenden Bewegungsabläufe jedes einzelnen Werkers fest miteinander verknüpft werden. Nur in Linien, die in Fluß sind, kann standardisierte Arbeit durchgehalten werden, d.h. sie ist nur im Rahmen rhythmisch sich wiederholender Arbeit möglich, die durch die vor- und nachgelagerten Prozesse begrenzt ist.

Standardisierte Arbeit ist die Praxis der Eliminierung von Verschwendung

Standardisierte Arbeit muß das Ergebnis von vielen Kaizenmaßnahmen sein. Selbst bei standardisierter Arbeit, in die bereits viele Verbesserungen eingeflossen sind, wird man bei der praktischen Umsetzung immer wieder muda (Verschwendung) entdecken. Die Bedingungen zur Zeit der Erstellung der Vor-

9.1 Standardisieren aller Abläufe

Aspekte

Alle Vorgänge werden **standardisiert**, damit die Arbeit unabhängig von Person und Zeit stets in der gleichen Weise durchgeführt wird. Die Arbeit vor Ort wird durch **visuelles Management** transparent gemacht (z.B. für Materialfluß, Bewegungsabläufe der Werker, Stand der Produktion).
Standards dienen der Vereinheitlichung und Vereinfachung. Alle beteiligten Personen erhalten die gleiche Informationsbasis. Sie bezieht sich auf Produktionsleistung, Layout der Anlagen, aktuelle Situationen, Bewegungsabläufe, Arbeitsweisen, Methoden, Zuständigkeiten, Pflichten, Konzepte, Begriffe usw.
Zur konkreten Darstellung werden Texte, Skizzen, Tabellen, Muster usw. verwendet.

Stichwort	Standards für
Produktionsleistung	Taktzeiten, Leistungstabelle der Bearbeitungsstationen
Layout der Anlagen	Fließfertigung, U-Linien, Adressenfestlegung
aktuelle Situationen	Standardarbeitsblatt, Stückzahlenmanagement, Schrittmacher, Warnmelder, »6S«, Kanban
Bewegungsabläufe	Arbeitsverteilungsblatt
Arbeitsweisen	Arbeitsvorschriften für das Umrüsten
Methoden	Sicherheitsvorschriften, Ausbildungsplan für vielfach qualifizierte Mitarbeiter, Poka-yoke (Narrensicherheit)
Zuständigkeit	Stückzahlenmanagement, grafische Darstellung der Stückzahlen, Störungsmanagement (Linie anhalten, Linie nicht anhalten)
Pflichten	1-Stück(satz)fluß, 3 Elemente der standardisierten Arbeit
Konzepte	Automatisierung – Autonomatisierung, maximale Auslastung – optimale Auslastung, Effizienz, geglättete Produktion, kleine Losgrößen
Begriffe	CIM, JIT, synchrone Produktion, Logistik, Kaizen, Information

⇩ Ohne Standards kein **Kaizen**.

Alle Situationen durch visuelles Management transparent machen.

Gesichtspunkte

1. Vereinbarte Regelungen müssen unter allen Umständen eingehalten werden und für jedermann deutlich sein (dies gilt unabhängig davon, ob die Regeln gut oder schlecht sind).
2. Sinn der Standardisierung ist ein besseres Störungsmanagement. Deshalb muß bei jeder Abweichung vom Standard gehandelt werden (Kaizen).
3. Positive Ergebnisse von Kaizenversuchen werden nach **Zustimmung** durch die Verantwortlichen (Manager, Meister) als Standards gesetzt.
4. Ein einmal gesetzter Standard ist nicht endgültig. Die Arbeitsabläufe werden ständig auf Probleme und Verschwendungen untersucht und die Standards gegebenenfalls revidiert.
5. Standardisieren bedeutet Verbesserung der Arbeitsabläufe.

9.2 Standardisierte Arbeit

Aspekte

Standardisierte Arbeit bedeutet jedwede Verschwendung zu eliminieren, den Materialfluß schmal und schnell zu machen, nur die benötigten Teile in notwendiger Stückzahl zum erforderlichen Zeitpunkt herzustellen bzw. zu transportieren, die dafür eingesetzten **Mitarbeiter, Maschinen und Materialien möglichst effizient zu kombinieren und die Abläufe zu standardisieren.**

Beim synchronen Produktionssystem ist standardisierte Arbeit die Grundlage der Produktion, der Kaizenaktivitäten und des Managements. Effizienz bedeutet, Produkte mit hoher Qualität sicher und preisgünstig herzustellen.

Was ist eigentlich standardisierte Arbeit?

geringe Kosten, effiziente Produktion, Prozeßmanagement, Arbeitsvorschriften, neues Niveau festigen, Kaizenideen, Qualität, Arbeitssicherheit

Die 5 Aufgaben der standardisierten Arbeit
(Regelung der menschlichen Arbeit)

1. Grundlage für die Arbeit am Genba (und deren Management)
2. Anregen von weiteren Kaizenmaßnahmen und Festigung des erreichten Niveaus
3. Genaue Anleitung neuer Mitarbeiter
4. Erfahrene Mitarbeiter von nicht notwendiger Arbeit abhalten
5. Gewährleisten von Qualität und Sicherheit, Managen von Stückzahlen und Kosten

Die 3 Voraussetzungen für standardisierte Arbeit

[I] Die Bewegungsabläufe der Mitarbeiter stehen im Mittelpunkt — Die von den Anlagen nicht beeinflußten Bewegungsabläufe der Mitarbeiter von Verschwendung, Schwankungen und Überlastung befreien und zu wertschöpfender Arbeit machen.

[II] Rhythmisch sich wiederholende Arbeiten — Rhythmisch sich wiederholende Arbeit in Taktzeit ist die einzig zulässige Arbeitsweise für synchrone Produktion und Kaizen.

[III] Die Standards werden vom Genba geschaffen — Der Meister leitet die Arbeit konkret an und achtet auf die Einhaltung durch die Werker. Die Arbeitsweise muß Ausdruck des Willens des Meisters sein.

Die 3 Elemente der standardisierten Arbeit

[1] Taktzeit — Die Zeit, in der ein Stück (ein Teil) produziert werden muß.

[2] Reihenfolge der Arbeitsabläufe — Montage- bzw. Bearbeitungstätigkeiten, die von den Mitarbeitern in zeitlicher Abfolge durchgeführt werden.

[3] Standardisierter Pufferbestand — Der absolute Mindestbestand für die Gewährleistung der rhythmisch sich wiederholenden Arbeit.

Gesichtspunkte

1. Arbeit der Werker standardisieren
2. Die Standards können noch so gut sein; wenn sie nicht eingehalten werden, nützen sie nichts.
3. Standardisierte Arbeit lebt und muß ständig verbessert werden.
   ⇨ Durch Kaizenmaßnahmen das Niveau der Meister und Werker erhöhen und das erreichte Niveau festigen.

9.3 Die 3 Elemente der standardisierten Arbeit

Zu Punkt Taktzeit siehe Kapitel 7

Aspekte

Die Taktzeit ist ein bestimmter Zeitraum, in dem ein Produkt hergestellt wird (sowohl zu schnelles als auch zu langsames Produzieren is unzulässig). Sie wird durch die notwendige Stückzahl und die zur Verfügung stehende reguläre Arbeitszeit bestimmt.

$$\text{Taktzeit} = \frac{\text{reguläre Arbeitszeit pro Tag}}{\text{notwendige Stückzahl pro Tag}}$$

(8 h × 60 min) < vormittrags, nachmittags >
480 min – (angeordnete Appell-, Pausen, Aufräumzeiten)

vom nachgelagerten Prozeß benötigte

Gesichtspunkte

❑ Durch den Verkauf der Produkte wird der Takt (Rhythmus) vorgegeben. In jedem Prozeßschritt wird gemäß der Taktzeit produziert. • Man muß sich der Herausforderung stellen, genau in der festgelegten Zeit die jeweils benötigten Dinge herzustellen. • Die Synchronisierung des ganzen Werkes (bzw. der verschiedenen Bearbeitungsstationen) muß vorangetrieben werden (die notwendigen Teile nur in der benötigten Stückzahl zum geforderten Zeitpunkt).

❑ Die Taktzeit ist die Grundlage für Produktion, Information, Kaizen usw.

Schritte bei der Umsetzung

Rationalisierung → Verschwendungseliminierung → Personalabbau → Verschwendungseliminierung Arbeitsverteilung nach Taktzeit Einrichtung U-förmiger Linien → Flexibler Personaleinsatz

1. Die Taktzeit muß an der Linie angezeigt werden (in Sekunden)
2. Schrittmacher einführen (mit Anzeige beim Überschreiten der Taktzeit, Markierungen am Förderer)
3. Arbeitsverteilung nach Taktzeit

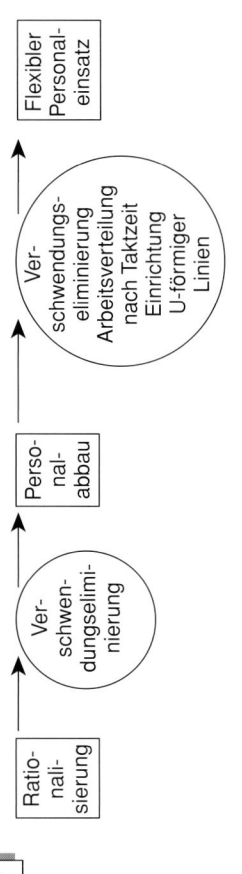

Aspekte

Reihenfolge der Arbeitsschritte

Aspekte

Dies ist die Reihenfolge der Arbeitsabläufe, die vom Werker bei der Montage oder Bearbeitung der Produkte in zeitlicher Abfolge ausgeübt wird.

Es ist sowohl möglich, die Arbeit in der Reihenfolge durchzuführen, in der die Teile fließen, als auch umgekehrt.

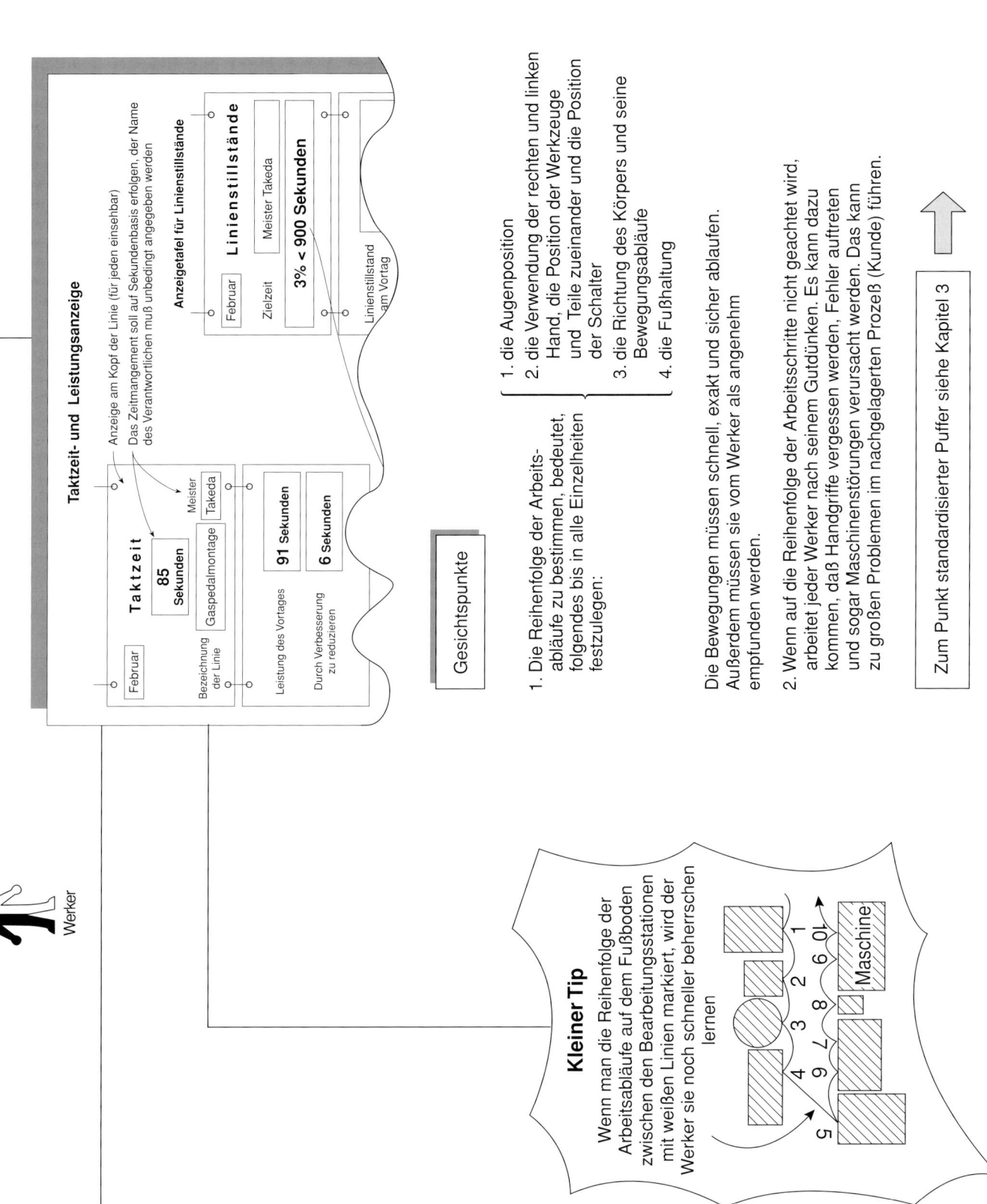

schriften verändern und entwickeln sich und ihre Ergebnisse ebenfalls. Auch das Niveau derjenigen, die die Standards erstellt haben, ist abhängig von ihrer Erfahrung davon, inwieweit sie in der Lage sind, Verschwendung als solche zu erkennen.

Standardisierte Arbeit ist als etwas Lebendiges anzusehen. Es gibt immer eine Menge von Möglichkeiten zur Verbesserung. Daher muß auch sie als etwas betrachtet werden, was der ständigen Verbesserung und Revision bedarf.

Wenn eines der drei Elemente der standardisierten Arbeit fehlt, kann man nicht von standardisierter Arbeit im eigentlichen Sinn sprechen

1. Taktzeit

Der Leser möge hierzu die Ausführungen in Kapitel 7 durchlesen. Die Taktzeit muß prinzipiell mit der Nettozeit übereinstimmen. Unabhängig davon, ob sie länger oder kürzer ist, ist permanent Kaizenbedarf vorhanden. Die Taktzeit sollte so angesetzt werden, daß die Nettozeit etwas darüber liegt (bis zu 10 Prozent). Man sollte außerdem die an einem Tag benötigten Stückzahlen nicht als statisch betrachten, sondern sich jedesmal flexibel an die Anforderungen des nachgelagerten Prozesses anpassen.

2. Reihenfolge der Bewegungsabläufe

Hiermit ist die Reihenfolge der Bewegungsabläufe der Werker bei der Montage bzw. Bearbeitung gemeint. Die Reihenfolge der Bearbeitungsstationen und die Reihenfolge dieser Bewegungsabläufe ist etwas völlig Verschiedenes. Die Reihenfolge der Bewegungsabläufe zu bestimmen bedeutet, alle Bewegungsabläufe exakt bis in alle Einzelheiten festzulegen. Der Meister hat streng darauf zu achten, daß diese Abläufe auch eingehalten werden. Er sollte dauernd überlegen, wie Verschwendungen, Schwankungen und Überanstrengungen vermieden werden können, um so ein immer effektiveres, besseres Arbeiten zu ermöglichen.

3. Standardisierter Puffer

Der Leser möge hierzu Kapitel 3 lesen. Der Puffer sollte möglichst klein gehalten werden. Das heißt konkret, wenn die Arbeit genau in der Reihenfolge der Bearbeitungsstationen ausgeführt wird, benötigt man zwischen den Stationen keine Puffer. Um das visuelle Management zu erleichtern, wird die Stellfläche für den Puffer gekennzeichnet, so daß ein Blick auf den standardisierten Puffer an einer Bearbeitungsstation genügt, um sofort zu erkennen, ob die standardisierte Arbeitsweise eingehalten wird oder nicht.

Vorgehensweise bei der Erstellung der Standards

1. Grundmuster für die Verteilung der standardisierten Arbeit

Bei der Erstellung des Grundmusters für die Arbeitsverteilung wird für jede Anlage die Leistung jedes Arbeitsschritts

9.4 Schritte zur standardisierten Arbeit

1. Grundmuster für die Verteilung der standardisierten Arbeit

(1) Grundmuster für die Verteilung der standardisierten Arbeit:

① Es bezieht sich auf jeweils eine Anlage (Maschine); für jeden Arbeitsschritt wird die gegenwärtige Leistungsfähigkeit erfaßt.

② Die Arbeit wird unter der Voraussetzung eingeteilt, daß ein Mitarbeiter alle Prozeßschritte, alle Maschinen und Anlagen bedient.

(2) Eintragungen

Nr.	Rubrik	Inhalt	
1	Nr. der Bearbeitungsstation	Nr. der Reihenfolge, in der die Teile bearbeitet werden.	
2	Bezeichnung der Bearbeitungsstation	Bezeichnung der Stationen, in der die Teile bearbeitet werden ❏ Gleichartige Stationen gesondert aufführen ❏ Wenn bei einer Bearbeitungsstation zwei oder drei Teile gleichzeitig bearbeitet (montiert) werden, so wird dies kenntlich gemacht und die Zeiten entsprechend geteilt: H/2 H/3 (s. z.B. Zeile 7 in dem Arbeitsverteilungshauptplan)	
3	Maschinennummer	Eintragen der Maschinennummer (bei 2 oder mehr gleichen Bearbeitungsstationen neue Zeile beginnen)	
4	Basiszeit	Handarbeitszeit	Handarbeitszeit, die an der Bearbeitungsstation erfolgt. Wegezeit ist nicht enthalten; Zeit, in der das Material maschinell bearbeitet wird
		Maschinenbearbeitungszeit	(einschl. Schnelltransport, automatischem Transport und automatischem Auswerfen), vom Betätigen des Startschalters bis zur Rückkehr des Materials in die Ausgangsposition
		Fertigstellzeit	Die Zeit, die an einer Station benötigt wird, um das Teil vollständig zu bearbeiten (Handarbeitszeit + Maschinenbearbeitungszeit)
5	Linienbezeichnung	Kardangelenk – mechanische Bearbeitung	
6	Verteilungsskizzen	Arbeitsverteilung unter der Voraussetzung, daß alle Stationen von einer Person bedient werden bis zur Fertigstellung des Teils, (auftretende Wegezeiten werden eingetragen)	durchgehende Linie: Handarbeitszeit ——— gestrichelte Linie: Maschinenzeit - - - - geschlängelte Linie: Wegezeit ∿∿∿
7	Nettozeit	Zeit, die ein Werker benötigt, um das Teil fertig zu bearbeiten (einschl. Wegezeit, abzügl. Maschinenzeit)	
8	standardisierter Puffer	Zustand vor und während der Bearbeitung getrennt eintragen	
9	Sicherheitshinweise	an allen automatisierten Maschinen anbringen (✥)	
10	Qualitätskontrolle	auf der Grundlage der QC-Tabelle eintragen (◇)	
11	Anmerkung	wichtige Bearbeitungsstationen besonders kennzeichnen	
12	Artikelbezeichnung und Nr.	Name, Typenbezeichnung und Artikelnummer eintragen	
13	Anzahl der Teile	Anzahl der Teile, die für die Fertigung eines Produkts benötigt werden	
14	Planer	Name des für die Linie zuständigen Meisters	
15	Datum der Erstellung	Neuerstellung bzw. Revisionen kenntlich machen (mit Datum)	
*	Teilrevisionen erfolgen mit Rotstift, Stempeln und Datum		

(3) Verwendungszweck

① Gundlage zur Verteilung der standardisierten Arbeit

② Es wird erkennbar, wieviel Personal bei einer bestimmten Taktzeit eingesetzt werden muß

③ Die Flaschenhälse und zu verbessernden Bearbeitungsstationen werden erkennbar.

*Werkzeugwechselzeiten (Anzahl der auszuwechselnden Werkzeuge und Wechselzeiten) und Umrüstzeiten werden auf einem Extrablatt in einer Übersicht zusammengefaßt.

2. Arbeitsverteilungsblatt ⎫ (erstellt auf der Grundlage des Grundmusters für die Verteilung
3. Standardarbeitsblatt ⎭ der standardisierten Arbeit)

4. Arbeitsanleitung (erstellt auf der Grundlage des Arbeitsverteilungsblattes und des Standardarbeitsblattes)

(1) Diese dient zur exakten Anweisung der standardisierten Arbeit an die Werker (durch den Meister bzw. eine zugeordnete Person). Kritische Stellen werden in der Reihenfolge der Stationen aufgeführt.

Die Arbeit soll kostengünstig, präzise, schnell und angenehm vonstatten gehen.

Fortsetzung von Abbildung 9.4

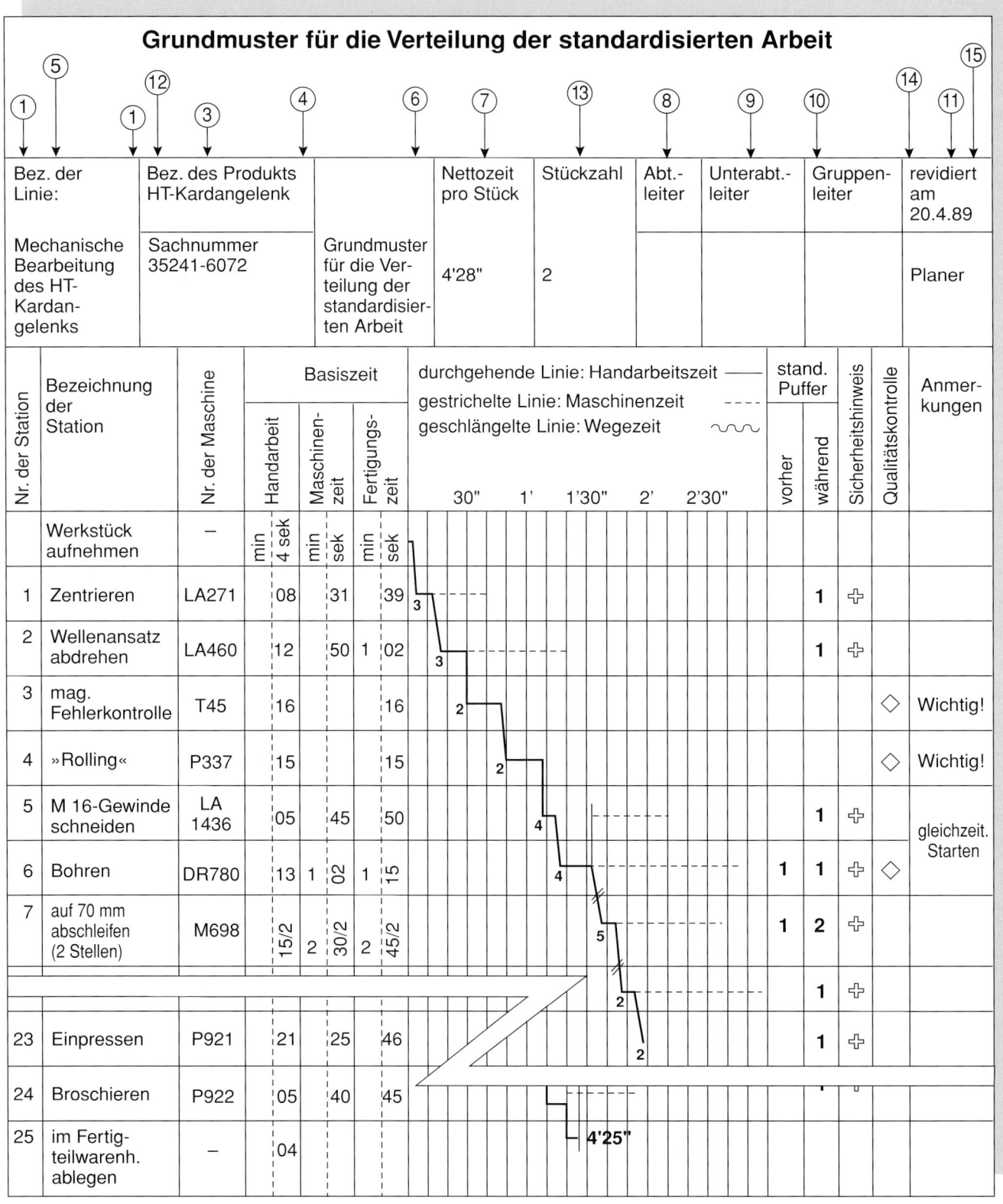

Nettozeit 4'28" (4'25" + 3 sek Wegezeit zum Vormaterial)

erfaßt und die Arbeitsreihenfolge so festgelegt, als ob ein Werker alle Bearbeitungsstationen bzw. alle Anlagen bedient. In den Rubriken für standardisierte Puffer, Sicherheitshinweise, Qualitätskontrolle und Anmerkungen wird das Wichtigste für jede Bearbeitungsstation wie z.B. gleichzeitiges Starten usw. eingetragen. Die Zeiten für Werkzeugwechsel, Umrüsten, Qualitätskontrolle usw. werden auf einem Anlageblatt zusammengefaßt.

2. Arbeitsverteilungsblatt

Dies ist ein Werkzeug, mit dem unter Berücksichtigung der Taktzeit die Verteilung und Reihenfolge der Arbeitselemente bestimmt wird. Es zeigt für einen bestimmten Zeitraum die von Menschen und Maschinen verrichtete Arbeit, wobei der Mensch im Mittelpunkt steht. Es ist erforderlich, die aktuelle Arbeitssituation so einzutragen, daß sie auf einen Blick deutlich ist.

3. Standardarbeitsblatt

Das Standardarbeitsblatt ist ein Werkzeug, mit dem die Meister gegenüber Managern und dritten Personen ausdrücken: »Dies sind die Standards, die ich für diese Linie festgelegt habe und nach denen die Werker arbeiten.« Dieses Blatt spielt im Rahmen der standardisierten Arbeit eine wichtige Rolle. Es bildet die Grundlage für die Kommunikation für die Meister und Manager im Betrieb.

4. Arbeitsanleitung

Dies ist das Werkzeug für den Meister, mit dessen Hilfe er die standardisierte Arbeit der Werker exakt anleitet. Dabei kommt es darauf an, die kritischen Punkte so gut darzustellen, daß sie von den Werkern leicht und schnell verstanden werden.

Entscheidend ist, daß das Arbeitsverteilungsblatt und das Standardarbeitsblatt sich auf der gleichen Seite befinden

Bei Diskussionen zwischen Meistern und Managern geht es oft um die Dauer und Schwankungsbreite der Handarbeitszeiten. »Wenn wir diese Verschwendung hier mit jenem Verfahren eliminieren, wie wirkt sich das auf den automatischen Weitertransport aus? Wenn wir diese Handarbeit hier um 10 Sekunden reduzieren können, welche Arbeitsinhalte können dann unter Positionen 1 – 3 des Arbeitsverteilungsblattes zusätzlich untergebracht werden« usw.

Dabei werden die nächsten Kaizenschritte sofort sichtbar. Der Meister kann mit Hilfe des Arbeitsverteilungsblattes leicht deutlich machen, weshalb er eine bestimmte Reihenfolge der Arbeitselemente gewählt hat. Auch bei der Umsetzung konkreter Maßnahmen ist die Verwendung des Arbeitsverteilungsblattes sehr häufig notwendig. Insbesondere, wenn man die Reihenfolge der Arbeitselemente festsetzen will, benötigt man so gut wie immer Informationen über den zeitlichen Ablauf.

9.5 Arbeitsverteilungsblatt (Teil 1)

1. Das Arbeitsverteilungsblatt ist ein Werkzeug, mit dem auf der Grundlage der Taktzeit die Verteilung und Reihenfolge der Arbeit festgelegt wird.
   Hierbei steht der **Mensch im Mittelpunkt**; die von Menschen und von den Maschinen durchgeführte Arbeit wird im Zeitablauf **sichtbar gemacht**.
2. Eintragungen

Nr.	Rubrik	Inhalt
1		Bezeichnung der Linie, Bezeichnung des Artikels, Artikelnummer
2	Verantwortung für die Eintragung	gibt an, wer an der Linie für die Eintragungen verantwortlich ist. 1/1 1 Person an der Linie (trägt auch ein) 2/3 3 Personen an der Linie, die zweite trägt ein
3	benötigte Stückzahl	benötigte Stückzahl pro Schicht
4	Taktzeit	$\dfrac{\text{Arbeitszeit pro Schicht}}{\text{benötigte Stückzahl pro Schicht}}$ wird auf der Zeitachse der Arbeit mit einer roten Linie eingetragen
5	Erstellungsdatum	auch eintragen, wie oft auf Grund von Kaizen revidiert wurde (z.B. 5. Auflage)
6	Zuständigkeitsbereich eines Werkers	Auf der Grundlage der Maschinenanordnung wird mit Hilfe des Arbeitsverteilungshauptplanes die Summe aus Handarbeit und Wegezeit ermittelt. Sie wird etwas höher angesetzt als die Taktzeit (bis zu 10 %) und die Bearbeitungsstation, für die jeweils ein Werker zuständig ist, wird festgelegt.
7	Arbeitsinhalte	Maschinennummer, Inhalte der Handarbeit, Anzahl der gleichzeitig zugeführten Teile werden in ( ) eingetragen, Bezeichnung der Bearbeitungsstation darf nicht eingetragen werden. Bei den Eintragungen Verben im Präsens verwenden.
8	Zeiten	Handarbeitszeit: in Sekunden angeben; Berührungs-Start-Schalter wird durch ein Kreissymbol auf der geschlängelten Linie kenntlich gemacht. Automatenzeit ist die Zeit der maschinellen Bearbeitung, die Zeit vom Betätigen des Startschalters bis zur Rückkehr aller Maschinenelemente in die Ausgangsposition nach Beendigung der Bearbeitung. Wenn es keine Automatenzeit gibt, wird —— eingetragen. Nettozeit: Summe aus Handarbeitszeit und Wegezeit, wird als letzte Position in die Skizze eingetragen (Nettozeit 1'35"), Wartezeiten werden ggfs. eingetragen
9	Verteilungsskizze	durchgehende Linie: Handarbeitszeit ——— gestrichelte Linie: Maschinenzeit - - - - - geschlängelte Linie: Wegezeit ~~~
10	Reihenfolge der Arbeitsabläufe	bezieht sich auf die Reihenfolge der Arbeitsschritte, nicht des Materialflusses
11	Reihenfolge der Verteilung	In der Verteilungsskizze werden auf der Zeitachse die Handarbeitszeit und die Maschinenzeit eingetragen. Wenn beim Wechsel von einer Station zur nächsten Wegezeiten notwendig sind, werden diese mit geschlängelten Linien eingetragen. Der 2. und 3. Arbeitsabschnitt wird auf diese Weise verbunden.
12	richtige oder falsche Verteilung	Wenn die Zeit bis zur Rückkehr des Werkers von der letzten Maschine an den Anfang der Bearbeitung mit der Taktzeit übereinstimmt, ist die Verteilung richtig gewählt. Wenn die Arbeit bereits vor Ende der Taktzeit fertig ist, ist das Arbeitsvolumen zu gering. Wenn die Taktzeit um mehr als 10 % überschritten wird, führt dies zu Überstunden oder Störungen im nachgelagerten Prozeß. Die Arbeitsverteilung muß dann überprüft werden. Wenn die Maschinenzeit die Taktzeit (bzw. die Nettozeit) überschreitet, wird die darüber hinausgehende Zeit vom Standpunkt an neu eingezeichnet; wenn diese sich aber mit der Handarbeitszeit überschneidet, ist die Kombination nicht möglich.

(1) Bei langer Handarbeitzeit und vielen Arbeitselementen
- ❏ Arbeitsfolge aufbrechen und numerieren
- ❏ Arbeitsbezeichnung gibt die Arbeitsinhalte für den Werker an
- ❏ Wegezeiten am Ende der Arbeitszeit eintragen

(2) Bei kooperativer Arbeit
- ❏ wird der Inhalt der Handarbeit in ( ) eingetragen und mit der Bemerkung (in Kooperation mit …) versehen

(3) Wenn wie z.B. beim Punktschweißen oder Zusammenpressen mehrere Stellen bearbeitet werden,
- ❏ muß die Anzahl der bearbeiteten Stellen eingetragen werden.

3				
(3 – 1 ○○○)				
(3 – 2 △△△)				
(3 – 3 □□□)				
(3 – 4 ◇◇◇)				

(5)

Die Arbeitssituation wird so, wie sie ist, eingetragen und dadurch auf einen Blick erkennbar gemacht

9.6 Arbeitsverteilungsblatt (Teil 2)

Linienbe-zeichnung	verantw. für Eintragungen	**Arbeitsverteilungsblatt**			Abtei-lungsleiter	Unterab-teilungsl.	Gruppen-leiter	Meister
HT-Kardan-gelenk, mech. Bearbeitung	1/3							
ben. Stückzahl	Taktzeit	Artikelbezeichnung HT-Kardangelenk			Handarbeitszeit—		Erstellungsdatum	
328 Stück/ Schicht	1 min 28 sek	Artikelnummer			Maschinenzeit- - - Wegezeit 〜〜		5. Auflage 1 · 4 · 20	

Arbeits-reihenfolg.	Arbeitsinhalt	Zeit Hand	Zeit Masch.	sek 6' 12' 18' 24' 30' 36' 42' 48' 54' 1' 1'06' 1'12' 1'18' 1'24' 1'30' 1'36' 1'42' 1'48'
1	Material aufnehmen	4"	–	4 ... Nettozeit 1'35"
2	LA-271 (1) Material entnehmen einlegen, einschalten	8"	31"	15 ... 46 / 7
3	LA-460 (1) Material entnehmen einlegen, einschalten	12"	50"	30 ... 1'20" / 18
4	T-45 (1) Material entnehmen, magnetisch Mängelpr. durchf.	16"	–	48 / 32
5	P-377 (1) Material einlegen, »rolling«	15"	–	1'05" / 50
6	LA-1436 (1) Material einlegen	5"	45"	29 ... 1'14" / 1'09"
7	DR-780 (1) Material entnehmen einlegen, einschalten	13"	1'02"	59 ... 1'19" 1'32"
				Taktzeit 1'28"

Wichtige Punkte in bezug auf die Arbeitsinhalte und Eintragungen in das Arbeitsverteilungsblatt, T/T = Taktzeit

1 Bei Beendigung vor Ablauf der Taktzeit
Wartezeit 15 sek — T/T
Wartezeit 5 sek
(1) Wartezeit zwischendrin ⇨ kenntlich machen
(2) Wartezeit am Ende ⇨ muß nicht unbedingt kenntlich gemacht werden
(3) Maschinenzeit wird nach Ablauf von T/T wieder auf 0 gesetzt

2 Bei Überschreiten der Taktzeit
(1) Maschinenzeit nach Ablauf der benötigten T/T (Nettozeit) auf 0 setzen

3 Bei Paralleltätigkeiten
Berührungs-Start-Schalter
während des Gehens werden die Teile A und B zusammengefügt (bis zu einem halben Schritt wird nicht als Gehen betrachtet)

4 Bei mehrfacher Verwendung der gleichen Maschine hintereinander
Taktzeit in die gleiche Spalten eintragen
(1) Arbeitsfolge und Arbeitsinhalte werden in die gleiche Spalte eingetragen

5 Bei gleichzeitigem Start
Nach Beendigung des 3. Arbeits-schrittes einschalten
(1) Mit einem Schalter 3 Maschinen gleichzeitg einschalten

6 Bei »Kaninchenjagd«
50 sek/2 bei »Kaninchenjagd« mit 2 Personen (in 50 sek werden 2 Stück fertig-gestellt)
Es wird nur die Arbeit einer Person eingetragen
(1) nur die Arbeit einer Person eintragen, als T/T bzw. Nettoarbeitszeit 50 sek/2 eintragen

7 Bei kontinuierlichem Fahren
kontinuierliches Fahren
(1) Bei Rotary-Fräsen, Transfer-Anlagen, Trocken-öfen für lackierte Teile usw.

8 Wenn menschliche und maschinelle Arbeit nicht getrennt werden können
(1) Z.B. bei handbedienten Bohrständen

9 Wenn die Ausrichtung des Körpers ohne zu gehen verändert wird
eine gerade Linie nach unten ziehen

10 Nur gelegentlich vorkommende Arbeiten werden nicht eingetragen (z.B. Qualitätsstichproben 1/5)

9. Schritt 9: Standardisierte Arbeit

9.7 Standardarbeitsblatt

1. Das Standardarbeitsblatt dient dazu, die Arbeitssituation an der Linie für dritte Personen nachvollziehbar zu machen. Es ist zugleich ein Werkzeug für Kaizen, Management und zur Mitarbeiteranleitung.

Dadurch, daß der Meister das Standardarbeitsblatt selbst erstellt und anbringt, macht er gegenüber dem Management und dritten Personen deutlich: »Ich habe die standardisierte Arbeit an meiner Linie so festgelegt und lasse die Werker auf diese Weise arbeiten«.

2. Eintragungen

Nr.	Rubrik	Inhalte	Nr.	Rubrik	Inhalte
1	Anbringungsort	Der Ort der Anbringung wird festgelegt und das Layout der Maschinen eingetragen (mit dickem Strich kenntlich machen).	7	Sicherheitshinweise	Sind an einer Maschine Sicherheitshinweise notwendig, werden diese an der rechten Seite der Maschine mit ✥ gekennzeichnet. Automaten werden alle gekennzeichnet.
2	Layout	Die Größe der Maschinen muß nicht unbedingt maßstäblich wiedergegeben werden. Es kommt darauf an, daß die Situation deutlich wird.	8	Taktzeit	Die auf Grund des Arbeitsverteilungsblattes errechnete Taktzeit wird in Minuten und Sekunden angegeben.
3	Maschinennummer	In den Umriß für die einzelnen Maschinen Maschinennummer eintragen (einheitliche Ausrichtung).	9	Nettozeit	Es wird die für das Durcharbeiten eines Zyklus mindestens benötigte Zeit eingetragen.
4	Arbeitsreihenfolge	In die Layoutskizze wird die Reihenfolge der Arbeitsschritte entsprechend der im Arbeitsverteilungsblatt festgelegten Reihenfolge eingetragen und mit Pfeilen verbunden. ④→⑤→⑥→⑦ ③←②←① Der Weg von der letzten Bearbeitungsstation zur ersten wird durch eine gestrichelte Linie kenntlich gemacht.			Nettozeit = Handarbeitszeit + Wegezeit (+ Wartezeit) ❑ Die Messung wird mehrmals wiederholt, Werkzeugwechsel und andere Arbeiten werden nicht einbezogen. ❑ Bei unterschiedlichen Nettozeiten werden diese für jedes Produkt gesondert aufgeführt. ❑ Wenn zwei oder mehr Werker an einer Linie tätig sind und sich ihre Nettoarbeitszeiten unterscheiden, werden diese entsprechend eingetragen. ❑ Bei gemeinsamer Bearbeitung durch zwei Werker oder der gleichzeitigen Bearbeitung von zwei Teilen erfolgt die Eintragung in der Form 1,56 min/2 Pers. oder 1,56 min/2 Stück.
5	Standardisierter Puffer	Mit dem standardisierten Puffer ist der Pufferbestand gemeint, der für die Arbeit in der festgelegten Reihenfolge unbedingt notwendig ist. Es wird der Zustand der Linie nach Beendigung des letzten Arbeitsschrittes eingetragen (die Markierung soll die tatsächliche Position möglichst genau wiedergeben).			
		vor der Bearbeitung ● wenn das Teil auf einer Ablage zwischen den Maschinen abgelegt ist			
		bei der Bearbeitung ⊗ in einer automatischen Maschine	10	Flaschenhalsanzeige	Der jeweilige Flaschenhals wird rot kenntlich gemacht. ❑ Wenn eine Maschine der Flaschenhals ist, wird die Maschine rot gekennzeichnet. ❑ Wenn eine Person der Flaschenhals ist, wird die Nettozeit dieser Person rot umrandet.
6	Qualitätskontrolle	Maschinen, Bearbeitungsstationen, bei denen eine Qualitätskontrolle durchgeführt werden muß, werden mit ◇ gekennzeichnet (an der linken Seite der Maschine). Auf der Grundlage der QC-Tabelle wird auch die Häufigkeit eingetragen.			

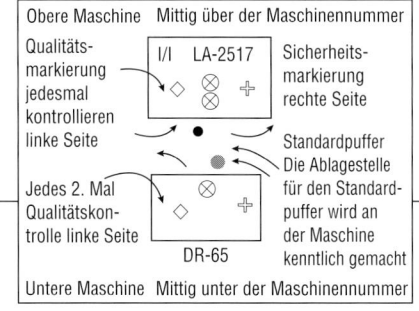

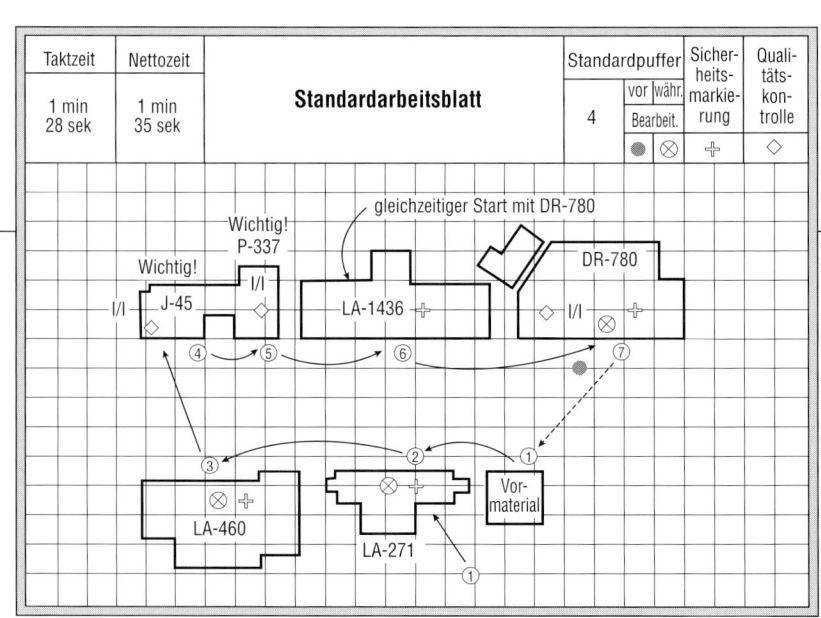

9.8 Beispiele

Arbeitsverteilungsblatt

Linienbezeichnung	verantw. für Eintragungen		Abteilungsleiter	Unterabteilungsl.	Gruppenleiter	Meister
HT-Kardangelenk, mech. Bearbeitung	1/3	Artikelbezeichnung HT-Kardangelenk				
ben. Stückzahl	Taktzeit		Handarbeitszeit ———		Erstellungsdatum	
328 Stück/Schicht	1 min 28 sek	Artikelnummer	Maschinenzeit - - - - - Wegezeit ∿∿∿		5. Auflage 1 · 4 · 20	

Arbeitsreihenfolg.	Arbeitsinhalt	Zeit Hand	Masch.	sec. 6" 12" 18" 24" 30" 36" 42" 48" 54" 1' 1'06" 1'12" 1'18" 1'24" 1'30" 1'36" 1'42" 1'48"
1	Material aufnehmen	4"	–	4 ... Nettozeit 1'35"
2	LA-271 (1) Material entnehmen einlegen, einschalten	8"	31"	7 15 ---- 46
3	LA-460 (1) Material entnehmen einlegen, einschalten	12"	50"	18 30 ---- 1'20"
4	T-45 (1) Material entnehmen, magnetisch Mängelpr. durchf.	16"	–	32 48
5	P-377 (1) Material einlegen, »rolling«	15"	–	50 1'05"
6	LA-1436 (1) Material hinterlegen	5"	45"	29 ---- 1'09" 1'14"
7	DR-780 (1) Material entnehmen einlegen, einschalten	13"	1'02"	59 ---- 1'19" 1'32"
				Taktzeit 1'28"

Standardarbeitsblatt

Taktzeit	Nettozeit		Standardpuffer	Sicherheitsmarkierung	Qualitätskontrolle
1 min 28 sek	1 min 35 sek		4	vor / währ. Bearbeit. ● ⊗	✢ ◇

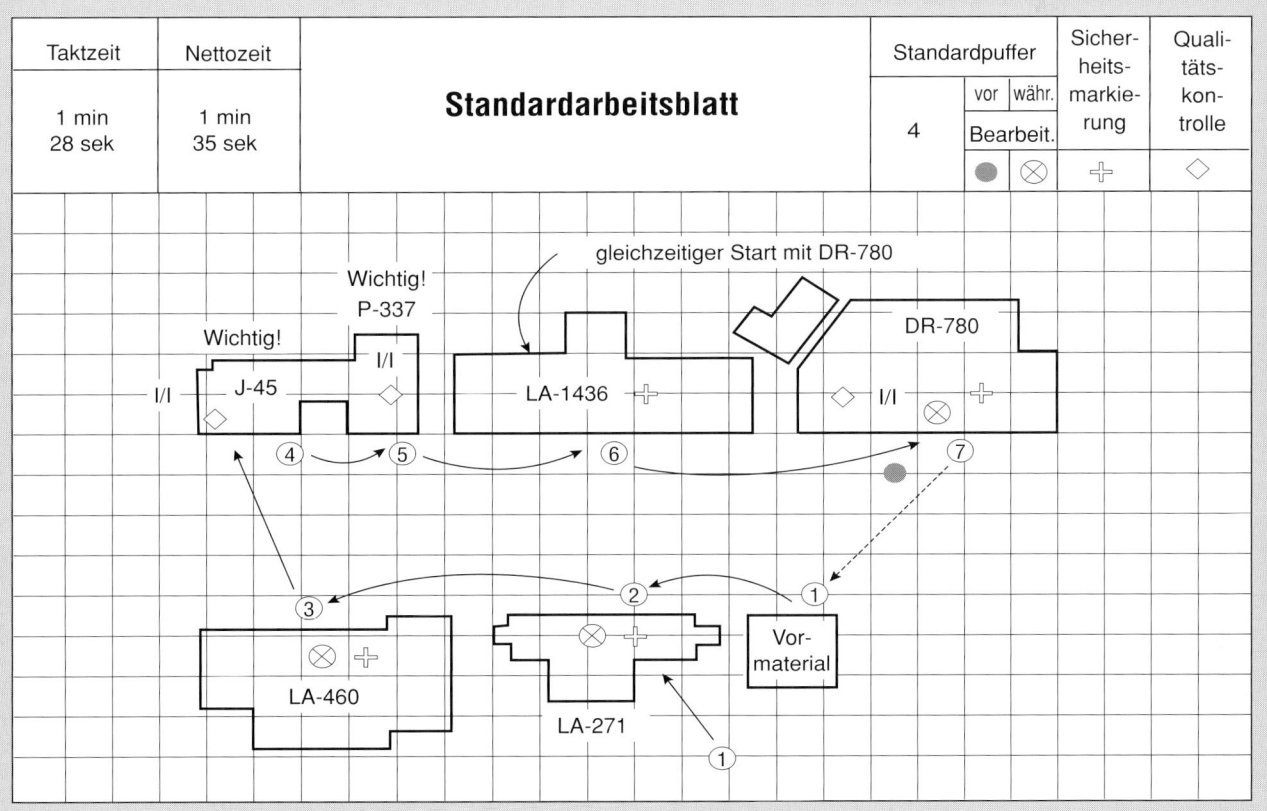

Die an den verschiedenen Maschinen und Anlagen vorhandenen Arbeitsvorschriften sollten an einer Stelle zusammengetragen werden. Erstens hat man eine Grundlage für die Revision der Arbeitsverteilung zwischen den einzelnen Werkern und zweitens wird der Kaizenbedarf der Linie deutlich sichtbar. Das der Gestaltung der Produktionsabläufe zugrundeliegende gedankliche Konzept ist von großer Bedeutung.

Die standardisierte Arbeit muß der Ausgangspunkt jedes dieser Konzepte sein. Qualität und Lieferzeiten hängen entscheidend hiervon ab. Im Ergebnis werden hierdurch die Kosten bestimmt. Es handelt sich also um eine der tragenden Säulen des unternehmerischen Handelns.

> Erkenne den Feind, der das Unternehmen von innen her bedroht.

Ein Pfeiler des synchronen Produktionssystems ist die konsequente Eliminierung von Verschwendung und die Reform aller ablaufenden Prozesse. Durch

9.9 Arbeitsstandards

Arbeitsstandards sind

Standards, die die Bedingungen für die standardisierte Arbeit (Sicherheit, Exaktheit, Geschwindigkeit, Werkerfreundlichkeit) so festlegen, daß sie möglichst wirtschaftlich abläuft.

Als Arbeitsstandards gibt es Arbeitsvorschriften, Handbücher, Anleitungen, Leitfäden usw.

Beispiele: Arbeitsvorschrift
Ölvorschrift, Flaschenzugprüfanleitung, Bedienungsanleitung, Arbeitsvorschrift für das Umrüsten, Arbeitsvorschrift für einen Werkzeugwechsel, Allgemeiner Leitfaden, QC-Tabellen für Bearbeitungsstationen, Sicherheitsvorschrift für Pressen, Tabellen für den Verlauf einer Wärmebehandlung

(*) Taktzeit, Arbeitsfolge und standardisierter Puffer sind auch Arbeitsstandards

Kriterien bei der Erstellung der Anleitungen und Arbeitsvorschriften

Es kommt darauf an, für den Werker die wichtigen Punkte deutlich zu machen, so daß jeder in der gleichen Zeit das gleiche Ergebnis erzielen kann.

1. Die Arbeitsinhalte werden punktweise aufgelistet.
2. Die Problemstellen werden konkret und quantitativ eingetragen.

sicher, exakt	Anleitung für die Bewegungsabläufe
schnell, angenehm	Anleitung für die einzuhaltenden Maße
	zu verwendende Werkzeuge

3. Für ein noch besseres Verständnis können Comics, Skizzen, Abbildungen usw. verwendet werden

die Umsetzung der standardisierten Arbeit erfolgt diese Reform der Prozesse. Chronische Verschwendung findet man überall, an welchen Genba man auch geht. Nur durch langes intensives Beobachten wird man den Feind erkennen. Dies ist der erste Schritt zur Reduzierung der Verluste.

Die drei Verschwendungsebenen

Die drei Ebenen der Verschwendung sind in der Abbildung 9.10 dargestellt. Die erste Ebene von Verschwendung ist das katakana muda. Sie ist am leichtesten zu erkennen und muß unverzüglich eliminiert werden. Die zweite ist hiragana muda. Der größte Teil der nicht wertschöpfenden Arbeiten fällt hierunter. Diese Verschwendungsebene als solche zu erkennen ist allein schon eine wichtige Aufgabe. Diese Fähigkeit muß als OJT (On-the-job-training) vermittelt werden.

Die dritte Ebene von Verschwendung ist kanji muda. Hiermit ist die Art von Verschwendung gemeint, bei der z.B. eine von der Leistung her überdimensionierte Anlage unabhängig von der Taktzeit mit voller Kraft gefahren wird. Besonders kraß wirken sich auch lange Zuführwege innerhalb der Maschine an das Bearbeitungswerkzeug aus, gerade wenn es sich hierbei um den Flaschenhals der Linie handelt. Oft kommt noch hinzu, daß ein Mitarbeiter dabei steht und nur zuschaut. Dies ist dann der Gipfel der Verschwendung. Nichtsdestoweniger ist es in vielen Werken so, ohne daß man dies als Problem erkennt. Daß es soweit kommt, liegt mehr in der Verantwortung der Manager als in derjenigen der Meister.

Man kann allgemein davon ausgehen, daß von den Bewegungen der Menschen 80 Prozent Verschwendung sind. Deshalb müssen gerade die Bewegungsabläufe der Menschen dauernd beobachtet werden. Will man die Linie in Fluß bringen und dabei Maßnahmen gegen den Flaschenhals der Linie ergreifen, muß man besonders auf anlagenbedingte Verschwendung (kanji muda) achten.

Das Verbessern der Bearbeitungsstationen macht sich bezahlt

Es ist unsere Pflicht, Arbeitsplätze zu schaffen, auf denen sinnvolle Arbeit verrichtet wird. Das bedeutet, daß dort nur die gerade im Moment benötigten Teile (d.h. ein Stück) mit Hilfe möglichst weniger Personen hergestellt werden. Dazu muß die Verschwendung eliminiert und die wertschöpfende Arbeit auf 100 Prozent gebracht werden. Dadurch entwickeln die Werker auch Selbstwertbewußtsein. Der Respekt vor den Mitarbeitern gebietet es, sie nicht mit sinnloser Arbeit zu beschäftigen.

Das konkrete Herausarbeiten der sieben Verschwendungsarten erleichtert ihr Erkennen. Verschwendungen durch Überproduktion, Lagerhaltung oder die Herstellung von Schlechtteilen müssen vordringlich eliminiert werden. Überproduktion halten viele Manager und Meister eher für gut, weil man dann auf

9.10 Die 3 Ebenen von muda (Verschwendung)

Aspekte

Den Genba genau beobachten

Das Auge zum Erkennen von muda schulen

Jeder Genba wird genau beobachtet und die Arbeitsinhalte wie folgt eingeteilt:

1. katakana muda — alles, was für die Arbeitsabläufe nicht notwendig ist.
2. hiragana muda — Arbeitsabläufe, die als solche Verschwendung darstellen, aber unter den jetzigen Bedingungen durchgeführt werden müssen.
3. kanji muda — muda in bezug auf Maschinen und Anlagen
4. wertschöpfende Arbeit

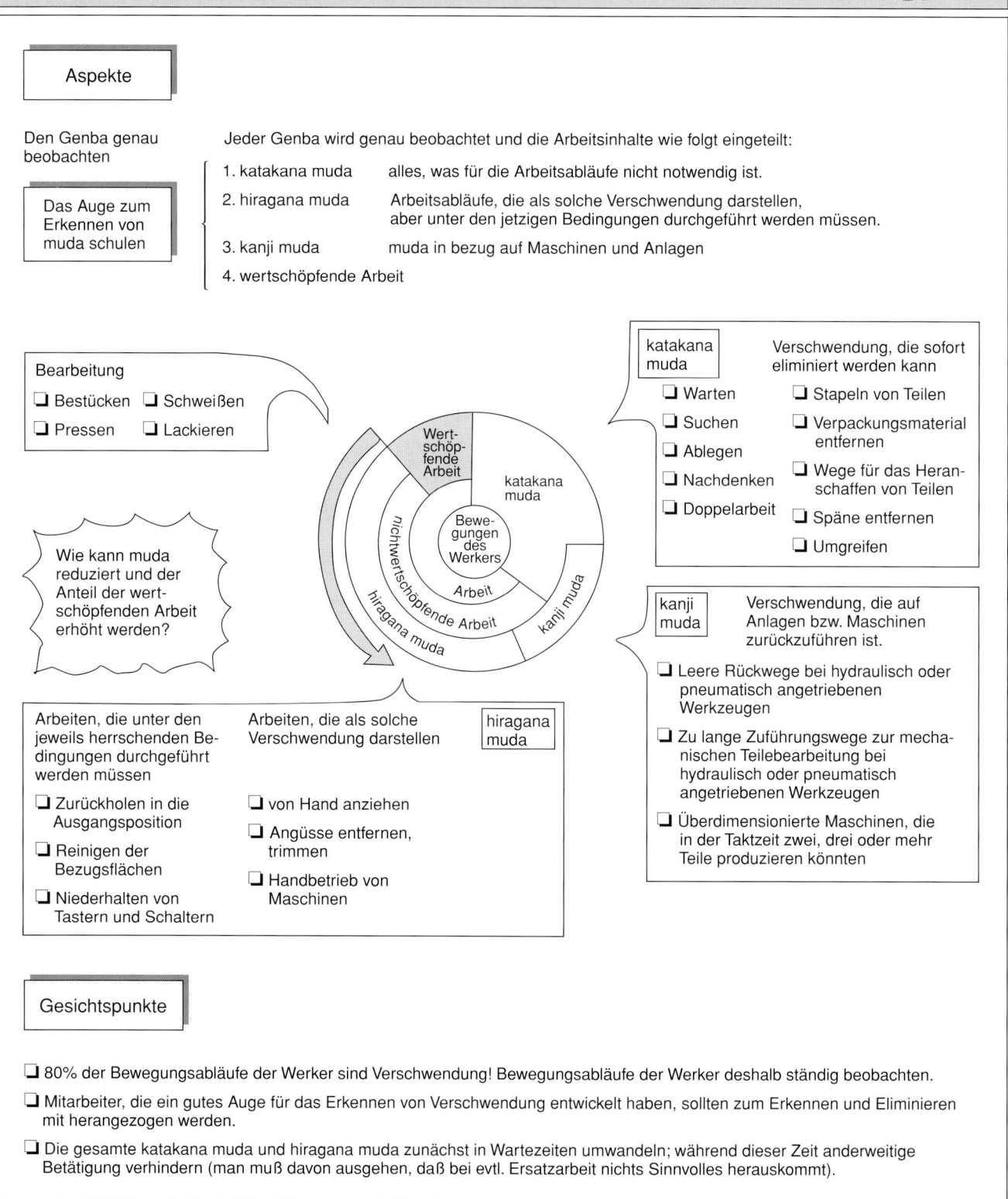

Bearbeitung
- Bestücken
- Schweißen
- Pressen
- Lackieren

Wie kann muda reduziert und der Anteil der wertschöpfenden Arbeit erhöht werden?

katakana muda — Verschwendung, die sofort eliminiert werden kann
- Warten
- Suchen
- Ablegen
- Nachdenken
- Doppelarbeit
- Stapeln von Teilen
- Verpackungsmaterial entfernen
- Wege für das Heranschaffen von Teilen
- Späne entfernen
- Umgreifen

kanji muda — Verschwendung, die auf Anlagen bzw. Maschinen zurückzuführen ist.
- Leere Rückwege bei hydraulisch oder pneumatisch angetriebenen Werkzeugen
- Zu lange Zuführungswege zur mechanischen Teilebearbeitung bei hydraulisch oder pneumatisch angetriebenen Werkzeugen
- Überdimensionierte Maschinen, die in der Taktzeit zwei, drei oder mehr Teile produzieren könnten

hiragana muda

Arbeiten, die unter den jeweils herrschenden Bedingungen durchgeführt werden müssen
- Zurückholen in die Ausgangsposition
- Reinigen der Bezugsflächen
- Niederhalten von Tastern und Schaltern

Arbeiten, die als solche Verschwendung darstellen
- von Hand anziehen
- Angüsse entfernen, trimmen
- Handbetrieb von Maschinen

Gesichtspunkte

- 80% der Bewegungsabläufe der Werker sind Verschwendung! Bewegungsabläufe der Werker deshalb ständig beobachten.
- Mitarbeiter, die ein gutes Auge für das Erkennen von Verschwendung entwickelt haben, sollten zum Erkennen und Eliminieren mit herangezogen werden.
- Die gesamte katakana muda und hiragana muda zunächst in Wartezeiten umwandeln; während dieser Zeit anderweitige Betätigung verhindern (man muß davon ausgehen, daß bei evtl. Ersatzarbeit nichts Sinnvolles herauskommt).

9.11 Bewegung und Arbeit

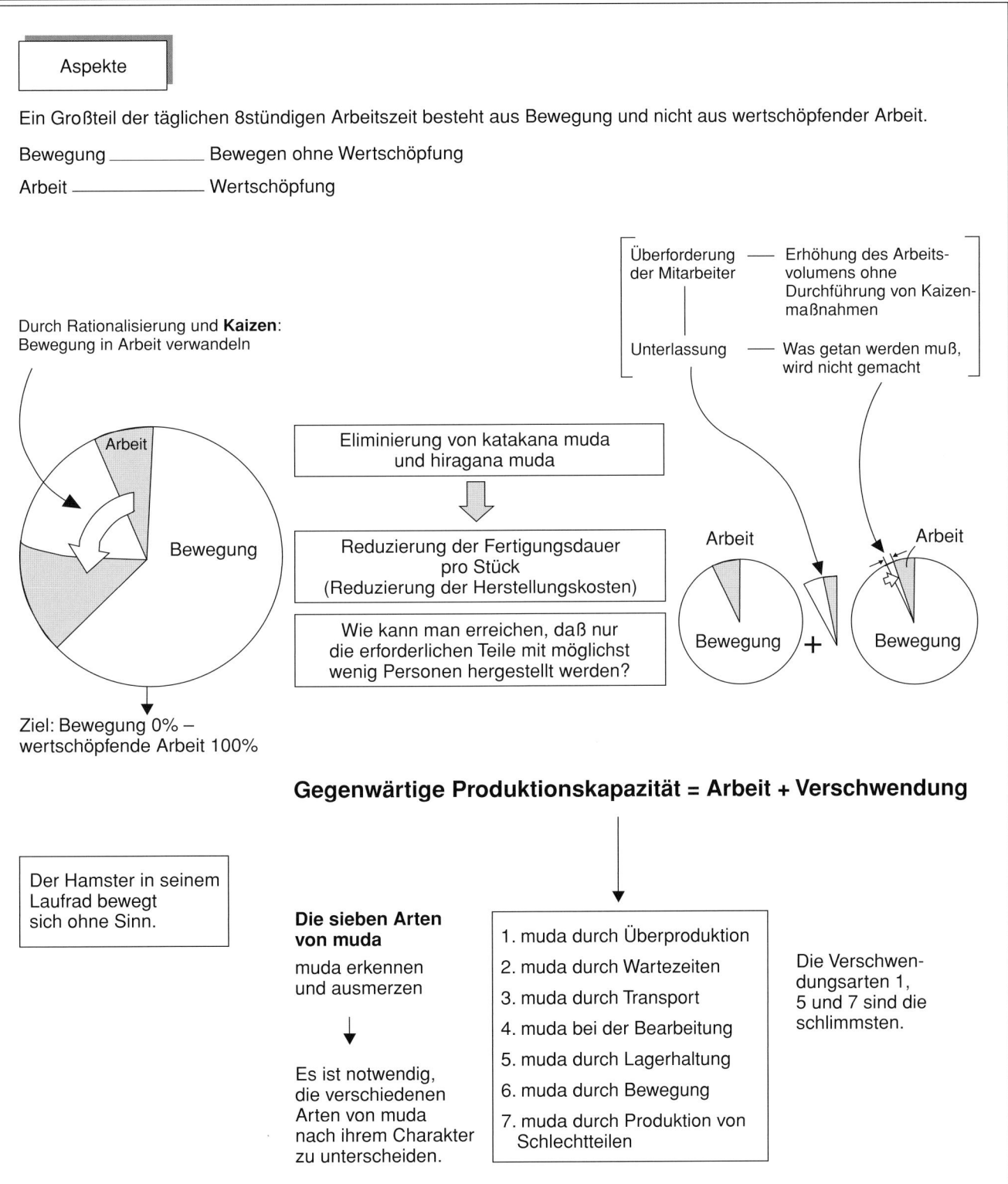

9. Schritt 9: Standardisierte Arbeit

9.12 Gesichtspunkte beim Erkennen der 7 Arten von muda

Anfangen mit dem, was sofort erledigt werden kann

Art der Verschwendung	Gesichtspunkte beim Erkennen	Maßnahmen
muda durch Überproduktion	Ist der standardisierte Puffer gekennzeichnet und wird er eingehalten?	Kennzeichnen des standardisierten Puffers, Einzelstückfluß, AB-Steuerung, flexibler Personaleinsatz, SMED (single minute exchange of die), Anhalten an bestimmter Position
muda durch Wartezeiten	Steht der Werker während der Automatenzeit herum? Verspätete Materialanlieferung?	Durch Einzelstückfluß Wartezeiten sichtbar machen. Geglättete Produktion, flexibler Personaleinsatz, bei Wartezeiten Füllarbeiten verhindern (Mitarbeiter soll sich setzen oder irgendwohin gehen) ⇨ Verschwendung muß dem Werker bewußt werden
muda durch Transport	Bestimmungsort zu weit entfernt? Werden die Teile unterwegs provisorisch abgestellt? Wird umgepackt? Werden die Teile hin- und herbewegt? Werden sie ausgerichtet?	U-Linien, Fließfertigung, Logistiker
muda bei der Bearbeitung	Leere Vorschub- und Rückwege in den Maschinen? Müssen Werkstücke bei der Bearbeitung von Hand festgehalten werden? Häufiges Umgreifen?	Leerwege reduzieren, Grund des Festhaltens ermitteln, verbesserte Spannvorrichtungen, Autonomation, VA und VE
muda durch Lagerhaltung	Werden die für das Warenhaus bestimmten Mengen eingehalten (MAX - MIN - Anzeige)? Gibt es Lager ohne Kennzeichnung?	Geglättete Produktion, SMED
muda durch Bewegung (gehe davon aus, daß 80% der Bewegungsabläufe der Werker Verschwendung sind)	Wird beidhändig gearbeitet? Gibt es lange Gehwege? Sind die notwendigen Teile griffbereit? Dauert das Einlegen und Entnehmen lange? Wie zeitaufwendig ist das Entfernen der Späne? Muß der Werker sich umdrehen? Ist die Arbeit beschwerlich? Führt das Niederhalten der Schalter zu einer Unterbrechung seines Bewegungsablaufes? Gibt es Justierarbeiten?	Oberflächlich standardisierte Arbeit ⇨ wirklich standardisierte Arbeit Verbesserung der Qualität der Bewegungen (Automatisierung der Werkzeuge) Tastschalter, gleichzeitiges Starten
muda durch Produktion von Schlechtteilen	Wie kann die Qualitätskontrolle mit einem Handgriff erfolgen? (100%-Kontrolle)	Narrensicherheit, standardisierte Arbeit

---

Notwendigkeit für Kaizen

Herkömmliche Denkweise

| Ist-Zustand | + | Kaizen | = | Effekt |

Gewinnsteigerung durch Bottom-Up-Ansatz

Anzustrebende Denkweise

angestrebter Effekt — Ist-Zustand = **Kaizennotwendigkeit**

muß aktiv erschlossen werden

| Ziele festlegen | quantitativ (Personal, Material, Stückzahl, Finanzen)

jeden Fall den Anforderungen nachkommen könne (vielleicht ist es besser zu sagen, sie halten sie wenigstens nicht für schlecht). Dabei übersehen sie, daß Verschwendung immer neue Verschwendung hervorruft. Produktion von Schlechtteilen ist immer ein Zeichen dafür, daß Arbeit nicht entsprechend der Standards erfolgt. Kaizenaktivitäten werden stark erleichtert, wenn man alle anderen Arten von Verschwendung in Verschwendung durch Wartezeiten umwandelt.

Von oberflächlich standardisierter Arbeit zu wirklich standardisierter Arbeit

Der Kaizenprozeß kommt vielerorts nicht in Gang, weil man das Auftreten von Problemen fürchtet und deshalb zögert, den Ist-Zustand zu zerstören. In Wahrheit möchte man sich selbst nicht ändern. Der erste Schritt besteht also im Kaizen der eigenen Person.

Zur Einführung standardisierter Arbeit muß man die Ist-Situation genau beobachten und sie möglichst getreu in Tabellen und Grafiken dokumentieren. Faktisch gelingt dies in vielen Fällen nicht, da bei der Aufnahme des Ist-Zustandes sich häufig die Reihenfolge der Arbeitsschritte ändert, die Zeiten sehr stark schwanken, Mitarbeiter nicht an ihren Plätzen bzw. benötigte Teile nicht vorhanden sind. Zunächst muß deshalb die Arbeit geordnet werden (Reihenfolge der Arbeitsschritte, Trennung von Haupt- und Nebentätigkeit) und ein Arbeitsverteilungsblatt erstellt werden.

Hierdurch wird die Voraussetzung für das eigentliche Kaizen geschaffen. Dies ist jedoch nur der Anfang für die Einführung der standardisierten Arbeit, da es noch keine Willensäußerung des Meisters gibt.

Kaizen bestand herkömmlich darin, bestimmte Zustände auf irgendeine Art und Weise zu verbessern und es dabei bewenden zu lassen. Ab jetzt geht es darum, die gesamte unzulässige Verschwendung zu eliminieren. Nur daraus ergibt sich der wirkliche Kaizenbedarf. Er hängt natürlich auch von dem Erkennungsvermögen für Verschwendung (muda) ab. Durch die Umsetzung einer Kaizenmaßnahme macht man bereits die nächste Kaizenmaßnahme (Verschwendung) sichtbar. So dreht sich das Kaizenrad ständig weiter. Kaizenmaßnahmen müssen sich in einer Reduzierung der Fertigungsdauer niederschlagen. Standardisierte Arbeit lebt, da sie Veränderungen unterworfen ist, wie z.B. schwankenden Produktionsmengen usw. Auch sie enthält immer einen erheblichen Anteil an Verschwendung.

Kaizen der Bewegungsabläufe der Werker auf jeden Fall schnell umsetzen (nicht unbedingt perfekt)

Die Werker sollten in der Lage sein, ihre Arbeit auch mit verbundenen Augen durchzuführen. Hierzu muß die rhythmisch sich wiederholende Arbeit schwankungsfrei ablaufen. Bei den dafür notwendigen Kaizenmaßnahmen kommt alles auf Schnelligkeit an. Hauptabteilungsleiter, Abteilungsleiter

9.13 Von oberflächlich standardisierter Arbeit zu wirklich standardisierter Arbeit

Aspekte

Oberflächlich standardisierte Arbeit – Ist-Situation sorgfältig beobachten und so, wie sie sich darstellt, in das Arbeitsverteilungsblatt eintragen (in der Realität ist dies häufig nicht möglich!)

Da man bei jeder Messung andere Ergebnisse erhält, wird zunächst einmal ein Zustand herbeigeführt, in dem standardisierte Arbeit überhaupt möglich ist (sich wiederholende Arbeit in festgelegter Reihenfolge)

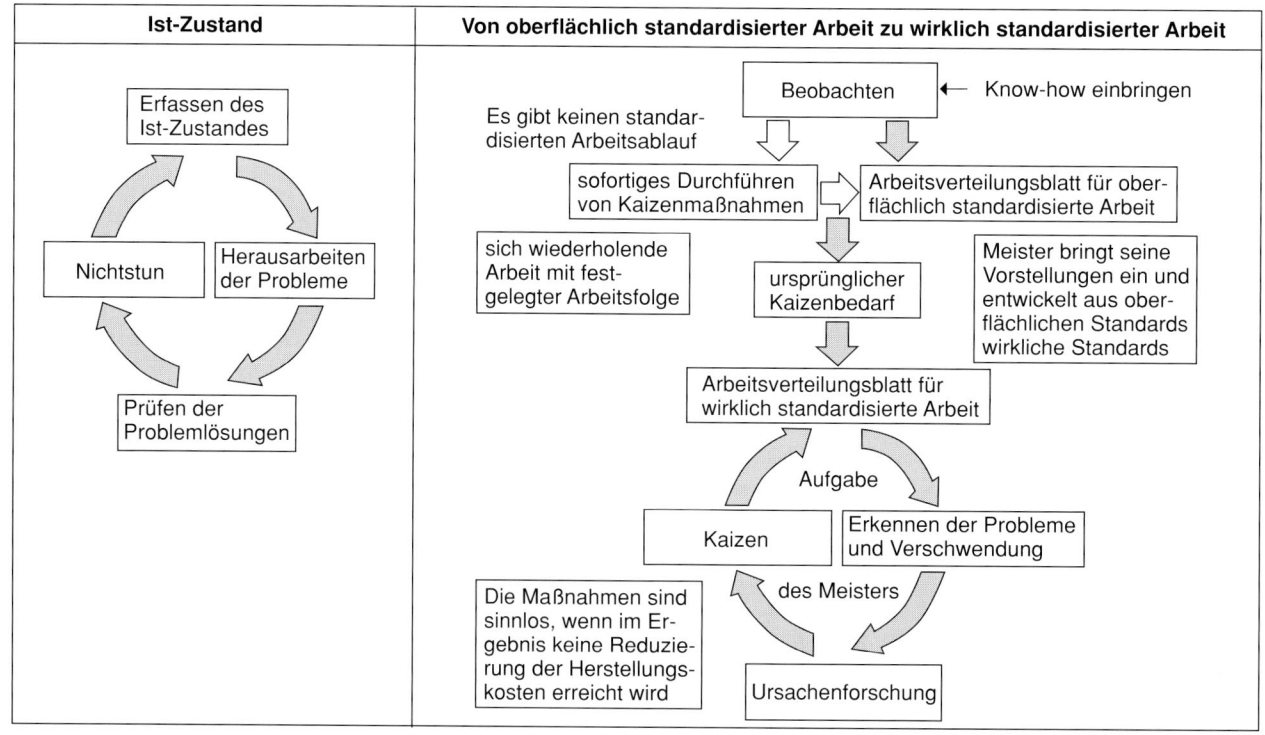

Kaizenideen versus Kaizenpraxis

Beim Kaizen am Genba gibt es zwei Herangehensweisen.

1. Kaizenideen
Kaizenideen wie »wenn wir diese oder jene Maßnahme ergreifen, können wir mit der oder der Wirkung rechnen« reichen nicht aus. Am Genba **muß alles praktisch ausprobiert werden**, ansonsten kommt man zu keinem Ergebnis.

2. Kaizenpraxis
Reine Kaizenideen werden am Genba nicht gebraucht. Was man braucht, ist Kaizenpraxis. Die schnelle Umsetzung ist das A und O jeder Kaizenmaßnahme. Es muß nicht unbedingt eine 100%ige Lösung sein, 50% tun es zunächst einmal auch.

1. Vormittags die Situation im Werk beobachten — Untersuchung
2. Am Nachmittag 2 Stunden auswerten — Analyse
3. Abends und nachts umfassende Layoutveränderung der Maschinen und Anlagen im Werk durchführen — Entscheidung für Kaizen
4. Am nächsten Vormittag Probelauf mit dem neuen Layout und der neuen Personalanordnung — praktische Durchführung
5. Am Nachmittag Präsentation der Ergebnisse — Effekt

Kaizen ist kein Spiel. Eine Rationalisierung von 20 oder 30% ist völlig unzureichend. Wenn man sich keine Rationalisierung auf ein Fünftel oder Zehntel vornimmt, wird keine Reform des Bewußtseins erzielt.

Arbeitsrückstand

Man ist mit der Arbeit im Rückstand... warum?
- ❏ mangelnde Übung
- ❏ Qualitätsprobleme, Nacharbeit
- ❏ Rückstand bei der Teileversorgung

Warum kommt es zum Arbeitsrückstand?

häufige Antwort: **Zu wenig Personal.**

Kommt in der Praxis häufig vor.

Mangelnde Übung, Qualitätsprobleme oder fehlende Teile sind nur scheinbare Ursachen für den Arbeitsrückstand.

Was sind die eigentlichen Ursachen für Verspätung oder Arbeitsrückstand? Wenn man diese nicht angeht, wird mit Sicherheit kein gutes Ergebnis herauskommen.

Es ist kein Mangel an Personal oder Betriebsmitteln, sondern ein **Mangel an Intelligenz!**

9.14 Kaizen der menschlichen Arbeitsabläufe

Aspekte

Nicht versuchen, einfach die aktuelle Fertigungsdauer für ein Stück zu reduzieren!

Gehe davon aus, daß die aktuelle Arbeitsweise die schlechtestmögliche ist.

Mache Dich von der Voreingenommenheit frei und zerstöre den Ist-Zustand.

Es geht darum, alle Arten von Verschwendung zu erkennen und sie vollständig zu eliminieren.

Techniken zur muda-Erkennung und Techniken zur muda-Eliminierung

Schritte zur Umsetzung

1. Nicht benötigte Dinge entfernen (Zeitrahmen definieren; alle Dinge, die länger als 1 Stunde nicht gebraucht werden, entfernen).
2. Die Bewegungsabläufe der Mitarbeiter intensiv beobachten – Grundlage ist die Taktzeit und das Arbeitsverteilungsblatt. Haupttätigkeiten und Nebentätigkeiten trennen.
3. Verschwendungen kategorisieren.
4. Verschwendungsursachen nacheinander konsequent eliminieren. (Hierdurch wird das Bewußtsein für Verschwendung vertieft).
5. Ziele setzen und einfach anfangen.

   ┌─ Ein Mißerfolg ist besser als hundert Spitzfindigkeiten ─┐
   │ Stellt sich etwas als schlecht heraus, sofort aufhören. │
   │ Gutes sofort umsetzen. Im Zweifelsfalle versuchen.   │
   └──┘

Kaizen ist wie eine chirurgische Operation (schnell arbeiten).

↓

Ausbilden ist wichtig (vorsichtig verfestigen)!

Oberfläche — Der Umfang der Verschwendung wird leicht erkannt, aber nicht ihre Tiefe.

Tiefe

Hier wurde mit Kaizenmaßnahmen aufgehört = schlecht!

6. Erreichtes festigen
   Achte darauf, daß das durch Kaizen erreichte Niveau gehalten wird. Regeln, die festgelegt wurden, müssen genau eingehalten werden (bis in den letzten Winkel des Genba). Dies ist besonders bei schwankenden Produktionsvolumen wichtig… das Anpassen an die Schwankungen muß eingeübt werden.

Es beruht auf Taktzeit und standardisierter Arbeit

(1) Die Regeln für die Arbeit festlegen.

(2) Die Arbeitsverteilung revidieren (die Arbeitsschritte jeden Werkers genau verfolgen). Qualität der Arbeitsabläufe verbessern.

(3) Layoutveränderung
   Einfache Änderungen an Maschinen und Anlagen, die zur Durchführung der oben genannten Maßnahmen erforderlich sind und die im eigenen Werk durchgeführt werden können, zählen auch zum Kaizen der menschlichen Arbeitsabläufe.

   Kurz, Veränderungen an Anlagen und Maschinen, die in zwei Tagen (inkl. Nachtschicht) möglich sind, zählen hierzu.

und Meister müssen sich zu echten Kaizenprofis entwickeln. – Entscheidend für den Kaizenprozeß ist, daß in kurzer Zeit möglichst viele sinnvolle Kaizenmaßnahmen umgesetzt werden, da bei nicht so weit fortgeschrittenen Linien die Gefahr des Rückfalls in den alten Trott sehr groß ist. Je weiter der Kaizenprozeß fortschreitet, desto geringer wird diese Gefahr. Bei Kaizenmaßnahmen an den Arbeitsabläufen der Werker dürfen sich die Manager und Meister nicht von den Werkern entfernen, ansonsten kommt der Kaizenprozeß nicht voran. Die Werker müssen von der Notwendigkeit der aktuellen Kaizenmaßnahmen überzeugt werden. Auf Verbesserungsvorschläge vom Genba muß unbedingt schnell reagiert werden.

Der Genba lebt. Viele Kaizenvorschläge bedeuten noch lange keine Reduzierung der Fertigungskosten. Erst die konkrete Umsetzung führt dazu. Deshalb müssen viele praktische Kaizenbeispiele realisiert werden (auch wenn sie mißlingen), und es kommt häufig etwas ganz anderes als geplant und erwartet heraus. Auf diese Weise erhält man viele neue Anregungen für Kaizen.

Bei herkömmlichen Kaizenmaßnahmen gibt man sich oft mit Rationalisierungserfolgen von 20 – 40 Prozent zufrieden. Für effektives Kaizen muß man von einem Rationalisierungspotential auf ein Fünftel bzw. auf ein Zehntel hin ausgehen. Durch Kaizenmaßnahmen freigesetztes Personal sollte für weitere zwei Monate an der Linie belassen werden, weil es nämlich noch sehr viele weitere Punkte gibt, die es zu verbessern gilt. Wenn Mitarbeiter nach dem Durchführen der Kaizenmaßnahmen sofort von den Linien entfernt werden, wirkt sich das negativ auf ihre Motivation für weitere Maßnahmen aus. Die Manager und Meister dürfen niemals über mangelnde Kapazitäten bzw. fehlendes Personal jammern. Sie sollten sich allenfalls selbst wegen mangelnder Fähigkeiten schelten.

Anlagenkaizen erst nach konsequentem Kaizen der Arbeitsabläufe der Werker

Kaizenmaßnahmen richten sich in erster Linie an die Mitarbeiter. Wenn die Kaizenmaßnahmen an den Arbeitsabläufen der Mitarbeiter nicht konsequent durchgeführt werden, führt das Anlagenkaizen lediglich zu einem Ansteigen der Herstellungskosten. Das liegt daran, daß die Nettoarbeitszeit mit ihrer Verschwendung in die Anlagen einfließen. Je nach Notwendigkeit sollte man (einfache) Anlagen aufbauen bzw. Prozesse autonomatisieren. Noch einmal: Es geht darum, nur die benötigten Teile in notwendiger Stückzahl zum erforderlichen Zeitpunkt herzustellen. Ein Stück in einer Taktzeit ist ausreichend.

Anlagenkaizen sollte kleines Anlagenkaizen sein. Das heißt, nicht drauflos automatisieren, sondern die Arbeit der Werker in Elemente zerlegen, um sie einzeln zu autonomatisieren. Man sollte dauernd nach möglichst vielen Kaizenmaßnahmen, die kein Geld kosten, suchen und diese konsequent umsetzen.

9.15 Anlagenkaizen

Aspekte

Nicht die Anlagen und Maschinen produzieren, sondern die **Mitarbeiter produzieren**. Dort, wo kein konsequentes Kaizen der menschlichen Arbeitsabläufe durchgeführt wurde, ist Anlagenkaizen zum Scheitern verurteilt, weil sämtliche Verschwendungen aus diesem Bereich in die Anlagen einfließen:

(1) Es wird teuer.
(2) Es kommt zu irreversiblen Fehlentwicklungen.
(3) Verschwendung führt zu Verschwendung. Folge sind überdimensionierte Maschinen (Schlachtschiffe). Arbeit von Mensch und Maschine wird nicht getrennt.

Zuerst **die Arbeit von Mensch und Maschine trennen.**

(Handarbeit)   (Maschinenarbeit)

Auf der Grundlage der Taktzeit die Durchlaufzeit minimieren. Das Niveau der Autonomation erhöhen.

1. Die Zeitverschwendung der Anlagen eliminieren

(1) Leerwege in den Maschinen und überflüssige Transportwege eliminieren.
(2) Verbesserung der Qualität der maschinellen Bewegung [mehrere Schneidwerkzeuge befestigen, schnellerer Vorschub, höhere Bearbeitungsgeschwindigkeit, keine Schneidbewegungen ohne Werkstück (Aircuts)]
(3) Auch bei Roboterarbeiten die Fertigungsdauer reduzieren. Mehrprozeßbedienung auch durch Roboter

Möglichst viele Kaizenmaßnahmen, die kein Geld kosten, realisieren.

2. Billige Anlagen bauen

(1) Anlagen bauen, die im Verhältnis zur Produktionsmenge stehen; Anlagen, die die benötigten Teile einzeln produzieren können; Anlagen, die in Taktzeit produzieren

Anlagen müssen ständig verbessert werden, da man sonst gegenüber der weltweiten Konkurrenz ins Hintertreffen gerät.

3. Maschinen einsetzen, die in das Konzept der Produktionslinie passen

(1) Maschinengröße muß in einem sinnvollen Verhältnis zur Größe des bearbeiteten Produkts stehen (Maschine möglichst schmal halten) viele Elemente im hinteren Teil der Maschine unterbringen.
(2) U-Linien: Eingang und Ausgang nebeneinander legen, Reihenfolge der Bearbeitungsstationen entgegen dem Uhrzeigersinn anordnen
(3) Bearbeitungsstationen zusammenfassen, Anzahl reduzieren ⇨ Vertikaler Fluß

4. Vereinfachen des Umrüstens

(1) Internes und externes Umrüsten deutlich voneinander trennen
(2) Sofort Gutteile produzieren (Schnellspannsysteme, Anschläge und Anlegelehren usw. verwenden)
(3) SMED (single minute exchange of die) von 3 min = 180 sek auf 81 sek ⇨ Ein-Griff-Umrüsten

5. Stärkere Autonomation

(1) Autonomation der Bearbeitung
(2) Autonomation des Transports in der Maschine
(3) Autonomation des Anhaltens
(4) Autonomation der Rückkehr in die Ausgangsposition
(5) Autonomation des Auswerfens

Hierbei ist allerdings die Voraussetzung, daß die Anlage bei Abweichungen vom Standard automatisch anhält.

9.16 Anzustrebende Form und der Kaizenprozeß

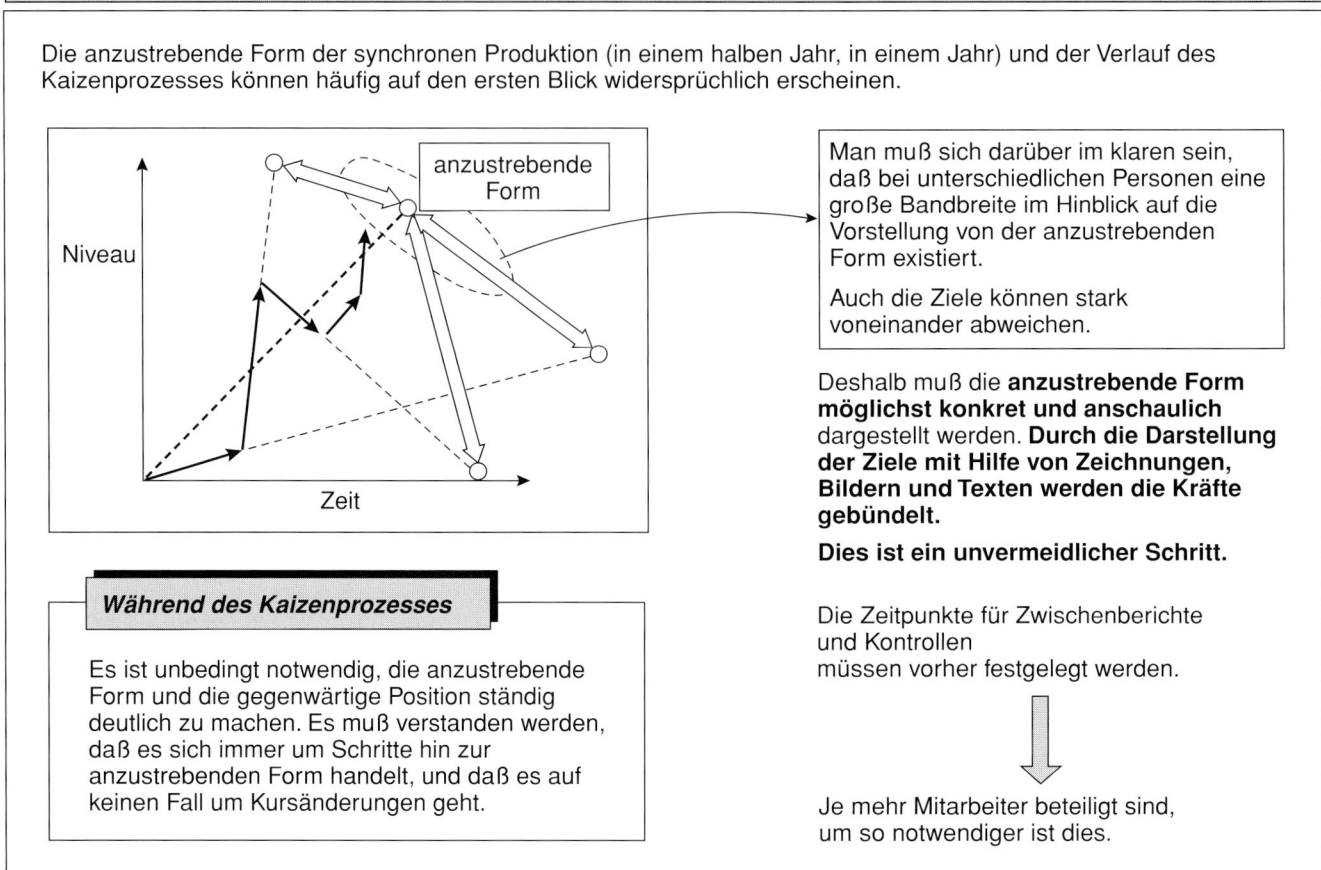

Die anzustrebende Form der synchronen Produktion (in einem halben Jahr, in einem Jahr) und der Verlauf des Kaizenprozesses können häufig auf den ersten Blick widersprüchlich erscheinen.

Man muß sich darüber im klaren sein, daß bei unterschiedlichen Personen eine große Bandbreite im Hinblick auf die Vorstellung von der anzustrebenden Form existiert.

Auch die Ziele können stark voneinander abweichen.

Deshalb muß die **anzustrebende Form möglichst konkret und anschaulich** dargestellt werden. **Durch die Darstellung der Ziele mit Hilfe von Zeichnungen, Bildern und Texten werden die Kräfte gebündelt.**

Dies ist ein unvermeidlicher Schritt.

Die Zeitpunkte für Zwischenberichte und Kontrollen müssen vorher festgelegt werden.

Je mehr Mitarbeiter beteiligt sind, um so notwendiger ist dies.

Während des Kaizenprozesses

Es ist unbedingt notwendig, die anzustrebende Form und die gegenwärtige Position ständig deutlich zu machen. Es muß verstanden werden, daß es sich immer um Schritte hin zur anzustrebenden Form handelt, und daß es auf keinen Fall um Kursänderungen geht.

Wenn man allerdings nur dann aktiv wird, wenn Probleme drängend werden, gerät man ins Hintertreffen. Die weltweite allgemeine Entwicklung der Anlagen muß ständig beobachtet werden.

Bei mechanischen Bearbeitungslinien muß man sich insbesondere darüber im klaren sein, wo die eigene Umrüsttechnik im Vergleich zu den Wettbewerbern steht. Da das Niveau des Umrüstens die Wettbewerbsfähigkeit und die Effektivität der Anlageninvestitionen in hohem Maße bestimmt, muß sich die Werkzeugbauabteilung möglichst schnell und intensiv mit diesem Problem beschäftigen. Autonomation bedeutet, daß die Anlagen und die Werker so eingestellt werden, daß Störungen bei Qualität, Stückzahlen, Arbeit und Anlagen autonom erfaßt werden und die Produktion unmittelbar gestoppt wird. Andernfalls wird man kaum Personal einsparen und die Fertigungsdauer reduzieren können.

Systemkaizen

Bei der Umsetzung wird man häufig mit widersprüchlichen Anforderungen konfrontiert. Eine Linie sollte, um auf die zunehmende Diversifikation reagieren zu können, möglichst viele unterschiedlich Teile in beliebiger Reihenfolge bearbeiten können. Gleichzeitig erfordert Kaizen ein weitestgehendes Glätten der Produktion. Linien sollten zwar möglichst leistungsfähig sein, aber in einer Übergangsphase kann es für das Umsetzen einer geglätteten Produktion notwendig sein, eine geringere Leistungsfähigkeit in Kauf zu nehmen. Das heißt, es werden Maßnahmen durchgeführt, die auf den ersten Blick widersprüchlich erscheinen. Da es sich aber um notwendige Prozesse handelt, müssen alle Beteiligten besonders in diesen entscheidenden Situationen zusammenkommen, um sich über die in der gegenwärtigen Lage notwendigen Maßnahmen zu verständigen und darüber, welche Veränderungen sich dadurch ergeben. Um die Kommunikation dabei zu erleichtern, sollte man in möglichst großem Umfang bildliche Darstellungen verwenden. Dieser Gedankenaustausch muß so rechtzeitig erfolgen, daß alle Beteiligten ein angemessenes Verständnis der aktuellen Situation bekommen, bevor sich Unstimmigkeiten ergeben.

Standardisierte Arbeit ist ein effektives Werkzeug, um aus den Bewegungen der Mitarbeiter wertschöpfende Arbeit zu machen und dadurch wiederum für das Unternehmen Gewinne zu erwirtschaften. Der Wert eines Werkzeugs wird jedoch ausschließlich durch seine Handhabung bestimmt. Deshalb sind ständige Verbesserungsanstrengungen unbedingt notwendig.

Ohne Kaizen gibt es keinen Gewinn.

Schritt 10: Qualität

Ziel dieses Schritts ist, deutlich zu machen, daß jeder Ablauf und jeder Prozeß in einem Unternehmen von hoher Qualität sein muß, da mangelhafte Produktqualität das Überleben des ganzen Unternehmens gefährden kann. Eventuell hätte man daher diesen Schritt ganz an den Anfang stellen müssen. Wäre das Selbstverständliche wirklich selbstverständlich, würden nur fehlerfreie Produkte hergestellt und so das Vertrauen der Kunden gewonnen, und es bliebe weiter nichts zu tun. Kein Unternehmen ist jedoch dazu in der Lage. Um Qualität zu erzeugen, müssen deshalb alle Abläufe und Prozesse so visualisiert werden, daß sie mit einem Blick zu durchschauen sind.

Visualisieren bedeutet z.B. in bezug auf die Produktqualität, daß jedes Schlechtteil sofort sichtbar wird, und in bezug auf die Produktionsstückzahl, daß jederzeit erkennbar ist, ob die Produktion hinter dem Plan herhinkt oder ihm vorauseilt. Man braucht eine klare Vorstellung davon, wo das Unternehmen in bezug auf die Produktqualität in sechs Monaten und in einem Jahr stehen soll. Bei der Umsetzung muß jeder einzelne Mitarbeiter in die Lage versetzt werden, seine individuellen kreativen Fähigkeiten einzubringen, und bereit sein, flexibel auf Veränderungen zu reagieren.

Man braucht unbedingt eine Strategie, mit der man sich den Herausforderungen entschlossen stellen kann. Der Erfolg dieser Strategie sollte danach beurteilt werden, ob die für das Produkt formulierten Ziele erreicht wurden und ob die Kundenzufriedenheit verbessert werden konnte. Am Anfang steht die Verbesserung der Qualität des eigenen Tuns.

> Die Produkte sind der Extrakt der Gesamtkonstitution des Unternehmens.

Auf Grund der immer kürzer werdenden Produktzyklen sind die Unternehmen zu einer permanenten Anpassung gezwungen. Maschinen und Anlagen werden ständig weiterentwickelt, die Informationsmengen werden größer und damit das Management komplizierter. In dieser Situation stellt sich für die Unternehmen die Aufgabe, Produktqualität bei gleichzeitiger Reduktion der Kosten zu gewährleisten.

Das Produkt stellt den Extrakt der Gesamtkonstitution des Unternehmens dar. Seine Qualität ist das Resultat von mechanischer Bearbeitung und Montage. Andersherum bedeutet dies: Die Verbesserung der Produktqualität erfordert eine Verbesserung der Qualität der Mitarbeiter, der Qualität der Anlagen, der Qualität der Methoden, der Qualität der Informationen usw. Die Produktqualität ist dann das, was sich als Ergebnis konkretisiert.

Qualitätsmanagement

Ich bin der Auffassung, daß man im Rahmen des synchronen Produktionssystems statt von Produktqualität besser von Produktionsqualität spricht. Da eine mangelhafte Produktqualität für das Unternehmen tödlich sein kann, ist es wichtig, die Qualität sämtlicher Produktionsaktivitäten insgesamt anzuheben. Produktionsqualität ist für die synchrone Produktion unabdingbar und führt außerdem zu einer Produktivitätssteigerung.

Produkte, Qualität und Unternehmenskonstitution müssen genau beobachtet werden. Das Grundprinzip des synchronen Produktionssystems besagt, daß nur benötigte Teile in der notwendigen Stückzahl zum geforderten Zeitpunkt hergestellt werden. Unter »benötigte Teile« sind selbstverständlich nur Gutteile (IOs) zu verstehen. Es muß eindeutig klar sein, ob es sich um Gutteile (IOs) oder Schlechtteile (NIOs) handelt. Ansonsten kann das grundlegende Prinzip nicht eingehalten werden. Produziert man auf der Grundlage von unsicheren Informationen die benötigten Teile in notwendiger Stückzahl, gleitet einem die Situation schnell aus der Hand. Das einzige, das dann sicher zunimmt, sind der Lagerbestand und die Schulden.

Man kann sagen, daß die Erscheinungsform des Genba mit dem Qualitätsniveau gleichgesetzt werden kann. Aus der genauen Beobachtung der konkreten Situation (genjitsu) am konkreten Arbeitsplatz (genchi) und der konkreten Produkte (genbutsu) kann auf die Qualität der Mitarbeiter, der Maschinen, Anlagen, der Methoden und der Informationen geschlossen werden. Durch Reduzierung der Anzahl der Mitarbeiter, der Maschinen, Anlagen, der Gegenstände und Informationen kann man die Probleme deutlich erkennbar machen, und die Notwendigkeit für Kaizen bzw. Reformen wird klar. Die synchrone Produktion macht das Auftreten von Qualitätsmängeln sofort sichtbar. Die zu ergreifenden Maßnahmen ergeben sich dann von selbst.

Qualität kann nur von den Mitarbeitern in den Prozessen erzeugt werden

Der Output der Unternehmen besteht aus Waren. Wenn unter ihnen auch nur ein mangelhaftes Teil ist, so wird der Käufer dieses Teils, so heißt es, sieben Jahre lang kein weiteres Produkt dieses Unternehmens mehr kaufen. Nicht nur dies, auch andere Kunden in seiner Umgebung werden negativ beeinflußt. Die Umsätze gehen zurück, und es gibt negative Auswirkungen auch auf andere Produkte des Unternehmens. Die Sicherung der Produktqualität hat daher absolute Priorität. Das gleiche gilt auch in bezug auf den nachgelagerten Prozeß. Die Sicherung der Qualität muß als das wichtigste Element der Arbeit angese-

10.1 Qualitätsmanagement

Aspekte

Qualität ist das Ergebnis der Bearbeitung des Ausgangsmaterials bzw. der Montage der Teile.

Ohne eine Verbesserung

| der Qualität der Manager und Meister | der Qualität der Linien und Anlagen | der Qualität der Informationen | der Qualität der Arbeitsmethoden |

ist keine Verbesserung der Qualität der Produkte möglich.
Die Qualität aller Produktionsaktivitäten spiegelt sich in den Produkten wider.

Produkt — Feedback

Qualität der Mitarbeiter	Qualität der Anlagen	Qualität der Methoden	Qualität der Informationen
Werker Meister Stab, Manager	Werkzeuge Anlagen, Maschinen Linien	Einzelstück(satz)fluß Verkleinerung der Losgrößen standardisierte Arbeit	Kanban Nivellieren, Glätten Verkaufsplanung

Über die Verbesserung der Einzelqualitäten zur Verbesserung des Gesamtsystems.

Personal, Anlagen, Gegenstände, Informationen reduzieren | **Mit dem Produktverkauf synchronisieren**

---

hen werden. Es geht nicht an, hierbei weniger sorgfältig vorzugehen, nur weil man sehr viel zu tun hat oder den Preis reduzieren möchte.

Das Auftreten von Fehlern muß zu einem sofortigen Anhalten der Produktion führen. Hierzu ist es notwendig, daß erstens die Teile einzeln (satzweise) gefertigt werden, zweitens, daß die Arbeit rhythmisch sich wiederholend erfolgt, drittens, daß die Fertigung sich im Fluß befindet und viertens, daß die Durchlaufzeiten kurz sind, um das Material schnell in Produkte umzuwandeln. Wird die Linie sofort angehalten, erkennt man, wann, wo und unter welchen Umständen das mangelhafte Teil gefertigt wurde und kann so die wirkliche Ursache ermitteln und abstellen.

Ist der Ursachenmechanismus erst einmal bekannt, dann ergeben sich die Maßnahmen zur Verhinderung des Wie-

10.2 Qualitätsgewährleistung

Aspekte

Die Qualitätsgewährleistung hat für ein Unternehmen oberste Priorität. An allen Bearbeitungsstationen (Arbeitsplätzen) müssen die vom nachgelagerten Prozeß (dem Kunden) benötigten Teile **(in der benötigten Qualität)** in der notwendigen Stückzahl zum geforderten Zeitpunkt hergestellt werden.

Die geforderte Qualität gewährleisten. ⇐ Verbesserung aller Aktivitäten im Unternehmen und Festigung des erreichten Niveaus

Wenn auch nur eine Störung bzw. ein Schlechtteil auftritt, so muß der Sache auf den Grund gegangen werden (**Phänomen ⇨ Grund ⇨ wahre Ursache**), um ein Wiederauftreten zu verhindern.

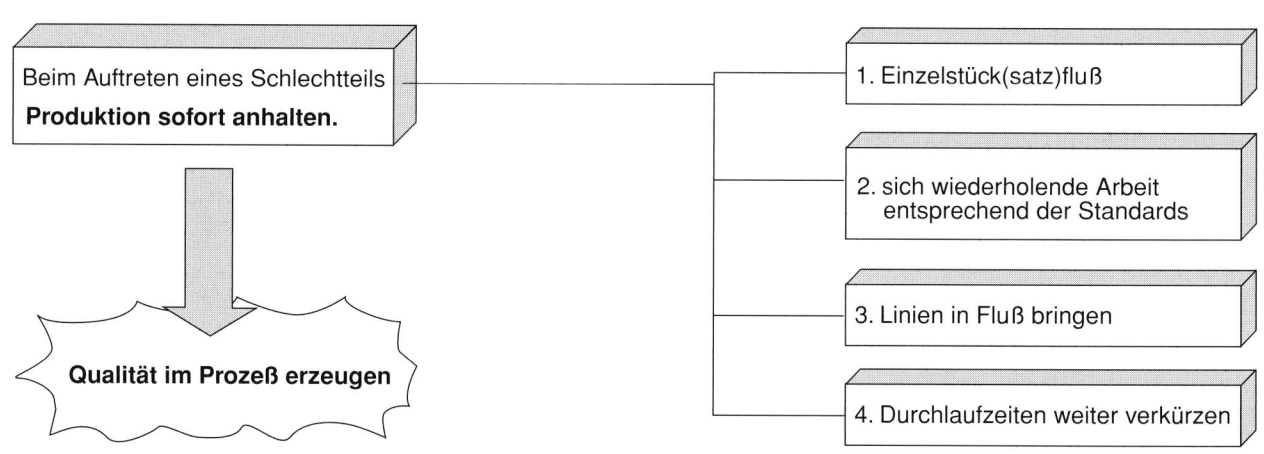

Beim Auftreten eines Schlechtteils **Produktion sofort anhalten.**

Qualität im Prozeß erzeugen

1. Einzelstück(satz)fluß
2. sich wiederholende Arbeit entsprechend der Standards
3. Linien in Fluß bringen
4. Durchlaufzeiten weiter verkürzen

Das Verhindern des Wiederauftretens von Störungen und Schlechtteilen muß selbstverständlich sein. Ohne Ausschalten der Fehlerquellen im Vorfeld ist das Unternehmen auf die Dauer nicht überlebensfähig!

Gesichtspunkte

1. Das wichtigste bei der Erzeugung von Qualität im Prozeß ist, daß die Mitarbeiter die Funktion des Teils kennen.
2. Qualität erzeugen bedeutet, ein System aufzubauen, in dem Vereinbarungen (Standards) unter allen Umständen eingehalten werden (Standardarbeitsblatt, standardisierter Puffer).
3. Qualitätskontrolle in den normalen Fluß integrieren (im Rhythmus fertigen).
4. Ein synchrones Produktionssystem ohne Gewährleistung der Qualität ist nicht denkbar.
5. Setze Qualität an die erste Stelle, dies führt mit Sicherheit zu einer Reduzierung der Herstellungskosten.
6. Fehlhandlungssicherheit (Poka-yoke)
    1) Markierungen, farbliches Absetzen, Kennzeichnen
    2) geeignete Spann- und Haltevorrichtungen
    3) selbsttätiges Abschalten bei Störungen (Autonomation)
7. Die Qualität hängt von den Mitarbeitern ab.

derauftretens solcher Störungen fast wie von selbst. Die Qualität muß in den Prozessen erzeugt werden. Sie ist integraler Bestandteil der rhythmisch sich wiederholenden Arbeit. Da sie sich in der standardisierten Arbeit widerspiegelt, ist es die Aufgabe der Meister zu kontrollieren, ob die Arbeit wirklich gemäß der festgelegten Standards erfolgt. Es ist von großer Bedeutung, daß die Werker und die Meister die Funktion des jeweiligen Teils genau kennen. Sie müssen wissen, weshalb eine solche Präzision gefordert wird, in welcher Beziehung ein bestimmtes Teil zum Gesamtprodukt steht usw. Die Werker müssen es als ihre ureigene Aufgabe und Verantwortung erkennen, Abweichungen vom Standard zu vermeiden. Das Niveau des jeweiligen Prozesses sollte durch vorbeugende Maßnahmen angehoben werden.

Qualität wird zwar durch die Menschen bestimmt. Solange man sich aber allein auf Menschen verläßt, unterliegt sie Schwankungen. Die Abhängigkeit vom Menschen muß so weit wie möglich reduziert werden. Aber auch maschinelle Arbeit muß autonomatisiert werden, d.h. die Maschinen müssen mit einem Mechanismus versehen sein, der beim Auftreten von Störungen den Prozeß und damit die Weitergabe von Schlechtteilen verhindert.

Lückenlose Kontrolle von Bearbeitung und Montage

Der Werker muß die Qualität der von ihm bearbeiteten Teile vollständig gewährleisten. Der nachgelagerte Prozeß muß als Kunde betrachtet werden, dem nicht ein einziges Schlechtteil weitergegeben werden darf. Hierbei müssen zwei Grundgedanken berücksichtigt werden. Zum einen ist die Kontrolle integraler Bestandteil des Bearbeitungsprozesses, was bedeutet, daß es keine speziellen Kontrollstationen geben darf, zum andern wird die Produktqualität in den Bearbeitungsstationen erzeugt. Man darf sich nicht von Umständen wie der Liniengeschwindigkeit, der Taktzeit und eines zunehmenden Arbeitsvolumens zum Verdecken von Störungen durch Nacharbeit verleiten lassen. Weder darf man eine Erhöhung des Personaleinsatzes zulassen noch die Probleme auf sich beruhen lassen und damit erhöhte Stillstandszeiten in Kauf nehmen.

Auf keinen Fall darf man die Aufgabe der Sicherung der Produktqualität vor sich herschieben. Dies heißt nichts anderes, als seine Pflicht zu versäumen. Es kommt darauf an, eine hundertprozentige Kontrolle mit einfachen Mitteln zu realisieren. Diese Kontrolle sollte immer an der Quelle erfolgen. Nur so kann sie effizient durchgeführt und ein Wiederauftreten der Störungen verhindert werden. Die Arbeit muß dazu in feine Schritte unterteilt und frei von fehlerhaften Handlungen gemacht werden. Weiterhin muß die Qualität aller Bewegungsabläufe ständig verbessert werden.

Werkerselbstkontrolle

Mit der Werkerselbstkontrolle wird festgestellt, ob die vereinbarten Standards

10.3 100%-Prüfung

Aspekte

Grundsätzlich müssen **alle Produkte zu 100%** geprüft werden. **Prüfe an der Quelle.**

⮡ Die Prüfung ist nicht wertschöpfend (sie ist notwendig, erhöht aber die Herstellungskosten). Man muß Know-how entwickeln, damit die Fertigungsdauer durch die Prüfung nicht verlängert wird.

Prüfen bedeutet,

die Teile nach einer bestimmten Methode zu vermessen, das Ergebnis mit einer Beurteilungsgrundlage zu vergleichen und für jedes einzelne Teil festzustellen, ob es sich um ein Gutteil oder ein Schlechtteil handelt.

① 100%-Prüfen ④ kein Prüfen
② Stichproben   ⑤ Sonstiges
③ Checken

Die Aufgaben des Prüfpersonals

Sie müssen vor Ort anhand eines konkreten Falles analysieren, weshalb es zur Produktion des Schlechtteils gekommen ist, die wahre Ursache ermitteln und ein Wiederauftreten verhindern. Sie müssen ein System errichten, in dem nur noch Gutteile hergestellt werden.

Die Aufgaben des Werkers

Der Werker muß zu 100% überprüfen, ob die von ihm hergestellten Teile Gutteile sind.

⮡ Qualitätsgewährleistung gegenüber dem nachgelagerten Prozeß

⬇ Die Prüfung in die sich wiederholende Arbeit integrieren

Gesichtspunkte

1. **Qualität wird im Prozeß erzeugt.** ⇨ Die Prüfung als solche erzeugt keine Qualität!
Welches Prüfverfahren man auch wählt, die Produktion entscheidet darüber, ob es ein Gutteil oder ein Schlechtteil wird. Mit Messen allein kann man mit Sicherheit keine Gutteile erzeugen. Die Bearbeitungsstationen bestimmen die Qualität.

2. Wie kann die 100%-Prüfung durchgeführt werden?

    ① Einzelstück(satz)fluß: Die Teile erhalten in der Bearbeitungsreihenfolge eine Rückennummer und kommen so heraus (Skizze).
    Im Falle automatisierter Anlagen: In dem rechts dargestellten Fall werden die Teile in der Reihenfolge ihrer Bearbeitung in die numerierten Fächer gelegt und jedes 25. Teil wird geprüft. Dies ist zwar eine Stichprobenprüfung, bewegt sich im Ergebnis aber auf dem Niveau der 100%-Prüfung.

    ② An Montagelinien sollte die 100%-Prüfung in besonders kleine Schritte geteilt werden. Die Prüfzeit ist dann minimal, der Anteil der wertschöpfenden Arbeit wird erhöht. Jeder kontrolliert seine eigene Arbeit.

    — Sektionalismus ist schlecht —
    Ich bearbeite – Du prüfst.

3. Die standardisierte Arbeit gewährleistet eine 100%-Prüfung.

10.4 Selbstkontrolle

Aspekte

Bei der Selbstkontrolle wird der nachgelagerte Prozeß als Kunde betrachtet. Die von einem selbst gefertigten Teile werden anhand einer Anleitung selbst kontrolliert und dadurch wird bestätigt, daß es sich um Gutteile handelt. Hiermit wird die Verantwortung dafür übernommen, daß keine Schlechtteile an den nachgelagerten Prozeß weitergegeben werden. Die Arbeit wird exakt entsprechend der Vorschrift durchgeführt.

Ziel — **stündliche Kontrolle**

Der Werker überprüft die von ihm gefertigten Teile in vorgegebenen Zeitabständen (stündlich) und trägt das Ergebnis in eine Tabelle ein. Bei der Kontrolle des Arbeitsergebnisses entwickelt sich sein Qualitätsbewußtsein dahingehend, daß Schlechtteile auf keinen Fall weitergegeben werden dürfen, und daß die Qualität im Prozeß erzeugt werden muß.

Selbstkontrollblatt ⇨ Hierdurch werden Schwankungen im Hinblick auf die Produktqualität nachvollziehbar. Bei der Arbeit darauf achten (es ist ein Werkzeug, um beruhigt arbeiten zu können).

**Jeder muß sofort den Zustand der Produktqualität erkennen können.
Das Selbstkontrollblatt ist eine Garantieerklärung dafür, daß nur Gutteile weitergegeben wurden.**

Wichtige Qualitätsmerkmale

Diese werden von der Produktionsabteilung, der Technik und der Qualitätssicherungsabteilung gemeinsam festgelegt.

Bei 100%-Kontrolle und bei Selbstkontrolle

Das Selbstkontrollblatt ist visuelles Management und Selbstdarstellung

Kontrolle von Schwankungen und Einseitigkeiten

mit 5W1H

genba, genbutsu, genjitsu (vor Ort anhand von Fakten mit dem konkreten Gegenstand)

Bei dem Auftreten von Störungen sofort die Linie anhalten.

Wenn Störungen auftreten, muß der Werker sofort die Alarmleuchte einschalten und den Meister rufen.

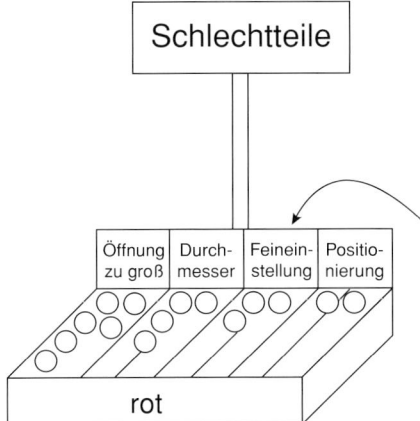

Schlechtteile

Öffnung zu groß | Durchmesser | Feineinstellung | Positionierung

rot

1) Schlechtteile dürfen auf keinen Fall an den nachgelagerten Prozeß weitergegeben werden. Die wirkliche Ursache muß ermittelt und es müssen Gegenmaßnahmen getroffen werden.

2) Da die Verantwortung beim vorgelagerten Prozeß liegt, muß ein Schlechtteil unbedingt zurückgegeben werden. Es ist auf keinen Fall zulässig, das Teil eigenmächtig zu reparieren oder auszusondern. Der vorgelagerte Prozeß, der das Schlechtteil produziert hat, muß die wirkliche Ursache ermitteln können.

3) Die Schlechtteile müssen in einem dafür vorgesehenen Behälter nach Ursachen geordnet abgelegt werden.

4) Qualitätssicherung darf nicht zu einer Verlängerung der Fertigungsdauer führen. Wenn sie Zeit beansprucht, heißt das nur, daß die notwendigen Maßnahmen zur Kostenreduzierung nicht getroffen wurden.

5) Die Produktqualität wird stark durch Arbeitsbeginn und -ende beeinflußt.

wirklich exakt eingehalten werden. Sie ist die Konkretisierung des Bewußtseins, daß Produktqualität im Prozeß erzeugt wird. Sie ist eine Garantieerklärung für die Qualität seitens des Werkers.

Häufig spricht man von chronischen Störungen. In Wirklichkeit bedeutet dies nichts anderes als das Versäumen der notwendigen Maßnahmen. Man sollte deshalb nicht von chronischen Störungen reden, sondern von Störungen, die durch Nichtstun entstehen. Tauchen bestimmte Störungen in den Selbstkontrollblätter immer wieder auf, so ist dies ein Zeichen dafür, daß bei den Arbeitsabläufen oder an den Werkzeugen (bzw. an den Anlagen) Mängel bestehen. Es ist wichtig, daß bei der Durchführung von Kaizenmaßnahmen an den Bearbeitungsstationen immer auch die Prüfverfahren revidiert werden.

Zur Sicherung der Qualität ist es von besonders großer Bedeutung, daß der Meister den Arbeitsbeginn und das Arbeitsende genau kontrolliert. Der entscheidende Punkt dabei ist, daß die Linien in einen rhythmischen Fluß gebracht werden. In Bereichen, in denen nicht wiederholend gearbeitet wird, ist die Gewährleistung der Produktqualität schwierig.

Unter den Mitarbeitern des Qualitätswesens gibt es wider Erwarten viele, die zwar über ein hohes theoretisches Wissen in bezug auf Qualität verfügen, deren praktisches Qualitätsbewußtsein jedoch gleich null ist. Es ist nicht damit getan, Daten zu ermitteln, sondern daraus müssen Aktivitäten abgeleitet werden, die die Produktion von Schlechtteilen verhindern. Dies erst ist wirkliches Kaizen. Die Mitarbeiter des Qualitätswesens sollten den Werkern gegenüber die Rolle eines guten Hauslehrers einnehmen.

Human Error – Full Proof (totale Qualität auch bei menschlichen Fehlern)

Überall dort, wo Menschen arbeiten, sind Fehler schwer zu vermeiden. »Human Error – Full Proof« ist ein Denkansatz, der zunächst im Zusammenhang mit der Gewährleistung der Arbeitssicherheit entwickelt wurde. Die Begriffe sind natürlich in allen Zusammenhängen wichtig, die mit den Arbeiten von Menschen und ihren Fehlern zu tun haben.

Im Bereich der Arbeitssicherheit und Sicherung der Produktqualität sind sie wichtige Schlüsselbegriffe. Je nach der Art und Weise ihrer Umsetzung können sie eine große Wirkung haben. Im heutigen sozialen Umfeld, das durch eine immer höhere Lebenserwartung und ein steigendes Bildungsniveau gekennzeichnet ist, ist es wichtig, die Vielseitigkeit und Wandelbarkeit des Menschen in Rechnung zu stellen. Vor der Einführung von Maßnahmen zur Fehlervermeidung muß die konkrete Situation vor Ort aus verschiedenen Blickwinkeln betrachtet werden. Beim Umsetzen müssen viele Testläufe durchgeführt werden, um den Betrieb der Linien wirklich frei von Fehlhandlungen (Poka-yoke) zu machen. Alles andere wäre Schlamperei und kann selbst wieder eine große Stö-

10.5 Fehlhandlungssicherheit
(Poka-yoke)

Aspekte

Auch bei 100%-Kontrolle und Eigenkontrolle besteht immer die Möglichkeit, daß dem Werker auf Grund von Unaufmerksamkeit oder Vergeßlichkeit Fehler unterlaufen (human error).

Poka-yoke = Mechanismen in den Maschinen bzw. Haltevorrichtungen, die menschlichen Fehlern autonomatisch vorbeugen.
Anstreben einer autonomatisierten Kontrolle

Poka-yoke ist der Schlüsselbegriff beim Erzeugen der Qualität im Prozeß

1) 100%-Kontrolle
2) Kontrolle an der Quelle
3) Keine Erhöhung der Bearbeitungsdauer

muß sicher wirken und billig sein, darf keine Nebenwirkungen haben

konkrete Beispiele

1. Beim Vergessen eines Handarbeitsschrittes darf das Teil nicht in die Halterung passen (Stift, Kegel, Führung)
2. Beim Vergessen eines Handarbeitsschrittes darf die Maschine nicht anlaufen (Kopplung mit Begrenzungsschalter, Zähler, Sensor)
3. Bei einem Bearbeitungsfehler muß das Teil auf der Rutsche angehalten werden; es darf nicht an den nachgelagerten Prozeß weitergegeben werden (spezifische Führung)
4. Beim Auslassen eines Automatenbearbeitungsschrittes muß eine Warnlampe aufleuchten bzw. ein akustisches Signal ertönen (mit Zähler bzw. Sensor koppeln)
5. Unterscheiden durch farbliche Markierungen, unterschiedliche Form, Länge und Gewicht

Gesichtspunkte

1) Jede Poka-yoke-Maßnahme muß vorher unter verschiedenen Aspekten getestet werden.
   Da die Abhängigkeit von den Poka-yoke-Mechanismen sehr groß ist, können bei deren Nichtfunktionieren erhebliche Probleme entstehen.
2) Poka-yoke-Mechanismen müssen täglich anhand einer Checkliste überprüft werden.
3) Poka-yoke-Mechanismen müssen einfach und zuverlässig sein.
4) Installiere die Poka-yoke-Vorrichtungen an solchen Stellen, wo sie maximale Effizienz bei minimalen Verlusten bieten.
5) Das Ziel besteht in jedem Fall darin, die Schlechtteilquote auf Null zu bringen.

rungsquelle darstellen. Poka-yoke-Maßnahmen müssen einfach und unkompliziert sein.

Wie gut aber Poka-yoke-Maßnahmen auch immer sein mögen, die Qualität wird durch den Herstellungsprozeß als solchen bestimmt. Man muß sich darüber im klaren sein, daß durch Pokayoke-Maßnahmen allein noch keine guten Produkte hergestellt werden können. Das Ziel muß darin bestehen, die Schlechtteilquote auf Null zu bringen. Dazu müssen die verschiedenen Arten

10.6 Autonomation

Aspekte

Autonomation bezieht sich auf **Personen, Anlagen, Linien und ganze Werke**.
Autonomation bedeutet, daß Störungen in Bezug auf Qualität, Quantität, Arbeitsabläufe und Anlagen erfaßt, und **die Prozesse beim Auftreten von Störungen automatisch angehalten werden**.

Ziele

1. Qualitätssicherung
   - (1) Produktqualität
   - (2) Qualität der Bewegungsabläufe
   - (3) Anlagen
   - (4) Linien
   - (5) Informationen
   - (6) Werker, Meister, Stab, Manager

2. Durch flexiblen Personaleinsatz Reduzierung der Herstellungskosten
3. Reaktion auf Diversifizierung
4. Respekt vor dem Menschen

Gesichtspunkte bei der Autonomatisierung

1) Jeder Arbeitsablauf muß wertschöpfend sein
2) Die Qualität und das Management werden in allen Bereichen verbessert
3) Trennen von menschlicher und maschineller Arbeit
4) Die eigene Linie bzw. das eigene Werk in Fluß bringen. Der Fluß der Produktion (Arbeitsstationen, Gegenstände, Informationen, Management, Kaizen) darf nicht ins Stocken geraten.
5) Der Ausgang der eigenen Linie (des eigenen Werkes) wird der Eingang der nächsten Linie (des nächsten Werkes)
6) Autonomation bedeutet für eine Maschine, daß sie mit einem Mechanismus versehen ist, der sie im Falle einer Störung sofort anhält, ohne jegliche menschliche Einwirkung. Für ganze Linien bzw. Werke bedeutet dies, daß das Management den Mut aufbringt, im Falle einer Störung die Linie bzw. notfalls das ganze Werk anzuhalten.

der Verschwendung (muda), die die Ursachen für das Entstehen von Produktmängeln sind, eliminiert werden. Auf diese Weise wird die Qualitätsverbesserung mit einer Reduzierung der Herstellungskosten verknüpft.

Durch Autonomation Bewegung in wertschöpfende Arbeit verwandeln

Es gibt eine Form von Automatisierung, bei der man den Startschalter einer Maschine betätigt und diese Maschine dann, ganz gleich, was passiert, weiterläuft, bis sie wieder ausgeschaltet wird. Demgegenüber gibt es autonomatisierte Maschinen, die Störungen (Abweichungen vom Standard) erkennen und sich dann selbständig ausschalten.

Gerade bei der Verhinderung von Qualitätsmängeln spielt die Autonomation eine wichtige Rolle. Wenn nämlich keine Vorrichtung zum automatischen Ausschalten der Linie beim Auftreten von Störungen vorhanden ist, wird jede Anlage, jede Linie im Werk zu einer Massenproduktionsstätte von Schlechtteilen. Bei der Umsetzung der Autonomation muß klar definiert sein, was als normal und was als gestört anzusehen ist. Man beginnt mit solchen Maßnahmen, die praktisch kein Geld kosten. Es müssen Prioritäten in bezug auf die Reihenfolge der Autonomationsmaßnahmen festgelegt werden. Dazu werden umfangreichere Arbeitsabläufe in Elemente aufgeteilt, die einzeln autonomatisiert werden. Besonders bei Montagelinien muß ein langfristiger Einführungsplan aufgestellt und umgesetzt werden.

Die Systemdarstellung für die Autonomation (Abb. 10.7) stellt alle Schritte, angefangen von der Sicherheit über die Werkzeuge, Anlagen, Linien bis hin zum gesamten Werk, dar. Man beginnt mit Maßnahmen, die die Mitarbeiter betreffen, geht weiter über den Material- und Informationsfluß hin zu Maßnahmen, die das Gesamtsystem (Management) betreffen. Der Grundsatz lautet: »Bei Störungen muß die Linie unbedingt von selber stoppen«. Die Mitarbeiter sind dann mit der Beseitigung der Störung und der Wiederherstellung des Normalzustandes beschäftigt. Durch diesen Vorgang wird die Notwendigkeit für Kaizen deutlich. Es ist offensichtlich, daß man sein ganzes Wissen und Können einsetzen muß, um die Qualität zu gewährleisten und dies mit einer Reduzierung der Herstellungskosten zu verknüpfen.

Autonomatieren heißt, die Gewinnsituation zu verbessern. Ist dies nicht der Fall, hat es sich lediglich um Kaizen- oder Automatisierungsspielchen gehandelt. Einen solchen Spielraum hat sicherlich kein Unternehmen.

> Um die Konstitution des Unternehmens durch Qualitätssicherung und Autonomation zu reformieren, hat es oberste Priorität, daß jeder einzelne seine Arbeitsqualität verbessert und sich selbst autonomatisiert.

10.7 Autonomatisches Prüfen

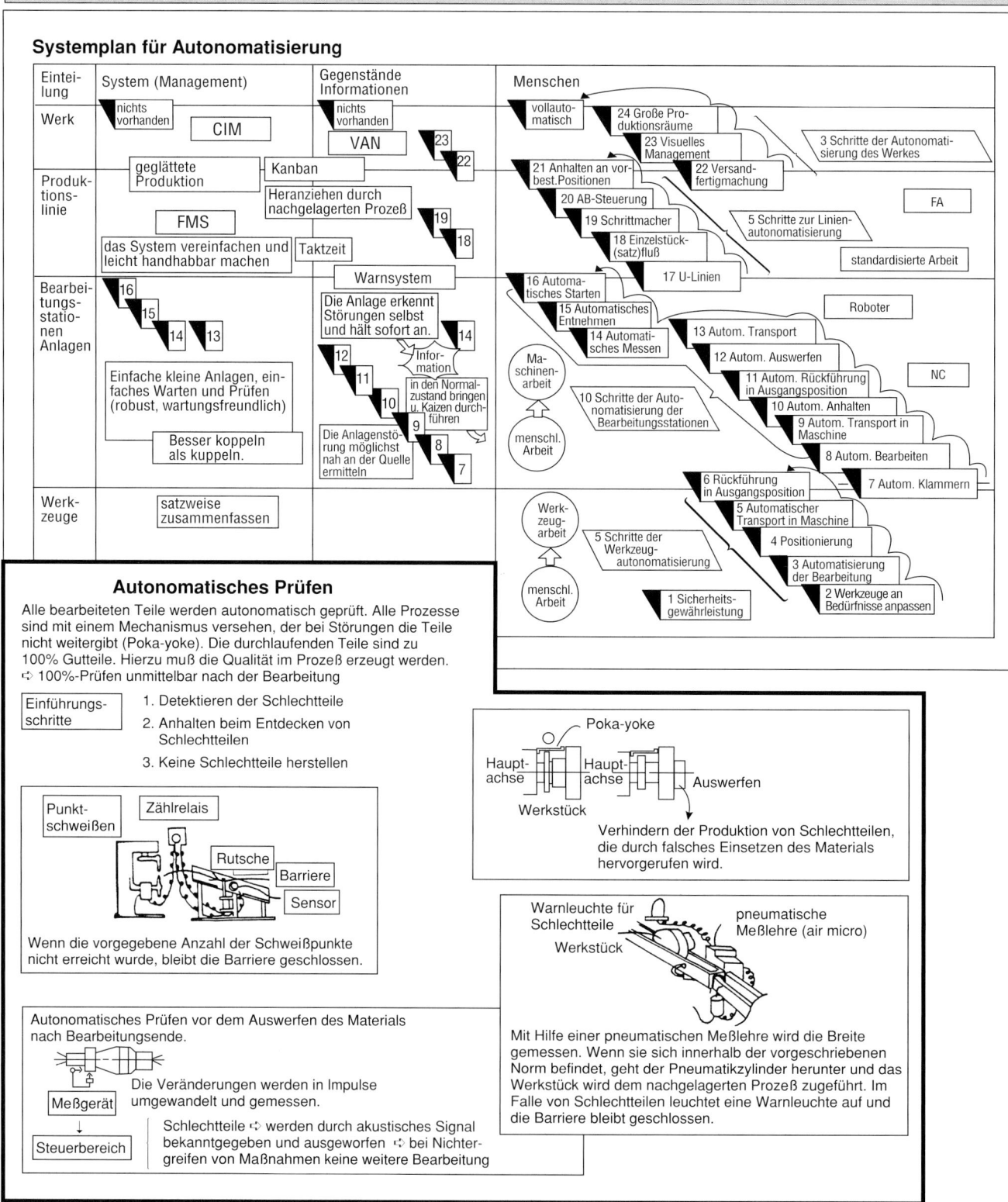

11
Schritt 11: Anlagen

Anlagen stellen, insbesondere in produzierenden Unternehmen, den wichtigsten Teil des Vermögens dar. Der Wert dieser Anlagen läßt sich mit Sicherheit nicht durch Alter oder Laufzeit bestimmen. Er muß vielmehr danach bewertet werden, inwieweit sie in der Lage sind, Gewinne zu erwirtschaften. Man sollte ernsthaft darüber nachdenken, wie man die Gesundheit der Anlagen erhalten kann. Das ist deshalb so wichtig, weil alle Mängel und Störungen an Anlagen letztlich auf uns selbst zurückfallen. Denn wir selbst sind es, die die Anlagen zu dem gemacht haben, was sie sind. Anlagen betrügen nicht.

Kaizen heißt handeln, auch in diesem Zusammenhang. Um nicht an seinen eigenen Anlagen zu leiden, muß man sich täglich um sie bemühen. Das ist nicht weiter kompliziert. Sich bemühen bedeutet z.B., die Anlagen täglich von Staub und anderen Verunreinigungen zu befreien. Es gibt Werke, in denen an einem freien Tag durch alle Mitarbeiter sämtliche Begrenzungsschalter überprüft wurden und dadurch in der nächsten Produktionswoche eine Halbierung der Störungen erreicht wurde. Man sollte also mit solchen Maßnahmen beginnen, die sofort umgesetzt werden können.

Wir machen uns von der Leistungsfähigkeit der Anlagen oft bestimmte Vorstellungen und gehen dabei unbewußt von vorgefaßten Meinungen aus. Dies sagt allerdings viel mehr über das eigene Know-how und die eigene Leistungsfähigkeit aus.

Eine Erhöhung der Leistungsfähigkeit der Anlagen ist nur durch das Entwickeln und Umsetzen von eigenem Know-how möglich. Ein wichtiges Ziel des synchronen Produktionssystems ist es, möglichst viel eigenes Know-how in die Anlagen einzubringen.

> Reinigen ist Prüfen, und Prüfen ist das Beheben von Störungen.

Wartung zur Gesunderhaltung der Anlagen

Der Ausdruck Wartung wird von vielen Personen in der Produktion häufig unüberlegt verwendet. Ohne die eigentliche Bedeutung dieses Wortes richtig zu verstehen, interpretiert es jeder nach eigenem Gutdünken. Wartung bedeutet jedoch in Wahrheit, die Anlagen in einem vollkommenen und störungsfreien Zustand zu erhalten. Es bedeutet die 100prozentige Verfügbarkeit, so daß

11.1 Wartung

Aspekte

Wartung meint vorbeugende Gesunderhaltung der Anlagen.
Es gilt, einen vollkommenen und störungsfreien Zustand der Anlagen zu erhalten. Die **technische Verfügbarkeit muß 100%** betragen.

| Regelmäßiges Reinigen | und | Ölen | sind hierzu unverzichtbar.

1. Anlagenreinigung: **Reinigen ist Prüfen, Prüfen heißt Eliminieren von Störungen.**
   Das Reinigen und Ölen der Anlagen spielt im Rahmen der Wartung eine außerordentlich große Rolle.
   Dabei wird das Reinigen häufig noch stärker vernachlässigt als das Ölen.

Gesichtspunkte

① Das Reinigen der Anlage erfolgt durch die Werker selbst (die einzuhaltenden Standards müssen von demjenigen festgelegt werden, der sie einzuhalten hat).

② Alle diejenigen, die mit der Anlage zu tun haben, sollten eine echte Zuneigung zu der Anlage entwickeln (sie erhält wie die Kollegen einen Spitznamen, die Namen der Werker werden an ihr angebracht).

③ Sich ausdauernd auch um kleine Verbesserungen bemühen.

④ Sich zielbewußt seinen täglichen Aufgaben widmen.

2. Prüfen
   Prüfen ist ein Teil der Wartung. Allerdings ist Prüfen nicht gleich Wartung. Durch das Prüfen soll sichergestellt werden, daß bis zum nächsten Prüfvorgang keine Störungen auftreten. Störungen werden am schnellsten von dem **Werker erkannt, der täglich mit der Anlage umgeht.**

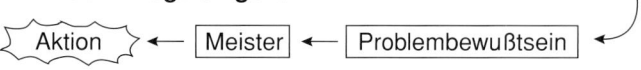

Aktion ← Meister ← Problembewußtsein

Schwankungen bei Abmessungen
Temperaturschwankungen
Störgeräusche durch Vibration
Ausströmen von Preßluft usw.

Oh, irgendwas stimmt hier nicht, irgendwas ist anders als sonst!

Gesichtspunkte

① Viele Störungen erkennt man nicht rechtzeitig, wenn man nicht weiß, worauf man achten muß.

② Verschleißteile müssen in festgelegten Zeitintervallen ausgetauscht werden.

Gelockerte Schrauben
Verschleißen von Gleitflächen
Lockere Bänder und Riemen

3. Ölen
   - Nachfüllen (Mengenmanagement) — Nachfüllen durch ein System sicher gewährleisten
   - Ölwechsel (Qualitätsmanagement) — Durch Farb- und Formmarkierung kennzeichnen (visuelles Management)
   - Ölintervalle (Timing) — Durch Kanban systematisieren

Schmieröl
Betriebsöl
Schneidöl

Gesichtspunkte

① An dem Ölstandmesser muß in jedem Fall eine MAX-MIN-Anzeige angebracht sein.

② Das richtige Öl an die richtige Stelle ⇨ Ölstelle durch Aufkleber kennzeichnen (Bezeichnung des Öls, Ölsorte, Zeitintervall)

③ Die Zuständigkeit für das Ölen deutlich machen: Wartungsabteilung oder Produktionsabteilung

man die Anlage zu jedem beliebigen Zeitpunkt nutzen kann. Hierzu ist regelmäßiges Reinigen, Prüfen und Ölen erforderlich.

1. Reinigung der Anlagen

Dabei handelt es sich anscheinend um eine einfache Tätigkeit. Es ist aber ein sehr beschwerlicher Weg, bis man soweit ist, daß die Reinigung regelmäßig durchgeführt wird. Obwohl sie für die Wartung der Anlagen unerläßlich ist, hört man immer wieder: »Wir haben soviel zu tun, wir haben keine Zeit fürs Reinigen.« oder: »Die technische Abteilung macht uns keine Vorgaben, so daß wir nicht wissen, wie wir vorgehen sollen.«

Dies zeigt, daß man diese Aufgabe nicht als eigene Verantwortung erkennt. Und dies, obwohl man sich durch das Nichtreinigen große Probleme bereitet und es sich immerhin um einen Platz handelt, an dem man einen großen Teil seines Lebens verbringt.

Das regelmäßige Reinigen der Anlagen ist abhängig vom Willen der Manager und Meister. Wenn es sich allerdings so verhält, wie oben dargestellt, kommt man nicht weiter. Es ist in der Tat nicht so einfach, das regelmäßige Reinigen der Anlagen zu einer selbstverständlichen Gewohnheit und zu einem Teil der Wartung zu machen. Wenn man sich aber nicht ausdauernd bemüht, in diesem Zusammenhang jedes Problem einzeln anzugehen, wird man mit Sicherheit nie störungsfreie Anlagenlinien erhalten.

2. Prüfen

Beim Prüfen handelt es sich um das vorausschauende Erkennen von Störungen. Werden beim Entdecken von Störungen nicht sofort Maßnahmen eingeleitet, kann von einem Prüfen im eigentlichen Sinne nicht die Rede sein. Der täglich an der Anlage arbeitende Werker ist derjenige, der den Zustand der Anlage am besten kennt. Daher muß er seine tägliche Arbeit mit der richtigen Einstellung tun. Es gibt zwei Arten von Defekten: einmal solche, die plötzlich auftreten und solche, die als allmähliche Funktionsminderung in Erscheinung treten. Bei den letztgenannten treten mit Sicherheit Symptome auf. Es ist daher entscheidend, die Werker so auszubilden und ein solches Umfeld zu schaffen, daß sie in einem solchen Fall präzise und sachkundig darüber berichten können.

3. Ölen

Das Ölen spielt im Rahmen der Wartung eine außerordentlich wichtige Rolle, ist aber eine Sache, die wider Erwarten häufig vernachlässigt wird. Und dies, obwohl es dazu führen kann, daß sich die Maschinen festfressen, schneller verschleißen oder sogar die ganze Anlage ausfällt. Man kann das Ölen in drei Elemente aufspalten, nämlich das Nachfüllen (Mengenmanagement), Ölwechsel (Qualitätsmanagement) und Ölintervalle (Timing). Es kommt darauf an, ein entsprechendes System zu entwickeln, dessen Einhaltung garantiert werden kann.

Anlagendefekte werden immer von Menschen verursacht

Aufgrund der technischen Entwicklung, des Einsatzes von NC-Steuerungen usw. sind die modernen Anlagen auch für einen Wartungsfachmann immer schwieriger zu handhaben. Die grundlegende Funktion und Struktur der Anlagen ändern sich aber nicht. Beim Auftreten von Störungen muß grundsätzlich sofort die Ursache ermittelt und durch entsprechende Maßnahmen eliminiert werden. Ansonsten wird diese Störung immer wieder auftreten.

Die Manager müssen dafür sorgen, daß die Linien immer an der Grenze ihrer Möglichkeiten arbeiten und so Probleme sofort sichtbar werden (Teile und Materiallager sind die Wurzel allen Übels). Nachlässigkeiten bei der Ursachenermittlung von Störungen dürfen auf keinen Fall geduldet werden. Bei konsequenter Umsetzung des genba-genbutsu-genjitsu-Prinzips (konkreter Ort, konkretes Mängelexemplar, konkrete Umstände) müssen alle Bereiche nach und nach betriebsicher gemacht werden, um so störungsfreie Linien zu schaffen.

Notdürftige Reparaturen oder echtes Instandsetzen

Beides unterscheidet sich grundsätzlich voneinander. Bei der notdürftigen Reparatur wird das defekte Anlagenteil ohne Ursachenanalyse einfach ausgetauscht. Hierbei ist schon abzusehen, daß es in Kürze wiederum zu Störungen kommt. Echtes Instandsetzen bedeutet, nicht nur das defekte Teil auszuwechseln, sondern die Ursache zu ermitteln und ein Wiederauftreten der Störung zu verhindern. In vielen Werken wird der Ausdruck Instandsetzung verwendet, obwohl in Wirklichkeit nur von notdürftigen Reparaturen die Rede sein kann. Dieser Unterschied muß wirklich verstanden werden. Man muß sich fragen, ob es sich bei der Arbeit, die man gerade durchgeführt hat, um eine notdürftige Reparatur oder um echtes Instandsetzen handelt. Man muß immer eine wirkliche Instandsetzung anstreben.

Strebe 100prozentige Verfügbarkeit an

1. Anforderungsgrad

Hierdurch werden die Anforderungen des nachgelagerten Prozesses im Verhältnis zur Leistungsfähigkeit einer Linie bzw. Anlage innerhalb einer bestimmten Zeit ausgedrückt. Er kann deshalb auch über 100 Prozent liegen. Der Anforderungsgrad beschreibt das Verhältnis zwischen Angebot und Nachfrage, d.h. zu einem gegebenen Zeitpunkt das Verhältnis zwischen der Leistungsfähigkeit und den Anforderungen durch den Kunden.

2. Technische Verfügbarkeit

Damit ist der Zeitanteil gemeint, in dem die Linie bzw. Anlage betriebsbereit ist, und zwar zum »geforderten Zeitpunkt« im Rahmen des synchronen Produktionssystems. Anzustreben sind dabei 100 Prozent. Es sind dazu sehr viele Kaizen-

11.2 Anlagendefekte

Aspekte

Maschinen wandeln zur Erreichung eines bestimmten Ziels Energie in mechanische Arbeit um.

»Funktionen« | Energiezuführung und Umwandlung | Steuerung | Antrieb | Drehen | Hydraulik

Defekte bedeuten, daß die Maschinen bestimmte Funktionen einbüßen. **Defekte werden von den Menschen absichtlich verursacht.**

1. Wenn man die Wartung verbessern will, muß man von der Voraussetzung ausgehen, daß die Maschinen nicht von allein defekt werden, sondern von Menschen kaputtgemacht werden.

   Warum? Warum? Warum? Warum? Warum?

2. Maschinendefekte ⇨ Ursachenermittlung ⇨ Verhindern des Wiederauftretens

   Die Ursachenermittlung muß auf der Grundlage des »3G«-Prinzips erfolgen (genba – genbutsu – genjitsu (konkreter Ort, konkretes Mängelexemplar, konkrete Umstände))

   * Die Situation muß solange beobachtet werden, bis die wahre Ursache ermittelt wurde, egal ob es eine Stunde, 4 Stunden oder u.U. auch 2 Tage dauert.

   > Der Manager mag noch so beschäftigt sein, er muß sich die Berichte seiner Mitarbeiter auf der Grundlage des »3G«-Prinzips anhören, beurteilen und handeln.

3. Brücken hinter sich abbrechen

   Wenn man mögliche Defekte durch große Lager- oder Pufferbestände auffängt, so entsteht kein Krisenbewußtsein. Mit der Reparatur läßt man sich dann Zeit. Es ist wichtig, permanent eine bedrängte Situation zu erhalten. Schaffe Dir für die Behebung von Maschinendefekten keinen Sicherheitspuffer.

   ❏ Bei einer notdürftigen Reparatur wird lediglich der Defekt behoben, ohne die Ursache zu ermitteln. Die Störung wird sicher bald wieder auftreten.

   ❏ Bei einem echten Instandsetzen wird der ordnungsgemäße Zustand der Anlage wiederhergestellt. Maschinendefekte treten normalerweise nicht auf. Die wahren Ursachen werden durch unablässiges Forschen ermittelt und so ein Wiederauftreten verhindert.

Man darf sich nicht mit notdürftigen Reparaturen zufriedengeben, sondern muß sich um ein echtes Instandsetzen bemühen.

Gesichtspunkte

1. Trage in die Maschinenkarte die Maßnahmen gegen das Wiederauftreten der Störung ein.
2. Verschiebe nichts auf morgen, was Du heute erledigen kannst.
3. Anlagen, bei denen Defekte nicht sofort zu echten Problemen führen, sind nicht in Ordnung.
4. Ermittle beim Auftreten von Defekten sofort die wahre Ursache und handle. Überprüfe, ob die Anlage wirklich in Ordnung gebracht wurde.
5. Zur Zeit nicht benötigte Anlagen müssen in einen Zustand versetzt werden, in dem sie jederzeit einsetzbar sind.

11.3 Anforderungsgrad und technische Verfügbarkeit

Aspekte

Anforderungsgrad
Der Anforderungsgrad drückt das Verhältnis zwischen den Anforderungen des nachgelagerten Prozesses und der Produktionskapazität einer Anlage oder Linie innerhalb eines bestimmten Zeitraumes aus (Verhältnis zwischen der Nachfrage und der Leistungsfähigkeit)

technische Verfügbarkeit
Die technische Verfügbarkeit drückt den Zeitanteil aus, in dem eine Maschine (Linie) betrieben werden kann, wenn sie benötigt wird. Anzustreben sind 100% (Zuverlässigkeitsgrad)

Berechnungsformel

$$\text{Anforderungsgrad} = \frac{\text{Anforderung des nachgelagerten Prozesses}}{\text{Fertigungskapazität während eines bestehenden Zeitraumes}} \times 100$$

$$\text{Fertigungskapazität} = \frac{\text{Arbeitszeit (regulär)} - \text{(Umrüstzeit, Werkzeugwechselzeit usw.)}}{\text{Fertigungsdauer für 1 Teil}} \times 100$$

Handarbeitszeit + Automatenzeit

❏ Mußlaufgrad

$$\text{techn. Verfügbarkeit} = \frac{\text{Fertigungsdauer für 1 Teil} \times \text{Anforderung des nachgelagerten Prozesses}}{\text{real eingesetzte Zeit}} \times 100$$

Die Fertigungsdauer für 1 Stück beträgt 2 Minuten,
die Anforderung des nachgelagerten Prozesses 200 Stück.
Die dafür real eingesetzte Zeit beträgt 510 Minuten.

$$\text{technische Verfügbarkeit} = \frac{2 \times 200}{510} \times 100$$

Die Verfügbarkeit beträgt also 78,4%

Gesichtspunkte

1. Der Anforderungsgrad wird durch den Kunden bestimmt. Die technische Verfügbarkeit auf 100% zu bringen, liegt in der eigenen Vertantwortung.
2. Die Linien und Anlagen müssen sich in einem Zustand befinden, in dem sie jederzeit betrieben werden können.
   ⇨ Hierzu müssen Wartungsmaßnahmen, Maßnahmen zur Verkürzung der Umrüstzeiten sowie Maßnahmen gegen das Auftreten von Qualitätsmängeln ergriffen werden.

Realer Leistungsgrad

Hiermit ist der Zeitanteil der wertschöpfenden Arbeit innerhalb des Zeitraumes gemeint, der zu Herstellung eines Teils benötigt wird.

$$\text{realer Leistungsgrad} = \frac{\text{Zeitanteil der wertschöpfenden Arbeit}}{\text{Fertigungsdauer für 1 Teil}} \times 100$$

$$\text{realer Leistungsgrad} = \frac{10}{22} \times 100 = 45{,}5\%$$

Beispiel
1. fertig bearbeitetes Teil entnehmen — 5
2. zu bearbeitendes Teil einsetzen — 5
3. Schalter ein — 2
4. maschinelle Bearbeitung — 10
   Insgesamt benötigte Zeit 22 ⇨ wertschöpfende Arbeit

Unter den gegenwärtigen Arbeitsbedingungen nicht weiter zu reduzieren

maßnahmen notwendig, so bei der Instandhaltung der Anlagen, bei der Verkürzung der Umrüstzeiten, gegen Qualitätsmängel und gegen Schwankungen bei der sich rhythmisch wiederholenden Arbeit. Die Zuverlässigkeit einer Linie (deren tatsächliche Leistungsfähigkeit) wird daran gemessen, inwieweit sie zur Verfügung steht, wenn sie benötigt wird.

3. Realer Leistungsgrad

Der reale Leistungsgrad ist der Anteil der wertschöpfenden Arbeitszeit an der tatsächlichen Arbeitszeit. Er ist Ausdruck der tatsächlichen Leistungsfähigkeit der Linie. Dabei muß genauso wie bei der technischen Verfügbarkeit ein Wert von 100 Prozent angestrebt werden. Die technische Verfügbarkeit und der Autonomatisierungsgrad müssen angehoben werden. Selbstverständlich liegt der reale Leistungsgrad immer unter dem Grad der technischen Verfügbarkeit.

Die Verbesserungsmöglichkeiten sind unendlich – deshalb ist die Leistungsfähigkeit auch unendlich

Es ist selbstverständlich, daß eine Steuerung der täglichen Produktion nicht möglich ist, wenn man die Leistungsfähigkeit einer Linie bzw. Anlage nicht präzise genug mißt. Handelt es sich eigentlich bei der gegenwärtig angenommenen Leistungsfähigkeit um die tatsächliche? Wurde die bestehende Leistungsfähigkeit nicht einfach als gegeben angenommen?

Man hört häufig »Da im nächsten Monat die Produktion auf das Doppelte steigen wird, fehlen uns soundso viele Mitarbeiter.« oder »Da die Anlagenkapazitäten nicht ausreichen, brauchen wir Unterstützung durch andere Linien.« oder »Wir müssen neue Anlagen kaufen.« Umgekehrt ausgedrückt heißt dies, daß die bisherige maximale Produktionsleistung dieser Linie einen Wert erreicht hat, den man nicht mehr für steigerungsfähig hält. In Wirklichkeit mangelt es nicht an Produktionskapazität, sondern an geistiger Kapazität.

Geht man nicht davon aus, daß die gegenwärtige Arbeitsweise die beste, sondern die schlechtestmögliche ist, so wird man immer viele Mittel und Wege finden, die Leistungsfähigkeit der Linie bzw. Anlage zu erhöhen. Man muß einfach noch einmal vor Ort an die Linien gehen und die Situation genau beobachten. Es ist keine Übertreibung, wenn man sagt, daß sich die Leistungsfähigkeit einer Linie bzw. Anlage innerhalb einer Woche verdoppeln läßt. Setzt man bei den »4 M« an, nämlich bei den Maschinen, den Mitarbeitern, dem Material und den Methoden, d.h. erhöht man konsequent die Effizienz der Anlagen und Mitarbeiter und eliminiert die Schwankungen, so wird sich der Genba als Schatzkammer erweisen. Wir sollten uns abgewöhnen, »Das geht nicht« zu sagen.

Anordnung der Linien und Anlagen

In den bisherigen Schritten dieser Einführung ist die Anordnung der Linien

11.4 Maßnahmen gegen den Flaschenhals

1. Der Flaschenhals wird kenntlich gemacht (s. Darstellung rechts). Der Verantwortliche für die zu ergreifenden Maßnahmen wird bestimmt (Manager, Meister).

   Vergrößern auf **A2** Format

Kennzeichen des Flaschenhalses
——— Produktlinie ABC ———
Bezeichnung der Bearbeitungs- (○○○○○) □□-Gruppe station **Flaschenhals**
Verantwortlicher

2. Es wird ein stündliches Stückzahlenmanagement (nur für den Flaschenhals) durchgeführt.

   ① Eintragen der Planziffern. Bei Nichterreichen der Planziffern wird der fehlende Prozentsatz eingetragen. Hierbei muß unbedingt der Grund für das Nichterreichen und die Zeit hinzugefügt werden.

   ② Der Vorarbeiter der betreffenden Bearbeitungsstation führt eine stündliche Kontrolle durch. Der Meister kontrolliert alle 2 bis 4 Stunden. Bei Störungen wird dem Abteilungsleiter Bericht erstattet.

   ③ Erstellen und Anbringen einer Stückzahlenentwicklungsgrafik. 100%ige Auslastung anstreben.

   Verwendung eines gelben fluoreszenz- farbenen Blattes der Größe A2

3. Es müssen Maßnahmen gegen die Ursachen von Stillständen getroffen werden. Um die maximale Leistung zu erzielen, muß im Takt produziert werden. Die Maschine sollte unter keinen Umständen angehalten werden.

   »Ursachen für Stillstände«

   Hauptursachen

   ① Werker am Flaschenhals entfernt sich vom Arbeitsplatz
   - a) wegen Kontaktaufnahme mit Vorgesetzten
   - b) um zur Toilette zu gehen
   - c) um in die Pause zu gehen
   - d) weil kein Material vorhanden ist (kein Vormaterial, keine Werkzeuge)
   - e) wegen Maschinenstörung

   ② Maschinenstillstände aufgrund von Nebentätigkeiten des Werkers
   - a) Werkzeugwechsel
   - b) Nachmessen und Justieren
   - c) Umrüsten
   - d) Eintragungen in Checkliste (Stückzahlselbstkontrolle)
   - e) Transportieren, Ordnen der Werkstücke

   ③ Zu langsames Arbeiten
   - a) Arbeitsgeschwindigkeit
   - b) Kurzstillstände usw.

   Die Punkte 1 und 2 sind besonders wichtig

   Maßnahmen

   ① Für den Fall, daß sich der Werker von der Linie entfernt, muß ein Springer für den sofortigen Einsatz bestimmt sein.

   ② Um Materialmangel vorzubeugen, wird der vorgelagerte Puffer kontrolliert (unter Verantwortung des zuständigen Abteilungsleiters).

   ③ Um Maschinendefekte zu vermeiden, werden Reibungsflächen und Schmierstellen regelmäßig und vorbeugend überprüft. Kontrolle der Begrenzungsschalter.

   ④ Personalbedingte Stillstände ggfs. durch erhöhten Mitarbeitereinsatz minimieren (statt einem werden 2 oder 3 Werker eingesetzt)

   Der Flaschenhals kann Unterstützung anfordern. Anbringen eines optischen Rufsignals.

   ⑤ Es wird ein akustisches und optisches Warnsystem eingerichtet, das die aktuelle Arbeitssituation anzeigt. Je nach Zeit und Umständen erfolgt ein Mitarbeiteraustausch.

   Maßnahmen immer einzeln angehen!

Kaizenmaßnahmen zur Erhöhung der technischen Verfügbarkeit der Linie

- Zykluszeit
- »arrangement« | Wartezeit
- Nicht verfügbar — Durch Umrüsten, Werkzeugwechsel und Defekte hervorgerufen
- Kurzstillstände, Schwankungen auf Grund mangelnder Übung der Werker
- Arbeitszeit
- muda (Verschwendung)
- Verfügbar
- Nettozeit der sich wiederholenden Arbeit

Kaizen ① Kaizen der Zykluszeit — Erhöhung der »arrangement«-Effizienz, Kaizen der sich wiederholenden Arbeit – Handarbeit, Schwankungen eliminieren

② Weitere Kaizenmaßnahmen — Reduzierung der Umrüstzeiten, Reduzierung der Werkzeugwechselzeiten, Eliminierung der Defekte, Maßnahmen gegen Qualitätsmängel

11.5 Leistungsfähigkeit von Maschinen

Aspekte

Im produzierenden Gewerbe ist die Erfassung der Leistungsfähigkeit von Produktionslinien eine wichtige Aufgabe.

Die Leistungsfähigkeit einer Maschine wird oft voreingenommen festgelegt.

Man geht häufig unbewußt davon aus, daß die Art und Weise, wie eine Maschine zur Zeit betrieben wird, das Optimum darstellt.
Die Leistungsfähigkeit einer Maschine ist variabel, sie darf auf keinen Fall anhand der in der Vergangenheit erbrachten Leistung beurteilt werden!!
Das gegenwärtige Verfahren ist mit Sicherheit nicht das beste bzw. das bessere, sondern es ist das schlechtestmögliche.
Die Leistungsfähigkeit von Maschinen ist grenzenlos.

Die Leistungsfähigkeit ist das Produkt des Zusammenwirkens von Maschine und Werker.

> Es kommt darauf an, diese beiden Größen möglichst effizient miteinander zu verknüpfen.
>
> **Die geistigen Fähigkeiten sind grenzenlos, deshalb ist auch die Leistungsfähigkeit der Maschinen grenzenlos.**
>
> Der Mensch hat einen ursprünglichen starken Produktionstrieb.
> Kaizen der Bewegungsabläufe der Mitarbeiter und Standardisierung der Maschine ⇨ Reduzierung der Herstellungskosten.
> Durch Kaizen die Leistungsfähigkeit der Maschinen erhöhen.

Wie können die verschiedenen Elemente möglichst geschickt eingesetzt werden? Wie kann möglichst viel eigenes Know-how in die Technik eingebracht werden?

Wer sagt, er habe keine Kapazitäten, dem fehlt es an geistigen Kapazitäten.

Methoden zur Steigerung der Leistungsfähigkeit der Maschinen

1. Eliminierung der Stückzahlschwankungen

1. Um die Leistungsfähigkeit von Linien mit schwankenden stündlichen Produktionsstückzahlen zu erhöhen, ist es notwendig, jede einzelne Ursache für diese Schwankungen eine nach der anderen zu eliminieren (Produktion von Schlechtteilen, Maschinendefekte, Umrüsten, Kurzstillstände).
2. Die Leistungsfähigkeit kann durch Kaizenmaßnahmen solange erhöht werden, bis die Schwankungen verschwinden.

2. Kombination von Mensch und Maschine

Handarbeit	autom. Bearbeitung (M/C)	
├─────┤	├ ─ ─ ─ ─ ─ ─ ┤	Die automatische Bearbeitung erfolgt im Anschluß an die menschliche Arbeit (Handarbeit). Während der maschinellen Bearbeitung steht der Mitarbeiter wartend daneben.
├─────────┤	├ ─ ─ ─ ─ ─ ┤	Die Arbeitsfolge wird verändert. Ein Werkstück wird eingelegt und die Maschine eingeschaltet. Ein weiteres Werkstück wird entgratet und weitertransportiert. Die maschinelle und die menschliche Arbeit verlaufen separat.
├─────────┤	├ ─ ─ ─ ─ ─ ┤	Es werden mehrere Werkstückträger auf einen Drehtisch gesetzt. Allein durch eine Veränderung der Kombination wird die Leistungsfähigkeit verdoppelt.

Gesichtspunkte

1. Erhöhter Personaleinsatz führt nicht unbedingt zu einer Erhöhung der Produktionskapazitäten. Gehe davon aus, daß die Werker in den Wartezeiten unnütze Dinge tun.
2. Die Leistungsfähigkeit der Anlagen kann kurzfristig verdoppelt werden.
3. Manage den Genba anhand der konkreten Gegenstände (genbutsu).
4. Hinter den Schwankungen verbirgt sich eine Schatzkammer an Verschwendung.

11.6 Anordnung der Maschinen

Schritt 1

Von einer funktional getrennten Anordnung mit sogenannten isolierten Inseln, Käfigvögeln und Zugvögeln hin zu Produktionslinien mit verschiedenen Bearbeitungsstationen.

● Produktion in Fluß bringen (breiter, langsamer Strom)

viele einzelne Arbeitsstationen

mehrere Arbeitsgänge bedienen

schmaler, schneller Strom

Verwendung kleiner, möglichst billiger Maschinen

Schritt 2

Aufbau von U-Linien (Bearbeitungsstationen entgegen dem Uhrzeigersinn anordnen)

1. Die Stationen am Eingang und Ausgang der U-Linie werden von der gleichen Person betreut. Die Regelung der Taktzeit und der standardisierten Umlaufbestände ist dadurch gewährleistet. Das Heranziehen durch den nachgelagerten Prozeß ist eine Produktionsanweisung für den jeweils vorgelagerten Prozeß.
2. Effizienzsteigerung der Gesamtlinie anstreben (gegenseitiges Unterstützen; bei Störungen die Linie sofort anhalten).
3. Entwicklung von Teamgeist und Schulung zu vielfachqualifizierten Werkern
4. Wege minimieren, der nächste Bearbeitungsschritt erfolgt an der Maschine nebenan.
5. Im Fluß produzieren (Einzelstückfluß)

Die Anzahl der Werker wird den Veränderungen der Produktionsmenge flexibel angepaßt.

Um den Fluß in der Produktion zu verbessern und auf die zunehmende Diversifikation angemessen reagieren zu können, werden die Maschinen in der Reihenfolge der Bearbeitungsstationen in U-Form angeordnet.

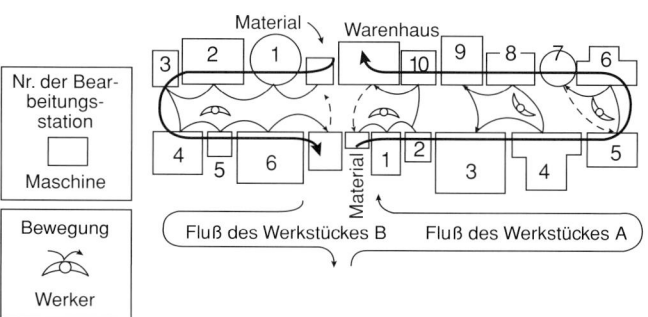

Nr. der Bearbeitungsstation □ Maschine

Bewegung

Werker

Fluß des Werkstückes B   Fluß des Werkstückes A

Schritt 3

Schaffung von Produktionsgroßräumen

(Bei einzelnen Linien hat man immer mit dem Problem von gebrochenen Werkerzahlen zu tun. Durch das Zusammenfassen von Linien zu einem Großraum ist eine weitere Reduzierung und Flexibilisierung des Personaleinsatzes möglich.)

Vom Eigenheim zum Großraum

Satzweise produzieren:
Die Fertigungslinien für die in ein Produkt eingehenden Teile zusammenfassen
(gleiche Taktzeit, satzweiser Transport)

Schritt 4

Das ganze Werk als eine U-Linie aufbauen

Im ganzen Werk darf maximal an einer Stelle eine gebrochene Werkerzahl auftauchen.

Von Großräumen zu gemischtgenutzen Gebäuden

Wie kann man Linien mit unterschiedlichen Taktzeiten zusammenbringen?
(Jede Linie muß jederzeit voll leistungsfähig sein.)

Letztendlich werden alle Linien **zu einer einzigen U-Linie zusammengefaßt.**

❑ Von vielfach qualifizierten Mitarbeitern wieder zu einfachen Bedienern, die die Werkstücke nur noch in die Maschinen einsetzen und einen Schalter berühren (chaku-chaku-Linien).

❑ Schaffung von Großräumen durch die Zusammenfassung von Linien mit unterschiedlichen Taktzeiten (optische Rufsignale, Maßnahmen gegen gebrochene Anzahl von Werkern)

❑ Alle Linien miteinander verbinden und das ganze Werk zu einer durchgängigen U-Linie umgestalten.

bzw. Anlagen schon mehrmals behandelt worden. Das bisher Gesagte wird in Abbildung 11.6 zusammengefaßt.

Schritt 1

Ausgehend von einem funktional getrennten Layout wird eine Fließproduktion mit mehreren hintereinander geordneten Prozeßstationen aufgebaut. Der Fluß muß schmal und schnell gemacht werden (Durchlaufzeit). Um die Umsetzung ohne großen finanziellen Aufwand und ohne erhöhten Flächenverbrauch durchführen zu können, müssen kleine, kostengünstige Anlagen eingesetzt werden.

Schritt 2

Es werden U-Linien eingerichtet. Um ein flexibles Reagieren zu ermöglichen, wird die Linie so aufgebaut, daß ein Mitarbeiter mehrere Stationen bedienen kann. Ein U-förmiges Layout hat dabei viele Vorteile. Das Ziel besteht darin, die Herstellungskosten der Linie insgesamt zu reduzieren.

Schritt 3

Es werden mehrere U-Linien zur Produktion eines Produkts zusammengefaßt (Produktionsgroßraum). Ein Produkt ist erst dann ein Produkt, wenn kein Teil fehlt. Daher ist es unsinnig, von einem Teil sehr viel zu produzieren. Dies führt nur zu einer Steigerung der Herstellungskosten. Gefordert ist jeweils nur ein Teil. Dies ist das Konzept des Produktionsgroßraums. Bei einzelnen Linien hat man immer mit dem Problem von gebrochenen Werkerzahlen zu tun. Dem entgeht man durch das Zusammenfassen von Linien zu einem Großraum.

Schritt 4

Mehrere Großräume werden zu einem Gebäude mit gemischter Nutzung zusammengefaßt. Dabei werden die Grenzen der einzelnen Produktgroßräume aufgehoben, und über das ganze Werk wird eine U-Linie errichtet. Es sollten nur noch sogenannte chaku-chaku-Linien eingerichtet werden, d.h. in denen die Werkstücke lediglich per Hand eingesetzt und automatisch ausgeworfen werden. Wichtig ist weiterhin, daß das Zusammenspiel von Linien mit unterschiedlichen Taktzeiten funktioniert.

Entwickle ein Bild von der anzustrebenden Form der Anlagen

Im Hinblick auf die anzustrebende Form von Anlagen bestehen je nach Person und Unternehmen sehr unterschiedliche Auffassungen. Es gibt unterschiedliche Konzepte wie CIM, FMS, FA, Roboterisierung u.v.a. In Abbildung 11.7 wurde die anzustrebende Form in bezug auf bestehende Linien allgemein angewendet. Es wurde weiterhin versucht, vor dem Hintergrund der Diversifikation der verkleinerten Produktionsmengen, der Diversifikation der Kunden und der Verkürzung der Zykluszeiten neun Aspekte für die anzustrebende Form der Maschinen und Anlagen zusammenzufassen. Jedes Unternehmen sollte noch einmal die Situation der eigenen Linien überprüfen.

11.7 Anzustrebende Form der Maschinen

1. Maschinen nur in Basisversion kaufen

1. Einfach, simpel und billig.
2. Nur die absolut notwendige Technik kaufen. Sich nicht von technischer Brillanz fesseln lassen.
3. Maschinen genau dem jeweiligen Arbeitsgang anpassen (nicht zu schnell und nicht zu langsam).

4. Frei bewegliche Maschinen

1. Maschinen auf Räder setzen (um sie ggf. auch zur Unterstützung in anderen Linien heranzuziehen).
2. Keine Gruben ausheben.
3. Maschinen nicht fest im Boden verankern (keine Wurzeln schlagen lassen).
4. Keine starren Rohre als Versorgungsverbindungen verwenden (keine Wurzeln schlagen), statt dessen flexible Schläuche verwenden.
5. Nichts an der Decke befestigen (Efeu).

7. Maschinen mit AB-Steuerung

1. Nur zum erforderlichen Zeitpunkt transportieren bzw. bearbeiten.
   Jeweils nur ein Teil

2. Steuern heißt anhalten.
3. »No work, full work«-Systeme

Bewegungs-auslöser	X	X	O	X
Punkt A	vorhanden	nicht vorhanden	vorhanden	nicht vorhanden
Punkt B	vorhanden	vorhanden	nicht vorhanden	nicht vorhanden
Punkt C	stückweise nachschieben			

2. Maschinen anschaffen, die auch für andere Zwecke eingesetzt werden können

1. Universalmaschinen spezialisieren (nur wenn sie billig und klein sind, können auch Spezialmaschinen eingesetzt werden).
2. Maschinen, mit denen man auf konstruktive Änderungen des Produktes flexibel reagieren kann.
3. Hydraulikeinheiten, Schaltkästen, Bedienungspulte so weit wie möglich funktional trennen.
4. Unabhängige Einheiten schaffen.

5. Qualität der Maschinenbewegungen verbessern

1. Überflüssige Wege der Werkzeuge vermeiden.
2. Mehrere Werkzeuge auf einem Werkzeugträger befestigen, schneller Vorschub, hohe Zerspanungsleistung.
3. Werkzeugwechsel in die Arbeit integrieren (Anzeige des Zeitpunktes des Werkzeugwechsels).
4. Auch Roboter an mehreren Bearbeitungsstationen einsetzen (Bewegungsabläufe auch der Roboter kontinuierlich verbessern).

8. Menschliche und maschinelle Arbeit separieren

1. Die von Werkern geleistete und die maschinelle Arbeit müssen klar voneinander getrennt sein.
2. Steht der Werker bei der maschinellen Bearbeitung etwa daneben und schaut zu? (Oder macht er den Vorschub von Hand, oder ist er mit Überwachung oder Positionierung beschäftigt?)

Schritte der Automatisierung
① Autonomatisiertes Klammern
② Autonomatisiertes Bearbeiten
③ Autonomatisierter Vorschub
④ Autonomatisiertes Anhalten
⑤ Autonomatisiertes Zurückführen in Ausgangsposition
⑥ Autonomatisiertes Auswerfen
⑦ Autonomatisierter Transport
⑧ Autonomatisiertes Messen
⑨ Autonomatisiertes Einsetzen
⑩ Autonomatisiertes Starten

3. Möglichst schmale Maschinen

1. Dadurch Wege der Mitarbeiter minimieren.
2. Maschinenbreite bezogen auf Werkstückgröße minimieren. Die Höhen und Tiefen der Maschinen können durchaus groß sein.
3. Arbeitspositionen der Werker möglichst dicht nebeneinander bringen $h = 1000$.
4. Ausgang der jeweiligen Bearbeitungsstation unmittelbar neben dem Eingang der nachgelagerten Bearbeitungsstation.

6. Umrüstfreundliche Anlagen

1. Das Umrüsten muß schnell gehen, reduzieren auf unter 180 sek (SMED), dann auf unter 100 sek (Takt-Umrüsten), dann unter 81 sek (Ein-Griff-Umrüsten).
2. Separieren von externem und internem Umrüsten.
3. In Reihenfolge der Arbeitsgänge umrüsten (jeweils nur ein Leertakt).
4. Nach dem Umrüsten muß das erste Teil bereits ein Gut-Teil sein.
5. Schnellwechselsysteme, Anschlaglehren usw.

9. Anordnung der Maschinen in der Linie

1. Schaffung von U-Linien (Eingang und Ausgang an einer Stelle).
2. Gleichmäßiger Fluß (Einzelstückfluß). Aus einem verwirbelten Fluß entstehen keine Gut-Teile.
3. Reduzierung der Durchlaufzeiten. Stillstände und Puffer eliminieren.
4. Schmaler, schneller Fluß.

Strategie für die zukünftige Entwicklung der Anlagen

Das Know-how für die zukünftige Entwicklungsrichtung der Instandhaltung, der Verbesserung des Umrüstens, der Sicherung der Produktqualität, der Erhöhung der technischen Verfügbarkeit durch Autonomation und der Erhöhung des realen Leistungsgrades liegt ausschließlich bei den am Genba tätigen Menschen. Nur mit dem Know-how der Maschinen- und Anlagenbauer läßt sich kein Vorsprung vor der Konkurrenz gewinnen. Es ist unumgänglich, die Leistungskraft der Anlagen durch selbst hergestellte Vorrichtungen zu erhöhen. Die zukünftige Produktionskonstitution wird dadurch bestimmt, inwieweit es gelingt, diese zusätzliche Reserve zu mobilisieren.

Auf jeden Fall sollte zunächst versucht werden, eine Anlage oder Maschine möglichst weitgehend selbst zu bauen. Das Ziel besteht hier ebenfalls in der Kostenreduzierung. Darüber hinaus ergibt sich die Möglichkeit, sich von den Mitbewerbern positiv abzuheben. Das Überleben und die Entwicklung hängen davon ab, inwieweit es gelingt, dieses Konzept flächendeckend auszudehnen.

12
Schritt 12: Kanban

Kanban ist ein Werkzeug zur Realisierung des synchronen Produktionssystems. Es ist neben der standardisierten Arbeit, die zum Management der menschlichen Arbeit dient, eine wichtige Säule des synchronen Produktionssystems, darüber hinaus ein wichtiges Kaizenwerkzeug. Es ist im Prinzip nur ein kleines viereckiges Stück Papier, auf dem steht, was in welcher Stückzahl herangezogen und wie hergestellt werden soll. Der nachgelagerte Prozeß zieht jeweils nur die benötigten Teile in notwendiger Stückzahl zum geforderten Zeitpunkt heran, und der vorgelagerte Prozeß produziert nur das, was der nachgelagerte Prozeß verlangt.

Kanban, die diese Informationen für das Heranziehen bzw. für den Transport enthalten, werden Heranziehkanban genannt. Demgegenüber werden solche Kanban, die die Produktion anweisen, Produktionskanban genannt. Diese beiden Funktionskanban sind miteinander verknüpft und kreisen innerhalb und zwischen den Werken. Kanban sind endgültige Informationen und gleichzeitig Willensausdruck.

Kanban einzuführen ist sehr leicht. Sie aber im Rahmen des synchronen Produktionssystems mit Leben zu erfüllen, ist außerordentlich schwierig. Erfolg wird sich dann einstellen, wenn man den Sinn der Kanban richtig versteht, die Prozesse mit Hilfe des visuellen Managements transparent macht, alle Probleme an die Oberfläche bringt und entsprechende Kaizenmaßnahmen einleitet. Voraussetzung für den Aufbau starker Linien ist, daß die vereinbarten Regeln eingehalten werden. Kanban können schöpferisch weiterentwickelt werden. Dies trägt zur Stabilisierung und Entwicklung des synchronen Produktionssystems bei. Ich empfehle Ihnen dringend, Kanban einzusetzen.

> Kanban, ein Werkzeug zum Managen von Dingen

Unternehmen müssen Gewinne machen

Unternehmen stehen vor der Aufgabe, Verschwendung von menschlicher und maschineller Arbeit, Verschwendung durch Transport und Lagerhaltung und andere Verschwendungsarten zu eliminieren. Die Kanban sind entwickelt worden, um auf sehr effektive Weise die Verschwendung durch Überproduktion zu verhindern, dadurch auch verschiedenen anderen Verschwendungsarten vor-

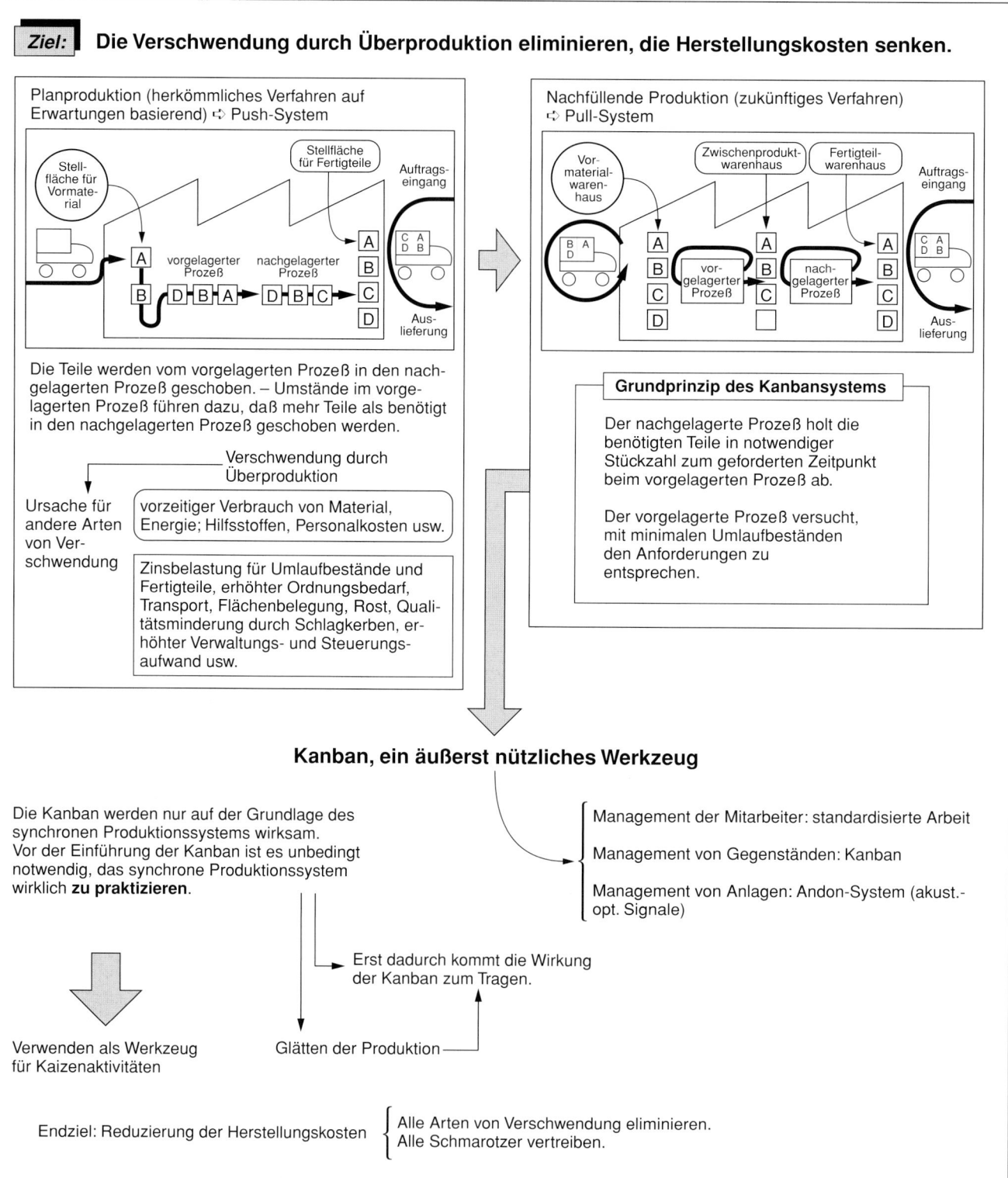

zubeugen und somit die Herstellungskosten zu reduzieren.

Bei den herkömmlichen Produktionsverfahren werden die Teile vom vorgelagerten Prozeß in den nachgelagerten Prozeß geschoben. Die Produktion erfolgt aufgrund von Plänen oder Erwartungen. Dabei ist es unvermeidlich, daß mehr Teile als benötigt hergestellt und transportiert werden. Dies führt zur Verschwendung durch Überproduktion. Hieraus ergibt sich die Notwendigkeit, das Produktionssystem dahingehend zu verändern, daß nur die benötigten Teile in notwendiger Stückzahl zum geforderten Zeitpunkt produziert werden. Dieses System wird mit einer anderen Bezeichnung auch Supermarktsystem genannt, da immer nur das Entnommene nachgeliefert wird und jeweils der nachgelagerte Prozeß heranzieht. Es kommt darauf an, daß die vom Kunden gewünschte Ware zum gewünschten Zeitpunkt in notwendiger Stückzahl vorhanden ist.

Der Supermarkt (der vorgelagerte Prozeß) steht also vor der Aufgabe, die vom Kunden gewünschte Ware entsprechend bereitzustellen. Mit Hilfe der Kanban wird dieses Konzept in der Produktion realisiert. Der Supermarkt muß die Anforderungen mit minimalem Puffer und Lagerbestand erfüllen. Denn der Kunde verlangt gute Qualität zu möglichst niedrigen Preisen. Kanban sind ein extrem hilfreiches Werkzeug zur Aufrechterhaltung der Just-in-time-Produktion und zur Behebung solcher Probleme, die durch visuelles Management an die Oberfläche geholt wurden. Sie sind die Hauptakteure beim Management der Dinge mit dem Ziel, Herstellungskosten zu reduzieren und die Gewinne zu maximieren.

Anwendung der drei Kanbanfunktionen

Kanban können ihre Wirkung nur auf der Basis des synchronen Produktionsprozesses entfalten. Sie dienen hierbei zur Festigung und zur Förderung von Kaizenaktivitäten. Kanban und synchrones Produktionssystem sind aber auf keinen Fall gleichzusetzen. Kanban sollen eine Steuerungsfunktion ausüben, die ähnlich dem autonomen (vegetativen) Nervensystem arbeitet. Wenn dies nicht der Fall ist, dann sind es lediglich Begleitzettel.

Funktion 1
Automatische Weitergabe der Informationen zur Arbeitsanweisung

Kanban geben automatisch und exakt an, was wann in welcher Stückzahl nach welcher Methode produziert bzw. transportiert werden soll. Wirft man einen Blick auf die Kanban, so kann man die Bezeichnung des Produkts, die Artikelnummer, die Menge, den Zeitraum, die Methode, die Reihenfolge, die Stellfläche, den Behälter, das Transportziel usw. erkennen. Kanban ermöglichen ein Nivellieren bzw. Glätten der Produktion und gleichzeitig eine flexible Reaktion auf Produktionsschwankungen (Mittel zur Feinsteuerung).

12.2 Die Kanbanfunktionen

Aspekte

Die drei Funktionen:

1. **Arbeitsanweisung** — Die Arbeitsinformationen, was wann in welcher Stückzahl produziert bzw. transportiert werden soll, werden automatisch und exakt angegeben.

2. **Materialmanagement** — Alle Teile werden mit Kanban versehen, und die Kanban fließen mit dem Material. Hierdurch wird der Material- und Informationsfluß zusammengefaßt. Dies vereinfacht die Steuerung.

3. **Werkzeug für Kaizen** — Durch das visuelle Management des Genba wird es leichter, die Ansatzpunkte für Kaizen zu erfassen. ⇨ Dadurch wird es zu einem Werkzeug für Kaizen.

Arbeitsanweisung (Produktionsanweisung, Transportanweisung)

1. **Produktionsanweisung:** Die Produktbezeichnung, Sachnummer, Menge, Zeitraum, Methode, Reihenfolge, Stellfläche, Behälter und andere Informationen werden durch einen Blick auf die Kanbankarte sofort erkennbar.

2. **Transportanweisung:** Beim Transport (zwischen den Prozessen, zwischen Unternehmen) werden die Produktbezeichnung, die Sachnummer, die Menge, der Zeitraum, die Stellfläche, das Transportziel, der Behälter und andere Informationen durch einen Blick auf die Kanbankarte sofort erkennbar.

Die Kanban sind ein automatischer Steuerungsmechanismus:

① Durch Begrenzung der Anzahl der Kanbankarten wird überflüssige Produktion und überflüssiger Transport verhindert.

② Durch die Reihenfolge des Eintreffens der Kanbankarten werden die Prioritäten für die Produktion und den Transport gesetzt.

③ Sie sind ein Mittel zur Feinsteuerung, zur Reaktion auf Produktionsschwankungen beim Kunden (dem nachgelagerten Prozeß).

Materialmanagement

Jedes Teil wird mit Kanban versehen. Dadurch, daß die Kanban mit den Teilen fließen, **wird der Material- und der Informationsfluß zusammengefaßt** und das Management erleichtert.

① Durch die Kanbankarten ist gewährleistet, daß nur die benötigten Teile produziert werden.

② Durch das Abstellen auf definierten Flächen wird der Zugriff erleichtert und das Material in Fluß gebracht.

③ Dadurch, daß die Dringlichkeitsstufe (Priorität) des nachgelagerten Prozesses bekannt wird, wird verhindert, daß es zu einem Mangel an Vormaterial kommt. Es werden vorausschauende Maßnahmen möglich.

Ein Kaizenwerkzeug

Durch die oben beschriebenen Funktionen und durch das visuelle Management am Genba wird das Erfassen der Ansatzpunkte für Kaizen erleichtert. Die Kanban werden so zu einem Kaizenwerkzeug.

① Mit Hilfe der Kanban kann man überprüfen, ob die standardisierte Arbeit (Produktion, Transport) eingehalten wird.

② Dies bietet wiederum Ansatzpunkte für eine Verbesserung der Arbeitsabläufe.

③ Die Arbeitsbelastung in dem jeweiligen Prozeß wird erfaßt. Dies bietet Anhaltspunkte zur Reduzierung der für einen Prozeß benötigten Zeit bzw. zur Leistungssteigerung.

④ Der Umfang der Umlaufbestände wird deutlich. Dies bietet die Möglichkeit zur Reduzierung d. Umlaufbestände. Es wird möglich, das Personal in den Linien durch flexiblen Einsatz angemessener und effizienter einzusetzen.

⑤ Der Stand der Produktion im nachgelagerten Prozeß sowie die Dringlichkeit der Anforderungen wird für den vorgelagerten Prozeß erkennbar. Dadurch wird Überproduktion behindert und eine Verkleinerung der Losgrößen gefördert.

Funktion 2
*Integration von Material-
und Informationsfluß*

Kanban sind ein Werkzeug des visuellen Managements. Sie sorgen dafür, daß der Material- und Informationsfluß zusammengefaßt werden. Auf diese Weise kann der tatsächliche Materialfluß (genbutsu) präzise verfolgt werden. Dies sorgt zusammen mit der erstgenannten Funktion dafür, daß man auf die vielen kleinen Schwankungen der Produktionsmenge schnell reagieren kann. Es darf keinen Gegenstand ohne zugehöriges Kanban geben.

Funktion 3
Ein wirksames Kaizenwerkzeug

Durch den richtigen Einsatz der Kanban und durch visuelles Management erschließen sich die zu verbessernden Inhalte von selbst. Kanban werden auf diese Weise zu einem effizienten Mittel im Kaizenprozeß. Die eigentliche Aufgabe der Kanban liegt in dieser dritten Funktion. Es geht letztendlich um die Negierung des Ist-Zustandes, die konsequente Eliminierung der Verschwendung und damit um die Reduzierung der Herstellungskosten. Wenn es nur darum ginge, Arbeitsanweisungen zu geben oder Material zu verwalten, so gäbe es viele andere Methoden und Hilfsmittel. Diese dritte Funktion kann nur dann erfüllt werden, wenn die Kanban absolut zuverlässig funktionieren. Diesen Zusammenhang muß man sich immer wieder klarmachen.

Die sieben Voraussetzungen zur Einführung der Kanban

Keine Einführung der Kanban ohne Veränderung der Produktionsweise

Zur Einführung der Kanban reicht es nicht aus, lediglich die Grundgedanken und -funktionen verstanden zu haben. Zuerst müssen die Voraussetzungen erkannt und durch entsprechende Kaizenmaßnahmen geschaffen werden.

Voraussetzung 1
Aufbau einer Fließfertigung

Die Linien müssen in Fluß gebracht werden. Es kommt darauf an, einen gleichmäßigen Fluß mit standardisierter Arbeit in sich wiederholendem Rhythmus (Taktzeit) zu schaffen.

Voraussetzung 2
*Verkleinerung der Losgrößen
bei der Produktion*

Bei der Produktion in großen Losen wird automatisch zu viel produziert. Deshalb müssen die Vorurteile gegen das Umrüsten zerstört werden. Die wichtigste Maßnahme zur Eliminierung der Verschwendung durch Überproduktion ist also die Reduzierung der Umrüstzeiten. Nur so wird der Einzelstückfluß möglich.

Voraussetzung 3
Geglättete Produktion

Die geglättete Produktion ist das billigste Verfahren zur Herstellung von Gütern. Eine Produktion ohne Schwankun-

12.3 Die Voraussetzungen für die Einführung der Kanban

Aspekte

Sind die grundlegenden Prinzipien und Funktionen der Kanban bekannt und verstanden worden, müssen die Voraussetzungen für die Einführung geschaffen werden.

Die 7 Voraussetzungen

① Aufbau einer Fließfertigung: Der Fluß der Produktion (Maschinen, Werkstücke, Informationen, Mitarbeiter, Kaizenaktivitäten) darf nirgends ins Stocken geraten.

② Verkleinerung der Losgrößen: Reduzierung der Umrüstzeiten.

③ Nivellieren, Glätten der Produktion: Die Fertigungssteuerung muß sich intensiv um das Glätten kümmern.

④ Verkürzen und Vereinheitlichen der Transportzyklen: Den Transport in den Fluß integrieren.

⑤ Kontinuierliche Produktion: Wenn nicht produziert wird, zirkulieren die Kanban nicht.

⑥ Adressen bestimmen: Allein mit einer Kanbankarte muß jedermann in der Lage sein, die betreffenden Teile abzuholen.

⑦ Festlegen der Verpackungsform, der Behälter: Behälter sollen möglichst klein, mit möglichst wenig Teilen beladen sein.

1. Fließfertigung	Das Vorhandensein großer Umlaufbestände in den Linien würde bedeuten, daß auch sehr viele Kanbankarten dafür vorhanden sein müßten. Dies würde die Funktionsfähigkeit der Kanban beeinträchtigen und das visuelle Management unmöglich machen. Außerdem würde man nicht erkennen, wo überhaupt die Probleme dieser Linie liegen. (Kapitel 4)
2. Verkleinerung der Losgrößen	Bei der Produktion in großen Losen läßt man sich von den Produktionsstückzahlen pro Stunde und den Umrüstzeiten gefangennehmen und glaubt durch große Lose die Effizienz steigern zu können. Tatsächlich wird durch die Vergrößerung der Lose die Belastung der vorgelagerten Prozesse erhöht, werden Probleme verdeckt und große Umlaufbestände geschaffen. Dies führt zu einer Vielzahl von Verschwendungen. Es gilt, durch Verkürzung der Umrüstzeiten eine Verkleinerung der Losgrößen zu ermöglichen. (Kapitel 5)
3. Nivellieren, Glätten der Produktion	Die Schwankungen der Produktionsstückzahlen müssen eliminiert und eine Verkleinerung der Umlaufbestände erreicht werden. Das Glätten des letztgelagerten Prozesses ist besonders wichtig. Wenn im letztgelagerten Prozeß die Produktionsstückzahlen schwanken, so erhöhen sich die Belastungen der vorgelagerten Prozesse. Je weiter man in der Kette der vorgelagerten Prozesse zurückgeht, desto größer werden die Schwankungen. Die geglättete Produktion ist das billigste Verfahren der Güterherstellung. (Kapitel 2)
4. Verkürzen und Vereinheitlichen der Transportzyklen	Das Heranziehen durch den nachgelagerten Prozeß muß effektiv und möglichst zeitgenau erfolgen, wobei die gültigen Informationen und die Teile zusammen transportiert werden. Anzustreben ist, daß jeweils nur die für ein Produkt benötigten Teile herangezogen werden. Der Transport sollte mit hoher Frequenz und gemischter Beladung erfolgen. (Kapitel 5)
5. Kontinuierliche Produktion	Die Kanban leben durch ihre Zirkulation. Die Produktion sollte bis zu einem gewissen Grad kontinuierlich erfolgen. Es gibt allerdings auch Fälle, in denen ein Produkt nur einmal gefertigt wird.
6. Adressen bestimmen	So wie jeder Haushalt eine Adresse besitzt, muß auch für jedes Teil unbedingt eine Adresse bestimmt werden. Das System muß durchgängig und für jedermann leicht verständlich sein. Mit wenigen Informationen sollte eine klare Ortsbestimmung möglich sein. (Kapitel 6)
7. Festlegen der Verpackungsform, der Behälter	Die Verpackungsart und die Behälter werden durch die Anforderungen des nachgelagerten Prozesses bestimmt. In vielen Fällen entspricht die Größe der Verpackungen, Behälter nicht den Anforderungen des nachgelagerten Prozesses. (Kapitel 6)

gen in bezug auf Sorte und Menge mit geringen Umlaufbeständen gewährleistet das Höchstmaß an Effizienz für das Werk insgesamt. Das Glätten ist besonders im letztgelagerten Prozeß sehr wichtig. Die Arbeitsvorbereitung und die Fertigungssteuerung müssen in ständigem Kontakt mit dem Genba an der Glättung der Produktion arbeiten.

Voraussetzung 4
Verkürzung und Vereinheitlichung der Transportzyklen

Da das Heranziehen des Materials durch den nachgelagerten Prozeß gleichzeitig eine Produktionsanweisung für den vorgelagerten Prozeß bedeutet, ist es für das Glätten der Produktion notwendig, die Transportzyklen zu verkürzen und ihre Frequenz zu erhöhen.

Voraussetzung 5
Kontinuierliche Produktion

Die Kanban ermöglichen, den Materialfluß innerhalb einer Linie sowie zwischen den vor- und nachgelagerten Prozessen in Form eines Endloszyklus zu gestalten. Dies bedeutet, daß auch die Produktion gewissermaßen endlos durchgeführt werden kann.

Voraussetzung 6
Bestimmung der Adressen

Hierbei handelt es sich um die Adressen der Gegenstände. Überall dort, wo Gegenstände abgestellt werden, muß eine Adresse existieren sowie Menge und Ort festgelegt sein. Es kommt darauf an, daß man jeden mit geringem Informationsaufwand in die Lage versetzt, sich zu orientieren.

Voraussetzung 7
Konsequentes Management der Behälter und Verpackungsformen

Um Gegenstände abzustellen oder zu transportieren, sind Behälter und Verpackungsmittel notwendig. Hierbei kommt es besonders darauf an, daß kleine Behälter verwendet werden, daß in einen Behälter jeweils nur eine Sachnummer kommt, daß die Qualität nicht beeinträchtigt wird, daß sie leicht zu handhaben sind und daß die Zahl der enthaltenen Teile exakt zu erkennen ist.

Dies sind die sieben Voraussetzungen, die erfüllt sein müssen. Zusätzlich muß man sich besonders vor Augen halten, daß der Transport, der den vorgelagerten mit dem nachgelagerten Prozeß verbindet, auf einem Vertrauensverhältnis beruht. Wenn dieses nicht vorhanden ist, führt dies zu erhöhten Pufferbeständen, und es besteht die Gefahr, daß das System insgesamt zusammenbricht.

Die acht Regeln für die Verwendung der Kanban

Für den Einsatz eines jeden Werkzeugs gibt es Regeln. Je wirkungsvoller das Werkzeug ist, desto wichtiger ist die richtige Handhabung. Bei richtiger Handhabung kann es ein sehr wirkungsvolles Mittel zum Erreichen der Ziele sein, bei falscher Handhabung umgekehrt sehr große Störungen verursachen. Für den richtigen Einsatz der Kanban

12.4 Grundregeln bei der Anwendung von Kanban

Aspekte

Die Kanban sind ein wichtiges Werkzeug zum effektiven Management des Genba. Bei falscher Anwendung jedoch werden sie zu einem Hindernis. Um sie richtig anzuwenden, ist es von größter Wichtigkeit, daß die festgelegten Regeln unbedingt eingehalten werden.

Die 8 Regeln

#	Regel	#	Regel
1.	Jeder Behälter muß mit einer Kanbankarte versehen sein.	5.	Es wird nur die vom nachgelagerten Prozeß herangezogene Menge produziert.
2.	Wird das erste Teil aus dem Behälter entnommen, wird die Kanbankarte in den dafür bestimmten Briefkasten gelegt.	6.	Sobald ein Materialmangel auftritt, wird dies dem vorgelagerten Prozeß bekanntgegeben.
3.	Der nachgelagerte Prozeß zieht das Material vom vorgelagerten Prozeß heran.	7.	Die Kanbankarten werden von dem Bereich, in dem sie verwendet werden, hergestellt und verwaltet.
4.	Es wird in der Reihenfolge produziert, in der der nachgelagerte Prozeß heranzieht.	8.	Man muß mit ihnen so sorgfältig umgehen, als ob es sich um bares Geld handelte.

Regel 1 — Jeder Behälter muß mit einem Kanban versehen sein. Eine einfache, aber die wichtigste Regel

- Allen Produkten und Umlaufbeständen muß unbedingt ein Kanban zugeordnet sein.
- Wenn irgendwo ein Teil ohne Kanban auftauchen sollte, so ist dies der schwerwiegendste Regelverstoß (alle Manager, Meister und Werker müssen dann zusammenkommen und sich gegenseitig auf die Bedeutung dieser Regel aufmerksam machen). Es muß alles getan werden, um einen erneuten Regelverstoß zu verhindern.

Regel 2 — Wenn das erste Teil aus dem Behälter entnommen wird, wird der Kanban in den dafür bestimmten Briefkasten gelegt.

- Auf dem Kanban muß die in dem Behälter enthaltene Stückzahl der Teile vermerkt sein. Wenn das erste Teil aus dem Behälter entnommen wird, sinkt die Stückzahl unterhalb der notwendigen Bestandsgröße. Aus diesem Grunde wird das Kanban vom Behälter entfernt und in den Briefkasten gelegt. (In allen Behältern, die mit einem Kanban versehen sind, muß die auf dem Kanban eingetragene Stückzahl unbedingt enthalten sein).
- Das entfernte Kanban bedeutet eine Anweisung, Teile vom vorgelagerten Prozeß heranzuziehen und für diesen vorgelagerten Prozeß ist es gleichzeitig die Anweisung zur Produktion.

Regel 3 — Der nachgelagerte Prozeß zieht das Material vom vorgelagerten Prozeß heran.

- Der nachgelagerte Prozeß zieht die benötigten Teile in notwendiger Stückzahl zum geforderten Zeitpunkt heran. Das herkömmliche schiebende System wird umgekehrt in ein ziehendes System.

2 Prinzipien:
1. Ohne Kanban darf kein Material herangezogen werden.
2. Es darf nicht mehr Material herangezogen werden, als es der Anzahl der Kanbankarten entspricht.

Regel 4 — Es wird in der Reihenfolge produziert, in der der nachgelagerte Prozeß heranzieht.

- Die Prioritäten des nachgelagerten Prozesses werden durch die Kanban bekannt. Der vorgelagerte Prozeß produziert in der Reihenfolge der Dringlichkeit, d.h. nach den Anforderungen des nachgelagerten Prozesses. Hierdurch wird einem Materialmangel im nachgelagerten Prozeß vorgebeugt.

Regel 5 — Es wird nur die vom nachgelagerten Prozeß herangezogene Menge produziert.

1 Prinzip:
Nicht mehr produzieren, als die Anzahl der Kanbankarten angibt.

Regel 6 — Sobald ein Materialmangel auftritt, wird dies dem vorgelagerten Prozeß bekanntgegeben.

- Man geht mit dem Kanban zum vorgelagerten Prozeß, um sich das Material zu holen. Wenn das Material dort nicht bereitsteht, kommt das Kanban in den **roten Briefkasten**.
- Da der Materialmangel im nachgelagerten Prozeß zum Stillstand der Linie führt, müssen diese Teile mit oberster Priorität und unter Verantwortung des vorgelagerten Prozesses an den nachgelagerten Prozeß geliefert werden.
- Wenn zu viele Kanbankarten in den roten Briefkasten kommen, ist das schlecht, noch schlechter ist es, wenn überhaupt keine Kanban kommen.

Regel 7 — Die Kanban werden von dem Bereich, in dem sie verwendet werden, hergestellt und verwaltet.

- Ist die Anzahl der Kanban zu groß, steigen die Umlaufbestände, verlängert sich die Durchlaufzeit und die Produktionslinie wird schwammig. Die wirklichen Probleme werden verdeckt. **Hieraus resultieren alle Arten der Verschwendung**.
- Schwerpunkt des Kanbanmanagements ist die Reduzierung der Umlaufbestände.

Regel 8 — Man muß mit ihnen so sorgfältig umgehen, als ob es sich um bares Geld handelte.

- Ziel ist, mit wenig Geld (Kanban) Fertigung und Logistik zu steuern.

müssen die folgenden acht Regeln unbedingt eingehalten werden.

Regel 1
Zu jedem Behälter gehört ein Kanban

Dies ist eine einfache, allerdings die wichtigste Regel. Trotzdem schafft man es in vielen Fällen nicht, diese einfache Regel einzuhalten. Bei der Einführung von Kanban stellt man dies immer wieder fest. Wird gegen diese Regel verstoßen, müssen alle Mitarbeiter am Genba sofort zusammengerufen und konsequent ermahnt werden.

Regel 2
Bei der Entnahme des ersten Teils aus dem Behälter kommt das Kanban in den Briefkasten

Diese Regel gilt für die Handhabung der Kanban bei der Entnahme von Teilen aus dem Behälter. Der Briefkasten muß sich an einer bestimmten Stelle befinden.

Regel 3
Der nachgelagerte Prozeß holt sich die Teile beim vorgelagerten Prozeß

Dies ist eine wichtige Regel für den Aufbau eines Pull-Systems. Hierdurch wird gewährleistet, daß sich der vorgelagerte Prozeß ohne Störungen durch Fremdeinflüsse ganz auf die Anforderungen des nachgelagerten Prozesses einstellen und produzieren kann. Die Steuerung erfolgt einzig und allein über die Kanban.

Regel 4
In der Reihenfolge produzieren, in der der nachgelagerte Prozeß heranzieht

Wenn der nachgelagerte Prozeß fein gegliedert heranzieht, so führt das zu einer exakten Informationsweitergabe an den vorgelagerte Prozeß und zur Bildung eines Vertrauensverhältnisses. Dies ist notwendig, um eine positive Wirkung der Kanban zu erzielen.

Regel 5
Nur soviel produzieren, wie vom nachgelagerten Prozeß herangezogen wird

Der vorgelagerte Prozeß produziert entsprechend der vom nachgelagerten Prozeß abgezogenen Menge. Auf diese Weise werden alle Bearbeitungsstationen durch die Kanban miteinander verknüpft und synchronisiert. Alle Stationen, angefangen beim letztgelagerten Prozeß, sind wie durch eine Endloskette zeitversetzt miteinander verbunden.

Regel 6
Sobald Teile fehlen, muß dies dem vorgelagerten Prozeß bekanntgegeben werden

Sind am vorgelagerten Prozeß die Teile, die eigentlich bereitgestellt sein sollten, nicht vorhanden, so muß man in Kontakt mit dem Leiter dieser Linie treten und die Kanbankarte in einen roten Briefkasten werfen. Da das Fehlen dieser Teile im nachgelagerten Prozeß zu einem Stillstand der Linie führt, muß die Fertigung dieser Teile mit oberster Priorität aufgenommen und unter der Verantwortung des vorgelagerten Prozesses an den nachgelagerten Prozeß geliefert werden. Das Ausmaß der Verwendung dieses roten Briefkastens ist wichtig. Erfolgt eine inflatorische Verwendung, heißt dies, daß die Probleme nicht an die Oberfläche kommen. Nur bei äußerst knapp gehaltenen Pufferbeständen wird der Bedarf an Kaizen deutlich.

Regel 7
Die Kanban müssen von der Abteilung, in der sie verwendet werden, hergestellt und verwaltet werden

Regel 8
Die Kanban müssen behandelt werden wie bares Geld

Die Kanban werden durch die Höhe ihrer Umlauffrequenz mit Leben erfüllt. Ihre Verwaltung muß konsequent durchgeführt werden, d.h. man muß sich permanent für die Veränderungen der Produktionsmenge interessieren und entsprechend dieser Änderungen die Anzahl und den Inhalt der Kanban überprüfen und anpassen. Dabei kommt es darauf an, mit minimalen Beständen die Anforderungen des nachgelagerten Prozesses zu erfüllen.

Hiermit sind die acht Grundregeln erläutert. Es gibt noch eine weitere Regel, die auf keinen Fall vergessen werden darf.

Spezialregel
Schlechtteile dürfen nicht an den nachgelagerten Prozeß weitergegeben werden.

Unter dem Gesichtspunkt der Reduzierung der Herstellungskosten wäre dies der größte Fehler, den man machen könnte. Wenn ein Schlechtteil entdeckt wird, muß mit oberster Priorität alles getan werden, damit es nicht erneut zur Herstellung eines Schlechtteils kommt. Es müssen unbedingt Maßnahmen gegen das wiederholte Auftreten unternommen werden. Das gleiche gilt für mangelhafte Arbeitsabläufe, bei der die Standards nicht eingehalten werden. Dies nämlich führt ebenfalls zu Verschwendungen und der Produktion von Schlechtteilen.

Um diese acht Regeln plus der Spezialregel einzuhalten, sind außerordentliche Anstrengungen notwendig. Aber ohne das Einhalten der Regeln bringt die Einführung der Kanban nicht die Wirkung, die man sich von ihr verspricht. Auch die Maßnahmen zur Reduzierung der Herstellungskosten kommen dann nicht zum Tragen. Welche Schwierigkeiten auch immer zu überwinden sein mögen, die Regeln müssen unbedingt eingehalten werden.

Die Arten der Kanban und ihre Funktion

Jedes Unternehmen verwendet Kanban, die auf seine spezifischen Anforderungen zugeschnitten sind. Ausgehend vom letztgelagerten Prozeß werden die vorgelagerten Bearbeitungsstufen durch die entsprechenden Kanban jeweils mit ihren nachgelagerten Schritten synchronisiert und so sämtliche Produktionslinien zu einer Endloskette verknüpft. Spezielle Zukaufteilkanban dürfen erst dann eingeführt werden, wenn eine durch

12.5 Die Arten der Kanban und ihre Funktion (Teil 1)

Normalkanban (alle Prozeßstationen werden mit Hilfe der Kanban mit dem nachgelagerten Prozeß synchronisiert und wie durch eine Endloskette miteinander verbunden)

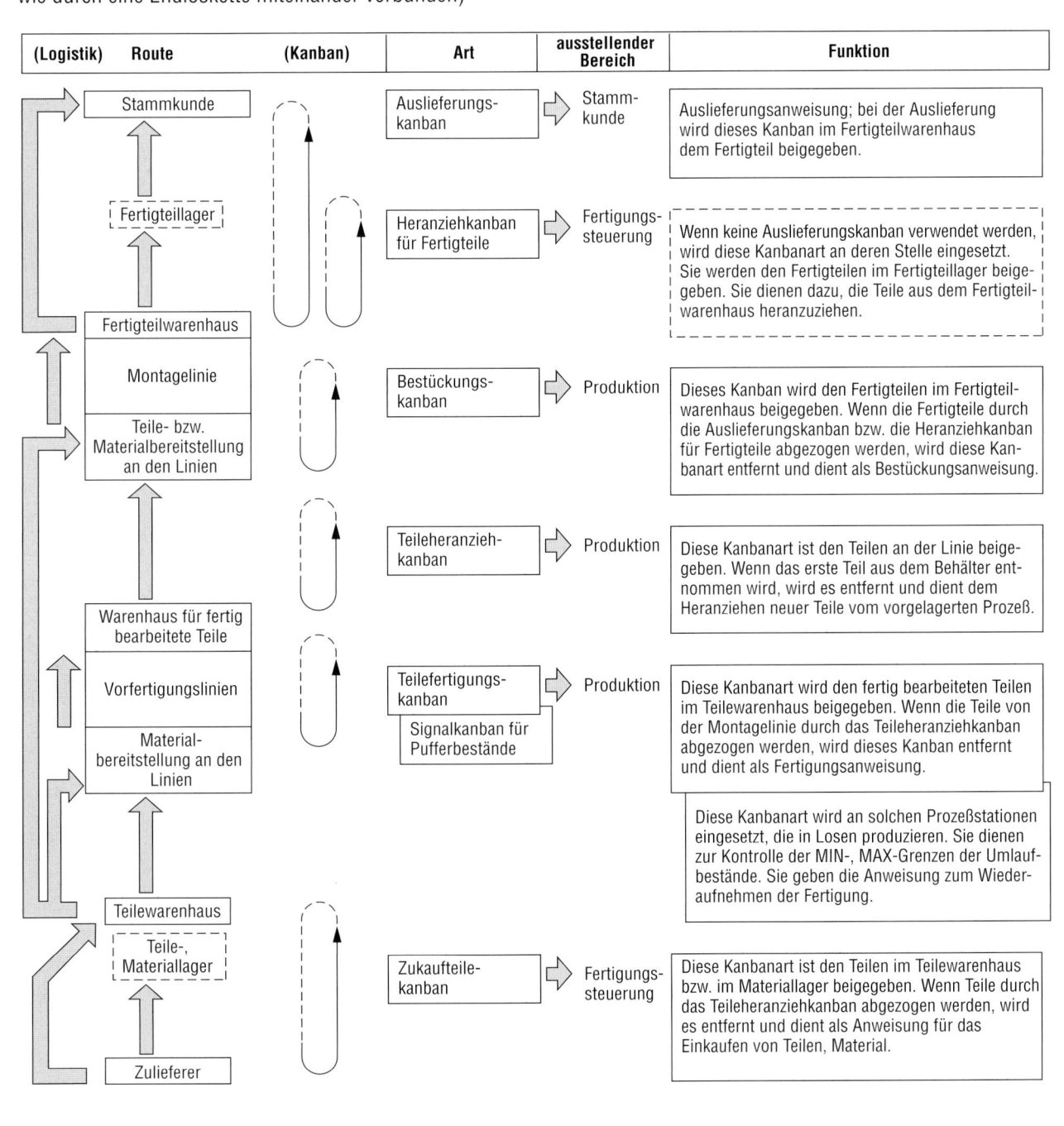

12. Schritt 12: Kanban

12.6 Die Arten der Kanban und ihre Funktion (Teil 2)

Sonderkanban

1. Spezial-kanban	1. Wagen-kanban	Die Wagen als solche werden als Kanban betrachtet. Die Anzahl der Wagen wird mit der Anzahl der Kanbankarten gleichgesetzt.
	2. Behälter-kanban	Die Behälter als solche werden als Kanban betrachtet. Die Anzahl der Behälter wird mit der Anzahl der Kanbankarten gleichgesetzt.
	3. Reservierte Plätze	Wenn eine große Typenvielfalt mit Hilfe von Hängefördersystemen transportiert wird, wird festgelegt und kenntlichgemacht, welches Teil wann wo in welcher Stückzahl aufgehängt wird. Nur die entsprechend bestimmten Teile werden aufgehängt und die reservierten Plätze erfüllen so eine Kanbanfunktion.
2. Außer-ordentliche Kanban	Ziel	Diese Kanbanart wird verwendet, wenn für einen bestimmten Zeitraum im voraus produziert werden soll. Das Kanban wird für das Managen dieser Zusatzmenge verwendet.
	Beispiele	1. Einsatzgebiet ❏ Ausgleich von Unterschieden der Arbeitstage beim Stammkunden ⇨ Vorausproduktion. ❏ Bei der regelmäßigen Kontrolle von Anlagen, großen Umbauten, Layout-veränderungen. ❏ Bei Sonderschichten aufgrund mangelnder Kapazitäten der Anlage.
	Anwendung	1. Deutliche Unterscheidbarkeit von normalen Kanban (Grund und Geltungsdauer angeben). 2. Die Anzahl der hiermit herangezogenen Teile darf sich nur um 20 Prozent erhöhen, darüber hinaus ist die Zustimmung des vorgelagerten Prozesses erforderlich. 3. Die außerordentlichen Kanban dürfen nur einmal verwendet werden. Nach dem Entfernen müssen sie sofort zum Aussteller zurückgegeben werden.
3. Begren-zungs-kanban	Ziel	Diese Kanban werden bei der Produktion von Teilen verwendet, bei denen die Entwicklung schwer abzuschätzen ist. Nur bei dieser Kanbanart werden die Teile vom vorgelagerten Prozeß geschoben. Nach dem Entfernen des Kanban wird es sofort vom Aussteller eingezogen.
	Beispiele	1. Zur Begrenzung der Produktionsstückzahlen bei Probeläufen und Anläufen neuer Produkte. 2. Bei konstruktiven Veränderungen, Modellwechseln usw., zur Produktion der letzten Charge. 3. Bei einmaliger Produktion von Ersatzteilen usw. 4. Zur Fertigung von Teilen, deren Entwicklung nicht abzusehen ist. 5. Bei der Ersatzproduktion für beanstandete Teile.
	Anwendung	1. Deutliche Unterscheidbarkeit von normalen Kanban (Ausstellungsgrund angeben, Tag der Fertigung, Montage anzeigen). 2. Da es sich um ein schiebendes Verfahren handelt, wird mit einer Kanbankarte (Durchlaufkanban) der Prozeß gesteuert. 3. Die außerordentlichen Kanban dürfen nur einmal verwendet werden. Nach dem Entfernen müssen sie sofort an den Aussteller zurückgegeben werden.

12.7 Kanbansystem

Die verschiedenen Werke und Produktionslinien werden durch die Kanban mit dem letztgelagerten Prozeß synchronisiert und wie durch eine Endloskette miteinander verbunden.

Die Kanban sind sowohl ein Fertigungssteuerungssystem als auch ein Produktionssystem ⇨ Genau diese Stückzahl müssen wir produzieren, aber darüber hinaus dürfen wir nicht produzieren. ⇨ Sie sind ein Signal dafür, wann etwas produziert bzw. transportiert werden muß.

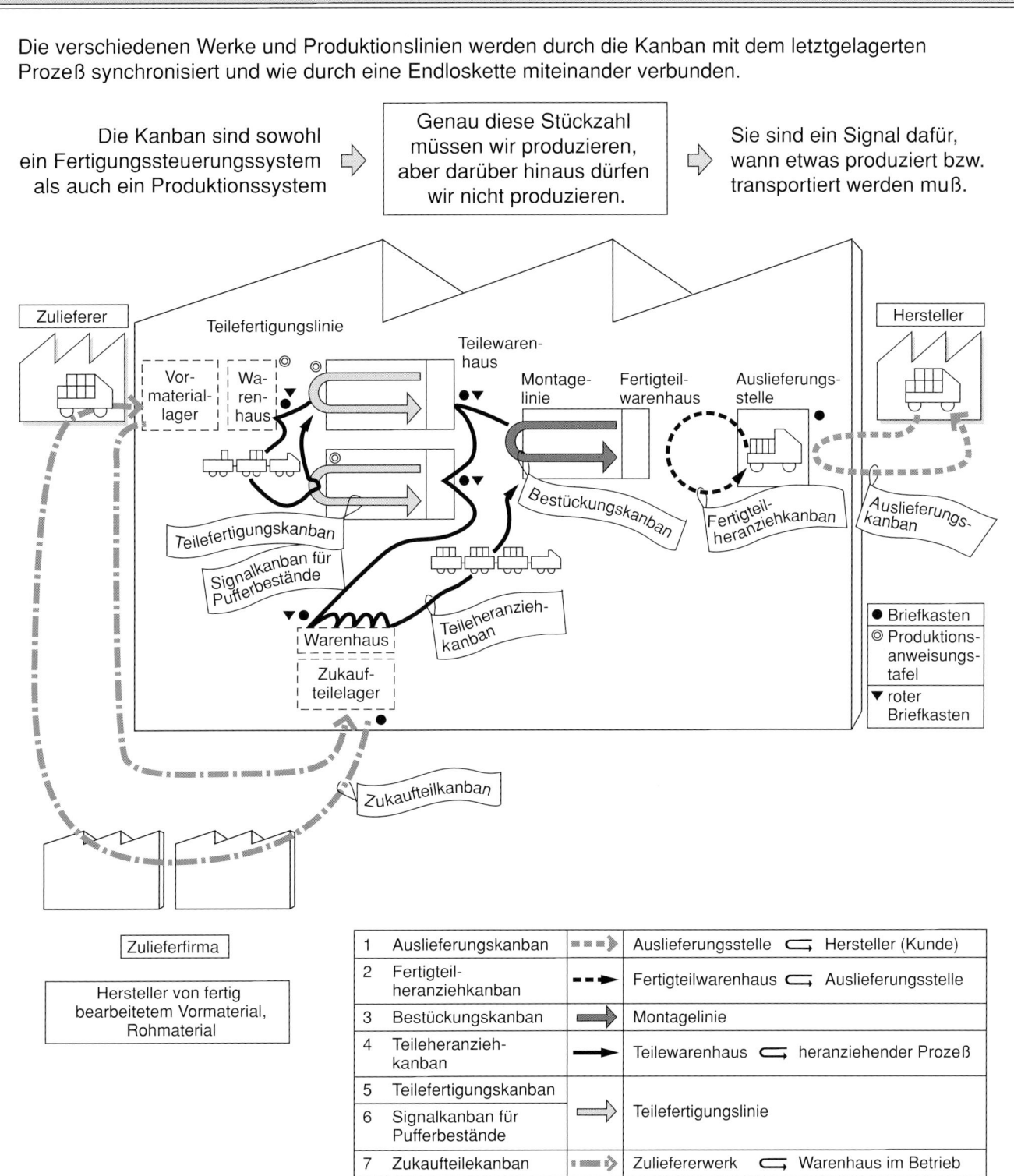

12.8 Gesamtdarstellung
Kanban – ein Werkzeug zur Reduzierung der Herstellungskosten.

1. Kanban
Die Verschwendung durch Überproduktion eliminieren, die Herstellungskosten senken.

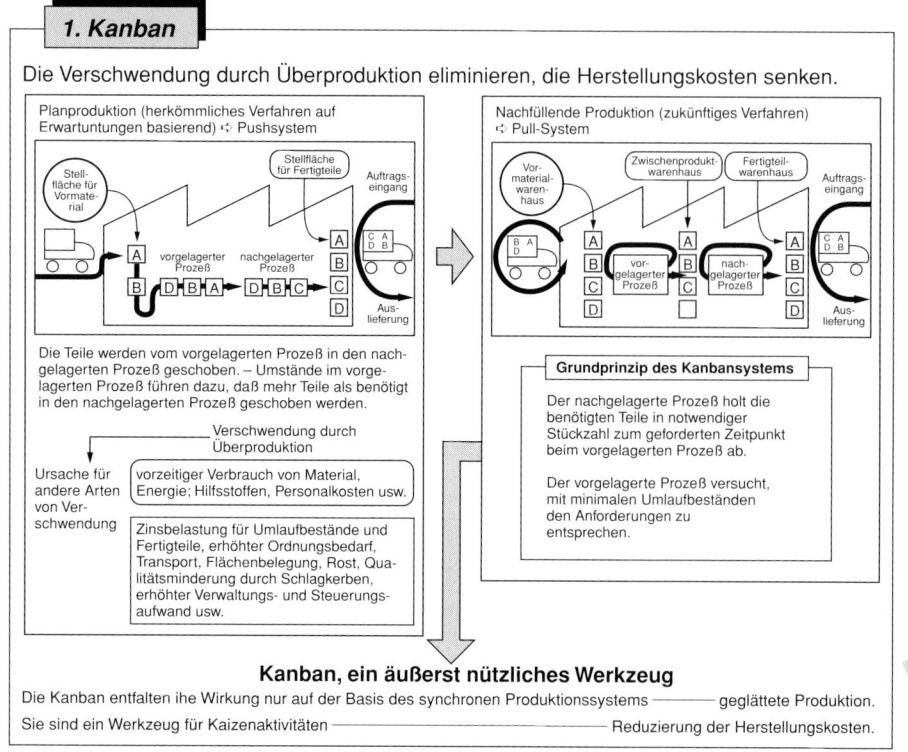

Kanban, ein äußerst nützliches Werkzeug
Die Kanban entfalten ihe Wirkung nur auf der Basis des synchronen Produktionssystems ——— geglättete Produktion.
Sie sind ein Werkzeug für Kaizenaktivitäten ——————————————— Reduzierung der Herstellungskosten.

2. Funktionen
Die drei Funktionen

1. **Arbeitsanweisung**
   Automatische und exakte Anweisung für Produktion und Transport sowie Mittel zur Feinsteuerung.

2. **Materialmanagement**
   Material- und Informationsfluß sind integriert. Dies vereinfacht die Steuerung.

3. **Werkzeug für Kaizen**
   Durch das visuelle Management des Genba wird es leichter, die Ansatzpunkte für Kaizen zu erfassen und Verschwendung zu eliminieren.

5. Arten der Kanban und ihre Funktionen (siehe Abb. 12.5 und 12.6)

Normalkanban			
Auslieferungskanban	Heranziehkanban für Fertigteile	Bestückungskanban	Teileheranziehkanban

6. Verwaltung

Die Kanban sind ein Werkzeug zur Umsetzung des synchronen Produktionssystems. Sie zirkulieren in geringer Stückzahl und spielen eine wichtige Rolle bei der Reduzierung der Umlaufbestände. Die Kanbanverwaltung muß konsequent durchgeführt werden.

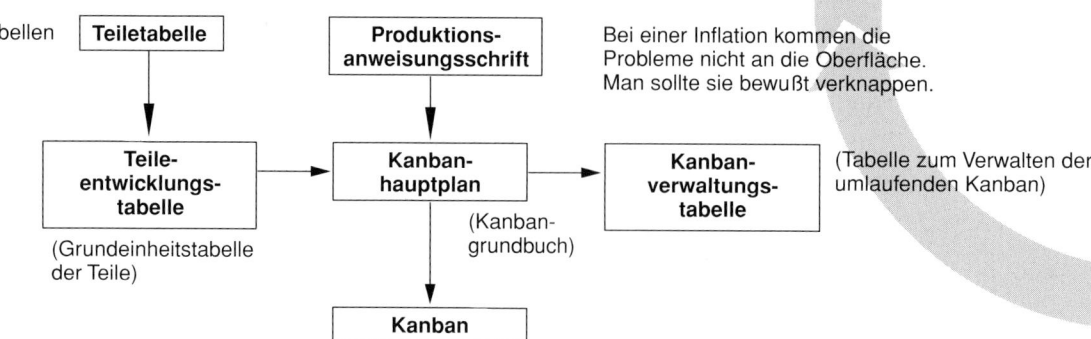

Bei einer Inflation kommen die Probleme nicht an die Oberfläche. Man sollte sie bewußt verknappen.

(Tabelle zum Verwalten der umlaufenden Kanban)

Von den hergestellten Kanban sind die tatsächlich zirkulierenden Kanban der Hauptgegenstand der Kanbanverwaltung.

Alles wird durch eine Endloskette mit dem letztgelagerten Prozeß verbunden und synchronisiert.

3. Voraussetzungen bei der Einführung der Kanban

Die 7 Voraussetzungen erkennen und schaffen.

1. Aufbau einer Fließfertigung: Der Fluß der Produktion (Maschinen, Werkstücke, Informationen, Mitarbeiter) darf nicht ins Stocken geraten.
2. Verkleinerung der Losgrößen: Reduzierung der Umrüstzeiten.
3. Nivellieren, Glätten der Produktion: Schwankungen in bezug auf Mengen und Produkttypen eliminieren.
4. Verkürzen und Vereinheitlichen der Transportzyklen: Den Transport in den Fluß integrieren.
5. Kontinuierliche Produktion: Die Zirkulation erfüllt die Kanban mit Leben.
6. Adressen bestimmen: Mit wenigen Informationen exakte Ortsbestimmungen ermöglichen.
7. Festlegen der Verpackungsform, der Behälter: Behälter sollen möglichst klein und mit möglichst wenig Teilen beladen sein.

Schlechtteile werden nicht an den nachgelagerten Prozeß weitergegeben.

4. Grundsätzliche Regeln für die Anwendung der Kanban

Diese 8 Regeln müssen unbedingt eingehalten werden (bei falscher Anwendung richten die Kanban Schaden an).

1. Jeder Behälter muß mit einer Kanbankarte versehen sein.
2. Wenn das erste Teil aus dem Behälter entnommen wird, wird die Kanbankarte in den dafür bestimmten Briefkasten gelegt.
3. Der nachgelagerte Prozeß holt sich das Material vom vorgelagerten Prozeß heran.
4. Es wird in der Reihenfolge produziert, in der der nachgelagerte Prozeß heranzieht.
5. Es wird nur die vom nachgelagerten Prozeß herangezogene Menge produziert.
6. Sobald ein Materialmangel auftritt, wird dies dem vorgelagerten Prozeß bekanntgegeben.
7. Die Kanbankarten werden von dem Bereich, in dem sie verwendet werden, hergestellt und verwaltet.
8. Man muß mit ihnen so sorgfältig umgehen, als ob es sich um bares Geld handelte.

Teilefertigungskanban	Signalkanban für Pufferbestände	Zukaufteilekanban	Spezialkanban	Begrenzungskanban

Sonderkanban: Spezialkanban, Begrenzungskanban

---

7. Roter Briefkasten

Sollten Teile, die mit einem Kanban vom vorgelagerten Prozeß herangezogen werden sollen, dort nicht vorhanden sein, kommt das Kanban in den roten Briefkasten.

Die Produktion dieser Teile hat vor allen anderen Vorrang.

Kanban im roten Briefkasten stellen ein Problem dar, ein noch größeres Problem ist es, wenn keine Kanban im roten Briefkasten sind.

8. Zirkulationsweise

1. Heranziehkanban
1. Sobald das erste Teil aus dem Behälter entnommen wird, wird die beigelegte Kanbankarte entfernt und in den dafür vorgesehenen Briefkasten gegeben. Die Restzahlanzeige wird am Behälter befestigt.
2. Durchführen der Arbeit. Zunächst werden die Behälter mit Restzahlenkennzeichnung abgearbeitet.
3. Die Leerbehälter werden zurückgeführt.
4. Einsammeln der Kanban im Briefkasten und der Leerbehälter.
5. Mit den Kanban werden die Teile aus dem Teilewarenhaus des vorgelagerten Prozesses abgezogen. Die Leerbehälter kommen auf den dafür vorgesehenen Platz.
6. Die an den Behältern im Teilewarenhaus befindlichen Kanban werden entfernt und in den dafür bestimmten Briefkasten gegeben.
7. Die mitgebrachten Kanban werden an den Behältern befestigt.
8. Die Teile werden mit dem zugehörigen Kanban in den definierten Bereichen des Warenhauses der Linie abgestellt.

2. Fertigungskanban
1. Aus dem Briefkasten des letztgelagerten Prozesses werden die vom nachgelagerten Prozeß entfernten Kanban und die Behälter eingesammelt.
2. Die eingesammelten Kanban in den Briefkasten an der ersten Station der Linie einstecken.
3. Es wird in der Reihenfolge produziert, in der die Kanban eingesteckt wurden. Das Kanban begleitet das erste produzierte Teil.
4. Wenn die auf dem Fertigteilkanban angegebene Stückzahl für den Behälter erreicht ist, wird die Kanbankarte in den Behälter gegeben und auf den definierten Platz im Warenhaus gestellt.

Kanban gesteuerte geglätte Produktion im eigenen Unternehmen vollständig realisiert wurde. Dieser Grundsatz sollte unbedingt beachtet werden. Zum tieferen Verständnis der einzelnen Aspekte der Kanban sollte man sich immer wieder Abbildungen 12.7 und 12.8 ansehen.

Auch wenn man sich bei der Einführung der Kanban zunächst sehr stark mit technisch-organisatorischen Problemen beschäftigt, darf man dabei nie das eigentliche Ziel aus den Augen verlieren, die Reduzierung der Herstellungskosten. Kanban können innnerhalb des synchronen Produktionssystems nur dann sinnvoll eingeführt werden, wenn bereits eine geglättete Produktion realisiert ist.

Deshalb sollte man sich immer wieder die Punkte 1 (Kanban), 2 (Funktionen) und 3 (Voraussetzungen bei der Einführung der Kanban) aus Abbildung 12.8 vor Augen halten.

An und für sich sollte der konkrete Umgang mit den Kanbankarten keine besonderen Schwierigkeiten bereiten. Leider ist dies nicht der Fall. Kanbankarten findet man nicht selten in Abfallbehältern, auf den Fahrwegen oder sogar in Leerbehältern, die an Fremdfirmen gehen. Der Autor mußte dies selber erleben und kann Ihnen nur wünschen, daß Sie davon nach Möglichkeit verschont bleiben.

> Kanban – ein Werkzeug zur Reduzierung der Herstellungskosten. Alle Prozesse werden mit dem letztgelagerten Prozeß synchronisiert und wie durch eine Endloskette miteinander verbunden.

Die Kanban als ein Werkzeug zum Management von Gegenständen sind ein Hilfsmittel für effizientes visuelles Management, mit dem Verschwendung durch Überproduktion eliminiert werden kann. Dadurch ist es ein wirkungsvolles Werkzeug zur Kostenreduzierung. Nur der letztgelagerte Prozeß erhält einen Produktionsplan. Die vorgelagerten Prozesse müssen sich mit diesem synchronisieren. Dort braucht man nur zu wissen, was im Moment gerade produziert werden soll (dies ist immer nur ein Stück). Und es ist hinreichend, wenn dieses Stück innerhalb der Taktzeit hergestellt wird. Dies erfordert nur wenig Informationen, im Prinzip reicht jeweils nur eine. Die anzustrebende Form ist die, bei der kontinuierlich in jeder Taktzeit eine Produktionsanweisung erscheint. In der Gesamtdarstellung über die Kanban (Abb. 12.8) werden die verschiedenen Arten der Kanban sowie ihre Funktionen konkret erläutert. Außerdem wird die Rolle des Briefkastens, insbesondere die des roten Briefkastens besonders betont.

Eine mit dem letztgelagerten Prozeß synchronisierte Endloskette

Bei der Einführung beginnt man mit den Kanban für den letztgelagerten Prozeß. Im Kanbansystem werden diese Kanban

Auslieferungskanban genannt. Der nachgelagerte Prozeß ist dabei eine weiterverarbeitende Firma, ein Einzelhandelsgeschäft, ein Handelshaus o.ä. Die Kanbankarten sind in diesem Falle Anweisungen zum Ausliefern. Diese Kanban werden mit einem anderen Ausdruck auch als Stammkundenkanban bezeichnet. Falls es sich um ein weiterverarbeitendes Unternehmen handelt, ist es wünschenswert, daß dort ebenfalls mit einem Kanbansystem gearbeitet wird, da eine geglättete Produktion die Voraussetzung für das Funktionieren der Kanban ist.

Wenn es in einem nachgelagerten Prozeß zu großen Schwankungen kommt, so erhöht sich dadurch die Belastung im vorgelagerten Prozeß. Je weiter man die Kette der vorgelagerten Prozesse hinaufgeht, desto größer werden diese Schwankungen. Dadurch werden die Prozesse gestört, und es kommt zu großen Beständen an nicht benötigten Teilen bzw. zu einem Mangel an gerade benötigten Teilen. Arbeitet der weiterverarbeitende Betrieb also nicht in geglätteter Produktion, so ist der Zulieferer gezwungen, in gewissem Ausmaß ein Fertigteillager vorzuhalten.

Schritte zur Einführung der Kanban

1. Erstellung der Teileentwicklungstabelle

Hierbei handelt es sich um eine Eltern-Kind-Zuordnungstabelle der Teile des jeweiligen Produkts. Sie stellt die Verbindung zwischen dem Produkt und den enthaltenen Teilen und damit die Grundlage für den Kanbanhauptplan dar.

2. Kanbanschnittstellen in der Prozeßkette

Hierbei geht es um die Frage, wo der Materialfluß durchtrennt (und dann wieder verknüpft) werden soll. Zwar gilt einerseits je länger der Fluß, desto besser; andererseits sollten möglichst kurze Durchlaufzeiten angestrebt werden. Es ist in der Regel richtig, den Materialfluß linienweise zu trennen.

3. Bestimmung der Kanbanart

Hier geht es um die Frage, welcher Fluß wo getrennt (bzw. wie verknüpft) und mit welchem Kanban gesteuert werden soll. Im dargestellten Kanbansystem (Abb. 12.7) werden sieben Kanbanarten verwendet. Drei Materialströme und vier Schnittstellen werden mit jeweils besonderen Kanban verknüpft.

4. Bestimmung der Produktionszyklen bzw. der Produktionseinheiten des letztgelagerten Prozesses (der Endmontagelinie)

Es kommt darauf an, inwieweit die Produktion an der Endmontagelinie bereits geglättet ist. Man sollte mit wenigstens zwei Zyklen beginnen (d.h. zweimalige Produktion pro Tag). Für die Produktionseinheit gilt, je kleiner, desto besser. Man muß hierbei natürlich die Gebindegröße für die Auslieferung berücksichtigen, da sonst Verschwendung durch Umpacken entsteht.

5. Bestimmung der Behälter und der enthaltenen Stückzahl

Hierbei wird entschieden, in welchen Behälter wieviel Teile kommen.

6. Adressenbestimmung

Für jedes Produkt bzw. Teil wird eine ihm eigene Adresse festgelegt. Es wird bestimmt, wo das fertige Teil abgestellt wird und wo die benötigten Teile abgeholt werden können.

7. Bestimmung der Anzahl der Kanban

Es wird die notwendige Mindestmenge der umlaufenden Kanban festgelegt. Es werden allerdings einige Kanban mehr als Reserve erstellt.

8. Erstellung der Kanban

Alle die Produkte bzw. Teile betreffenden notwendigen Aspekte werden aufgeführt. Handschriftliche Eintragungen sind auf jeden Fall zu vermeiden.

9. Herstellen und Aufstellen des Zubehörs

Die Regale, Briefkästen und Kennzeichnungen werden an den dafür vorgesehenen Stellen aufgestellt bzw. angebracht.

10. Schulung und Einführung

Die Einführung des Kanbansystems kann zunächst anhand dieser Leitlinien erfolgen. Am Anfang erscheint der Transport der Kanban verhältnismäßig aufwendig. Die Bestände werden erst nach einer Eingewöhnungsphase zurückgehen. Aber die Probleme der vorgelagerten Prozesse werden sofort sichtbar. Sobald man mit konkreten Kaizenmaßnahmen (flexibler Mitarbeitereinsatz, Reduzierung der Bestände) beginnt, kommt die Wirkung der Kanban zum Tragen. Die Einführung von Zukaufteilekanban zwischen dem eigenen Werk und dem Zulieferer darf erst dann erfolgen, wenn das Kanbansystem im eigenen Werk sicher funktioniert.

Fertigteilheranziehkanban

Dort, wo Auslieferungskanban verwendet werden, ist die Notwendigkeit für den Einsatz dieser Kanbanart gering. Da aber Pläne häufig verändert werden, finden die Fertigteilheranziehkanban in der Regel doch Verwendung.

Die Präzision der Fertigungsplanung ist für eine geglättete Produktion, das ist eine Produktion mit hoher Zykluszahl, ausschlaggebend. Das Glätten gilt sowohl für die Produktart als auch für die Stückzahlen. Wenn notwendig, wird der Heranziehtermin nach vorne verlegt. Vom Kanban müssen starke Impulse (Initiativen) ausgehen. Gültige Anweisungen erfolgen ausschließlich durch Kanban, und zwar immer erst im allerletzten Moment.

Die Anzahl der umlaufenden Kanban wird durch die Leistungsfähigkeit der Produktionslinien bestimmt. Solange zwischen der Leistungsfähigkeit der geglätteten Produktion und den Anforderungen des Kunden eine Differenz be-

12.9 Fertigteilheranziehkanban

Funktion

Diese Kanbanart wird dort verwendet, wo keine Auslieferungskanban eingesetzt werden bzw. wo diese starken Schwankungen unterliegen. Die Abteilung für Fertigungsplanung tritt an die Stelle des Stammkunden und zieht die Teile heran. Entscheidend ist, daß dadurch **die Produktion nivelliert bzw. geglättet wird**. (Mit dieser Kanbanart soll daneben gewährleistet werden, daß die Produkte bis zum Tag der Auslieferung gefertigt werden.)

Verwendung

1. Sie sind den Fertigteilen an der Auslieferungsstelle beigegeben.
2. Diese Kanban werden bei der Auslieferung an den Stammkunden entfernt.
3. Die entfernten Kanban werden von der Fertigungsplanung eingezogen.
4. Die eingezogenen Kanban werden beim nächsten Heranziehen von Teilen aus dem Montagewarenhaus eingesetzt, welches auf der Grundlage einer geglätteten Fertigteilheranziehanweisung erfolgt.
5. Wenn die Fertigteile aus dem Fertigteilwarenhaus der Montage herangezogen werden, werden die Bestückungskanban, die dort beigegeben sind, entfernt und in den dafür bestimmten Briefkasten gegeben. Das mitgebrachte Fertigteilheranziehkanban wird dem Fertigteil beigegeben und beides zur Auslieferungsstelle gebracht.
6. Das Fertigteil wird zu der auf der Kanbankarte angegebenen Adresse gebracht.

Festlegung der Anzahl der umlaufenden Kanban

Die Differenz der Produktion wird durch den vorweggenommenen Teil der geglätteten Produktion bestimmt.

$$\frac{\text{maximaler Lagerbestand (bestimmt durch die Differenz von Produktion und Lieferung)}}{\text{Anzahl der enthaltenen Teile pro Kanbankarte}} + \alpha$$

Lieferverzögerungen sind unter allen Umständen zu vermeiden. Der Wert α hängt vom Niveau der Montagelinie ab ($\alpha = 0$ ist anzustreben).

Farbe (himmelblau)

vorgelagerter Prozeß	Nr. des Stammkunden		Produktbezeichnung		Auslieferungsstelle
	interne Produktnummer			Typ	
	Fertigteilwarenhaus				Stammkunde
	Auslieferungsstelle				
	Behälter	Anzahl der enthaltenen Teile	Registriernummer		
Ka-001		OOOOOOO XYZ Aktiengesellschaft		Fertigteilheranziehkanban	

steht, wird diese durch einen entsprechenden Puffer an der Auslieferungsstelle ausgeglichen. Ab einer gewissen Leistungsfähigkeit sollten jedoch Mengenschwankungen von ± 10 – 20 Prozent ausgeglichen werden können. Prinzipiell muß man in der Lage sein, jederzeit das geforderte Produkt produzieren zu können. Daher kann man von einer angemessenen Anzahl eines bestimmten Kanban nicht reden, das Ziel besteht darin, mit einem einzigen Kanban für jedes Produkt bzw. Teil auszukommen.

Bestückungskanban

Sobald durch das Fertigteilheranziehkanban Fertigteile aus dem Fertigteilwarenhaus abgezogen werden, wird das Bestückungskanban entfernt und am Eingang der Montagelinie zu einer Bestückungsanweisung. Die Bestückungskanban werden an der Produktionsanweisungstafel am Eingang der Linie in der zeitlichen Reihenfolge des Heranziehens angebracht. Diese Tafel ist ein Mittel des visuellen Managements. Hier kann man mit einem Blick erkennen, ob die Produktion zu schnell oder zu langsam erfolgt.

Für bis zu zwölf der wichtigsten Bestückungsteile werden auf dem Kanban Teilebezeichnungen und entsprechende Angaben sowie farbliche Kennzeichnungen eingetragen. Dies erleichtert Arbeiten, die hohe Konzentration erfordern. Durch Abbildungen und Kontrolldaten auf der Rückseite können mit einem Bestückungskanban weitere wichtige Informationen bzw. Anweisungsinhalte transportiert werden. Ein nichtnivellierter bzw. geglätteter Produktionsanteil muß u.U. mit einer veränderlichen Anzahl der umlaufenden Kanban gesteuert werden.

Teileheranziehkanban

Hierbei handelt es sich um eine Anweisung für den Teiletransport. Die Behälter mit Restzahlanzeige, die später behandelt werden, und die Behälter mit Teileheranziehkanban werden an den dafür vorgesehenen Plätzen an der Linie bereitgestellt. Zunächst werden die Behälter mit der Restzahlanzeige leergearbeitet. Anschließend werden die Teile aus dem Behälter mit dem Kanban entnommen. In diesem Moment wird der Teileheranziehkanban entfernt und damit zu einer Transportanweisung.

Bei der Festsetzung der Anzahl der umlaufenden Kanban geht man normalerweise von einem Richtwert von zwei Stunden aus (man verwendet Behälter, in die nichts mehr hineinpaßt). Besser ist ein kürzerer Richtwert von einer Stunde oder 30 Minuten. Im Prinzip sollte nur eine umlaufende Kanbankarte verwendet werden. Bei häufig verwendeten Teilen können es zwei bis drei Karten sein. Diese Kanbanart wird in der einfachen Form für Schrauben, Muttern, Unterlegscheiben und andere Kleinteile eingesetzt. Mittelgroße oder große Teile sollten möglichst satzweise herangezogen werden, wobei spezielle Formate verwendet werden. Grundsätzlich sollten Kanban gelb oder andere auffallende Farben besitzen.

12.10 Bestückungskanban

Funktion

Diese Kanbanart ist den Fertigteilen im Fertigteilwarenhaus beigelegt. Beim Heranziehen der Fertigteile werden sie entfernt und dadurch zur Montageanweisung.

Verwendung

1. Entsprechend der Reihenfolge des Heranziehens läßt man diese Kanban vom Kopf der Montagelinie einzeln durchlaufen (Produktionsanweisungstafel).
2. Die Vorschriften für das Heranziehen der Fertigteile spielen eine wichtige Rolle. Auch solche Teile, die nur einmal am Tag ausgeliefert werden, werden in mehrere Teilmengen zerlegt und produziert (Glätten der Produktion).
   2 Zyklen ➪ 4 Zyklen ➪ 8 Zyklen ➪ 16 Zyklen (Erhöhen der Zyklen anstreben).
3. Da es an Montagelinien viele zu bestückende Teile gibt, sollte jedes auf der Kanbankarte mit einer Nummer und einer entsprechenden Farbe gekennzeichnet sein, um dadurch die Montage zu erleichtern.
4. Es kommt vor, daß die Produktionseinheit von der Anzahl der im Behälter enthaltenen Teile abweicht. In solchen Fällen wird im unteren freien Feld die Produktionseinheit eingetragen.

Festlegung der Anzahl der umlaufenden Kanban

Stückzahl für einen Produktionszyklus + Stückzahl, die nicht durch Nivellieren/Glätten erfaßt werden (Tagesmanagement)

↳ zum Beispiel

1 Tagesmenge wird in 4 Teilmengen produziert (4 Zyklen) = $\dfrac{\text{Produktionsstückzahl eines Tages}}{\text{Anzahl der Teile pro Kanbankarte}} \times \dfrac{1}{4}$

Farbe (weiß)

| Nr. des Stammkunden | | Produktbezeichnung | | Montagelinie |
| interne Produktnummer | | | Typ | |

Fertigteilwarenhaus

Montageteilebezeichnung beginnend mit der niedrigsten Bearbeitungsstufe

Numerierung

	Welle	Kabel							
5	8	14							

farbliche Absetzung

Produktionseinheit eintragen

Stammkunde	Behälter	Anzahl der enthaltenen Teile	Registriernummer	Produktionseinheit	
		5		5	

Ka-002   OOOOOOO XYZ Aktiengesellschaft   Bestückungskanban

12. Schritt 12: Kanban

12.11 Teileheranziehkanban

Funktion

Immer dann, wenn ein vorgelagerter Prozeß nicht in der Lage ist, die von der Montagelinie benötigten Teile exakt in der richtigen Reihenfolge zuzuführen, muß im nachgelagerten Prozeß ein kleines Warenhaus eingerichtet werden. Nur die jeweils entnommenen Teile werden nachgefüllt. Die für dieses Nachfüllen verwendete Kanbanart nennt man Teileheranziehkanban.

Verwendung

1. Wenn der Werker an der Linie das erste Teil aus dem Behälter nimmt, wird das Kanban entfernt und in den Briefkasten gegeben.
2. Anschließend werden mit Hilfe dieser entfernten Kanbankarte im angegebenen Warenhaus des vorgelagerten Prozesses die nachzufüllenden Teile abgeholt.
   Das Kanban wird den abgeholten Teilen beigegeben und beides am heranziehenden Prozeß bereitgestellt.
3. Der Logistiker sammelt mehrmals täglich zu festgelegten Zeiten aus den jeweiligen Briefkästen die darin enthaltenen Kanban ein, um dann die Teile aus den entsprechenden Warenhäusern heranzuholen. Dies alles erfolgt auf der Grundlage der angegebenen Adressen.

Festlegung der Anzahl der umlaufenden Kanban

Prinzip: Der Abstand zwischen dem Heranziehen darf bei einer umlaufenden Kanbankarte maximal 2 Stunden betragen.

$$\left(\frac{\text{tägliche Produktionszahl (Stück)}}{\text{Anzahl der Teile pro Kanbankarte (Stück)}} \times \frac{\text{Zeitabstand beim Heranziehen (Stunden)}}{\text{Arbeitszeit (Stunden)}} \right)$$

Farbe (gelb)

vorgelagerter Prozeß	Produktnummer		heranziehender Prozeß
	Produktbezeichnung		
	Teilewarenhaus		
	heranziehender Prozeß		Auswahlnummer
	Behälter	Anzahl der enthaltenen Teile	Registriernummer	
Ka-003		OOOOOOO XYZ Aktiengesellschaft	Teile-Heranziehkanban

Teilefertigungskanban

Hierbei handelt es sich um Fertigungsanweisungen. Sie gleichen im Prinzip den Bestückungskanban und den Signalkanban für Pufferbestände. Teilefertigungskanban werden entfernt, sobald die Teile aus dem Teilewarenhaus abgezogen werden. Sie werden in der Reihenfolge, in der abgezogen wurden, an der Produktionsanweisungstafel angebracht. Bis zu einem gewissen Grade können hier Arbeitsabläufe gebündelt werden.

Die Anzahl der umlaufenden Kanbankarten steht in der Tabelle, aber auch hier handelt es sich nur um einen Richtwert. Diese Anzahl wird in Abhängigkeit von der Umrüstfähigkeit und den Durchlaufzeiten bestimmt. Kaizenmaßnahmen müssen zu einer Reduzierung der Anzahl der umlaufenden Kanbankarten führen.

Restzahlanzeige

Wenn die auf der Kanbankarte angezeigte Stückzahl im Behälter nicht erreicht wird, wird eine Restzahlanzeige angebracht. Dies ist etwas grundsätzlich anderes als ein Kanban. Behälter mit einer Restzahlanzeige müssen mit erster Priorität abgearbeitet werden. Wird dies nicht konsequent durchgehalten, wird die Linie bzw. das Warenhaus binnen kurzer Zeit mit Restzahlbehältern überflutet. Dabei gibt es zwei Möglichkeiten:

1. Verwendung von Teilen, die durch Kanban herangezogen wurden

Es wurde gerade erwähnt, daß zunächst die Behälter mit einer Restzahlanzeige leergearbeitet werden sollen. Sobald ein Teil aus einem Behälter mit einem Kanban entnommen wird, wird eine Restzahlanzeige am Behälter angebracht. Sind keine Teile mehr vorhanden, wird die Restzahlanzeige dort abgelegt, wo die Teile normalerweise bereitgestellt werden.

2. Fertigung und Bestückung

Wenn überhaupt sollten Schlechtteile am Ort ihrer Entstehung repariert werden. Sind allerdings keine Nacharbeiten mehr möglich und müssen viele Bearbeitungsstationen durchlaufen werden oder müssen beim nochmaligen Durchlaufen neue Teile eingesetzt werden, so muß das so hergestellte Produkt auf einer gesonderten Fläche für Restzahlen abgestellt werden (es darf auf keinen Fall ins Warenhaus). Diese Produkte können aus Restzahlbehältern zu regulären Behältern ergänzt werden.

Briefkästen und rote Briefkästen

Die Briefkästen haben eine große Bedeutung für das visuelle Management und die Synchronisierung der Produktion. Eigentlich hätte dieses Thema erst im Abschnitt »Begrenzungskanban« erläutert werden sollen, aber ich nehme mir die Freiheit, es hier vorwegzunehmen. Denn ohne Briefkästen ist ein Kanbansystem nicht denkbar.

12.12 Teilefertigungskanban

Funktion

Mit Hilfe dieser Kanbanart werden Produktionsanweisungen an die mechanische Vorfertigung, an Pressen, an die Oberflächenbehandlung usw. gegeben (es ist empfehlenswert, die Bezeichnung der Prozeßstationen, die Arbeitsbedingungen, die Werkzeugnummer, die Bedingungen bei der Wärmebehandlung auf der Rückseite einzutragen). Wenn die Prozeßstationen nebeneinanderstehen´, soll die Zahl der Kanbanarten möglichst klein gehalten werden. Man sollte anstreben, mit einer Kanbankarte den gesamten Materialfluß vom Rohmaterial bis zum fertig bearbeiteten Teil zu steuern (Reduzierung der Durchlaufzeit).

Verwendung

1. Diese Kanban sind den fertig bearbeiteten Teilen im Teilewarenhaus beigelegt.
2. Bei dem Heranziehen durch den nachgelagerten Prozeß werden diese Kanban von den fertig bearbeiteten Teilen entfernt und in den Briefkasten gegeben.
3. Die Briefkästen werden in regelmäßigen Abständen geleert und die Kanban in der Reihenfolge, in der sie herangezogen wurden, an den Kopf der Linie gegeben (Produktionsanweisungstafel).
4. Durch die auf der Produktionsanweisungstafel enthaltenen Kanban werden mit Hilfe weiterer Teileheranziehkanban die Teile (Vormaterial etc.) vor den heranziehenden Prozeßstationen bereitgestellt und in der entsprechenden Reihenfolge bearbeitet.
5. Die Kanban werden dem ersten bearbeiteten Teil beigegeben. Wenn die Bearbeitung beendet ist, werden sie zusammen mit den fertig bearbeiteten Teilen zu dem auf der Kanbankarte angegebenen Teilewarenhaus gebracht.

Feststellung der Anzahl der umlaufenden Kanban

$$\frac{\text{tägliche Produktionszahl (in Stück)}}{\text{Anzahl der Teile pro Kanbankarte (Stück)}} \times \frac{\text{Zeitabstand beim Heranziehen + Durchlauf an der Prozeßstation (Stunden)}}{\text{Arbeitszeit (Stunden)}} + \alpha$$

Im Prinzip 1 Karte

Farbe (rosa)

vorgelagerter Prozeß	Produktnummer		nachgelagerter Prozeß
	Produktbezeichnung		
Bezeichnung der Prozeßstation	**Teilewarenhaus**		Auswahlnummer
	Behälter	Anzahl der enthaltenen Teile / Registriernummer	
Ka-004	OOOOOOO XYZ Aktiengesellschaft		Teilefertigungskanban

214   Das synchrone Produktionssystem

12.13 Restzahlanzeige

Bei der Verwendung der Kanban ist die Anzahl der in einem Behälter enthaltenen Teile genau festgelegt. Wird diese Zahl nicht erreicht, wird eine Restzahlanzeige angebracht. Der Behälter kommt nicht ins Warenhaus.

Dies ist der Fall, wenn
1. bereits ein Teil aus dem Behälter entnommen wurde.
2. bei Beendigung der Arbeit die durch das Kanban festgelegte Stückzahl für den Behälter nicht erreicht wurde (Schlechtteile, Materialmangel).

Es handelt sich hierbei lediglich um eine Materialkennzeichnung.

Da es sich nicht um ein Kanban handelt, zirkuliert es auch nicht.

Wenn möglich, den Behälter schnell bis zur festgelegten Anzahl auffüllen und ins Warenhaus stellen.

① Sobald das erste Teil aus einem Behälter entnommen wurde, wird das Kanban entfernt und in den Briefkasten gegeben. Danach wird der Behälter mit einer Restzahlanzeige versehen.

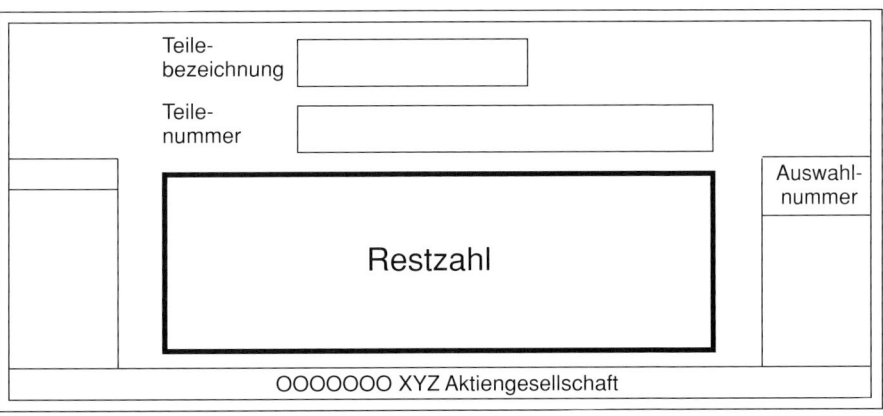

Das Bewältigen von Ausnahmesituationen und Störungen ist die Hauptaufgabe für das Management am Genba. Die roten Briefkästen dienen im Kanbansystem der Bewältigung von Abweichungen.

Kommt ein Kanban in den roten Briefkasten, ist das ein Problem, kommt kein Kanban, so ist dies allerdings ein noch größeres Problem.

Es gibt kein Kanbansystem ohne rote Briefkästen. Mit seiner Hilfe wird der gesamte Kaizenbedarf erschlossen. Auf die Einführung eines Kanbansystems ohne rote Briefkästen sollte man besser gleich verzichten.

12.14 Briefkästen

Funktion

Notwendigkeit der Briefkästen

Wenn der Werker das erste Teil aus dem Behälter entnimmt, entfernt er die Kanbankarte (wichtige Regel). Hierzu ist es notwendig, daß jeder Werker in Griffweite einen entsprechenden Briefkasten hat.
Der Logistiker kommt in bestimmten Zeitabständen bzw. dann, wenn festgelegte Mengen erreicht sind, vorbei, um alle Kanbankarten und Behälter einzusammeln und holt aus dem Warenhaus des vorgelagerten Prozesses neue Teile.
Da die beiliegenden Kanban wieder entfernt werden, braucht man auch dort einen Briefkasten für die entfernten Kanban.

Ein wichtiges Werkzeug zur Arbeitsanweisung und zum visuellen Management.

Arbeitsanweisung = Transportanweisung oder Fertigungs-/Montageanweisung

1. Heranziehkanban
(Auslieferung, Fertigteile heranziehen, Teile heranziehen, Teile zukaufen)

2. Fertigungskanban
(Bestücken, Teilefertigung, Signal für Pufferbestände)

① Wenn das erste Teil aus dem Behälter verwendet wird, wird das beiliegende Kanban entnommen und in den Briefkasten gelegt (Werker).

① Aus dem Briefkasten am Ausgang der Linie werden die vom nachgelagerten Prozeß entfernten Kanban und die Behälter eingesammelt (Meister).

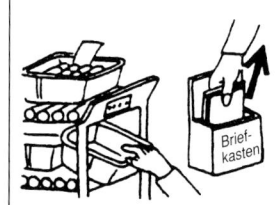

④ Die in dem Briefkasten enthaltenen Kanban und die Leerbehälter werden eingesammelt (Logistiker).

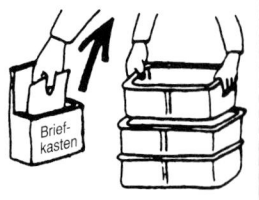

② Die eingesammelten Kanban werden an der Produktionsanweisungstafel der ersten Bearbeitungsstation der Linie eingesteckt (Meister).

⑥ Die in den Behältern im Teilewarenhaus des vorgelagerten Prozesses befindlichen Kanban werden entfernt und in den dafür vorgesehenen Briefkasten gelegt (Logistiker).

③ Es wird in der Reihenfolge, in der die Kanbankarten eingesteckt wurden, produziert. Dem jeweils ersten Teil wird ein Kanban beigegeben (Werker).

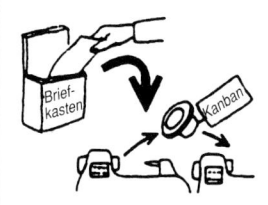

Der Briefkasten ermöglicht die Zirkulation der Kanban.
Ohne Briefkasten gibt es keine Zirkulation.

(Wer?)

12.15 Roter Briefkasten

Man kann ihn auch als Notfall- oder Dringlichkeitsbriefkasten bezeichnen. Im Rahmen des visuellen Managements der Kanban ist er ein wichtiges Werkzeug zur **Bewältigung bei Abweichungen vom Standard.**

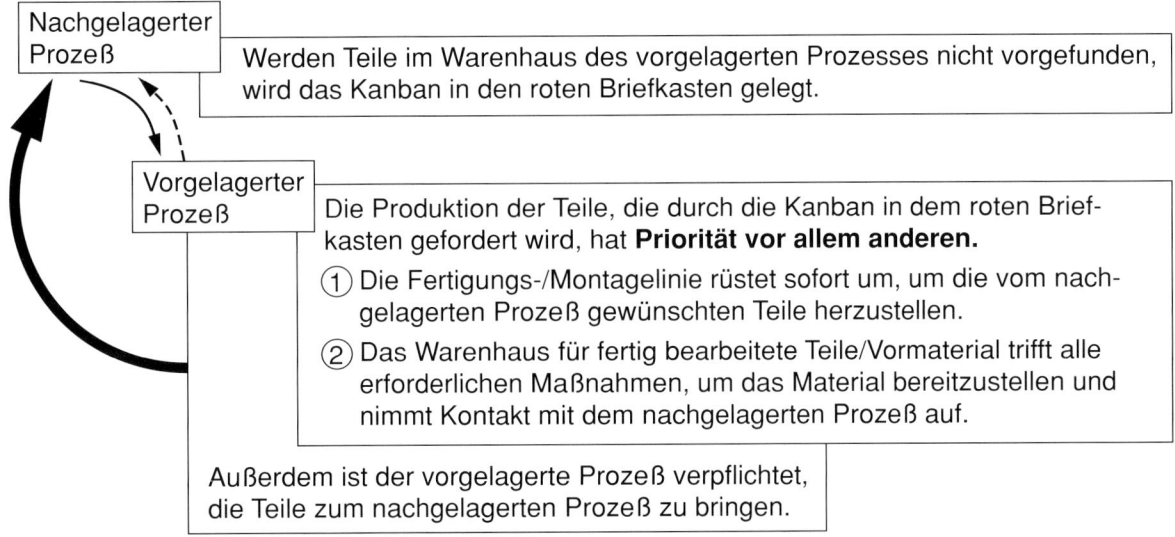

Werden Teile im Warenhaus des vorgelagerten Prozesses nicht vorgefunden, wird das Kanban in den roten Briefkasten gelegt.

Die Produktion der Teile, die durch die Kanban in dem roten Briefkasten gefordert wird, hat **Priorität vor allem anderen.**

① Die Fertigungs-/Montagelinie rüstet sofort um, um die vom nachgelagerten Prozeß gewünschten Teile herzustellen.

② Das Warenhaus für fertig bearbeitete Teile/Vormaterial trifft alle erforderlichen Maßnahmen, um das Material bereitzustellen und nimmt Kontakt mit dem nachgelagerten Prozeß auf.

Außerdem ist der vorgelagerte Prozeß verpflichtet, die Teile zum nachgelagerten Prozeß zu bringen.

Wenn Kanbankarten in den roten Briefkasten kommen, ist dies zwar ein Problem, es ist allerdings ein noch größeres Problem, wenn überhaupt keine hineinkommen.

Wenn es zu viele Kanbankarten gibt (die Bestände in den Warenhäusern also zu hoch sind), so wird der rote Briefkasten, obwohl vorhanden, nicht verwendet. Kommt ein Kanban in den roten Briefkasten, zeigt dies die Notwendigkeit für Kaizen.

Die Ziele des synchronen Produktionssystems bestehen in der Reduzierung der Durchlaufzeiten, der Reduzierung der Umrüstzeiten und der Eliminierung von Schlechtteilen sowie Maschinenstörungen usw.

Wenn die Umlaufbestände nicht reduziert werden, hat das **Einführen und die Verwendung von Kanban keinen Sinn (Werkzeug für Kaizen).**

Kanban und Fertigungsplanung

Der Fertigungsplan wird auf der Grundlage der erwarteten Produktionsentwicklung aufgestellt. Es werden Taktzeiten festgelegt und entsprechende Vorbereitungen getroffen. Bei der Arbeit am Genba erfolgen dann jedoch alle Anweisungen über Kanban. Für den Genba existiert kein Produktionsplan. Für ihn gibt es nur die Bedürfnisse des nachgelagerten Prozesses. Dieser gibt für den vorgelagerten Prozeß sämtliche Anweisungen für Fertigung und Transport. Informationen über Störungen, Veränderungen am nachgelagerten Prozeß werden dadurch einfach und unmißverständlich, darüber hinaus exakt und zeitgenau an den vorgelagerten Prozeß übermittelt. Zudem erfolgen die Anweisungen durch die Kanban automatisch.

Das Ziel der Kanban besteht darin, Überproduktion zu verhindern

Der schlimmste Fehler bei der Produktion von Waren ist die Überproduktion. Dazu zählt auch das Herstellen nichtbenötigter Teile und zu frühes Produzieren. Um ein Produktionssystem aufzubauen, welches zu jeder Zeit in der Lage sein soll, das gerade Geforderte zu produzieren, ist es unerläßlich, Überproduktion zu verhindern.

Das Heranziehen des nachgelagerten Prozesses bedeutet für den vorgelagerten Prozeß eine Produktionsanweisung. Besteht hierbei kein Vertrauensverhältnis, entwickelt sich eine starke Tendenz zur Überproduktion und damit zu überflüssigen Beständen. Dies führt zu Verschwendung und wird zu einer Ursache für den Zerfall des Systems insgesamt. Dies unterstreicht die große Bedeutung des gegenseitigen Vertrauens.

Beim Kanbansystem kommt es entscheidend darauf an, inwieweit es gelingt, auf der Basis eines wechselseitigen Vertrauensverhältnisses Überproduktion zu verhindern.

Signalkanban für Pufferbestände

Solange das Umrüsten an Pressen, mechanischen Bearbeitungsstationen, Spritzgußanlagen für Kunststoffteile, an Schmiede- und Gießstraßen zeitaufwendig ist, muß in Losen produziert werden. Hierbei muß der Zeitpunkt für die Produktion angewiesen werden. Dazu dient das Signalkanban für Pufferbestände (eine andere Bezeichnung hierfür lautet Dreieckskanban, was von der dreieckigen Form dieser Art von Kanban herrührt). Wichtig ist,

❏ daß für die fertig bearbeiteten Teile, die in das Teilewarenhaus gelangen, das »first in, first out«-Prinzip eingehalten wird, und

❏ daß der Pufferbestand, der zur Überbrückung der Umrüstzeit notwendig ist, langsam aufgebaut wird. Das zu seiner Produktion notwendige Material darf auf keinen Fall mit einem Mal vom vorgelagerten Prozeß abgezogen werden.

In Kapitel 5 ist dieses Thema bereits behandelt worden. Man lese den entsprechenden Abschnitt.

Zukaufteilekanban

Diese Kanbanart wird auf der Grundlage einer Abmachung zwischen zwei Firmen bzw. zwei Werken verwendet. Der Transport wird dadurch gesteuert. Ein entscheidender Punkt ist der Anlieferungszyklus. Die Sicherheitsmarge wird durch die Verfügbarkeit der Bearbeitungsstationen und die Schwankungen der Kanban bestimmt. Als einen sehr allgemeinen Richtwert kann man 0,2 bis

12.16 Signalkanban für Pufferbestände

Funktion

Gelingt es an Pressen, mechanischen Bearbeitungsstationen, Gießerei und Schmiedeanlagen auf Grund der langen Umrüstzeiten nicht, in der Reihenfolge zu produzieren, in der der nachgelagerte Prozeß heranzieht, wird in Losen produziert.
Das Kanban, welches anzeigt, wann etwas produziert werden muß, nennt man Signalkanban für die Umlaufbestände (Dreieckskanban).

Verwendung

1. Diese Kanbanart wird an einer bestimmten Position im Teilewarenhaus angebracht (die der definierten Mindestmenge entspricht).
2. Wird beim Heranziehen durch den nachgelagerten Prozeß der Behälter erreicht, an dem das Signalkanban für die Umlaufbestände befestigt ist, wird es entfernt und an einer bestimmten Stelle abgelegt (gleiche Behandlung wie ein Briefkasten).
3. Die Reihenfolge der abgelegten Kanban gibt die Reihenfolge der Lose vor.
4. Die hergestellten Teile werden im Teilewarenhaus abgestellt. Das Signalkanban für die Pufferbestände wird wieder an der Stelle angebracht, die den Mindestbestand kennzeichnet.
5. Bei der Produktion in Losen führt es zu Überlastungen, wenn auf einmal zu große Stückzahlen von einem Teil herangezogen werden. Deshalb setzt man hier auch Sekundärkanban ein.
6. Als Sekundärkanban können normale Teileheranziehkanbans verwendet werden. Mit ihrer Hilfe werden die benötigten Teile in kleinen Chargen herangezogen, und nach und nach die benötigten größeren Stückzahlen aufgebaut.

Festlegung der Anzahl der umlaufenden Kanban

Losgröße
Die Losgröße hängt davon ab, wieviel Umrüstvorgänge pro Tag möglich sind. Man sollte sich um eine möglichst kleine Losgröße bemühen.

Mindestmenge

$$\text{Mindestmenge} = (\text{Umrüstzeit} + \text{Bearbeitungszeit}) \times \frac{\text{tägliche Produktionsmenge}}{\text{Arbeitszeit}}$$

(normalerweise die Hälfte einer Losgröße) + α

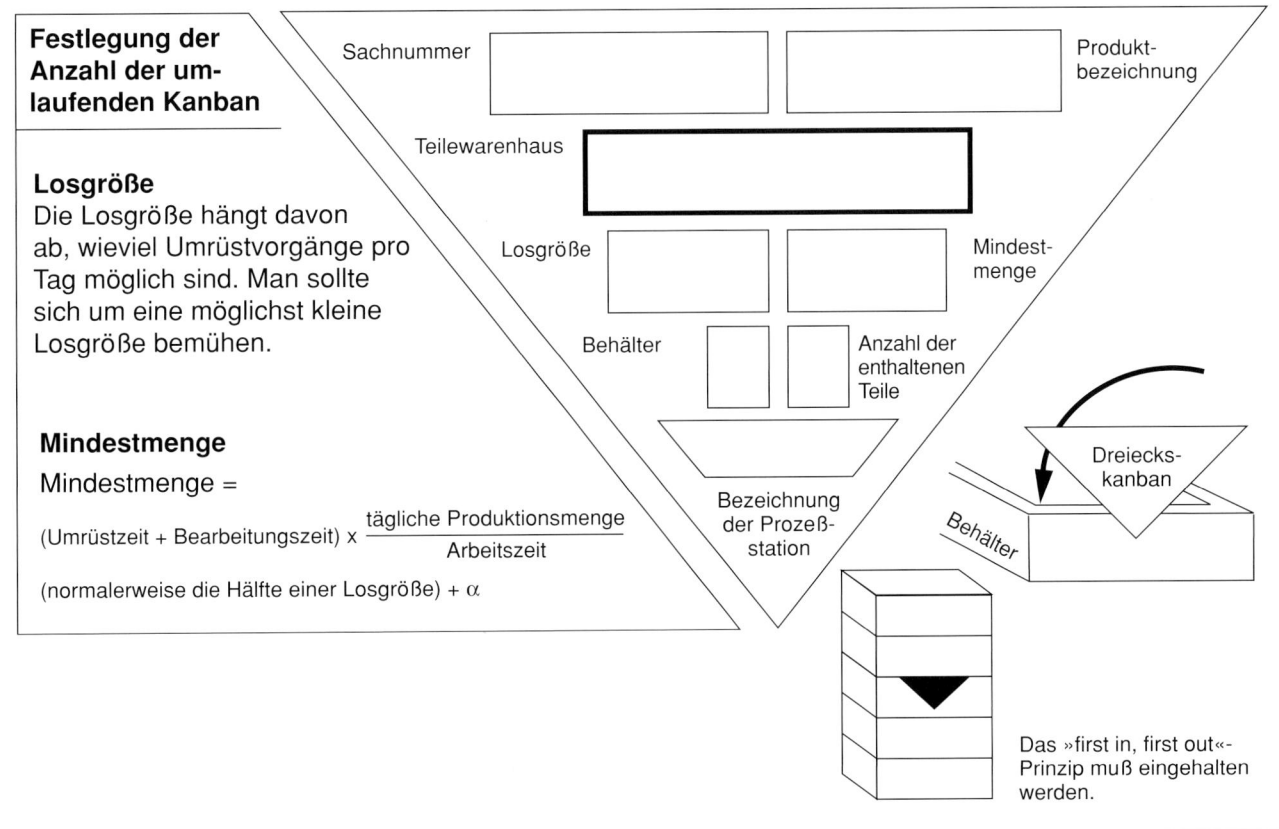

Das »first in, first out«-Prinzip muß eingehalten werden.

12.17 Zukaufteilekanban

Funktion

Diese Kanbanart dient dazu, das Heranziehen von Teilen von außerhalb des Werkes anzuweisen. Es kann sich um einen Zulieferbetrieb, ein Schwesterwerk o.ä. handeln. Das Zukaufteilekanban hat dort Vorrang vor dem Produktionsplan. Es ist eine Anweisung!

Verwendung

1. Diese Kanban ist den entsprechenden Werkstücken im Fertigteilwarenhaus des Zulieferbetriebes bzw. im Materiallager des eigenen Werkes beigegeben.
2. Wenn die Teile durch ein Teileheranziehkanban abgezogen werden, werden diese Kanban entfernt und zu einer Anweisung für das Heranziehen von Teilen bzw. Vormaterial von außen.
3. Bei der Anlieferung durch die Zulieferfirma etc. (der Anliefertermin wird vorher festgelegt) kehren die Kanban, die in dem Briefkasten für die Lieferungsanweisung waren, wieder zurück. Die Anlieferung erfolgt in den auf den Kanban angegebenen Intervallen.
4. Ein vorher angegebener Anlieferungsplan dient lediglich der Information. Die gültige Anweisung erfolgt erst durch die Kanban.

Festlegung der Anzahl der umlaufenden Kanban

$$\frac{\left(Ⓐ/Ⓑ \times Ⓒ + 1\right) + \text{Sicherheitsmarge}) \times \text{Stückzahl der Tagesproduktion}}{\text{Anzahl der Teile pro Kanban}}$$

Sicherheitsmarge = 0,1–0,3 Tage (eventuelle zeitliche Unregelmäßigkeiten beim Einsammeln der Kanban, Schwankungen der Anlieferungstermine, Zeiten für Eingangskontrolle etc.)

Anlieferintervall Ⓐ · Ⓑ · Ⓒ

Ⓐ Tagesabstand der Lieferintervalle
Ⓑ Lieferintervalle während eines Tages
Ⓒ Anzahl der Fahrten bis zum Rücklauf eines bestimmten Kanban

Farbe (orange)

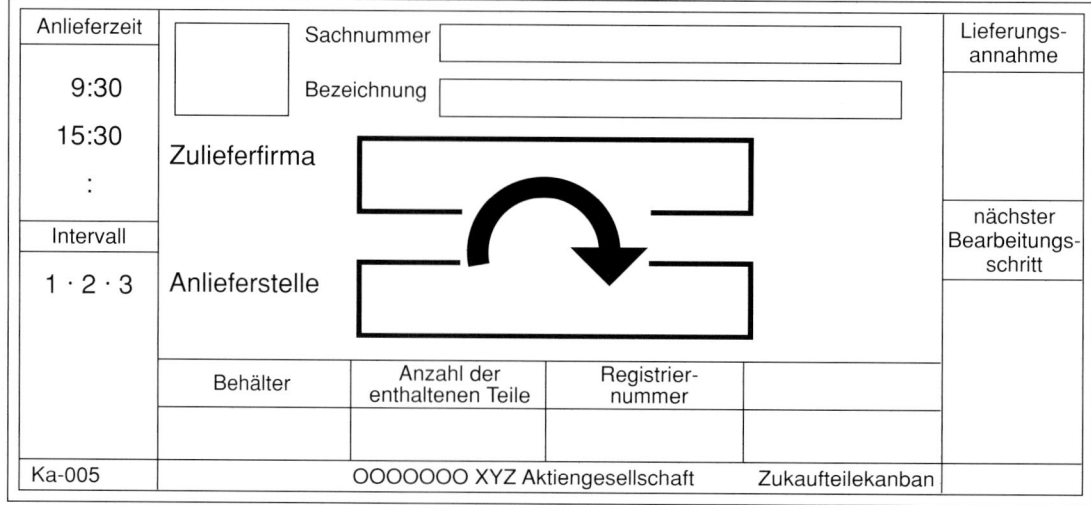

0,5 annehmen. Wichtige Punkte hierbei sind:

❏ Ist die Anzahl an Kanban, die dabei jedesmal übergeben wird, gering, hat dies große Schwankungen zur Folge. Besonders dann, wenn nur einmal pro Tag eine Übergabe stattfindet, sollte man die Stückzahl eines Behälters so festsetzen, daß pro Tag etwa 10 Kanbankarten verwendet werden.

❏ Die Kanban müssen in möglichst kurzen Intervallen zur Anlieferungsstelle gelangen und wieder zurückkehren.

❏ Der Transport sollte turnusmäßig mit gemischter Beladung erfolgen.

Außerordentliche Kanban

Die außerordentlichen Kanban werden außerhalb des normalen Arbeitsvolumens zur Regulierung der außerordentlicher Bestände (Vorausproduktion) verwendet, um einen Linienstillstand der vor- bzw. nachgelagerten Prozesse auf Grund von Materialmangel zu verhindern. Mögliche Ursachen sind unterschiedliche Arbeitstage beim Stammkunden und im eigenen Werk (Vorrat anlegen), Maschinenumbauten usw. Es muß eine Begrenzung auf 20 Prozent der normal umlaufenden Kanban erfolgen. Um eine deutliche Unterscheidung von den Normalkanban zu gewährleisten, wird eine rote diagonal verlaufende Linie aufgebracht.

Selbstverständlich müssen der Grund der Ausstellung und die Geltungsdauer deutlich vermerkt werden. Wenn der Grund der Ausstellung entfällt, muß das Kanban sofort zum Aussteller zurück. Diese Kanban werden immer nur einmal verwendet.

Begrenzungskanban

Bei den Kanban gilt das Prinzip, daß der nachgelagerte Prozeß das Material heranzieht. Die Begrenzungskanban sind die einzige Ausnahme, bei der das Material geschoben wird. Wie bereits erwähnt, lebt das Kanbansystem von der Umlauffrequenz der Kanban. Wenn nicht bis zu einem gewissen Grad kontinuierlich produziert wird, ist ein Heranziehen durch den nachgelagerten Prozeß jedoch nicht möglich. Deshalb müssen Teile, die nur einmal produziert werden, oder Produkte, deren mengenmäßige Entwicklung nicht abschätzbar ist, mit Hilfe des schiebenden Produktionsverfahrens hergestellt werden.

Da die Teile mit einer durchlaufenden Kanbankarte, die jeweils nur einmal verwendet wird, die Bearbeitungsstationen durchlaufen, erfolgt keine Bestimmung der Adressen für jede Sachnummer.

Da in diesem Falle das Bestückungskanban auch die Aufgabe des Fertigteilheranziehkanbans erfüllt, gelangt es nach Beendigung der Bestückung in das Fertigteillager. Es darf auf keinen Fall zirkulieren.

Kanbanformate

Die Kanbanformate können je nach Unternehmen in Form, Farbe und Größe

12.18 Außerordentliche Kanban

Funktion

Wenn man für einen bestimmten Zeitraum im voraus produzieren will, wird diese Kanbanart für die Zusatzmenge verwendet.

Sie wird eingesetzt
① zum Ausgleichen unterschiedlicher Arbeitstage im eigenen Werk und beim Stammkunden ⇨ Produktion im voraus;
② bei regelmäßigen Kontrollen der Anlage, großen Umbauten, Layoutveränderungen;
③ bei Produktion außerhalb der regulären Arbeitszeit auf Grund mangelnder Anlagenkapazitäten.

Verwendung

1. Diese Kanbanart wird von der Abteilung hergestellt und gemanagt, die diese auch einsetzt.
2. Sie muß sich äußerlich deutlich von normalen Kanban unterscheiden (Begründung der Ausgabe und Gültigkeitsdauer unbedingt angeben).
3. Die Zirkulation erfolgt in gleicher Weise wie bei normalen Kanban, aber sie wird streng auf einen Zyklus begrenzt. Nach ihrem Entfernen dürfen sie nicht ein zweites Mal an den vorgelagerten Prozeß gelangen. Sie müssen sofort an die ausstellende Stelle zurückgegeben werden.
4. Teile, die durch außerordentliche Kanban herangezogen werden, dürfen nur für die geplanten Zwecke verwendet werden.
5. Die durch außerordentliche Kanban herangezogenen Teile müssen von den normal herangezogenen Teilen getrennt werden.
6. Wenn der Grund für die Ausstellung dieser Kanban entfällt, aber noch vorausproduzierte Bestände vorhanden sind, müssen diese vordringlich abgebaut werden.

Festlegung der Anzahl der umlaufenden Kanban

Grundsätzlich dürfen nicht mehr als 20 Prozent bezogen auf die normal umlaufenden Kanban ausgestellt werden. Bei Überschreiten dieser Grenze muß das Einverständnis des vorgelagerten Prozesses eingeholt werden.

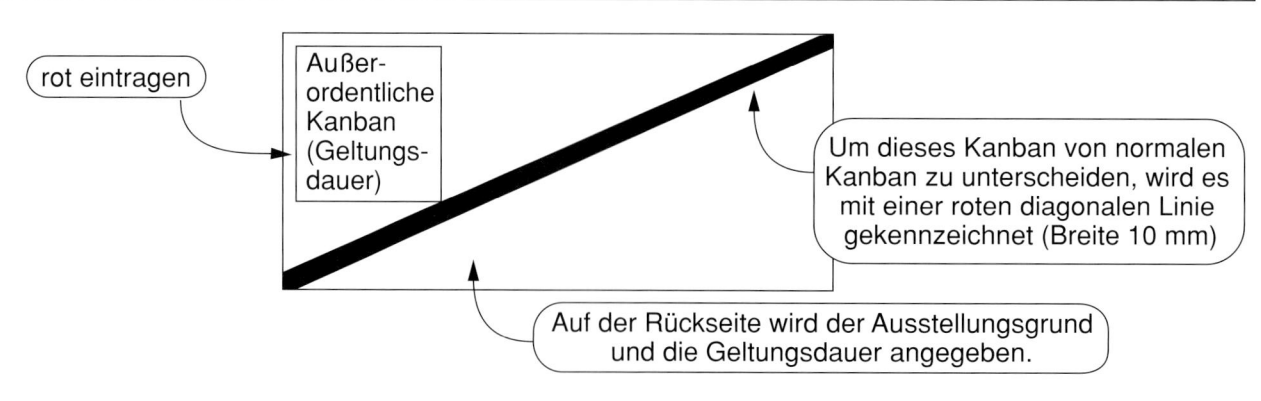

12.19 Begrenzungskanban

Funktion

Bei einmaligen Aufträgen oder bei solchen Produkten, bei denen die Entwicklung schwer abzuschätzen ist, wird diese Kanbanart verwendet. Nur bei den Begrenzungskanban erfolgt ein Schieben durch den vorgelagerten Prozeß. Nach dem Entfernen des Kanban wird es sofort von der ausstellenden Abteilung (Fertigungssteuerung) eingezogen.

Anwendungsbereiche

① Zur Begrenzung der Stückzahlen bei Probeläufen, Anläufen neuer Produkte.
② Beim Auslaufen bestehender Modelle auf Grund konstruktiver Veränderungen usw. zur Herstellung der letzten Chargen.
③ Bei einmaliger Produktion von Ersatzteilen, Einzelteilen usw.
④ Bei Produkten, deren Entwicklung nicht abschätzbar ist.
⑤ Bei der Ersatzproduktion im Falle von Reklamationen usw.

Verwendung

1. Die ausstellende Abteilung der Begrenzungskanban ist die Fertigungssteuerung.
2. Da es sich um ein schiebendes Verfahren handelt, werden mit einem Kanban alle Prozeßstationen durchlaufen (Vormaterial, Teilewarenhaus).
3. Es existieren freie Plätze im Warenhaus für die Teile, die mit einem Begrenzungskanban vom vorgelagerten Prozeß geschickt werden.
4. Es wird nur die vom vorgelagerten Prozeß geschickte Stückzahl verarbeitet. Beim Auftreten von Schlechtteilen sofort Kontakt aufnehmen.
5. Der Tag der Fertigstellung an jeder Prozeßstation ist anzugeben (an der Managementtafel für Begrenzungskanban).
6. Auch beim Einsatz von Begrenzungskanban nivellieren.
7. Diese Kanban erfüllen die Funktionen sowohl von Bestückungskanban als auch von Teileheranziehkanban.

Festlegung der Anzahl der umlaufenden Kanban

Im Prinzip ein Kanban.
Übersteigt die Zahl dieser Kanban die Anzahl der Normalkanban, muß unbedingt nivelliert werden.

Auf der Rückseite bzw. auf einem Sonderblatt wird der Zeitplan eingetragen.

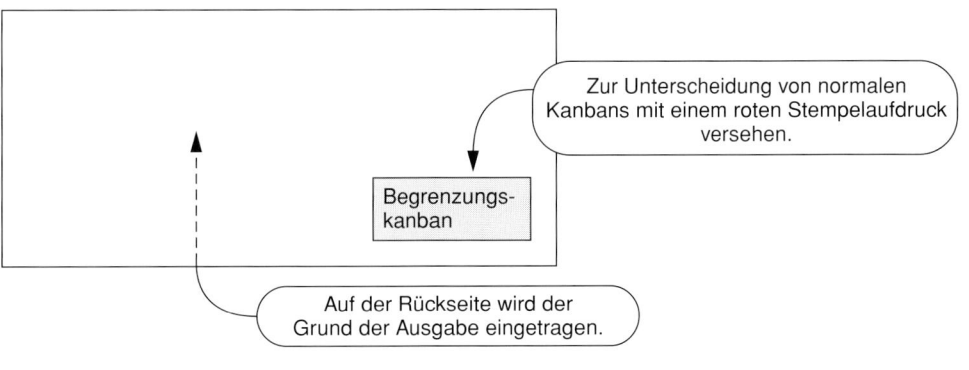

12. Schritt 12: Kanban

12.20 Kanbanformate

❏ Alle die Werkstücke betreffenden notwendigen Aspekte müssen vorhanden sein.
   ➪ **Eintragungen von Hand sind streng verboten.**
   (Auf der Rückseite ist die Verwendung schematischer Darstellungen möglich.)
❏ Für das visuelle Management ist die effiziente Nutzung von Farben und Numerierungen zu empfehlen.
❏ Das Herstellen der Kanban beansprucht Zeit, aber dieser Zeitaufwand ist unumgänglich.

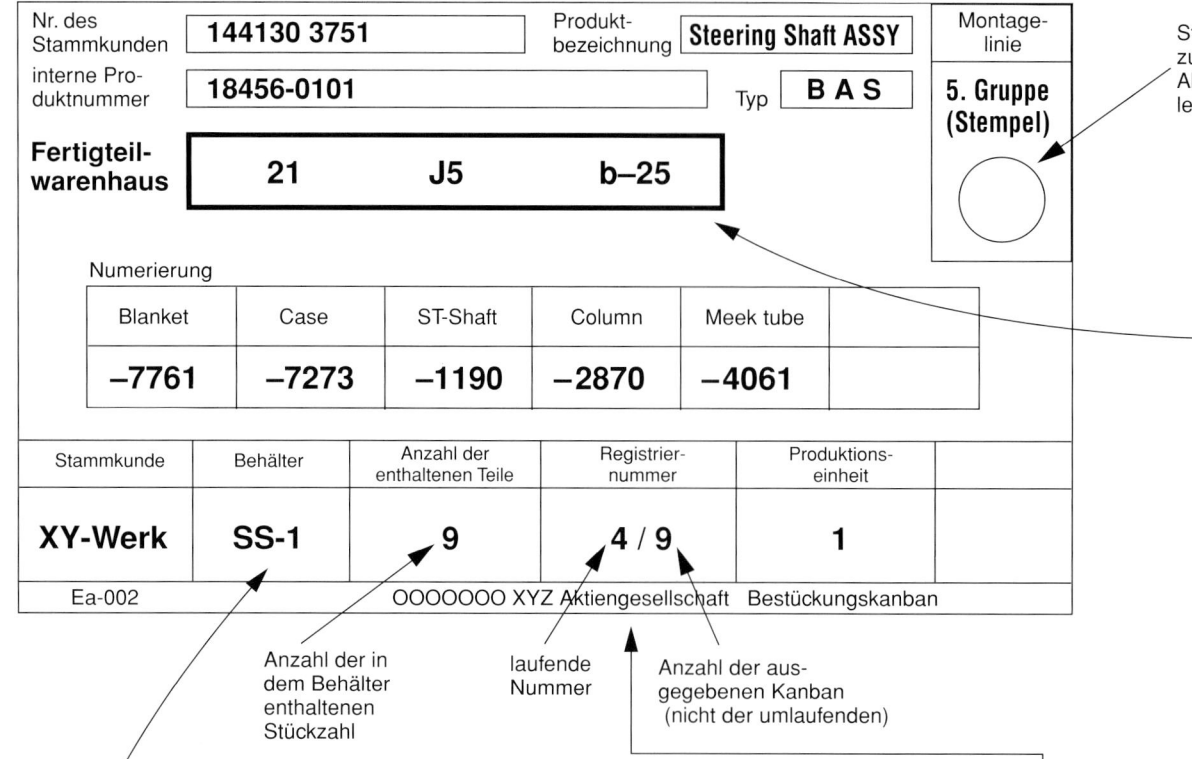

Nr. des Stammkunden	144130 3751	Produktbezeichnung	Steering Shaft ASSY	Montagelinie	Stempel des zuständigen Abteilungsleiters
interne Produktnummer	18456-0101	Typ	B A S	5. Gruppe (Stempel)	
Fertigteilwarenhaus	21 J5 b–25				

Numerierung

Blanket	Case	ST-Shaft	Column	Meek tube	
–7761	–7273	–1190	–2870	–4061	

Stammkunde	Behälter	Anzahl der enthaltenen Teile	Registriernummer	Produktionseinheit	
XY-Werk	SS-1	9	4 / 9	1	
Ea-002		OOOOOOO XYZ Aktiengesellschaft Bestückungskanban			

- Anzahl der in dem Behälter enthaltenen Stückzahl
- laufende Nummer
- Anzahl der ausgegebenen Kanban (nicht der umlaufenden)

Anleitung zur Bestimmung der Behälterart

Zur Verkleinerung der Losgrößen, zur Festlegung von Standort und Menge sowie zur Standardisierung des Transports wird anhand der nachfolgenden Anleitung die Art der Behälter festgelegt.

1. Kennzeichnung von Art und Größe

	P	3	• 5	• 4
Behältermaterial		Größe		
		Breite	Länge	Höhe
I Eisen				
N Gitterpalette		260	520	380
P Mehrwegbehälter				
D Wellpappe		Mehrwegbox		
W Holz (papierhaltig)		Angabe in cm		
B Plastiktüte		(cm werden auf 10er gerundet)		

2. Die herkömmlichen Bezeichnungen werden weiterverwendet.
3. Bei der Einführung von Spezialbehältern wird die Bezeichnung bei der Registrierung festgelegt.
4. Die Verpackungs- und Behälterart wird von der Abteilung vorgeschlagen, die damit umgeht, und von der Verwaltung lediglich registriert.

Qualitätswesen Abt. 1		
Kontrollinformationen	Kontrollskizze	Nr. 23
	Steering-Type	Tilt-Typ
	Handle	RHD
	STRG-SHAFT L1	353,5 M/M
	YOKE TUBE L2	1,168 M/M
	BREASE	45

Die Verwendung unterschiedlicher Schriftformen erleichtert die Lesbarkeit

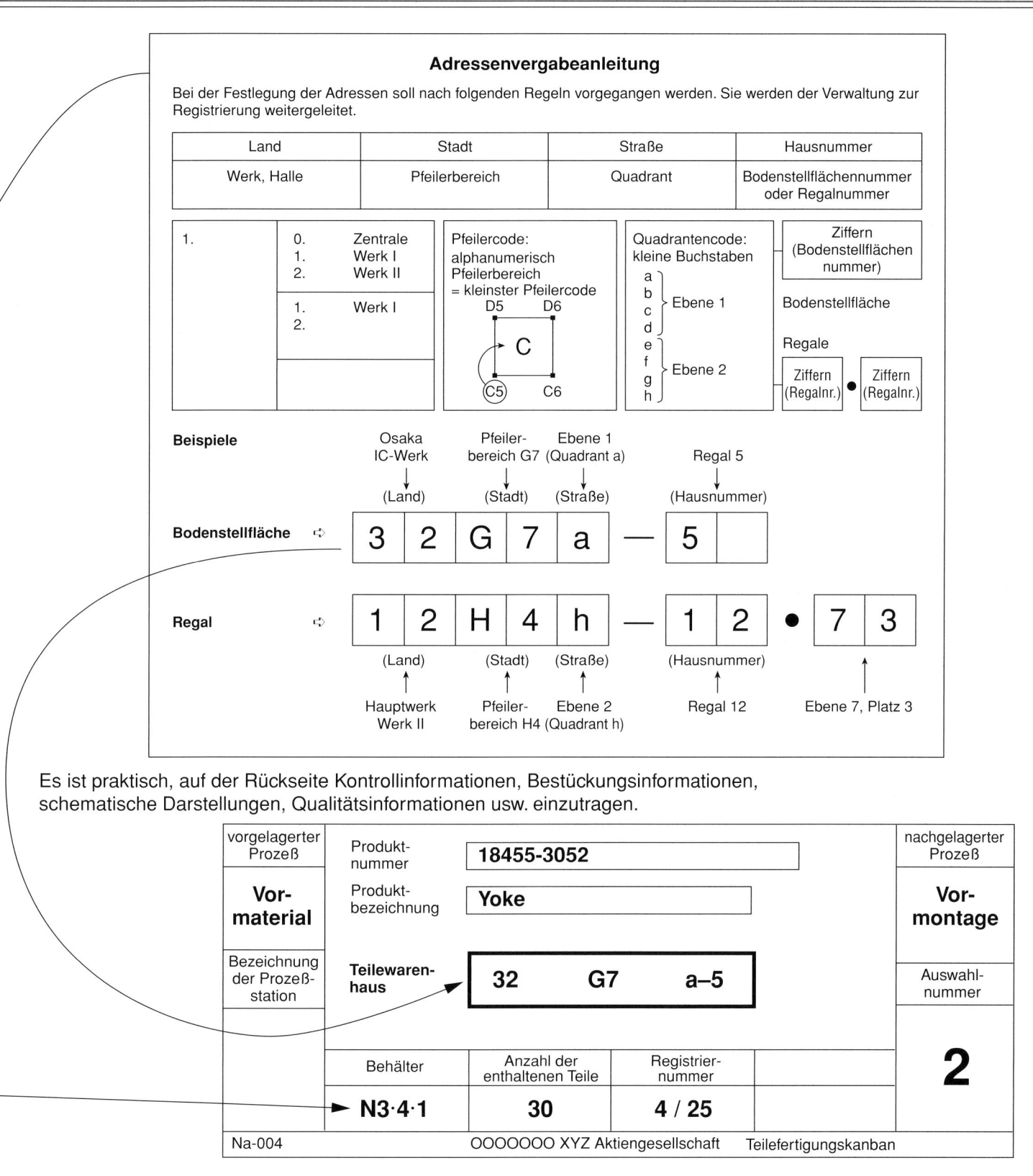

variieren. Der einzutragende Mindestinhalt ist aber in jedem Falle gleich. Hierzu zählen Sachnummern für Fertigteile bzw. Teile, Teilebezeichnungen, Adressen, Behälter, enthaltene Stückzahl und Registriernummern. Diese Angaben sind unumgänglich für das Funktionieren der Kanban.

Handschriftliche Eintragungen sind strengstens verboten! Kanban sind wie bares Geld und repräsentieren die Bestände. Es darf nicht der Eindruck entstehen, daß sie einfach hergestellt und ebenso einfach wieder weggeworfen werden können. Es lohnt sich daher durchaus, sich bei der Herstellung der Kanban Mühe zu geben. Man muß sich ganz klarmachen, daß die dafür benötigte Zeit sinnvoll eingesetzt und daher unvermeidlich ist.

Um die Eintragungen auf den Kanban noch übersichtlicher zu machen, sollte man je nach Inhalt die Schriftart, Schriftgröße, Linienstärke der Buchstaben und Zahlen variieren. Auf der Rückseite können von den jeweiligen Abteilungen und Produktionslinien Informationen eingetragen werden. So wird ein Informationsfluß erzeugt, wobei immer nur die zu einem gegebenen Zeitpunkt erforderlichen Informationen weitergegeben werden.

Kanbanzirkulation

Durch Kanban werden jeweils zwei getrennte Linien miteinander verknüpft und synchronisiert. Kanban können nach ihrer Funktion in Heranziehkanban und Fertigungskanban eingeteilt werden.

1. Zirkulation der Heranziehkanban

Hierzu zählen die Fertigteilheranziehkanban, die Teileheranziehkanban und die Zukaufteilekanban. Das Auslieferungskanban wird als Heranziehkanban des Kunden behandelt. Die konkrete Zirkulation wird in den Beschreibungen und Skizzen von Abbildung 12.21 veranschaulicht.

Die Grundregel, daß alle Teile einem Kanban zugeordnet sind, ist von entscheidender Bedeutung. Das konsequente Einhalten dieser einfachen und klaren Regel ist jedoch wider Erwarten schwierig. Wird jedoch das Prinzip des Heranziehens durch den nachgelagerten Prozeß und die Regel für das Entfernen des Kanbans, sobald das erste Teil aus einem Behälter genommen wird, eingehalten, dürften keine Schwierigkeiten auftauchen. Mit dieser Kanbanart haben sowohl Werker als auch die Logistiker zu tun.

2. Zirkulation der Fertigungskanban

Hierunter fallen die Bestückungskanban, Teilefertigungskanban und die Signalkanban für Pufferbestände. Der Meister darf sich grundsätzlich an Transporttätigkeiten nicht beteiligen, sondern muß sich einen Überblick verschaffen, ob die Linie zu schnell oder zu langsam produziert, die Arbeitsqualität fortentwickeln und Kaizenmaßnahmen umsetzen. Die Informationen dazu findet er im Warenhaus.

12.21 Zirkulationsweise der Kanban

1. Heranziehkanban
(Auslieferung, Fertigteile heranziehen, Teile heranziehen, Teile zukaufen)

Nr.	Arbeitsinhalte	Illustration
1	Sobald das erste Teil aus dem Behälter entnommen wird, wird die beigelegte Kanbankarte entfernt und in den dafür vorgesehenen Briefkasten gegeben. Aufgabe des Werkers — Handarbeitsprozeß (H)	
2	Durchführen der Arbeit Zunächst werden die Behälter mit Restzahlenkennzeichnung abgearbeitet. Aufgabe des Werkers — Handarbeitsprozeß (H)	
3	Die Leerbehälter werden an einer definierten Stelle abgestellt, um Abhandenkommen zu verhindern. Aufgabe des Werkers — Handarbeitsprozeß (H)	
4	Einsammeln der Kanban im Briefkasten und der Leerbehälter (zu festgelegten Zeiten). Aufgabe des Logistikers — Transport (T)	
5	Man geht mit den Kanban zum Teilewarenhaus des vorgelagerten Prozesses, um die Teile zu holen. (Die Leerbehälter kommen auf den dafür vorgesehenen Platz.) Aufgabe des Logistikers — Transport (T)	
6	Die an den Behältern im Teilewarenhaus befindlichen Kanban werden entfernt und in den dafür bestimmten Briefkasten gegeben. Aufgabe des Logistikers — Transport (T)	

2. Fertigungskanban
(Bestücken, Teilefertigung, Signal für Pufferbestände)

Nr.	Arbeitsinhalte	Illustration
1	Aus dem Briefkasten der letztgelagerten Bearbeitungsstation werden die vom Logistiker entfernten Kanban und die Leerbehälter eingesammelt (zu festgelegten Zeiten). Aufgabe des Meisters — Transport (T)	
2	Die eingesammelten Kanban an der Produktionsanweisungstafel an der ersten Station der Linie einstecken (in der Reihenfolge, in der abgezogen wurde). Aufgabe des Meisters — Transport (T)	
3	Es wird in der Reihenfolge produziert, in der die Karten eingesteckt wurden. Dem jeweils ersten produzierten Teil wird das Kanban zugeordnet. Aufgabe des Werkers — Handarbeitsprozeß (H)	
4	Wenn die auf dem Fertigteilkanban angegebene Stückzahl für den Behälter erreicht ist, wird die Kanbankarte in den Behälter gegeben und auf den definierten Platz im Warenhaus gestellt. Aufgabe des Werkers — Handarbeitsprozeß (H)	
7	Die mitgebrachten Kanban werden an den Behältern befestigt. (Das gesamte Material muß unbedingt mit Kanban versehen sein.) Aufgabe des Logistikers — Transport (T)	
8	Die mit Kanban versehenen Teile werden in die dafür bestimmten Bereiche des Warenhauses des nachgelagerten Prozesses gestellt. Aufgabe des Logistikers — Transport (T)	

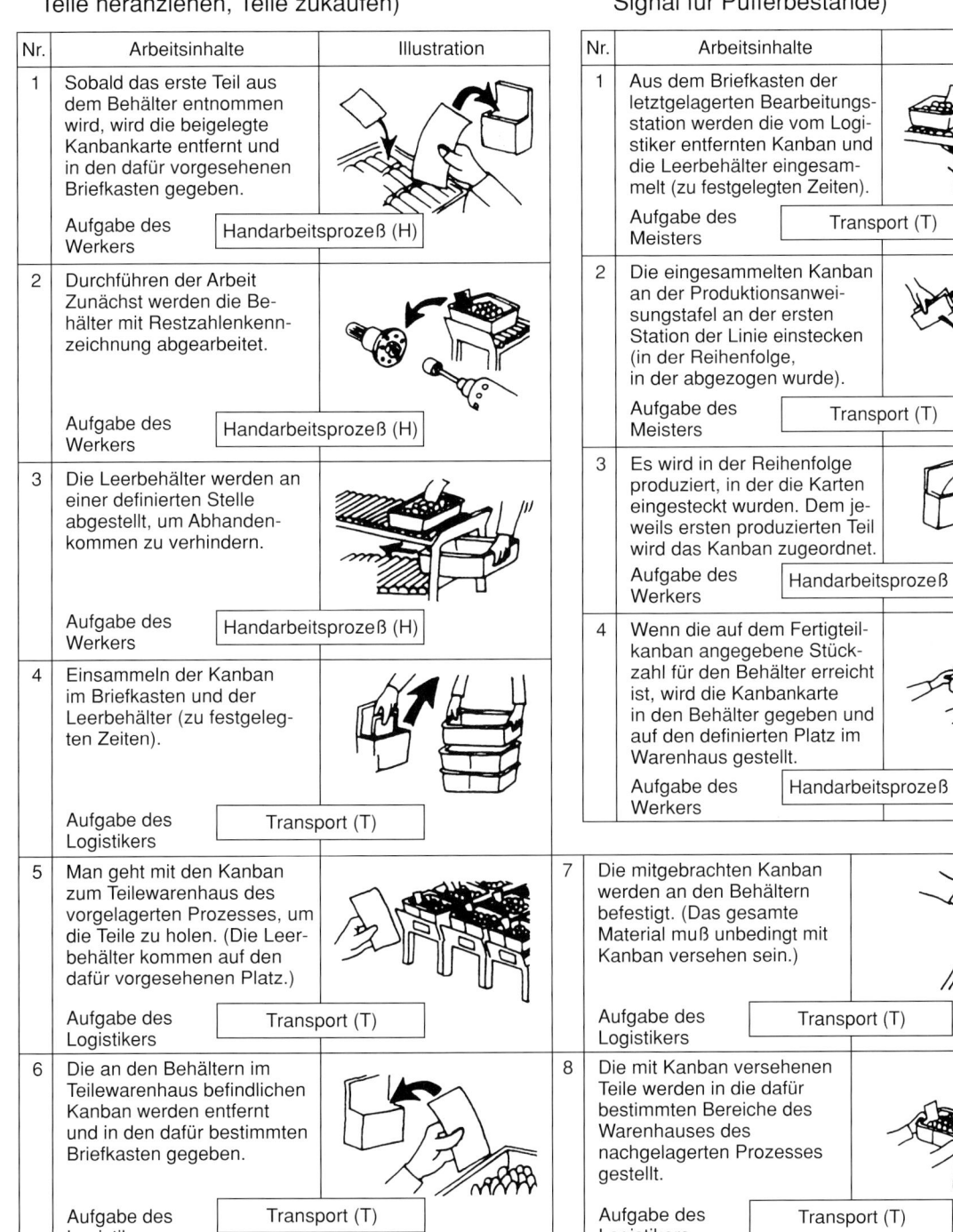

Kanbanpflege

Da die Kanban als Werkzeug der Fertigungssteuerung verwendet werden, werden alle Produktionsaktivitäten durch sie angewiesen. Man kann Produktionsmanagement und Kanbanmanagement gleichsetzen.

1. Teileentwicklungstabelle

Diese Tabelle ist die Grundlage, die bei der Einführung der Kanban als erstes geschaffen wird. Sie stellt die Verbindung zwischen dem Produkt und den enthaltenen Einzelteilen dar, gibt die Eltern-Kind-Enkel-Verhältnisse wieder. Es ist wichtig, diese Tabelle so zu pflegen, daß konstruktive Änderungen sofort erfaßt werden. Wird dies vernachlässigt, so wird das System schnell untauglich. Da diese Tabelle die Grundlage des Systems bildet, müssen die Informationen ständig auf dem neuesten Stand sein. Ist dies nicht der Fall, so wird das Vertrauen auch in andere Tabellen, Hilfsmittel und letztlich in die Kanban erschüttert, und die gesamte Produktion gerät in Verwirrung.

2. Kanbanhauptplan

Dies ist das Kanbangrundbuch. Alle Eintragungen auf dem Kanban werden hier erfaßt. Die beteiligten Abteilungen diskutieren und entscheiden die Verpakkungsart bzw. Behälterform, die Anlieferungszeiten, die Stellflächen, die Transportmethoden usw. Die Entscheidungen über Veränderungen sowie das Datum der Umsetzung muß den beteiligten Abteilungen genau bekannt gegeben werden. Erst ein zuverlässiger Kanbanhauptplan ermöglicht ein funktionierendes Kanbansystem.

3. Kanbanmanagementtabelle

Durch diese Tabelle wird die Anzahl der umlaufenden Kanban reguliert. Unter Berücksichtigung des monatlichen Produktionsplanes werden zwei bis vier Tage vor dem Beginn des nächsten Monatsplans die entsprechenden Anpassungen, die durch Produktionsschwankungen bedingt sind, vorgenommen. Da die Kanban ein Mittel der Feinsteuerung sind, muß ihre Anzahl bei großen Produktionsschwankungen auch während eines laufenden Monats angepaßt werden. Über die Anzahl der umlaufenden Kanban sollten die Praktiker vor Ort entscheiden und auch für die Kanbanpflege zuständig sein. Die Verantwortung liegt allerdings beim Abteilungsleiter.

Schutz vor Verlust

Bei der praktischen Umsetzung wird man feststellen, daß Kanban verlorengehen können. Solange es große Umlaufbestände gibt, wird ein solcher Verlust wahrscheinlich gar nicht bemerkt. Wird die Arbeit im Werk jedoch von dem Geist getragen, auf keinen Fall überflüssige Dinge zu produzieren und von dem Willen geprägt, die Anzahl der umlaufenden Kanban immer weiter zu reduzieren, wird mit Sicherheit kein Kanban mehr verlorengehen.

12.22 Kanbanpflege

Aspekt 1

Kanban ist ein Werkzeug zur reibungslosen Umsetzung des synchronen Produktionssystems. Sie zirkulieren in geringer Stückzahl und spielen eine wichtige Rolle bei der Reduzierung der Umlaufbestände. Die Kanban müssen **sorgfältig gepflegt werden**.

① Richtigkeit der Eintragungen
② Anzahl der zirkulierenden Kanban

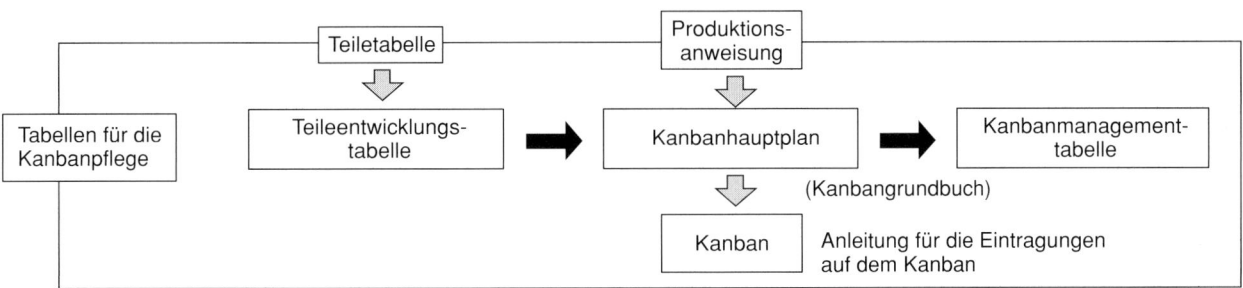

1. Teileentwicklungstabelle	2. Kanbanhauptplan	3. Kanbanmanagementtabelle
❏ Teiletabelle für die Linie, an der Kanban eingeführt werden. ❏ Verknüpfung zwischen dem Produkt und den enthaltenen Teilen. ❏ Tabelle der Grundeinheiten für den Kanbanhauptplan.	❏ Dies ist das Kanbangrundbuch. Alle relevanten Aspekte der Kanban werden hierin eingetragen. Er dient zur Erfassung der Gesamtsituation und zum Managen von Veränderungen.	❏ In dieser Tabelle wird die Anzahl der tatsächlich an der Linie verwendeten Kanban sowie die Produktionsbedingungen eingetragen. Sie dient als Grundlage für die Erfassung des Ist-Zustandes, zur Reduzierung der Anzahl der umlaufenden Kanban und anderer Kaizenmaßnahmen.
1. Basistabelle für die Einführung der Kanban 2. Für jede Linie gesondert erstellen. 3. Wird von der Fertigungssteuerungsabteilung aus der Teiletabelle entwickelt. Sie wird in gleicher Weise wie die Teiletabelle behandelt. 4. Veränderungen müssen genau erfaßt werden. Auf diese Weise wird kontinuierlich ein exakter und aktueller Informationsstand gewährleistet. 5. Verwendung zur Entwicklung eines Kanbanhauptplanes.	1. Der Kanbanhauptplan wird auf der Grundlage der Teileentwicklungstabelle für jede Linie gesondert erstellt. 2. Die in die Kanban einzutragenden Teilenummern, Teilebezeichnungen, Adressen, Behälter, enthaltene Stückzahl pro Behälter und andere notwendige Punkte werden so alle in einer Übersicht zusammengefaßt dargestellt. 3. Die Kanbanhauptpläne werden von der Abteilung erstellt, in der sie verwendet werden. 4. Die erstellten Kanbanhauptpläne werden an die vor- und nachgelagerten Abteilungen gegeben. 5. Beim Auftreten wichtiger Veränderungen muß die Geschichte dieser Veränderung deutlich gemacht werden. Sie werden von der jeweiligen Abteilung eingetragen.	1. Diese Tabelle wird vor Einführung der Kanban an der Linie erstellt. 2. Die Steuerungsfunktionen der Kanban werden eingetragen. 3. Die Kanbanmanagementtabelle wird für jede einzelne Kanbansorte an jeder Linie erstellt. 4. Diese Tabelle wird auf der Grundlage des Kanbanhauptplanes unter der Verantwortung des Abteilungsleiters der Abteilung, in der die betreffenden Kanban verwendet werden, erstellt. 5. Sie wird in einem Bereich an der Linie angebracht, der gut einsehbar ist. 6. Sie muß wenigstens einmal pro Monat überprüft und angepaßt werden.

Kanbanmanagementtabelle

Teileheranzieh-, Bestückungs- Teilefertigungskanban		Sektionsleiter: Wada Gruppenleiter: Nishiumi	
Kanbanmanagement- tabelle	Teilenr. 543125-058	Bezeichnung: Welle	
	enthaltene Stückzahl: 5	Produktionseinheit	

Jahr 89	1	2	3	4	5	6	7	8	9	10	11	12
produz. Stückzahl pro Tag												
Zahl der umlaufenden Kanban												
Anmerkungen												
Stempel des Abteilungsleiters												

Die Kanban spiegeln den Willen, die Denkweise und die Philosophie derjenigen wider, die damit umgehen.

Kaizen ist unendlich

Die Einführung des Kanbansystems muß flächendeckend unter Einbeziehung aller Abteilungen erfolgen. Kanban stellt die Essenz des synchronen Produktionssystems dar.

Dies hat selbstverständlich den kaufmännischen Bereich, aber auch die Buchführung und das Rechenzentrum vor große Reformaufgaben gestellt. Konsequente Reduzierung der Herstellungskosten, präzises Erfassen der tatsächlichen Fertigungsdauer sowie die Reduzierung sämtlicher Durchlaufzeiten machen ein Unternehmen stark. Zur Zeit führen viele Unternehmen CIM-Systeme (computer integrated manufacturing) ein. Es geht dabei darum, von Product-out-Systemen (produzentenorientierten Systemen) hin zu Market-in-Systemen (kundenorientierten Systemen) zu kommen. Für die Unternehmen stellt sich die Frage, wie sie diesen Umstrukturierungsprozeß bewältigen können, welche Rolle CIM dabei spielen kann und wie Kanban integriert werden können. Solange Kanban als Werkzeug des visuellen Managements und als wichtiges Kaizenwerkzeug angesehen und genutzt werden, werden sie Bestand haben.

Denkbar ist allerdings, daß die Kanban mit Barcodes versehen werden, so daß sie zukünftig in FMS integriert werden können. Es ist gut vorstellbar, daß die Arten und Formen der Kanban immer vielfältiger werden. Allerdings wird sich die ursprüngliche Funktion der Kanban nicht ändern.

Man darf nie vergessen, daß Kanban kein Selbstzweck sind. Durch schrittweise, kontinuierliche Verbesserungen müssen die Voraussetzungen für das Einführen der Kanban geschaffen werden. Kanban müssen als ein Werkzeug zur Reduzierung der Herstellungskosten begriffen werden. Wenn man sie lediglich einführt, weil sie angeblich zu einem modernen Unternehmen dazugehören, hat man das Wesentliche nicht verstanden.

Die neuen Informationsübertragungstechniken erlauben die Entwicklung immer neuer Kanbanversionen. Ich halte es für notwendig, solche neuen Techniken immer stärker einzusetzen und sie zu einer Waffe des Unternehmens im Wettbewerb zu machen. Da der Begriff Kanban weit verbreitet und mit relativ begrenzten Vorstellungen verbunden ist, besteht die Gefahr, daß man sich von dieser starren Begrifflichkeit gefangennehmen läßt. Dies darf auf keinen Fall geschehen. Wenn notwendig, können die Kanban, wenn deren Ziel und Funktion richtig verstanden werden, den jeweiligen Bedürfnissen angepaßt und verändert werden. Dieses Verändern ist Ausdruck des Reformprozesses. Nur ständiges Weiterentwickeln des Kaizenprozesses verhindert, daß das Unternehmen in Rückstand gerät. Eine Quelle für

12.23 Verschiedenes zu Kanban (Teil 1)

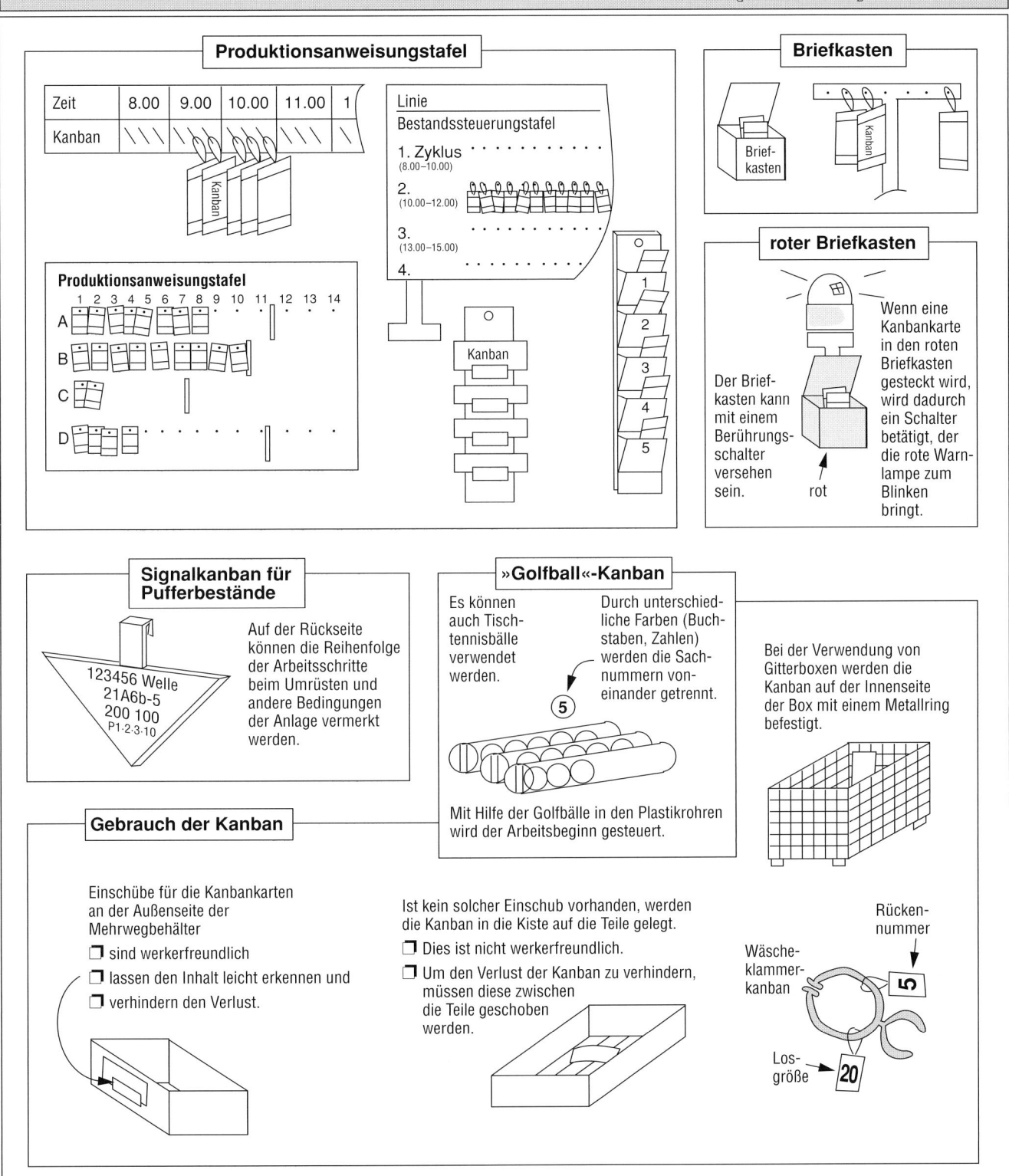

12.24 Verschiedenes zu Kanban (Teil 2)

Numerierung und farbliche Absetzung

Durch einen Blick auf das Kanban sollte man erkennen können, was wie zu tun ist. Durch farbliche Absetzung und vereinfachte Darstellung der Teilebezeichnung und Sachnummer wird die Werkerfreundlichkeit erhöht.

1. Numerierung

❐ Bestückungskanban: Hierfür wird die Bezeichnung der wichtigsten zu bestückenden Teile und eine entsprechende Rückennummer sowie die entsprechende Farbe verwendet.

① Die Teilebezeichnung erfolgt in der Schriftart Katakana.

② Bei der Rückennummer können einmal die letzten 3 Stellen der Sachnummer verwendet werden oder aber eine ganz freie Ziffernkombination. Man muß bei der Verwendung der letzten 3 Ziffern darauf achten, daß sich keine Überschneidungen mit anderen Teilen ergeben (in der Anfangsphase eventuell zu merken, kann aber zu Verwechslungen führen).

③ Die Nummer soll maximal 3 Stellen haben.
Bei 3 Stellen kann man die Zahl beim ersten Mal behalten.
Bei 4 Stellen braucht man 2 Anläufe.

❐ Für die anderen Kanban gilt das gleiche.

2. Farbliche Absetzung

Häufig nebeneinanderliegende Farben sollten sich möglichst stark voneinander unterscheiden.

5 Farben   rot – blau – gelb – weiß – schwarz
10 Farben   rot – grün – blau – braun – gelb – violett – weiß – pfirsich – schwarz – orange

Schutz der Kanbankarten

Bei der Zirkulation können die Kanban leicht verschmutzen oder zerreißen. Deshalb sollten sie durch Schutzbehälter oder Schutzfolien geschützt werden.

Schutzart	Vor- und Nachteile	Besonderheiten
Kunststoffbehälter	Vorteil	1. Leichte Handhabung beim Auswechseln und Korrigieren. 2. Im Falle von außerordentlichen Kanban oder Begrenzungskanban kann Rückseite auch nachträglich verwendet werden.
	Nachteil	3. Durch den geöffneten Einschubspalt für die Kanban kann Schmutz oder Öl eindringen. 4. Schneller Verschleiß der Behälter.
Schutzfolie	Vorteil	1. Die Kanbankarte ist gegen das Eindringen von Schmutz, Staub und Öl gut geschützt. 2. Die Folie hat eine lange Lebensdauer.
	Nachteil	3. Ein Austauschen oder Korrigieren ist nicht möglich. 4. Nach dem Erstellen ist ein Beschriften der Rückseite nicht mehr möglich.

Man kann Kanban mit einer Schutzfolie zusätzlich mit einem Kunststoffbehälter versehen. Dieses Verfahren ist allerdings teuer.

die erfolgreiche Entwicklung eines Unternehmens ist die Veränderung der Einstellung aller Beteiligten durch das Kanbansystem.

> Kanban als Werkzeug für das visuelle Management und für Kaizen.

Es wurde dargelegt, daß Kanban drei Funktionen besitzen. Zwei dieser Funktionen sind Arbeitsanweisungen und Materialmanagement. Beides kann man zusammengefaßt als visuelles Management bezeichnen. Eine weitere wichtige Funktion ist, jedwede Verschwendung konsequent zu eliminieren. Es erfüllt damit die Rolle eines Werkzeugs zur Reduzierung der Herstellungskosten und zur Initiierung von Kaizenaktivitäten.

Der durch diese drei Funktionen abgedeckte Bereich beginnt mit der Verbesserung der Qualität der einzelnen Bewegungsabläufe (Arbeitselemente), geht über die Verbesserung der Arbeit an den einzelnen Bearbeitungsstationen, an den Linien, zwischen den Linien, zwischen den Abteilungen usw. Auf diese Weise wird der Prozeß auf das gesamte Unternehmen ausgeweitet. Hierdurch werden allerdings auch alle gegenwärtigen existierenden großen und kleinen Systeme in Frage gestellt.

Kanbanhilfsmittel

Beim Arbeiten mit Kanban sollte man sich folgenden Satz des öfteren vergegenwärtigen:

> Kanban ist eine Informations- und Anweisungskarte, die den menschlichen Willen ausdrückt.

Ob diese Karte mit Leben erfüllt wird oder nicht, hängt von dem ab, der damit umgeht. Die Hilfsmittel sollen dazu dienen, die Handhabung der Kanban zu erleichtern und sie lebendig werden zu lassen. Durch geschickte Gestaltung der Stellflächen und Variation der Kanban kann das visuelle Management ständig verbessert werden.

In der Einführungsphase stoßen die Kanban bei den Werkern häufig auf Ablehnung, weil ihre Handhabung zu der bisherigen Arbeit hinzukommt. Die anfängliche Reaktion wird sein: »Das ist ja nur überflüssige Zusatzarbeit.« Deshalb ist es nötig, genaue Anleitungen für den Umgang mit den Kanban zu geben, sowie ausreichend Möglichkeiten zur Information und Diskussion anzubieten. Die hieraus gewonnenen Anregungen und Informationen müssen vom Meister aufgegriffen und sofort umgesetzt werden. Dabei ist es wichtig, daß sein Wille und Engagement, das Kanbansystem mit Leben zu erfüllen, deutlich wird.

Die Kanban sind das wichtigste Instrument für den Aufbau und die Durchführung der JIT-Produktion, d.h. des synchronen Produktionssystems. Ein Rückschritt darf auf keinen Fall hingenommen werden. Bei der Entwicklung der Hilfsmittel muß man deshalb alles tun, um das Kanbansystem, wenn auch in kleinen Schritten, immer praktikabler zu machen, und es so transparent zu gestalten, daß es für jeden verständlich wird. Alle Probleme im Umgang mit den Kanban müssen am Genba diskutiert und gelöst werden. Die Anleitung zur Handhabung der Kanban muß detailliert und engagiert erfolgen bis hin z.B. zur konkreten Anweisung, wie und wo das Kanban abzulegen ist.

Man kann beispielsweise die Briefkästen an den verschiedenen Plätzen mit durchlaufenden Nummern versehen und das Einsammeln der Kanban in der dadurch vorgesehenen Reihenfolge vornehmen. Soll das Bestückungskanban zusammen mit dem ersten zu produzierenden Teil durch die Linie laufen, um so Informationen und Anweisungen deutlich sichtbar und störungsfrei weiterzugeben, könnte man beispielsweise das Kanban mit einer Wäscheklammer an dem betreffenden Werkstück befestigen. Solche Kaizenvorschläge müssen gemeinsam mit den Werkern umgesetzt werden. Ein wirklich guter Zustand ist erst dann erreicht, wenn sich Qualitätszirkel bilden, die sich kontinuierlich mit einer Verbesserung der Kanbanpraxis beschäftigen.

Kanban einzuführen ist einfach. Es aber zu einem wirkungsvollen Instrument (für flexiblen Mitarbeitereinsatz, zur Reduzierung der Bestände, zur Reduzierung von Steuerungsaufwand) zu machen, ist ausgesprochen schwierig. Auf jeden Fall muß man bei der Schaffung der Hilfsmittel ideenreich und pfiffig vorgehen. Es gilt die Maxime: simple is best. Das eigentliche Ziel darf dabei nie aus den Augen verloren werden.

Kanban sind in den verschiedensten Bereichen anwendbar: für das Nachfüllen von Hilfsstoffen, Öl, Fett, Farbe, für Bearbeitungswerkzeuge, ja sogar für Büromaterial. Mit Sicherheit kann durch die Kanban der schriftliche Verwaltungsaufwand flächendeckend drastisch reduziert werden.

Kaizen durch Kanban

Wenn es gelingt, die Situation am Genba und in den Büros durch Kanban zu visualisieren, so wird die Verschwendung von selbst sichtbar und der konkrete Kaizenbedarf deutlich. Die Inhalte, die bisher schrittweise für die Einführung des synchronen Produktionssystems dargestellt wurden, treten einem durch die Einführung der Kanban wie ein Forderungskatalog deutlich vor Augen:

❏ exaktes Durchführen der standardisierten Arbeit, Vorantreiben der Verschwendungseliminierung

❏ Erhöhen der Leistungsfähigkeit der Linien, Reduzierung der Durchlaufzeiten

❏ durch Verkürzung der Umrüstzeiten Reduzierung der Bestände in den Warenhäusern

❏ Notwendigkeit flexiblen Personaleinsatzes aufgrund von Wartezeiten

Bisher wurde häufig geklagt, daß zuwenig Personal vorhanden sei, Material

12.25 Kaizen durch Kanban

Aspekte

Kanban als wichtiges Werkzeug für Kaizenaktivitäten
Das Ziel besteht in der **Reduzierung der Herstellungskosten**. Dazu müssen alle Verschwendungen eliminiert werden.

Kanban ermöglichen erst das visuelle Management des Genba.

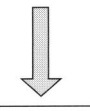

Der Kaizenbedarf wird konkretisiert.

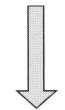

1. Der Umsetzungsgrad der standardisierten Arbeit (Produktion, Transport, Informationen) kann überprüft werden ⇨ **Kaizen der Arbeitsabläufe**.
2. Das Arbeitsvolumen (die Belastung) des eigenen Produktionsbereiches kann erfaßt werden ⇨ Reduzierung der benötigten Zeit im eigenen Produktionsbereich (Grundlage für Leistungsprämie).
3. Die Bestandssituation im eigenen Produktionsbereich kann erfaßt werden ⇨ Reduzierung der Bestände im Warenhaus.
4. Verteilung der Mitarbeiter im eigenen Produktionsbereich ⇨ Reduzierung des Personals ⇨ flexibler Personaleinsatz.
5. Der Produktionsstand im nachgelagerten Prozeß sowie die Priorität der Arbeit für den nachgelagerten Prozeß werden erkennbar ⇨ Verhinderung von Überproduktion, Verkleinerung der Losgrößen.

Die Kanban dienen ebenfalls zur **Festigung von erreichten Verbesserungen**.

1. Die Anzahl von Kanbankarten reduzieren

Die Anzahl der Kanbankarten gering halten und weiter reduzieren ⇨ Probleme an die Oberfläche holen ⇨ Der Kaizenbedarf wird deutlich und die Ziele konkretisiert.

⟶ Je weniger Kanbankarten, desto höher die Reaktionsfähigkeit und Sensibilität.

2. Kaizenarbeitsweise: Versuch und Irrtum

① Höhe der Umlaufbestände in Frage stellen, Umlaufbestände halbieren – Anzahl der umlaufenden Kanban halbieren.

② Solange weitermachen bis Probleme auftreten, auf jeden Fall unbeirrt weitermachen.

③ In der entstehenden Bedrängnis erschließt sich der Kaizenbedarf. Dieser wird mit eigenen Augen überprüft und die wahre Ursache der Probleme ermittelt. ⇨ Lange Umrüstzeiten, lange Durchlaufzeiten, Maschinendefekte etc.
- ❏ Sei kein Schmetterling, werde zur Vogelscheuche (hinter den oberflächlichen Erscheinungen verbirgt sich das Problem bzw. der Störenfried).
- ❏ Wirf alle Erfahrungen und Vorurteile über Bord, betrachte die Probleme unvoreingenommen (ergreife keine Maßnahmen auf der Grundlage von Annahmen).
- ❏ Wenn Du angebissen hast, nicht locker lassen.

④
- ❏ Fange bei Kaizen mit dem an, was sofort erledigt werden kann (Ist-Zustand zerstören und verändern).
- ❏ Denke nicht, daß Du an Deiner Leistungsgrenze bist. Wenn Du darauf vertraust, daß es irgendwie klappt, dann schaffst Du Dir neues Know-how.
- ❏ Beschäftige die Werker nur mit notwendigen Tätigkeiten (wertschöpfende Arbeit).

⑤ ❏ Festigung des Erreichten (Anzahl der Kanbankarten reduzieren, Losgrößen reduzieren, Bezugsgrößen reduzieren)

3. Das Ziel besteht nicht in der Erhöhung der Stückzahlen. Das Ziel besteht in der Reduzierung der Herstellungskosten.
4. Einem hervorragenden Meister gelingt es immer, die Anzahl der Kanban zu reduzieren.
5. Aus der dauernden Verknappung der Kanban entsteht Kaizen.

12.26 Kanban als autonomes Nervensystem

Produktionssysteme, die auf Veränderungen unverzüglich reagieren können

Bei der Herstellung eines Produktes sind viele Hunderte bzw. Tausende von Arbeitsabläufen, die in der Montagelinie zusammenfließen, komplex miteinander verknüpft. Die Kanban sind die Nerven, die diese Arbeitsabläufe miteinander verbinden.

Die anzustrebende Form der Kanban ist, daß sie augenblicklich reagieren können, wie die autonomen Nerven im menschlichen Körper.

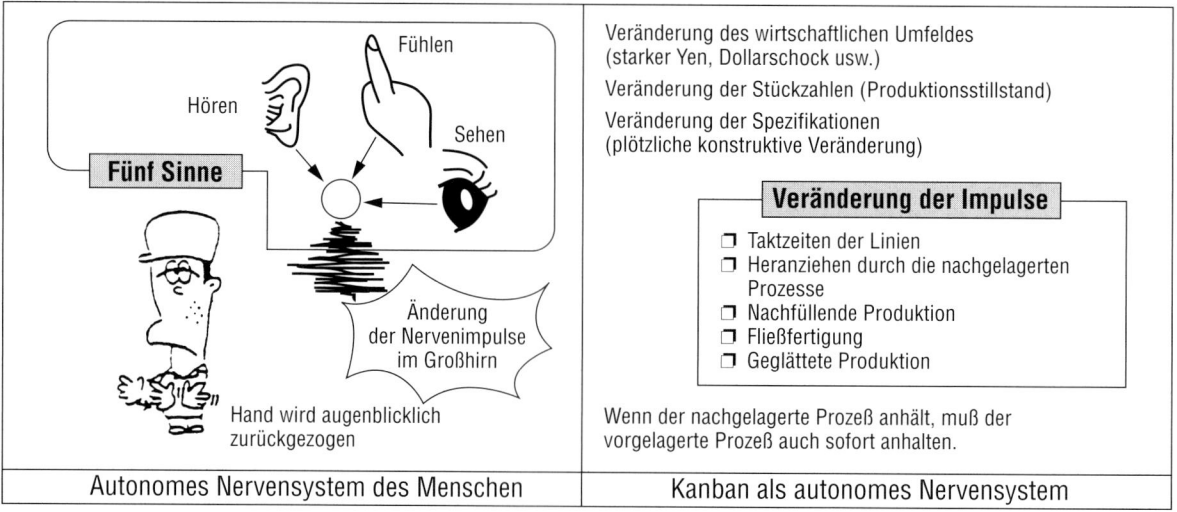

Wenn ein Mensch etwas Heißes anfaßt, so zieht er die Hand, ohne nachzudenken, augenblicklich zurück (autonome Nerven). Auch die Kanban müssen wie ein autonomes Nervensystem reagieren.
Dies bedeutet, wenn der nachgelagerte Prozeß anhält, stoppt auch der vorgelagerte Prozeß sofort.

---

fehle, Kapazitäten nicht ausreichen würden usw. Durch die Verknüpfung der Produktion mit dem nachgelagerten Prozeß und die Anweisung zum verlangsamten Produzieren (Produktion nur im Takt der Anforderungen) ergeben sich völlig neue Perspektiven. So etwas muß bewußt geschaffen werden. Durch die Kanban wird das erreichte Niveau gefestigt.

Bei der Erläuterung des Kanbansystems wird der menschliche Körper häufig zum Vergleich herangezogen. Die Kanban sollen wie autonome Nerven funktionieren. Es geht darum, Bestände zu reduzieren und auf die kleinsten Änderungen des nachgelagerten Prozesses zu reagieren. Der Mensch ist durch seine fünf Sinne befähigt, bei Gefahren unbewußt angemessen zu handeln. Diese Aufgabe wird in Produktionssystemen den Kanban übertragen. Wenn der nachgelagerte Prozeß anhält, muß der vorgelagerte Prozeß ohne irgendwelche besonderen Anweisungen auch anhalten.

Fortsetzung von Abbildung 12.26

Grund und wirkliche Ursache

Hinter dem Grund ist die wirkliche Ursache verborgen. Durch eine gründliche Analyse (fünfmal »Warum?«) muß der Grund ermittelt, dann die wirkliche Ursache erfaßt und entsprechende Maßnahmen eingeleitet werden. Ansonsten ist keine Vorbeugung gegen das Wiederauftreten des Problems möglich. Somit kann die Anzahl der Kanban nicht reduziert werden. Mit 5 W 1 H Know-how aufbauen.

Sei kein Schmetterling, werde zur Vogelscheuche und finde die wirkliche Ursache.

(1) Wenn Du den Genba beobachtest, nimm Dir vor: »Heute will ich XY beobachten.« Hierauf muß man sich dann voll konzentrieren.
(2) Einmal sehen ist besser als hundertmal hören. Sehen muß zum Handeln führen.
(3) Geh davon aus, daß sowohl im Personal als auch in den Kanban die doppelte Kapazität steckt. Versuche, Kanban in Geld umzurechnen.
(4) Laß die Kanban ständig zirkulieren.
(5) Reformiere mit den Kanban das Produktionssystem.
(6) Wenn es in der Produktion an Qualität, Quantität oder am Timing mangelt, entsteht Verschwendung.

Um solch ein System aufzubauen, ist es auf jeden Fall notwendig, die Anzahl der Kanban immer weiter zu reduzieren.

Nur wer versucht, das Kanbansystem praktisch umzusetzen, kann das Wesen des synchronen Produktionssystems wirklich verstehen. Selbst dann ist es nichts, was man an einem Tag begreifen kann. Beschränkt man sich nach Einführung der Kanban nur auf die Erhaltung des Ist-Zustandes, ist dies gleichbedeutend mit Rückschritt. Durch unablässige Anstrengungen und das Entwickeln neuer Ideen muß versucht werden, die Anzahl der Kanbankarten stetig zu reduzieren. Deshalb sagt man auch, Kaizen ist unendlich.

13
Zusammenhang und Systematik der einzelnen Schritte

Angefangen mit den Grundlagen des synchronen Produktionssystems wurde im letzten Schritt die Verwendung der Kanban behandelt. Damit ist die Einführung in gewisser Hinsicht abgeschlossen. Ich habe das Gefühl, daß bei den einzelnen Schritten vieles ungesagt geblieben ist. In diesem Kapitel soll das Verständnis für den engen Zusammenhang zwischen den einzelnen Schritten vertieft werden. Es existieren hierzu verschiedene Ansichten, bei der hier dargestellten handelt es sich um die des Autors.

Bevor ich weitere Erläuterungen gebe, möchte ich Sie bitten, die grafische Darstellung des systematischen Zusammenhangs der einzelnen Schritte des synchronen Produktionssystems (Abb. 13.1) und den Gesamtüberblick über die Schritte des synchronen Produktionssystems (Abb. 13.2 und 13.3) aufmerksam zu studieren.

Es gibt sicherlich noch sehr viel zu ergänzen, auf der anderen Seite können die einzelnen Punkte jedoch nur durch dauerndes Praktizieren weiterentwickelt werden. Es war im übrigen nicht meine Absicht, eine geschlossene Theorie darzustellen.

> Jeder Schritt der Einführung ist eine Welt für sich, aber sie wirken aufeinander und ergänzen sich.

Bei der Einführung des synchronen Produktionssystems muß die Beziehung der einzelnen Schritte untereinander permanent berücksichtigt werden. Wenn man einen Schritt allein umsetzen will, wird man schnell an eine Mauer gelangen, die aus den wechselseitigen Einflüssen durch die anderen Schritte gebildet wird. Es werden Fälle auftreten, wo man zunächst in anderen Bereichen bestimmte Voraussetzungen schaffen muß, um weiterzukommen. In anderen Fällen müssen für ein wirkungsvolles Vorgehen mehrere Schritte gleichzeitig getan werden, oder es kann notwendig sein, daß der Hauptschritt durch Sekundärschritte begleitet wird. Abbildung 13.1 macht dies noch klarer. Die Vertikale ist in fünf Stufen und die Horizontale in neun Abschnitte eingeteilt. Durch die Abbildung wird das Verständnis für den wechselseitigen Zusammenhang der einzelnen Schritte der Einführung vertieft. Man kann für jedes Ausgangsniveau zeigen, welchen Weg man gehen muß, um bestimmte Ziele zu erreichen.

13.1 Darstellung des systematischen Zusammenhangs

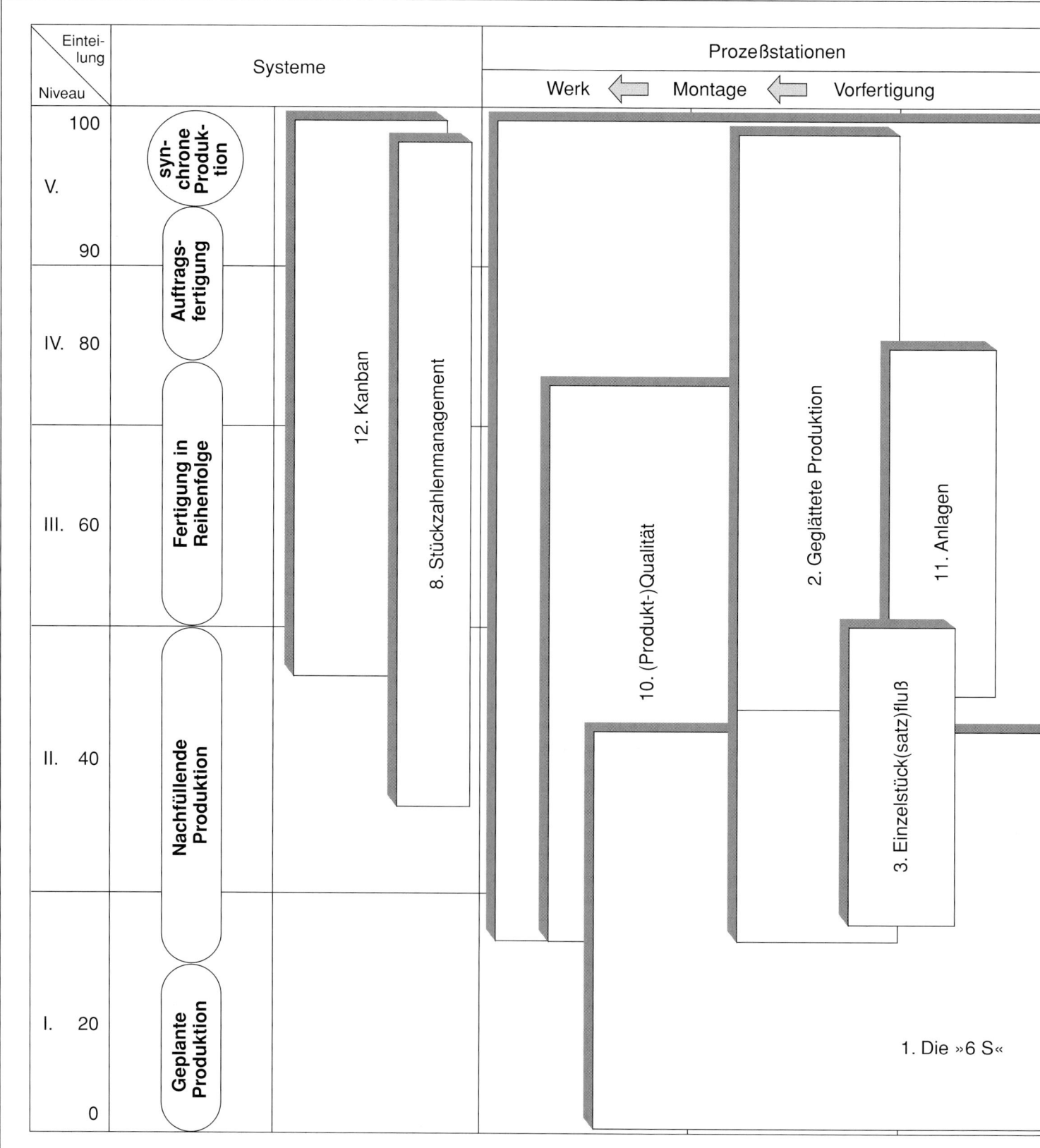

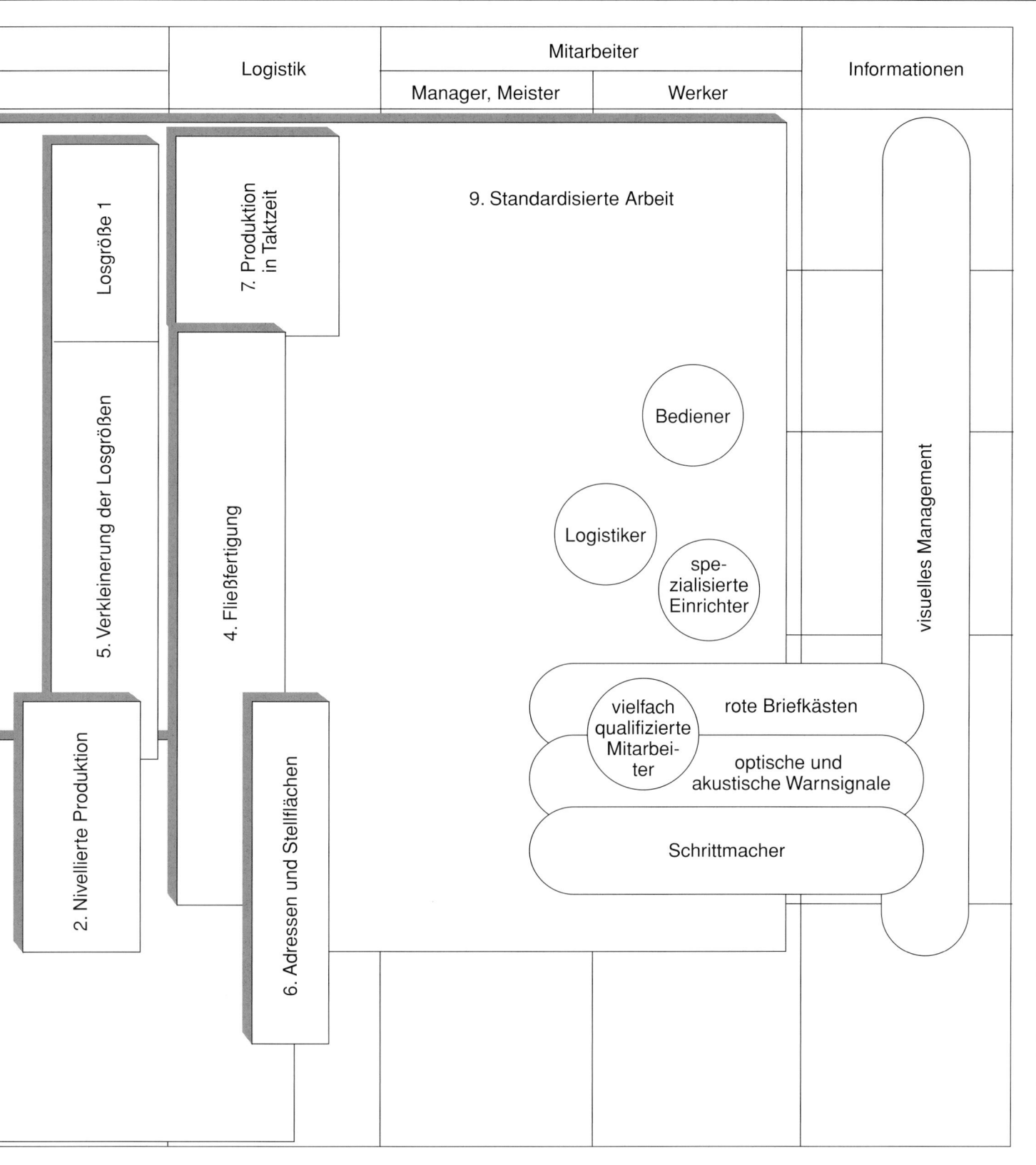

13.2 Gesamtüberblick über die Schritte

Schritt	1	2	3
Titel	Die »6 S«	**Nivellieren und Glätten der Produktion**	**Einzelstück(satz)fluß**
Themen		Warum glätten? Nivellieren der Produktion Glätten der Produktion Erhöhen der Zyklenzahl Anzustrebende Form	Standardisierte Puffer Visuelles Management Aspekte beim Aufbau Einzelstückfluß Anzustrebende Form
Nebenthemen	❐ Anzustrebende Form	❐ Bestände ❐ Beispiel für das Nivellieren einer auftragsbezogenen Fertigung ❐ Glätten der Produktionsmenge und des Arbeitsvolumens	❐ Gesichtspunkte bei der Festlegung des standardisierten Puffers ❐ Prinzip des gleichzeitigen Startens an festgelegten Positionen im Montage- und Fertigungsbereich
Schlüsselbegriffe	❐ Grundlage der Arbeit	❐ Produktion in Teilmengen ❐ Einmalige Tagesproduktion ❐ 2 Zyklen ❐ 4 Zyklen ❐ 8 Zyklen ❐ 16 Zyklen, freie Plätze	❐ Einem Produkt wird jeweils das notwendige Teil (Satz) zugeführt ❐ Man braucht jeweils nur ein Teil ❐ Einzelstückfluß auch bei Informationen und Kaizen ❐ Warteposition
Gesichtspunkte	1. Solange die Fahrwege verschmutzt sind, gibt es noch sehr viel zu tun. 2. Mit schmutziger Arbeitskleidung entstehen keine guten Produkte.	1. Versuche, die Bestände immer weiter zu reduzieren. 2. Die Fertigungssteuerung tritt an die Stelle des Stammkunden und glättet die Produktion. Der Kunde ist egoistisch. 3. Mit der Geschwindigkeit produzieren, mit der verkauft wird (wenn die Verkäufe schwanken, muß auch entsprechend schwankend produziert werden). 4. Das Lager ist die Wurzel allen Übels. 5. Das Fertigteillager muß so positioniert werden, daß es von der Linie aus nicht zu sehen ist (die Fertigungssteuerung muß straff heranziehen).	1. Verschwendung in Wartezeit umwandeln. Dies ist eine Frage des Trainings. 2. Abweichungen müssen für jedermann erkennbar werden. 3. Schaffe ein System, in dem nur Einzelstück-(satz)fluß möglich ist. 4. Bei der Fertigung eines Produkts schreiten alle Stationen gleichzeitig um eins weiter.

des synchronen Produktionssystems (Teil 1)

4	5	6
Fließfertigung	**Verkleinerung der Losgrößen**	**Adressen und Stellflächen**
Durchlaufzeiten U-Linien Vielfach qualifizierte Mitarbeiter Optische und akustische Warnsysteme	Umrüsten Signalkanban Logistiker Transportsysteme	Adressen Abstellen und Kennzeichnen des Materials Verpackungsart und Behälter Warenhäuser und Stellflächen
❐ Reduzierung der Durchlaufzeit für die Produktion ❐ Regeln für einen Stillstand der Linie	❐ Gesichtspunkte bei der Reduzierung der Umrüstzeiten ❐ Werkzeugwechsel ❐ Transportsystem für das Werk	❐ Anleitung für die Festlegung der Adressen ❐ Auslieferungsstelle für Fertigteile ❐ Anleitung für die Festlegung der Behälter
❐ Verschwendung entsteht, wo nicht im Fluß gearbeitet wird ❐ Materialfluß wird durch seine Bahn und Strömungsmenge bestimmt ❐ Für Eingang und Ausgang der Linie nur eine verantwortliche Person ❐ Bediener ❐ Störungsmanagement	❐ Einzeleffizienz ⇔ Gesamteffizienz ❐ Ein-Griff-Umrüsten, SMED (single minute exchange of die) ❐ Bezugsgröße ❐ Spezialisierte Werker ❐ Zirkulierende gemischtbeladene Transportsysteme	❐ 1 Sachnummer = 1 Adresse ❐ Normale und gestörte Situationen ❐ Kennzeichnen der MAX-Menge ❐ Kennzeichnen der MIN-Menge ❐ Festlegung der Positionen, der enthaltenen Mengen und der Anzahl der Behälter
1. Produktionsfluß (Prozeßstationen, Informationen, Mitarbeiter, Kaizen) darf nicht ins Stocken geraten. 2. Durchlaufzeit = Bearbeitungszeiten + Stillstandszeiten. 3. Maschinen in der Reihenfolge der Arbeitsgänge entgegen dem Uhrzeigersinn aufstellen. 4. Wenn es darum geht, Abweichungen konsequent zu eliminieren, darf man nicht vor einem Anhalten der Linie zurückschrecken.	1. Der Stand der Umrüsttechnik beeinflußt die Wettbewerbsfähigkeit und die Effizienz der Anlageninvestitionen. 2. Der angestrebte Effekt bei der Reduzierung der Umrüstzeiten liegt nicht in der Reduzierung des Zeitaufwandes, sondern darin, durch Erhöhung der Umrüstvorgänge Puffer und Lagerbestände abzubauen. 3. In kurzen Intervallen an die Linien heranziehen bzw. anliefern. 4. Beim Transport muß die absolute Mindestmenge des Materials effizient und möglichst knapp vor seiner Weiterverarbeitung, zusammen mit den endgültigen Informationen, angeliefert werden.	1. Durch die Gegenstände selbst muß für jeden erkennbar sein, ob die Situation normal oder gestört ist. Gegebenenfalls sofort Kaizenmaßnahmen einleiten. 2. Das Warenhaus ist die Schatzkammer der Informationen. 3. Jeder muß in die Lage versetzt werden, sich vom vorgelagerten Prozeß die benötigten Teile zu holen. 4. Die beiden Linien (Linie des Kunden, eigene Montagelinie) so miteinander verknüpfen, als ob sie nebeneinander stehen würden.

13.3 Gesamtüberblick über die Schritte

Schritt	7	8	9
Titel	**Produktion in Taktzeit**	**Stückzahlenmanagement**	**Standardisierte Arbeit**
Themen	Schrittmacher Flexibler Personaleinsatz Effizienz Taktzeit und Glätten des Arbeitsvolumens	Stündliches Stückzahlenmanagement Manager und Meister Herstellungskosten	Alle Dinge werden standardisiert Die 3 Elemente der standardisierten Arbeit Inhalte der standardisierten Arbeit Arbeitsverteilungsblatt Standardarbeitsblatt Die 3 Ebenen von muda (Verschwendung) Bewegung und Arbeit Von oberflächlich standardisierter Arbeit zu wirklich standardisierter Arbeit Arbeitsverbesserung Anlagenkaizen Anzustrebende Form und der Kaizenprozeß
Nebenthemen	❒ Anzeigen der Taktzeit, Leistungsanzeige ❒ Verschwendungseliminierung ❒ Hauptlinie und Sublinien	❒ Stückzahlenmanagementgrafik (Anleitung für Eintragungen) ❒ Grafische Darstellung der Stückzahlen und der Veränderung der Fertigungsdauer ❒ Meister, Werker u. d. Stückzahlenmanagement	❒ Arbeitsstandards ❒ Gesichtspunkte beim Erkennen der 7 Verschwendungsarten ❒ Kaizenideen und Kaizenpraxis
Schlüsselbegriffe	❒ Synchronisation ❒ Grundlagen der Produktion ❒ Reduzierung des Arbeitsvolumens ⇨ Personalabbau ⇨ flexibler Personaleinsatz ❒ Fester Personalstand ⇨ variabler Personalstand ❒ Effizienzsteigerung = Reduzierung der Herstellungskosten	❒ Management der Herstellungskosten ❒ Fähigkeit zum Entdecken von Verschwendung, für Kaizen und für das Stabilisieren des Erreichten. ❒ Verkaufspreis – Herstellungskosten = Gewinn	❒ Visuelles Management ❒ Mitarbeiter arbeiten gemäß der Arbeitsstandards ❒ Arbeitsreihenfolge ❒ Arbeitsstandards werden vom Genba selbst geschaffen ❒ Arbeitsverteilungshauptplan ❒ Arbeitsvorschrift ❒ Oberflächlich standardisierte Arbeit ❒ Zerstöre den Ist-Zustand ❒ Kaizenideen ❒ Kaizenpraxis ❒ Schnell und schlecht ist besser als gut und langsam ❒ Menschen sind die Produzenten der Dinge
Gesichtspunkte	1. Taktzeit ist die Zeit, in der ein Teil gefertigt werden muß. 2. Im anzustrebenden Zustand kann man für jeden Schritt sofort erkennen, ob die Taktzeit eingehalten wird oder nicht. 3. Herstellungskosten = Qualität + Menge + Timing 4. In Zeiten sinkender Produktion zeigt sich der wirkliche Wert der Effizienz.	1. Stückzahlen der ersten Stunde wirken sich auf die Stückzahlen des ganzen Tages aus. 2. Die Manager, Meister und Werker kommunizieren auf der Grundlage der Stückzahlen. 3. Die Manager und Meister sind die Besitzer des Arbeitsplatzes, die Werker sind die Prokuristen.	1. Wo es keine Standards gibt, gibt es auch kein Kaizen. 2. Standardisieren bedeutet Verbessern der Arbeit, bei Abweichungen vom Standard sofort handeln. 3. Kombiniere Mitarbeiter, Maschinen und Material möglichst effizient miteinander. 4. Noch so gute Arbeitsstandards sind wertlos, wenn sie nicht eingehalten werden. 5. Die standardisierte Arbeit lebt, es besteht jederzeit die Möglichkeit für Kaizen. 6. Die Arbeit bis in jede Einzelheit deutlich machen, sie muß schnell, exakt, billig und leicht von der Hand gehen. 7. Arbeitssituation darstellen, wie sie ist, und auf einen Blick verständlich machen. 8. 80% der Bewegungen der Mitarbeiter sind Verschwendung, konzentriere Dich unbedingt darauf. 9. Besser als 100 Spitzfindigkeiten ist ein Mißerfolg. Wenn man etwas nicht weiß – ausprobieren. 10. Wenn man sich keine Rationalisierung auf ein Fünftel oder ein Zehntel vornimmt, geschieht keine Bewußtseinsreform. 11. Die Vorstellung von der anzustrebenden Idealform konkret zu Papier bringen.

des synchronen Produktionssystems (Teil 2)

10	11	12	
(Produkt-)Qualität	**Anlagen**	**Kanban**	
Gewährleistung der Produktqualität 100-Prozent-Prüfung Eigenkontrolle Poka-yoke (Narrensicherheit) Autonomation	Instandhaltung Anlagendefekte Nutzungsgrad und technische Verfügbarkeit Leistungsfähigkeit der Maschinen Anordnung der Maschinen Anzustrebende Form der Maschinen	Kanbanfunktionen Voraussetzungen für die Einführung der Kanban Grundregeln bei der Anwendung der Kanban Arten der Kanban und ihre Funktionen (Teil 1) Arten der Kanban und ihre Funktionen (Teil 2) Fertigteilheranziehkanban Bestückungskanban Teileheranziehkanban	Teilefertigungskanban Signalkanban für Pufferbestände Teilezukaufkanban Außerordentliche Kanban Begrenzungskanban Briefkästen Kanbanformate Zirkulationsweise der Kanban Kanbanpflege Verschiedenes zu den Kanban Kaizen durch Kanban
❏ Eigenkontrolltabelle ❏ Autonomatisiertes Messen ❏ Systemplan für Autonomatisierung	❏ Kaizenmaßnahmen zur Erhöhung der technischen Verfügbarkeit der Linien ❏ Maßnahmen gegen den Flaschenhals an der Linie	❏ Systemübersicht ❏ Kanbansystem ❏ Restzahlanzeige ❏ Roter Briefkasten ❏ Teileentwicklungstabelle	❏ Hauptplan für Teilefertigungskanban ❏ Hauptplan für Bestückungskanban ❏ Kanbanmanagementtabelle ❏ Auswahlnummer u. farbl. Absetzung ❏ Schutz der Kanban	❏ Systeme, die auf Veränderung sofort reagieren ❏ Grund und wirkliche Ursache
❏ Qualität der Mitarbeiter ❏ Qualität der Anlagen ❏ Qualität der Methoden ❏ Qualität der Informationen ❏ Phänomen ⇨ Ursache ⇨ wahre Ursache ❏ Kontrolle an der Quelle ❏ Produktqualität in den Prozeßstationen erzeugen	❏ Reinigen ist Prüfen ❏ Notdürftige Reparaturen und echtes Instandhalten ❏ Verfügbarkeit ❏ Geistige Fähigkeiten sind grenzenlos ❏ Kehrseite der Schwankungen ist die Verschwendung ❏ Große Räume ❏ Gemischt genutzte Gebäude	❏ Materialmanagement ❏ Kaizenwerkzeug ❏ Endloskette ❏ Gegenseitiges Vertrauen ❏ Bezugszahl ❏ Anlieferungszyklen ❏ Handschriftliche Eintragungen streng verboten ❏ Festigen der Kaizenerfolge ❏ Autonomes Nervensystem ❏ Kaizen ist ewig und unendlich		
1. Mitarbeiter, Anlagen, Material, Informationen reduzieren und mit dem Produkt synchronisieren. 2. Bei der Erzeugung der Produktqualität in den Prozeßstationen ist es das wichtigste, die Funktion zu kennen. 3. Die festgelegte Standardarbeit exakt durchführen. 4. Suche nach einfachen, effektiven und sicheren Poka-yoke-Maßnahmen. 5. Bei Störungen müssen mit erster Priorität Mitarbeiter, Anlagen, Linien, Werk automatisch anhalten.	1. Maschinen und Anlagen werden nicht defekt, sondern von Menschen zerstört. 2. Ursachenforschung auf der Grundlage der drei Realprinzipien (Genba, Genbutsu, Genjitsu). 3. Der Nutzungsgrad wird vom nachgelagerten Prozeß bestimmt, aber die Verfügbarkeit muß bei 100% liegen. 4. Die Kapazität der Anlagen kann sofort verdoppelt werden. 5. Um die maximale Leistung herauszuholen, muß in Taktzeit produziert und darf die Maschine nicht angehalten werden. 6. Alle Linien miteinander verknüpfen; das ganze Werk als eine U-Linie gestalten.	1. Verschwendung durch Überproduktion eliminieren und dadurch die Herstellungskosten senken. 2. Die 3 Funktionen und die 7 Voraussetzungen für die Einführung erfüllen. 3. Die festgelegten 8 Regeln unter allen Umständen einhalten. 4. Alle Linien und Werke durch Kanban wie in einer Endloskette miteinander verknüpfen und synchronisieren. 5. Bedeutung des Nivellierens, Glätten der Produktion. 6. Kanbankarten im roten Briefkasten sind ein Problem, keine Kanbankarten im roten Briefkasten sind ein noch größeres Problem. 7. Ziel der Kanban: Verhindern von Überproduktion. 8. Die Kanban spiegeln den Willen, die Denkweise, die Philosophie derjenigen wider, die damit umgehen. 9. Die Kanban sind Informationsträger, die den menschlichen Willen enthalten. 10. Die anzustrebende Form ist die, daß die Kanban genauso augenblicklich reagieren, wie die autonomen Nerven des menschlichen Körpers. 11. Wenn von den 3 Kategorien der Arbeit (Qualität, Quantität, Timing) eine mangelhaft ist, entsteht sofort Verschwendung.	

13. Zusammenhang und Systematik der einzelnen Schritte

Jedes Unternehmen befindet sich natürlich in einer anderen Situation, außerdem gibt es keine exakte Meßskala für die Bewertung der verschiedenen Niveaus. Die vorgeschlagene Einteilung kann jedoch als Orientierung dienen.

Die »6 S«

Die »6 S« sind der Spiegel des synchronen Produktionssystems. Das erreichbare Niveau der anderen 11 Schritte bei der Einführung kann man daran ablesen, mit welcher Konsequenz die »6 S« in den Werken und Büros umgesetzt wurden. Es besteht ein enger Zusammenhang zu Schritt 6 der Einführung über Adressen und Stellflächen sowie zu Schritt 9 über standardisierteArbeit.

Eine Verbesserung der Arbeitsabläufe, Reduzierung der Umrüstzeiten und das Einführen eines Logistiksystems entfalten keine Wirkung, wenn nicht zuvor als Grundlage die »6 S« vervollkommnet wurden. Die »6 S«, die sich auch auf die Sicherheit, die Qualität und die Maschinen auswirken, sind Ausgangspunkt aller weiteren Aktivitäten. Sie sind der Schritt der Einführung, der allen anderen vorausgehen muß und gleichzeitig bis zum letzten Schritt eine wichtige Rolle spielt.

Nivellieren und Glätten der Produktion

Nivellieren der Produktion

Die nivellierte Produktion, bei der für jedes einzelne Produkt die Produktionsmenge so aufgeteilt wird, daß an jedem Tag die gleiche Stückzahl hergestellt wird, ist die Voraussetzung für die Produktion in Taktzeit (Kapitel 7). Um eine nivellierte Produktion zu erreichen, müssen parallel dazu der Einzelstück-(satz)fluß (Kapitel 3), der Aufbau einer Fließfertigung (Kapitel 4) und die Verkleinerung der Losgrößen (Kapitel 5) realisiert werden.

Unbedingte Voraussetzung für die nivellierte Produktion ist die Verkürzung der Umrüstzeiten. Weitere Voraussetzungen sind das Einrichten von Warenhäusern und das visuelle Management. Dies ist die erste Phase der Systemveränderung.

Glätten der Produktion

Die geglättete Produktion bedeutet eine weitere Feineinteilung der nivellierten Produktion und erfordert eine weitere Reduzierung der Umrüstzeiten. Das Niveau der geglätteten Produktion wird direkt von dem Niveau des Umrüstens bestimmt. Darüber hinaus ist es unerläßlich, vielfach qualifizierte Mitarbeiter auszubilden, Einrichter und Bediener für autonomatisierte Vorrichtungen zu trainieren, sowie im Montagebereich entsprechend geschulte Logistiker einzusetzen.

Wenn man bis hierher gekommen ist, hat man die Grundlagen für die synchrone Produktion geschaffen. Das Niveau der geglätteten Produktion muß natürlich weiter erhöht werden, so daß man letztendlich in der Lage ist, die Produkte genau gemäß Kundenwunsch zu produzieren und anzuliefern. Das synchrone

Produktionssystem erfüllt eine strategische Funktion für das Unternehmen insofern, als bei minimierten Herstellungskosten die Durchlaufzeit für alle Prozeßstationen kürzer ist als die vom Kunden vorgeschriebene Lieferzeit und die Produktion mit einer Losgröße 1 erfolgt. Es ist möglich, eine extrem hohe Produktvielfalt abzudecken, wobei von jedem Produkt oft nur ein Stück gefertigt wird.

Die geglättete Produktion ist auch über den letzten Schritt der Einführung hinaus für die Befriedigung der Kundenwünsche von Bedeutung und ist gleichzeitig die Fertigungsart mit den geringsten Herstellungskosten. Bei der Umsetzung soll man an den Grundlagen möglichst treu festhalten.

Einzelstück(satz)fluß

In diesem Zusammenhang muß der Aufbau von U-Linien sowie der Einsatz von optischen sowie akustischen Warnsystemen erfolgen, die in Kapitel 4 behandelt werden.

Diese beiden Schritte erfolgen hintereinander, wobei hierbei der Einzelstück(satz)fluß für den einzelnen Bereich gilt, während der Aufbau einer Fließfertigung das gesamte Werk betrifft. Dabei sind standardisierte Pufferbestände sowie Wartepositionen wichtige Schlüsselbegriffe, die in Kapitel 9 über die standardisierte Arbeit angesprochen werden.

Durch das Prinzip des gleichzeitigen Startens und Anhaltens an festgelegten Positionen der Montage- bzw. Fertigungslinien sowie durch eine AB-Steuerung wird der Einzelstück(satz)fluß vervollkommnet.

Der Schrittmacher, der in Kapitel 7 bei der Produktion in Taktzeit behandelt wird, spielt hierbei eine wichtige Rolle. Die Reduzierung der Durchlaufzeit bei der Produktion ist das wichtigste Ziel.

Es gilt, alle Dinge und Gegenstände in einen Einzelstück(satz)fluß zu bringen. Der Aufbau eines Einzelstück(satz)flusses hat Priorität vor der Einführung einer Produktion in Taktzeit (Kapitel 7), dem Stückzahlenmanagement (Kapitel 8) und der Einführung der standardisierten Arbeit. Die Einführung der Kanban (Kapitel 12) ist noch weit entfernt. Sie wäre zu diesem Zeitpunkt völlig verfehlt.

Es kommt zunächst darauf an, ein System aufzubauen, in dem man mit Gewißheit im Einzelstückfluß produzieren kann. Hierdurch wird die Notwendigkeit für den nächsten Schritt, dem Aufbau einer Fließfertigung (Kapitel 4), offensichtlich. Darüber hinaus wird der enge Zusammenhang zur Qualität (Kapitel 10) und den Anlagen (Kapitel 11) verständlich.

Fließfertigung

Im Zusammenhang mit dem Aufbau einer Fließfertigung stehen die nachfolgend aufgeführten Punkte.

Die Anordnung der Anlagen und die anzustrebende Form der Anlagen aus Schritt 11 (Anlagen)

U-Linien werden so einfach aufgebaut, daß Teile lediglich eingelegt werden müssen, so daß schließlich nicht nur die vielfach qualifizierten, sondern auch völlig neue Mitarbeiter eine ganze Linie in Fluß halten können.

Der Einzelstück(satz)fluß (Kapitel 3) und Produktion in Taktzeit (Kapitel 7)

Der Fluß wird durch die Bahn und die Strömungsmenge (Strömungsgeschwindigkeit) bestimmt. Dazu müssen die vorgelagerten Prozesse mit den nachgelagerten synchronisiert werden. Der Ausdruck fließen ist in diesem Zusammenhang sehr wichtig. Der Fluß darf nicht ins Stocken kommen. Das gilt nicht nur für die Bearbeitung, das Material und die Mitarbeiter, sondern auch für die Informationen und Kaizenaktivitäten. Wenn diese Punkte exakt umgesetzt werden, wird dadurch die Einführung der Kanban erleichtert. Man kann dies sogar als wichtigste Voraussetzung hierfür bezeichnen.

Verkleinerung der Losgrößen

Für das Nivellieren und Glätten der Produktion (Kapitel 2), den Einzelstück(satz)fluß (Kapitel 3) und den Aufbau einer Fließfertigung (Kapitel 4) ist die in diesem Kapitel geforderte Reduzierung der Umrüstzeiten von großer Bedeutung. Es geht dabei darum, wie bestehende Anlagen (Kapitel 11) entsprechend verändert werden können. Die Umrüsttechnik hat einen entscheidenden Einfluß auf die Wettbewerbsfähigkeit gegenüber den Unternehmen der gleichen Branche und die Effizienz der Anlageninvestitionen. Sie wirkt sich auf die Warenhäuser (Kapitel 6) aus, und es besteht darüber hinaus ein weiterer Zusammenhang mit dem Stückzahlenmanagement (Kapitel 8).

Die Verkleinerung der Losgrößen schafft die Voraussetzung dafür, daß mit Hilfe der Logistik die verschiedenen Arten der Verschwendung durch Überproduktion reduziert werden können. Dies ist die zweite Voraussetzung für die Einführung der Kanban (Kapitel 12). Die anzustrebende Form bei der Verkleinerung der Losgrößen ist letztlich der Einzelstück(satz)fluß.

Adressen und Stellflächen (Warenhäuser)

Die »6 S« sind die Voraussetzung. Für alle Gegenstände werden Warenhäuser festgelegt, und alle Teile erhalten eine Adresse. Es besteht ein Zusammenhang zu dem vorhergehenden Schritt der Verkleinerung der Losgrößen. Gleichzeitig handelt es sich aber hier auch um die Voraussetzungen aus den Kapiteln 6 und 7 bei der Einführung der Kanban. Für das Materialmanagement ist dieser Schritt unabdingbar.

Das Entscheidende ist, durch die Warenhäuser Informationen über Störungen und Abweichungen vom Standard zu erfassen und diese unmittelbar mit Aktionen zu verknüpfen, sowie darin, daß jeder in die Lage versetzt wird, zum vorgelagerten Prozeß gehen zu können, um die gewünschten Teile zu holen.

Produktion in Taktzeit

Für jedes Produkt gibt es eine bestimmte Zeit, in der ein Stück gefertigt werden muß. Diese nennt man Taktzeit. Die Voraussetzung, um die Produktion in Taktzeit zu ermöglichen, ist die nivellierte bzw. geglättete Produktion. Auf jeden Fall ist ein Nivellieren der Produktion unabdingbar.

Für die Umsetzung der Taktzeit ist zudem der Einzelstück(satz)fluß notwendig. Je weiter die Verkleinerung der Losgrößen vorangeschritten ist, auf um so höheren Niveau ist die Produktion in Taktzeit möglich. Es besteht ein Zusammenhang zwischen der Produktion in Taktzeit, dem im nächsten Schritt behandelten Stückzahlenmanagement und der standardisierten Arbeit.

Stückzahlenmanagement

Das Stückzahlenmanagement liefert Informationen über den jeweiligen Stand der Herstellungskosten. Durch die geglättete Produktion und den Einzelstück(satz)fluß wird die Produktion in Taktzeit ermöglicht. Das Ergebnis dieser Maßnahmen spiegelt sich in einer Stückzahlenmanagementtabelle auf Stundenbasis wider. Die Selbstverwirklichung der Kaizenprofis, der Manager und Meister sowie die Auswirkungen ihrer Erfolge auf die Gewinnsituation werden durch das Stückzahlenmanagement sichtbar.

Das Stückzahlenmanagement bildet bis zum letzten Schritt der Einführung die Basis des Kostenmanagements im Rahmen des synchronen Produktionssystems. Es besteht ein enger Zusammenhang zur Qualität und zu den Anlagen. Wenn viele Schlechtteile hergestellt werden und wenn die Anlagen aufgrund von Defekten für lange Zeit stillstehen, so wird das Stückzahlenmanagement sinnlos. Zuerst müssen die Schlechtteilquote reduziert und Maßnahmen gegen Anlagendefekte ergriffen werden. Es ist weiterhin notwendig, daß das Stückzahlenmanagement auf Stundenbasis erfolgt. Die Voraussetzung hierfür ist eine geglättete Produktion und eine Produktion in Taktzeit.

Standardisierte Arbeit

Die standardisierte Arbeit ist ein Werkzeug für das Management der Mitarbeiter bei der synchronen Produktion. Sie dient als Basis für Verbesserungen aller Arbeitsabläufe und hat mit allen Schritten dieser Einführung zu tun. Vor allem für den Einzelstück(satz)fluß ist es von größter Bedeutung, daß sich die Arbeitsabläufe rhythmisch wiederholen. Die Kaizenaktivitäten beginnen damit, daß man ein Standardarbeitsblatt für eine oberflächliche Standardisierung erstellt. Durch die Produktion in Taktzeit wird ein zeitlicher Rahmen gesetzt. Das Ergebnis schlägt sich im Stückzahlenmanagement nieder. Ziel ist das Aufrechterhalten der rhythmisch sich wiederholenden Arbeit und das Vorantreiben der Kaizenaktivitäten.

Die standardisierte Arbeit spielt im Rahmen des synchronen Produktionssystems eine wichtige Rolle. Sie ist ein wirksames Werkzeug, um alle menschlichen Bewegungsabläufe in wertschöpfende Arbeit umzuwandeln. Solange Menschen in den Unternehmen und Werken tätig sind, wird die standardisierte Arbeit nicht verschwinden. Im Gegenteil, sie muß aktiv angewendet werden.

Durch die standardisierte Arbeit wird der Kaizenbedarf offensichtlich gemacht. Es geht hier nicht um Rationalisierungen im Bereich von 20 oder 30 Prozent. Wenn sie wirklich zu einem Kaizenwerkzeug werden soll, sind Rationalisierungen auf ein Fünftel bis ein Zehntel anzustreben. Es ist in der Tat ein sehr wichtiger Schritt der Einführung.

(Produkt-) Qualität

Die Ware ist der Extrakt der gesamten Unternehmensaktivitäten. Die Qualität der Ware wird durch die Qualität der Mitarbeiter, die Qualität der Anlagen, die Qualität der Methoden und die Qualität der Informationen bestimmt. Sie betrifft alle Schritte der Einführung von 1 bis 12. Mangelnde Produktqualität ist für das Unternehmen tödlich. Deshalb muß ein System zur Verbesserung der Produktqualität errichtet und ständig verbessert werden. In diesem Zusammenhang ist ein weiterer Punkt sehr wichtig, die Autonomation. Sie muß angefangen bei der Sicherheit, den Werkzeugen, den Anlagen und den Linien flächendeckend ausgebaut werden. Dies ist ein wichtiger und unbedingt umzusetzender Punkt. Es geht letztlich darum, durch Autonomation die Wertschöpfung zu steigern.

Anlagen

Die Anlagen müssen immer dann, wenn sie eingesetzt werden sollen, einsatzbereit sein. Das bedeutet, daß die technische Verfügbarkeit bei 100 Prozent gehalten werden muß. Die Kapazität der Anlagen ist im Prinzip unbegrenzt, weil es möglich ist, immer neues Know-how zu integrieren. Dieser Punkt betrifft genauso wie die (Produkt-) Qualität alle Schritte der Einführung. Es gilt, die Maschinen- und Anlagenkonzepte daraufhin zu überdenken, ob sie in einem wirtschaftlichen Umfeld, das durch extrem hohe Produktvielfalt, Einzelanfertigungen, hohe Kundenzahl und extrem verkürzte Zyklen gekennzeichnet ist, bestehen können. Dieser Schritt kann zusammen mit dem vorhergehenden der Einführung des synchronen Produktionssystems vorausgehen.

Kanban

So wie die standardisierte Arbeit ein Werkzeug für das Management der Mitarbeiter ist, sind die Kanban ein Werkzeug für das Materialmanagement. Darüber hinaus dienen sie zur Befestigung und Stabilisierung der vorhergehenden 11 Schritte der Einführung. Durch die

Kanban werden die Ergebnisse aller vorhergehenden Schritte einer erneuten Prüfung unterzogen. Durch Reformen und Kaizen wird das Niveau des Werkes weiter erhöht.

Von den sieben Voraussetzungen für die Kanban verlangen sechs ein Anheben des Niveaus der vorherigen Schritte. Die Kanban sind die Essenz des synchronen Produktionssystems. Es geht darum, mit möglichst wenig Kanbankarten auszukommen. Der Schlüssel hierfür liegt bei dem erreichten Niveau der vorhergehenden 11 Schritte.

Schlußwort zur Einführung in die Praxis des synchronen Produktionssystems

Das synchrone Produktionssystem ist eine Methode zur Reform der Unternehmenskonstitution, es ist eine Methode, mit der schrittweise die Fertigungssteuerung und die Fertigung selbst verändert werden. Der Schwerpunkt liegt in diesem Buch mehr auf der Praxis und der Umsetzung als auf der theoretischen Analyse und Systematisierung. Für jeden einzelnen Schritt wurden Hinweise für die praktische Umsetzung sowie Erläuterungen zu den Hauptaspekten, Schlüsselbegriffen und einzelnen Gesichtspunkten gegeben. Ich habe mich bemüht, den Inhalt möglichst verständlich punktweise abzuhandeln.

Der Autor muß sich sicherlich eine Reihe von Rechthabereien und Einseitigkeiten selbstkritisch vorhalten. Das, was konkret zu den einzelnen Schritten gesagt wurde, ist möglicherweise in einer Sprache ausgedrückt, die für den Leser nicht ausreichend verständlich ist. Die angesprochenen Probleme sind möglicherweise nicht die seinen, und die angeführten Beispiele treffen vielleicht nicht die Verhältnisse im Unternehmen des Lesers. Manche Formulierungen sind eventuell zu extrem oder abgehoben.

Ich hoffe gleichwohl, daß Sie zu einer praktischen Erprobung kommen, ohne die nichts Bleibendes erreicht wird. Setzen Sie bitte wenigstens ein Beispiel praktisch um. Machen Sie sich klar, daß zwischen Verstehen und Können ein großer Unterschied besteht. Ich würde mir wünschen, daß wir auf der Grundlage der praktischen Erprobung in einen Gedankenaustausch eintreten könnten.

Die Hauptaspekte bei der Einführung in die Praxis des synchronen Produktionssystems habe ich in einer Gesamtübersicht zusammengetragen. Es wurden auch die Unteraspekte, Nebenthemen, Schlüsselbegriffe und Einzelgesichtspunkte aufgeführt. Ich hoffe, daß Sie von dieser Übersicht Gebrauch machen.

Jedes Unternehmen oder Werk hat seine besonderen Stärken und Schwächen sowie unterentwickelten Bereiche. Ich würde mich freuen, wenn Sie für die Lösung Ihrer Probleme dieses Buch zu Rate ziehen würden. Das synchrone Produktionssystem wurde in Produktionsbetrieben entwickelt, aber ich bin sicher, daß es auch in Handel, Spedition und im Informationsbereich anwendbar ist.

Epilog – Die zweite Hälfte der neunziger Jahre wird eine Zeit harter Veränderungen und eine Zeit des Individuums

Besonders Japan wird eine große Veränderung von einer Industriegesellschaft über die Informationsgesellschaft hin zu einer Seniorengesellschaft durchmachen. Die Wertvorstellungen werden einem Wandel von der Quantität zur Qualität unterliegen. Der innere Reichtum und eine sinnvoll gelebte Zeit werden immer wichtiger. Man kann diese Zeit, in der es um das Glück des Menschen und seine innere Erfüllung geht, als ein Zeitalter des Wettbewerbs der Individuen bezeichnen.

Stand die herkömmliche Produktion unter dem Motto »Ready made«, wird in Zukunft eher gelten »Easy order«. Dabei geht es darum, eine immer größere Produktvielfalt bei geringen Stückzahlen anbieten zu können. Es sind Dinge gefordert, die dem Geschmack und den Vorlieben des einzelnen entsprechen. In dieser Zeit wird der einzelne zur entscheidenden Marktmacht. Der Markt der Individuen wird der größte sein. Zum Hauptgeschäft wird sich der Personalorder-Bereich entwickeln.

Der Markt wird sich umfassend verändern. Der Einzelkunde (Konsument) selbst wird verstärkt direkt auf die Güterproduktion einwirken. Die Werke werden sich auf eine hohe Produktvielfalt bei geringen Stückzahlen einstellen müssen. Ich bin überzeugt, daß diese Zukunft nicht allzu fern ist. Die Unternehmen müssen sich rasch verändern. Wer sich nicht verändert, bleibt zurück.

Der Alterungsprozeß der Gesellschaft schreitet voran, es findet ein Wertewandel von der Quantität hin zur Qualität statt. Der innere Reichtum, das ist die sinnvoll erlebte Zeit, wird immer wichtiger. Diese Zeit, in der Glück und innere Erfüllung verlangt werden, kann man als eine Zeit des Wettstreits der Persönlichkeiten bezeichnen. Alle Bedürfnisse gehen vom Individuum aus und kehren zu ihm zurück. Es ist eine Gesellschaft abzusehen, die diesem Bild voll entspricht.

Die Entwicklung zur hochentwickelten Informationsgesellschaft wird schnell voranschreiten. Der vorhin erwähnte Konsument wird, wie Albin Tofler vorhergesagt hat, immer mehr zu einem Prosument (Produktion → Konsument). Die klare Trennung zwischen Angebots- und Nachfragezyklus wird aufgehoben, so daß das Unternehmen allein aus sich heraus keine Strategie entwickeln kann.

Der Anteil des produzierenden Gewerbes an der Gesamtwirtschaft wird zwar abnehmen und der tertiäre Bereich zunehmen, ich bin jedoch der festen Überzeugung, daß die Güterproduktion auch in Zukunft die Basis unserer Industriegesellschaft sein muß.

Auch die Informationsgesellschaft bzw. der tertiäre Bereich können grundsätzlich nur durch die entsprechenden Güter und Gegenstände funktionieren. Gegenwärtig besteht eine große Kluft zwischen dem Softbereich und dem güterproduzierenden Bereich. Es ist ein Problem, wenn auf der einen Seite nur Informationen verkauft werden und auf der anderen Seite nur Güter. Es stellt sich die Aufgabe, beides geschickt zu mischen und auszubalancieren.

Es sind viele Dinge angesprochen worden. Die Unternehmen müssen, kurz gesagt, ihre angestrebte Form deutlich machen und gleichzeitig aus verschiedenen Blickwinkeln Voraussagen über den internen und externen Bereich treffen. Die Zukunftsvision des Unternehmens muß konkret in optisch und emotional ansprechender Form dargestellt werden.

Das synchrone Produktionssystem bereitet den Boden dafür, auf diese Diversifizierung reagieren zu können. Es ist keine Übertreibung, wenn man behauptet, daß mit Hilfe des synchronen Produktionssystems die notwendige Flexibilität in allen Bereichen des Unternehmens geschaffen werden kann.

Das Leben und Sterben der Unternehmen hängt von Informationen ab. Der Mensch ist der Träger aller Informationen. Der Mensch bewegt das Unternehmen. Der Mensch spielt die wichtigste Rolle im synchronen Produktionssystem. Der erste Schritt der Einführung des synchronen Produktionssystems behandelt die »6 S« in bezug auf Menschen, der 12. Schritt behandelt die Beziehung zwischen Menschen und Kanban.

Unternehmen müssen permanent Mitarbeiter ausbilden, sich reformieren und weiterentwickeln. Wenn man sich nur mit einem gewissen Kaizenerfolg zufrieden gibt, wird man schnell auf den Weg des Niedergangs geraten. Reform und Kaizen müssen in der Tat endlos fortgesetzt werden. Da dies einmal so ist:

> Machen wir uns doch guten Mutes an den Aufbau und die Entwicklung des synchronen Produktionssystems

Zur Einführung des synchronen Produktionssystems ist mit Sicherheit noch nicht alles gesagt. Die Bereiche Sicherheit, Umwelt, interne Organisationsstruktur für das Vorantreiben des Systems, Evaluation usw. stehen noch aus.

Wenn Sie, verehrte Leser, Fragen oder Probleme haben bzw. Ihre Meinung aussprechen möchten, bitte ich Sie, diese jederzeit an meine Adresse zu richten. Dies wird nicht nur Ihnen zugute kommen, sondern auch dem Autor dabei helfen, sein Niveau zu verbessern.

Anhang

Anhang 1 Fünf Punkte für verschwendungsfreie Bewegungsabläufe

Punkt 1 Verlaß Dich nicht nur auf die rechte Hand, gebrauche auch die linke und die Beine.

Normaler Arbeitsbereich – der von der Hand beschriebene Kreisbogen mit dem Ellenbogen als Zentrum bei leicht an den Körper angelegtem Oberarm.

Maximaler Arbeitsbereich – der von der Hand beschriebene Kreisbogen mit der Schulter als Zentrum bei ausgestrecktem Arm.

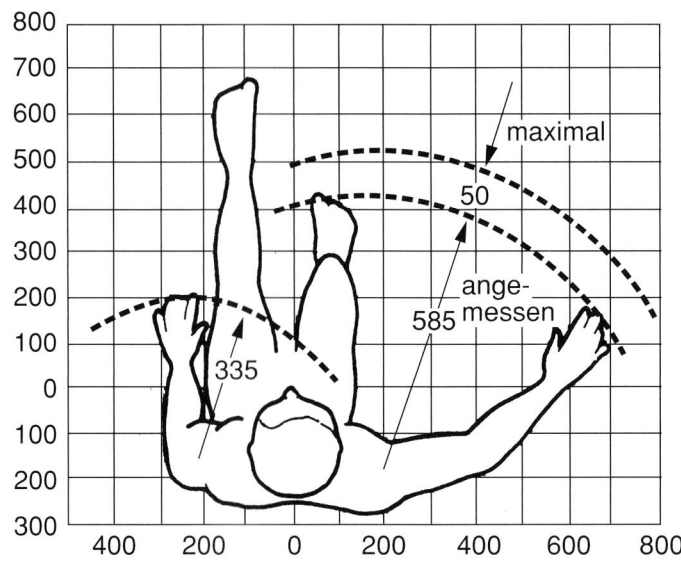

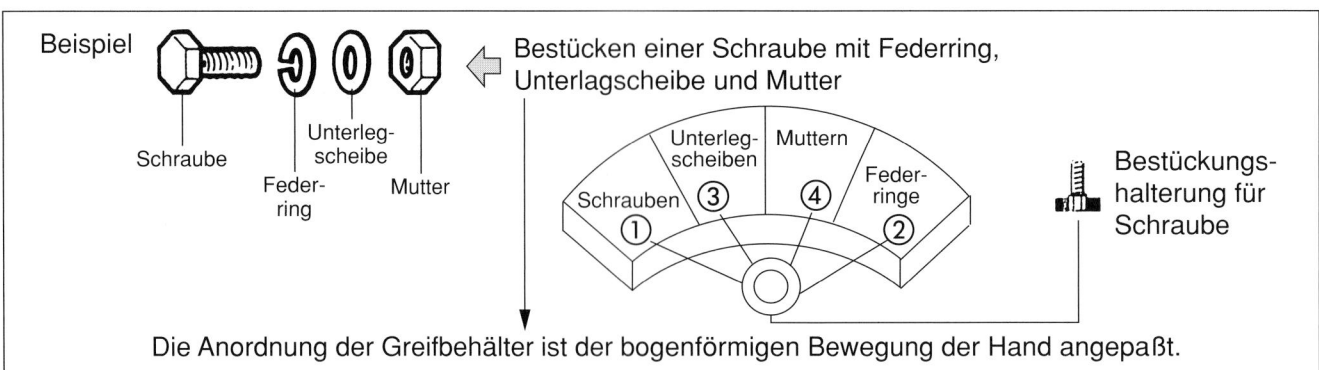

Beispiel: Bestücken einer Schraube mit Federring, Unterlagscheibe und Mutter

Schraube, Federring, Unterlegscheibe, Mutter

① Schrauben, ③ Unterlegscheiben, ④ Muttern, ② Federringe

Bestückungshalterung für Schraube

Die Anordnung der Greifbehälter ist der bogenförmigen Bewegung der Hand angepaßt.

- Die beidhändige Bewegung muß gleichzeitig beginnen und gleichzeitig enden.
- Material und Werkzeuge müssen so angeordnet sein, daß der Bewegungsablauf in der optimalen Reihenfolge stattfinden kann. Die Arbeit der rechten Hand und die Arbeit der linken Hand wird festgelegt. Die Werkzeuge möglichst dicht an das Werkstück heranbringen und mit einem Gummi (oder Feder) hängend befestigen. Auf diese Weise werden die Bewegungen minimiert.

Punkt 2: Das Material und die Werkzeuge in Reichweite so anordnen, daß sie möglichst gut zu greifen sind.

Das Material angepaßt an die Bewegungsabläufe der Hand so anordnen, daß beide Hände effizient eingesetzt werden können.

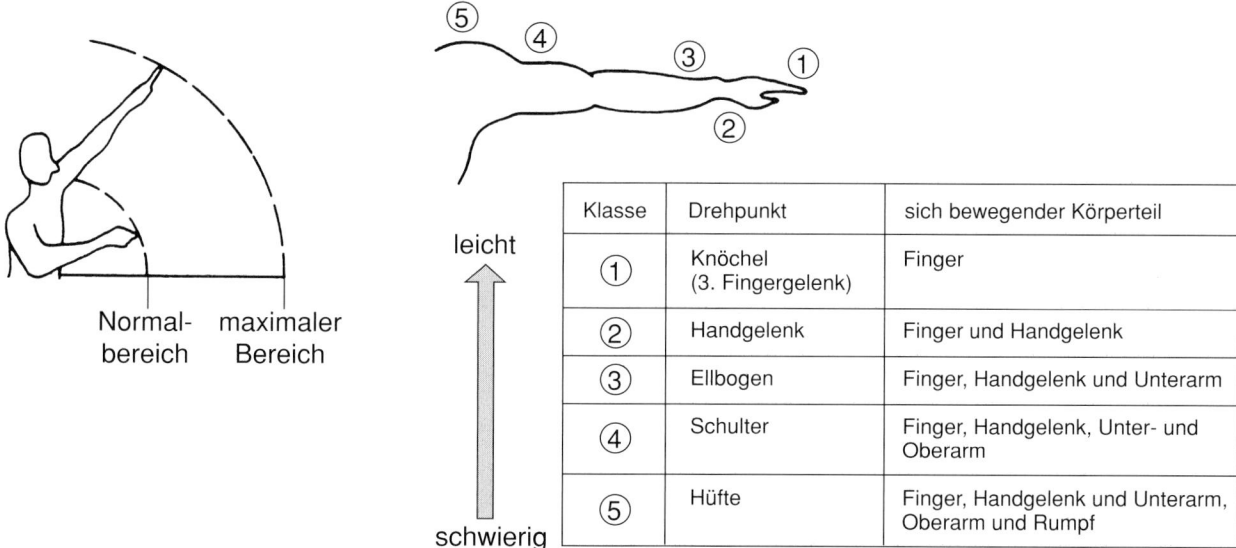

Klasse	Drehpunkt	sich bewegender Körperteil
①	Knöchel (3. Fingergelenk)	Finger
②	Handgelenk	Finger und Handgelenk
③	Ellbogen	Finger, Handgelenk und Unterarm
④	Schulter	Finger, Handgelenk, Unter- und Oberarm
⑤	Hüfte	Finger, Handgelenk und Unterarm, Oberarm und Rumpf

- Bewegungsabläufe mit möglichst wenigen Grundelementen sind die beste Arbeitsmethode.
- Je weniger Körperteile eingesetzt werden, desto höher ist die Produktivität und desto geringer die Ermüdung.

Beispiel

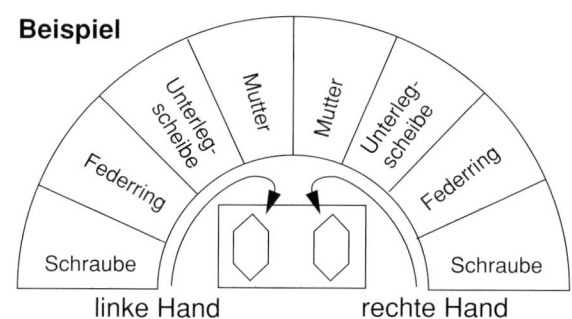

Wie das Besteck bei einem festlichen Essen von außen her genommen wird, werden die Teile der Reihe nach von außen beginnend gegriffen.

Die Bewegungen des Körpers sind ausbalanciert, die Ermüdung ist gering, die für die Arbeit benötigte Zeit kann dadurch deutlich verkürzt werden.

- Die Bewegung der Arme erfolgt in entgegengesetzter Richtung symmetrisch und gleichzeitig.
- Der Rhythmus ist für einen gleichmäßigen, automatischen Arbeitsablauf unerläßlich. Er wird so gestaltet, daß ein möglichst angenehmer, natürlicher Rhythmus entsteht.
- Die Handbewegungen sollen in einer Ebene erfolgen. Am besten ist es, wenn nur der Bereich von den Ellenbogen abwärts bis zu den Fingern bewegt wird.

Anhang

Punkt 3: Behälter und Arbeitsplätze so optimieren, daß das Material möglichst leicht zu handhaben ist.

Es ist wichtig, die notwendigen Bewegungselemente zu reduzieren und den Bewegungsablauf möglichst angenehm zu gestalten. Häufig gibt es bei gleichen Arbeitsinhalten große Leistungsunterschiede, die anscheinend von der Erfahrung der Mitarbeiter abhängen.
Eine genaue Untersuchung zeigt jedoch häufig, daß die Differenz mehr auf die Anzahl der Bewegungen zurückzuführen ist als auf persönliche Faktoren.

Beispiele

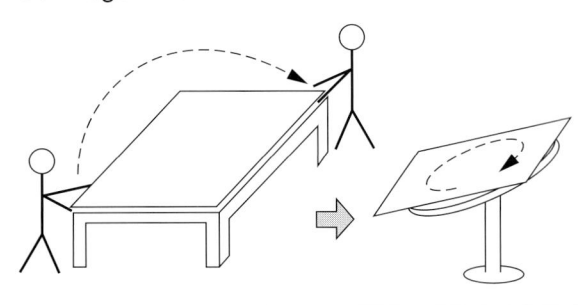

Durch das Drehen der Arbeitsfläche können Gehwege reduziert werden.

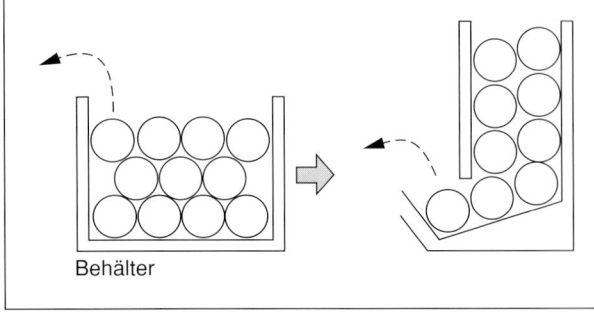

Behälter

Besser vorne als hinten

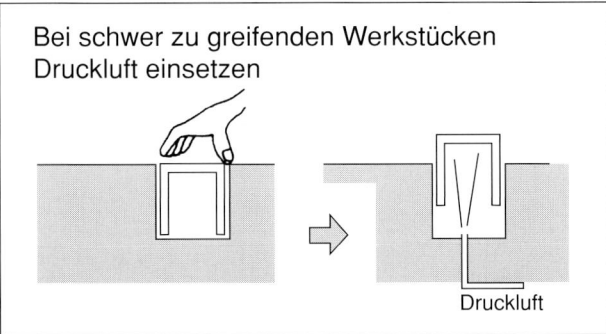

Bei schwer zu greifenden Werkstücken Druckluft einsetzen

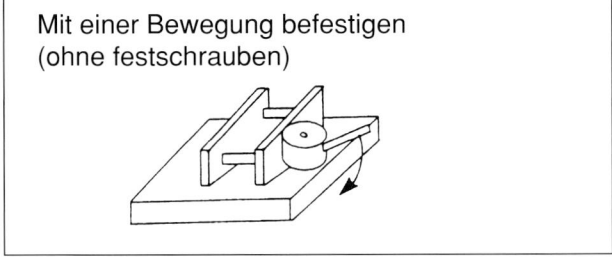

Mit einer Bewegung befestigen (ohne festschrauben)

- Hände nicht für Tätigkeiten einsetzen, die von Halterungen oder durch fußbetätigte Vorrichtungen erledigt werden können.
- Werkzeuge möglichst kombinieren und dadurch zu optimierten Werkzeugen machen.
- Teile satzweise anordnen (wie in Spezialverpackungen für Fertigmenüs).
- Teile nicht einzeln holen, sondern in speziellen Tragebehältern für satzweisen Transport.

Punkt 4 — Andere Funktionen stärker aktivieren.

Bei Arbeiten, die großen Krafteinsatz verlangen, wie z.B. beim Bewegen von Gegenständen, muß man sich fragen, wie die Schwerkraft des Materials möglichst geschickt eingesetzt werden kann, um den Einsatz von Körperkraft möglichst gering zu halten.
Tätigkeiten, bei denen die Hände Material oder Werkzeuge lediglich halten, eliminieren.
Keine (nicht angepaßten) Vielzweckwerkzeuge, sondern optimierte Spezialwerkzeuge verwenden.

Beispiele

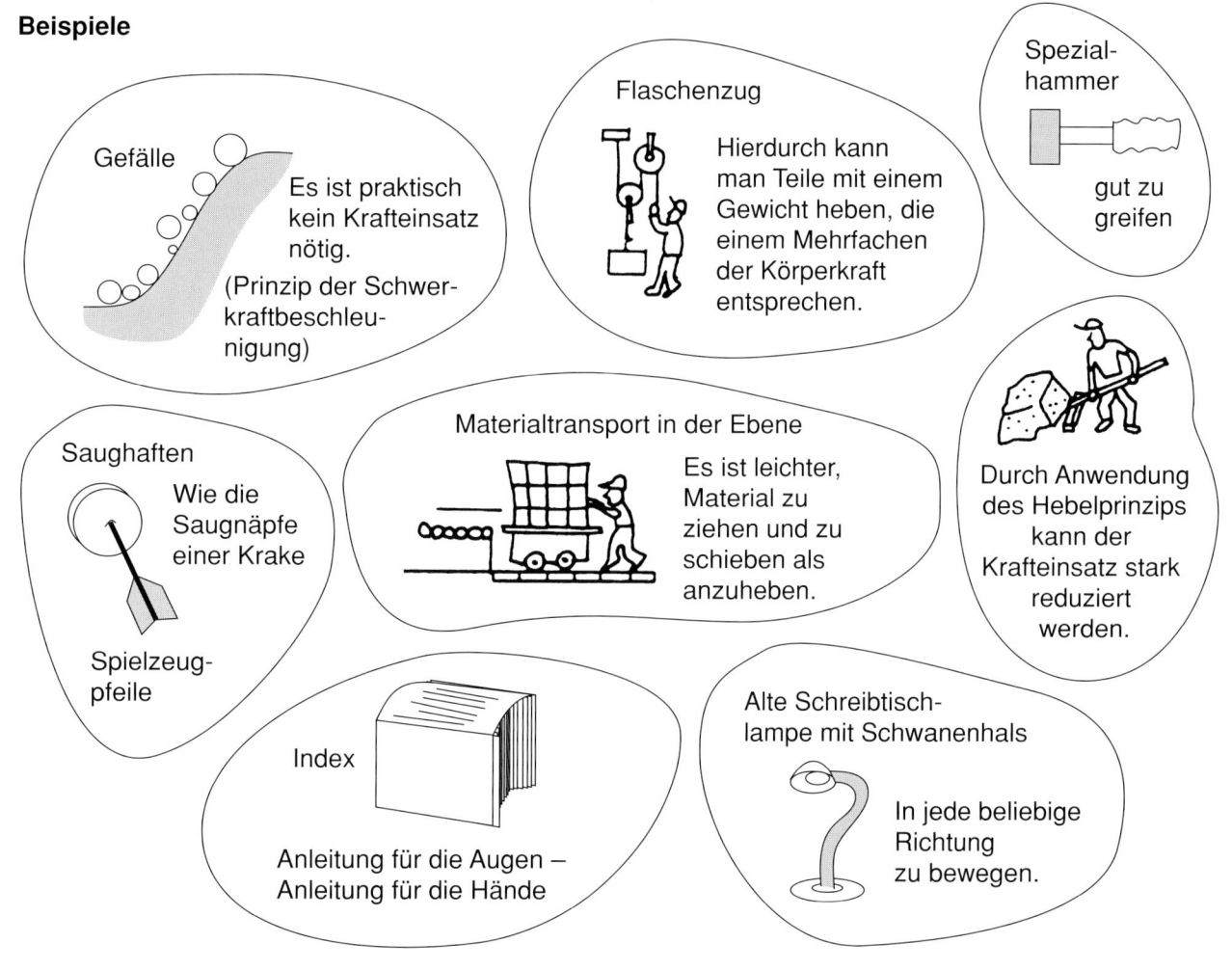

- **Gefälle** — Es ist praktisch kein Krafteinsatz nötig. (Prinzip der Schwerkraftbeschleunigung)
- **Flaschenzug** — Hierdurch kann man Teile mit einem Gewicht heben, die einem Mehrfachen der Körperkraft entsprechen.
- **Spezialhammer** — gut zu greifen
- **Saughaften** — Wie die Saugnäpfe einer Krake. Spielzeugpfeile
- **Materialtransport in der Ebene** — Es ist leichter, Material zu ziehen und zu schieben als anzuheben.
- Durch Anwendung des Hebelprinzips kann der Krafteinsatz stark reduziert werden.
- **Index** — Anleitung für die Augen – Anleitung für die Hände
- **Alte Schreibtischlampe mit Schwanenhals** — In jede beliebige Richtung zu bewegen.

❏ Werkstücke dürfen bei der Bearbeitung nicht mit der Hand festgehalten werden (das sieht zwar nach Arbeit aus, es ist aber keine).
❏ Vielzweckwerkzeuge sind für die Ökonomie eines Bewegungsablaufes nicht optimiert.
❏ Achte auf die Aufnahme- und Ablagestelle des Materials ⇨ Es sollte durch sein Eigengewicht zur nächsten Station gelangen.
❏ Nageltasche eines Zimmermanns, Werkzeuggürtel eines Elektrikers, Gürteltaschen

Punkt 5 Richtige Arbeitshöhe?

Die Arbeitshöhe hat den größten Einfluß auf die Ermüdung.

Körpergröße 1650 mm

780~930
Verwendung eines Schraubstocks

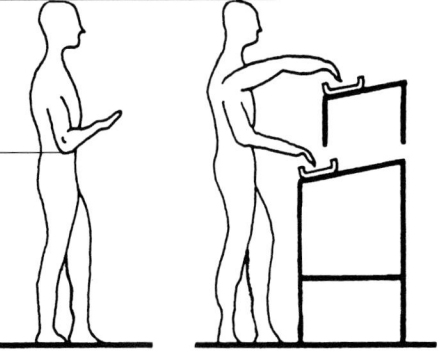

Angemessener vertikaler
Bewegungsbereich
750~950

Grenzen des vertikalen
Arbeitsbereichs
(Regale)
650~1350

Es ist notwendig, bei der Festlegung der Arbeitshöhe den Werker miteinzubeziehen.

Viele Menschen neigen wider Erwarten dazu, sich in vorgegebene Situationen zu fügen, auch wenn ihre Bewegungsabläufe unnatürlich werden. Dies führt häufig zu Ermüdungen, deren Ursachen nicht klar sind.

Anhang 2 Drei Prinzipien zur Verbesserung der Bewegungsabläufe

Prinzip 1 Eliminieren von Arbeiten, die Kraft erfordern (Muskelermüdung)

In diesem Abschnitt geht es im besonderen um den Transport von Werkstücken und Paletten.

❐ Transportmethoden

 1.00    1.07    1.14   1.16    1.32    1.44

Tragen, Schleifen, Werfen, mit Wagen fahren, auf Stangen verschieben, auf Rollen verschieben, über schiefe Ebenen rutschen lassen, auf Drehtischen drehen, auf Förderbändern transportieren.

① Aus Sicherheits- und Gesundheitsgründen muß die Ermüdung bei der Arbeit reduziert werden.

| Von den Werkern zu hebende Gewichte | **unter 12 kg** |

② Möglichst nur kleine Körperteile bewegen.
Die Ermüdung ist geringer, wenn statt des Rumpfes die Arme, statt der Arme die Hand, statt der Hand die Finger eingesetzt werden.

③ Entfernungen verkürzen.

❐ Bei Kurbeln oder großen Schraubendrehern muß der die Handinnenflächen berührende Griffbereich so konstruiert werden, daß er möglichst groß ist (das gilt besonders dann, wenn große Kräfte aufgewendet werden müssen).

❐ Der Griff von Schraubendrehern, die bei Montagetätigkeiten verwendet werden, soll zur Spitze hin schmaler sein als am Ende.

Anhang

Prinzip 2: Eliminieren von unnatürlichen Körperhaltungen (Ermüdung durch schlechte Körperhaltung)

Unnatürliche Körperhaltungen entstehen daraus, daß man versucht, die Körperhaltung dem Arbeitsgegenstand anzupassen.

Unnatürliche Körperhaltungen sind solche, bei denen an irgendeiner Körperstelle Muskeln dafür angespannt werden müssen, um den Körper im Gleichgewicht zu halten.

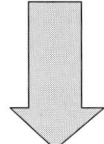

Bei unnatürlichen Körperhaltungen entsteht kein rhythmisches Arbeiten, die Bewegungen verkrampfen, die Arbeitsgeschwindigkeit ist gering und das Arbeitsergebnis schlecht.

Unnatürliche Körperhaltung

    aufrecht   leicht gebückt   gebückt

Die Körperhaltung ist eindeutig instabil,
die Ermüdung des Werkers groß.

- ❏ Material und Werkzeug in einer bestimmten Position vor dem Werker anbringen.
  Beispiel: Das Drehen des Körpers um 180° entspricht 3 Schritten (Umdrehen).
- ❏ Es ist besser, wenn bei der Arbeit nur der Bereich zwischen Ellenbogen und Fingerspitzen bewegt wird (Bewegungsqualität).
  Gehe nicht, strecke Dich nicht, beuge Dich nicht vor, suche nicht, dreh Dich nicht um.
  Die Werkzeuge sollen so aufgehängt werden, daß man sie wie ein Arzt bei der Operation praktisch ohne hinzusehen greifen kann.

Prinzip 3: Eliminieren von Arbeiten, die Aufmerksamkeit erfordern (geistige Ermüdung)

Wenn Schlechtteile produziert werden oder sich ein Werker verletzt, wird dies häufig auf seine mangelnde Aufmerksamkeit zurückgeführt.

Wenn ein Mensch auf zu viele Dinge aufpassen muß, zerstreut sich seine Aufmerksamkeit, d.h. es entsteht eine Situation, die Unaufmerksamkeit schafft. Um dem entgegenzuwirken, richtet der Werker immer mehr Aufmerksamkeit auf immer mehr Dinge. ⇨ Die geistige Anspannung führt zur Ermüdung.
⇨ Die menschliche Leistungsfähigkeit kommt nicht mehr zum Tragen.

Reflexvorgänge – ein Phänomen, das man häufig bei gut trainierten Bewegungsabläufen beobachtet, und das zur geistigen Ermüdung beiträgt.

Arbeiten, die Aufmerksamkeit erfordern

① Arbeit unter einer Glühbirne
② Hineinzwängen in enge Räume
③ Unterlegscheiben von glatten Metallflächen aufheben
④ Ablesen von schwer entzifferbaren Anzeigen
⑤ Schwer verständliche Arbeitsanleitungen (Zeichnungen) lesen
⑥ Glitschige Teile handhaben
⑦ Justierarbeiten
⑧ Beobachten, ob die maschinelle Bearbeitung beendet ist
⑨ Warten auf Anweisungen (Signale), von denen man nicht weiß, wann sie kommen
⑩ Etwas im Kopf behalten, um es nicht zu vergessen.

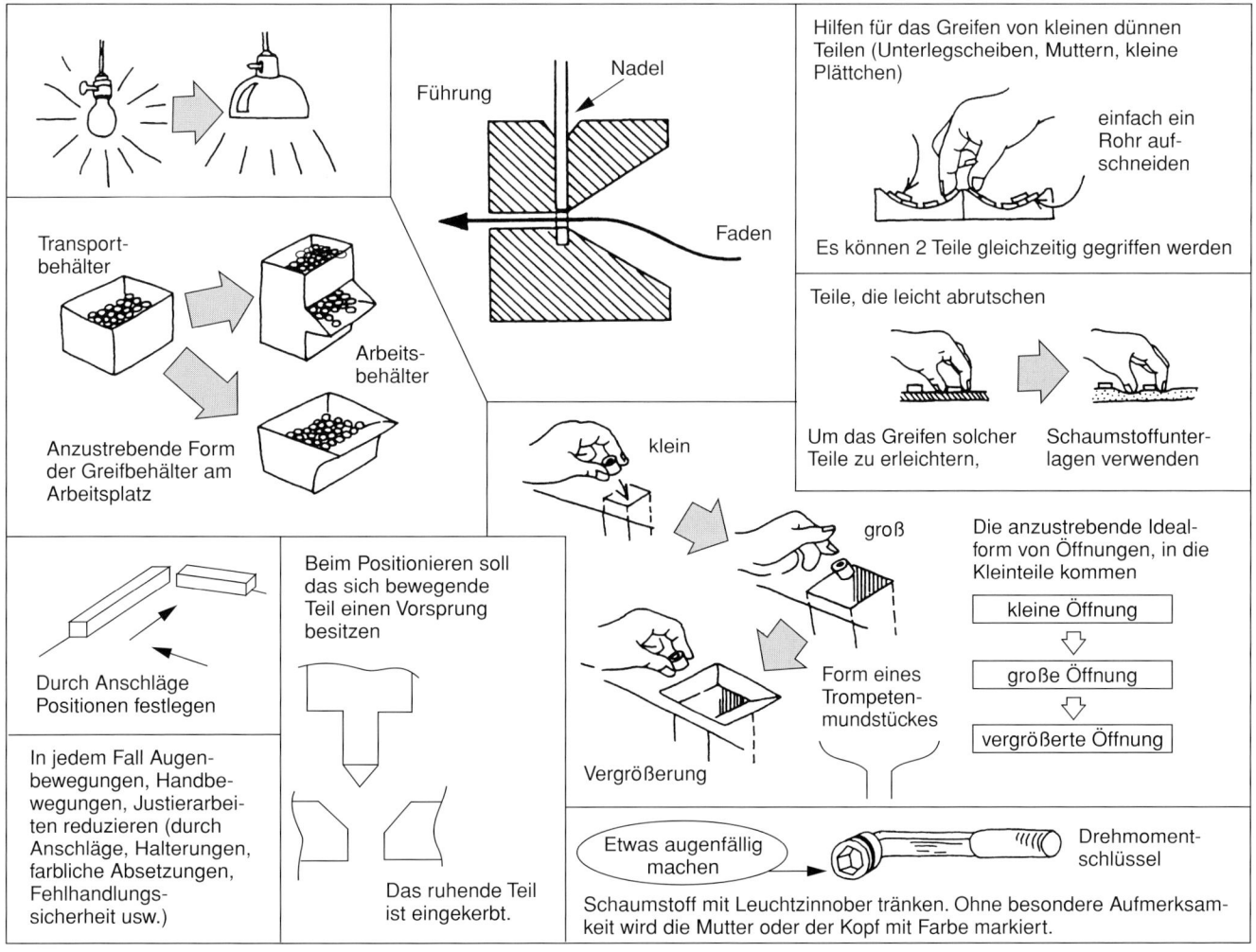

Anhang 3 One-points-hints 1 Schulung des Auges, Hinweise aufzunehmen

Ideen entstehen aus einer Kombination von Hinweisen, die in einer bestimmten Form vorliegen.
Hinweise (Problempunkte und Kaizenpunkte) gibt es am Genba in Hülle und Fülle, aber man muß ein geübtes Auge dafür haben, sonst fallen sie einem nicht auf. Um das Auge dafür zu schulen, muß man die zur Lösung anstehenden Probleme gut durchdacht haben, und sie **klar und deutlich darstellen** können.

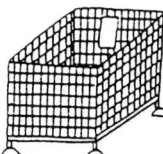   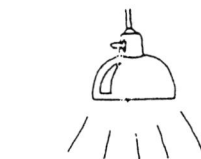

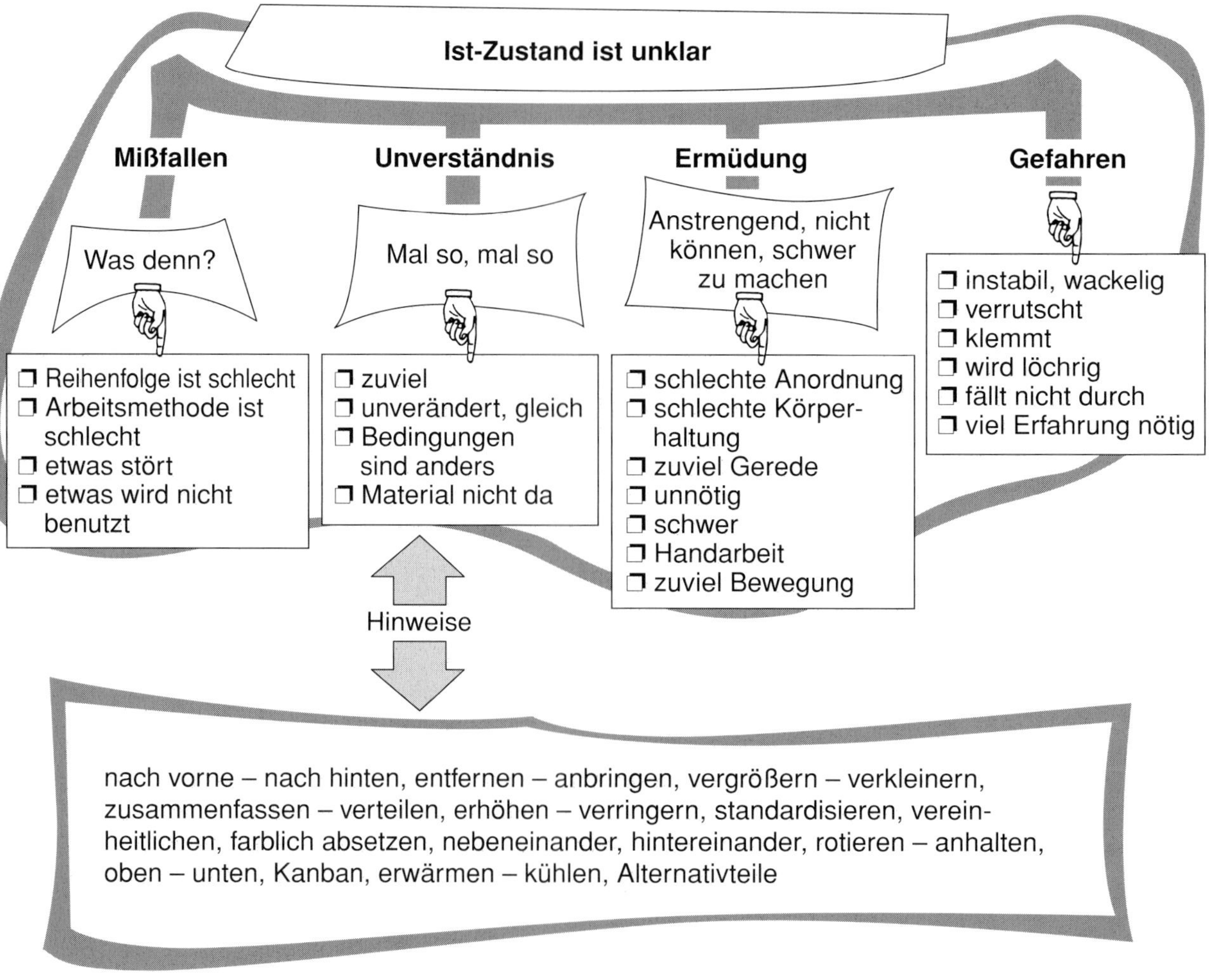

Ist-Zustand ist unklar

Mißfallen — Was denn?
- Reihenfolge ist schlecht
- Arbeitsmethode ist schlecht
- etwas stört
- etwas wird nicht benutzt

Unverständnis — Mal so, mal so
- zuviel
- unverändert, gleich
- Bedingungen sind anders
- Material nicht da

Ermüdung — Anstrengend, nicht können, schwer zu machen
- schlechte Anordnung
- schlechte Körperhaltung
- zuviel Gerede
- unnötig
- schwer
- Handarbeit
- zuviel Bewegung

Gefahren
- instabil, wackelig
- verrutscht
- klemmt
- wird löchrig
- fällt nicht durch
- viel Erfahrung nötig

⇩ Hinweise ⇩

nach vorne – nach hinten, entfernen – anbringen, vergrößern – verkleinern, zusammenfassen – verteilen, erhöhen – verringern, standardisieren, vereinheitlichen, farblich absetzen, nebeneinander, hintereinander, rotieren – anhalten, oben – unten, Kanban, erwärmen – kühlen, Alternativteile

Anhang 3 One-points-hints 2: Verschieben, Zusammenfassen, Trennen

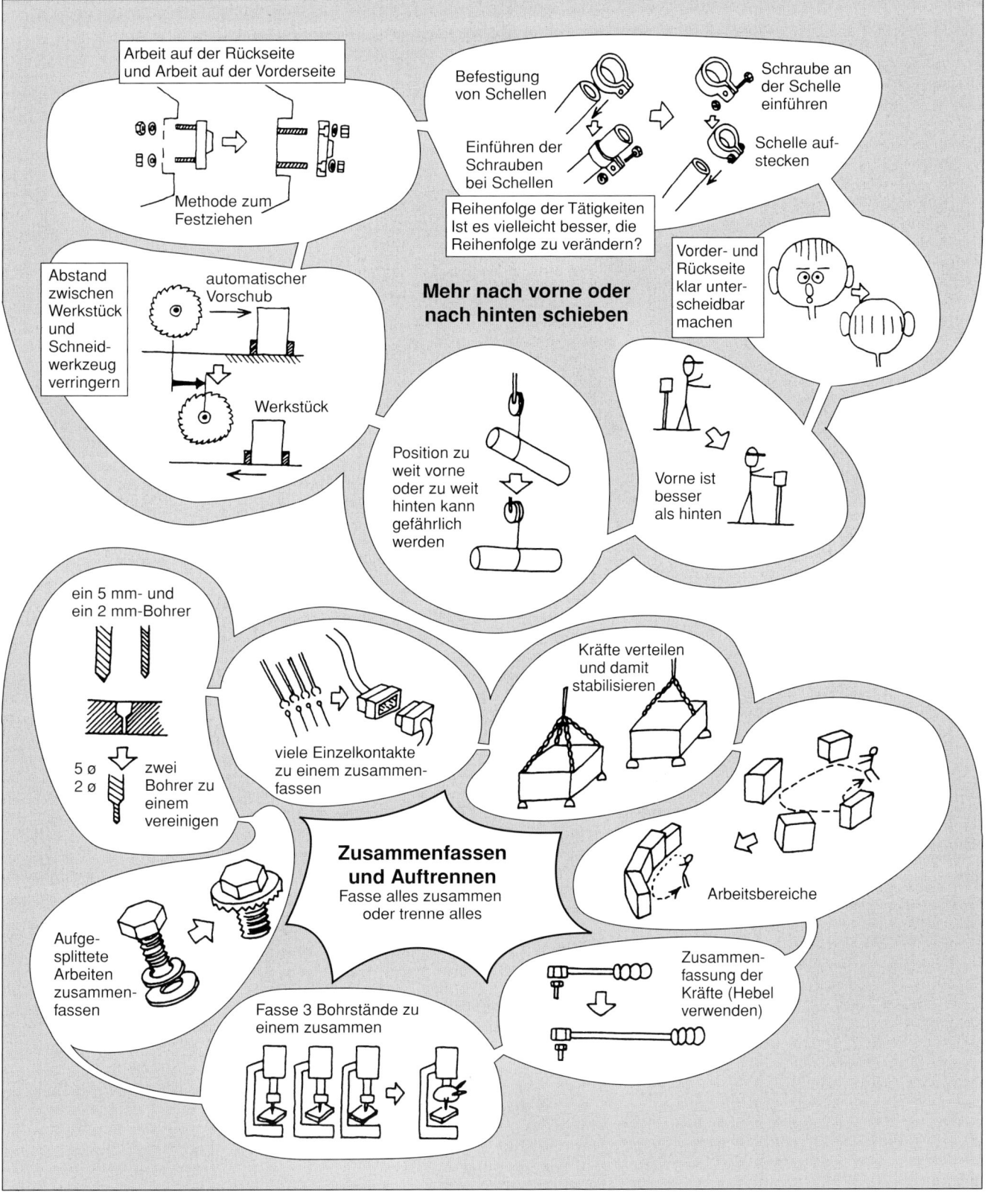

Anhang 3 One-points-hints 3 Entfernen, Hinzufügen, Größe verändern

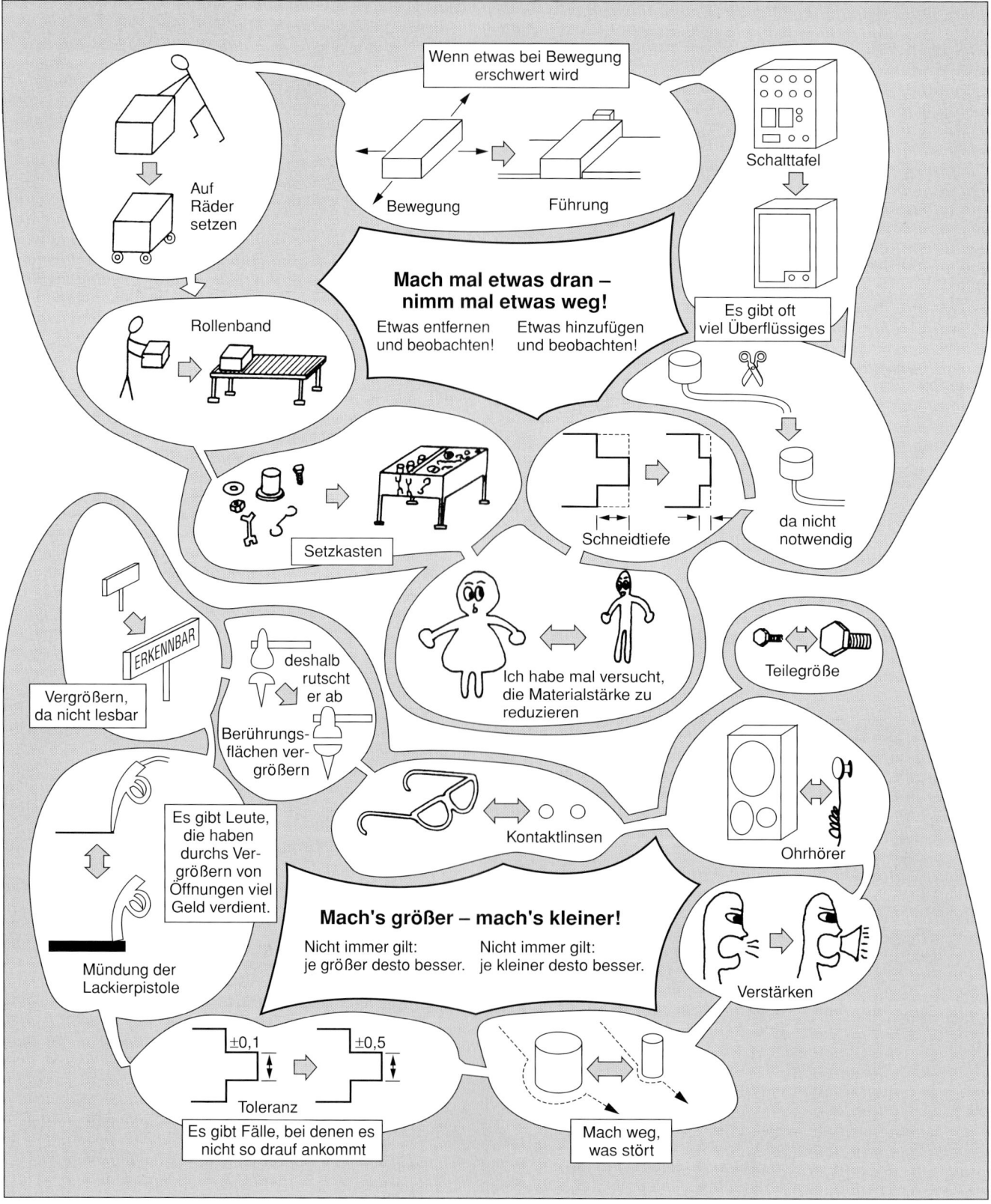

Anhang 3 One-points-hints 4 Standardisieren, Hilfsmittel verwenden

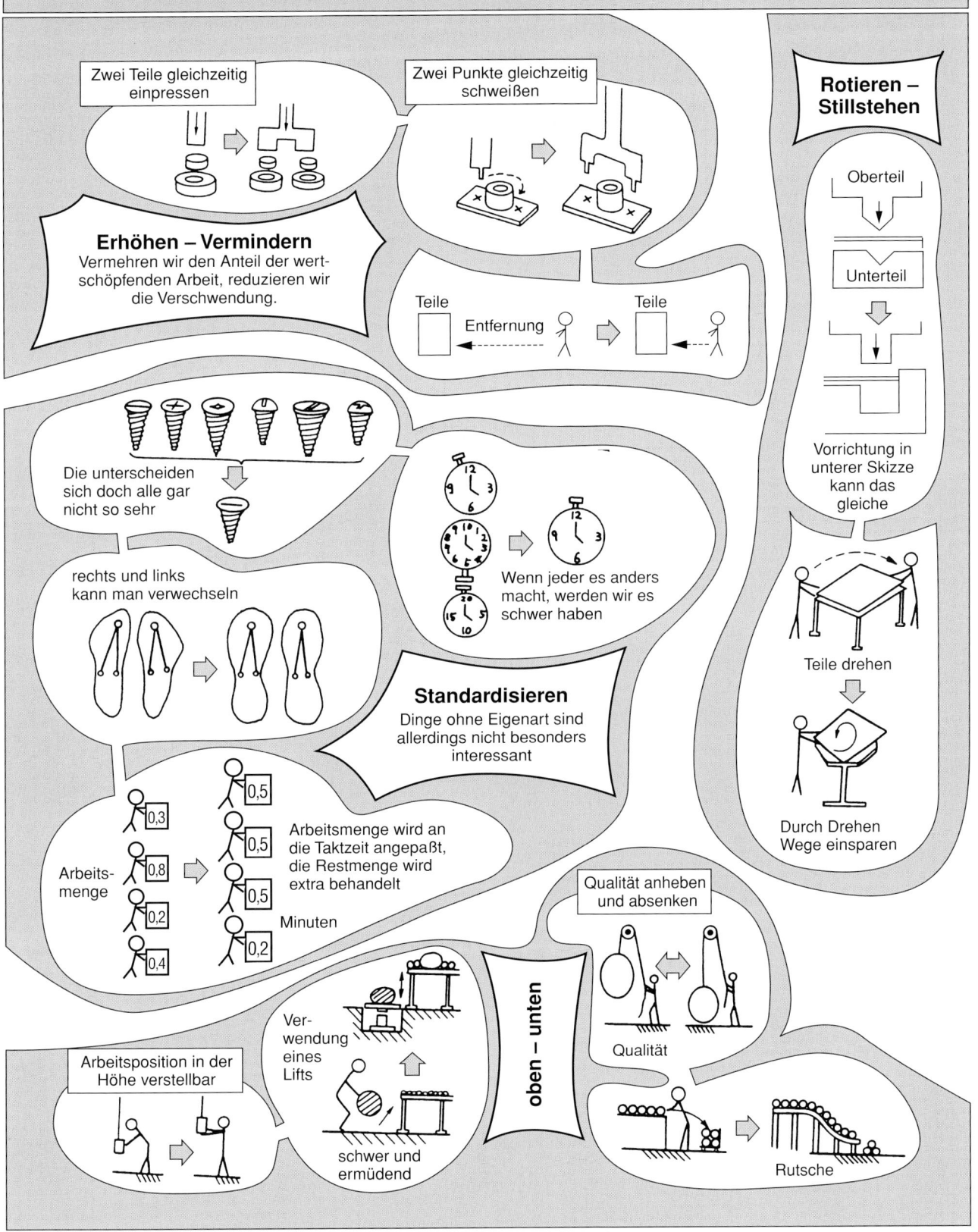

Anhang 3 One-points-hints 5 Alternativen

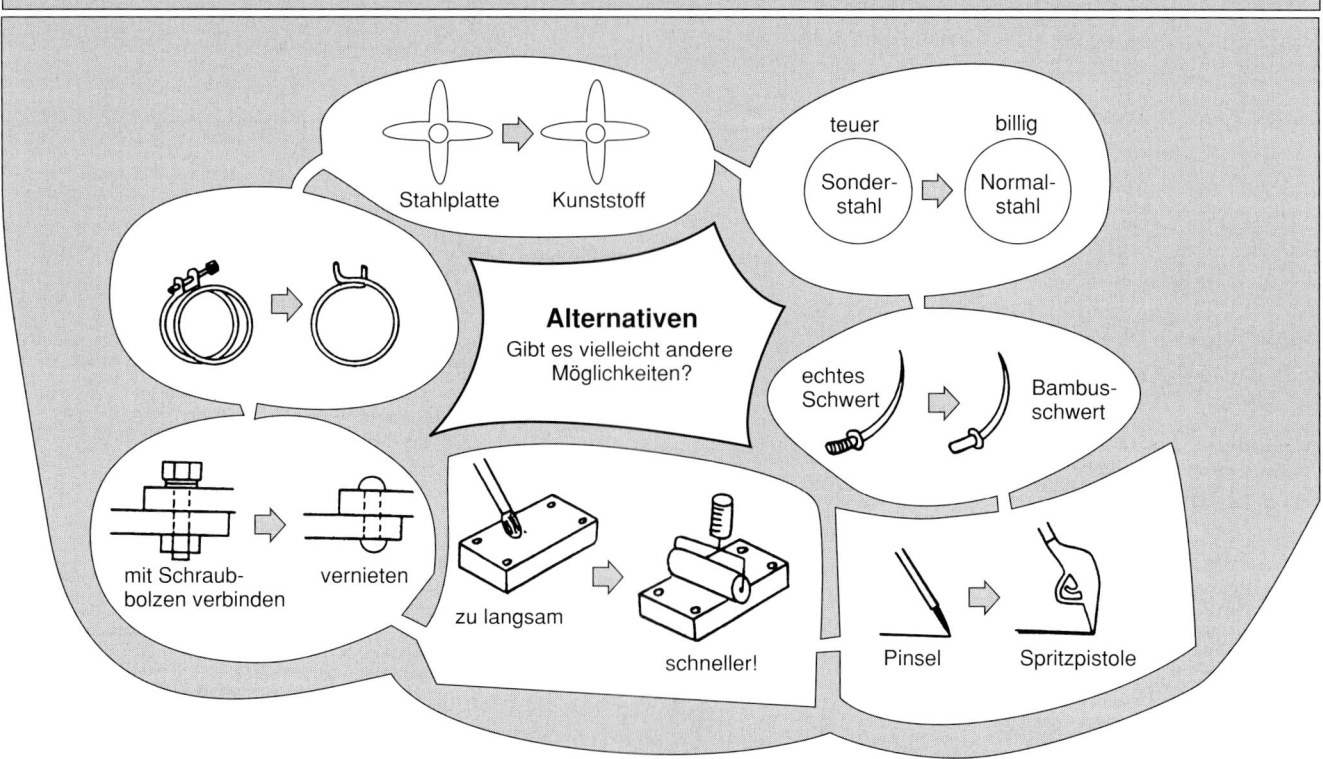

Abbildungsverzeichnis

Abbildung	I:	Modellinie für das synchrone Produktionssystem	16
Abbildung	II:	Die Ziele des synchronen Produktionssystems	18
Abbildung	III:	Was ist das synchrone Produktionssystem?	20
Abbildung	IV:	Systemdarstellung	22
Abbildung	V:	Einführung	24
Abbildung	VI:	Anzustrebende Form	26
Abbildung	1.1:	Die »6 S«	32
Abbildung	1.2:	Anzustrebende Form der »6 S«	34
Abbildung	1.3:	Bereitstellen von Werkzeugen und Halterungen	36
Abbildung	1.4:	Sauberkeit schaffen und erhalten	37
Abbildung	1.5:	Verantwortungsbereiche	38
Abbildung	1.6:	»6 S«-Kampagne	39
Abbildung	2.1:	Lager	42
Abbildung	2.2:	Nivellieren • Glätten der Produktion	44
Abbildung	2.3:	Warum glätten?	45
Abbildung	2.4:	Nivellieren der Produktion	47
Abbildung	2.5:	Glätten der Produktion	49
Abbildung	2.6:	Erhöhen der Zyklenzahl	50
Abbildung	2.7:	Anzustrebende Form für die geglättete Produktion	52
Abbildung	3.1:	Einzelstück(satz)fluß	56
Abbildung	3.2:	Standardisierter Puffer	59
Abbildung	3.3:	Visuelles Management	61
Abbildung	3.4:	Aspekte beim Aufbau des Einzelstückflusses	62
Abbildung	3.5:	Anzustrebende Form des Einzelstück(satz)flusses	65
Abbildung	4.1:	Fließfertigung	69
Abbildung	4.2:	Durchlaufzeiten	71
Abbildung	4.3:	U-Linien	72
Abbildung	4.4:	Vielfach qualifizierte Mitarbeiter	74
Abbildung	4.5:	Optische und akustische Signale	76
Abbildung	5.1:	Verkleinerung der Losgrößen	81
Abbildung	5.2:	Umrüsten	83
Abbildung	5.3:	Signalkanban	86
Abbildung	5.4:	Logistik	87
Abbildung	5.5:	Transportsystem	89
Abbildung	5.6:	Anzustrebende Form des Transportsystems	91
Abbildung	6.1:	Adressen, Stellflächen	95
Abbildung	6.2:	Adressen	96
Abbildung	6.3:	Adressenkataster	99
Abbildung	6.4:	Abstellen und Kennzeichnen (Teil 1)	100
Abbildung	6.5:	Abstellen und Kennzeichnen (Teil 2)	102
Abbildung	6.6:	Behälter, Verpackungsart	104
Abbildung	6.7:	Warenhäuser und Stellflächen	106

Abbildung	7.1:	Produktion in Taktzeit	111
Abbildung	7.2:	Schrittmacher	113
Abbildung	7.3:	Flexibler Personaleinsatz	115
Abbildung	7.4:	Effizienz	118
Abbildung	7.5:	Taktzeit und Glätten des Arbeitsvolumens	119
Abbildung	8.1:	Stückzahlenmanagement auf Stundenbasis	126
Abbildung	8.2:	Stückzahlenmanagementgrafik	127
Abbildung	8.3:	Übersicht über Eintragungsrubriken in die Stückzahlenmanagementgrafik	129
Abbildung	8.4:	Stundensignal	130
Abbildung	8.5:	Die Meister, Werker und das Stückzahlenmanagement	131
Abbildung	8.6.	Urkunde für neue Rekorde bei der Fertigungsdauer	131
Abbildung	8.7:	Die gegenwärtige Linie (Arbeitsplatz) vom Standpunkt der anzustrebenden Form betrachtet	132
Abbildung	8.8.	Profil der Manager und Meister	133
Abbildung	8.9:	Herstellungskosten	135
Abbildung	9.1:	Standardisieren aller Abläufe	140
Abbildung	9.2:	Standardisierte Arbeit	141
Abbildung	9.3:	Die 3 Elemente der standardisierten Arbeit	142
Abbildung	9.4:	Schritte zur standardisierten Arbeit	145
Abbildung	9.5:	Arbeitsverteilungsblatt (Teil 1)	148
Abbildung	9.6:	Arbeitsverteilungsblatt (Teil 2)	149
Abbildung	9.7:	Standardarbeitsblatt	150
Abbildung	9.8:	Beispiele	151
Abbildung	9.9:	Arbeitsstandards	152
Abbildung	9.10:	Die 3 Ebenen von muda (Verschwendung)	154
Abbildung	9.11:	Bewegung und Arbeit	155
Abbildung	9.12:	Gesichtspunkte beim Erkennen der 7 Arten von muda	156
Abbildung	9.13:	Von oberflächlich standardisierter Arbeit zu wirklich standardisierter Arbeit	158
Abbildung	9.14:	Kaizen der menschlichen Arbeitsabläufe	159
Abbildung	9.15:	Anlagenkaizen	161
Abbildung	9.16:	Anzustrebende Form und der Kaizenprozeß	162
Abbildung	10.1:	Qualitätsmanagement	167
Abbildung	10.2:	Qualitätsgewährleistung	168
Abbildung	10.3:	100%-Prüfung	170
Abbildung	10.4:	Selbstkontrolle	171
Abbildung	10.5:	Fehlhandlungssicherheit	173
Abbildung	10.6:	Autonomation	174
Abbildung	10.7:	Autonomatisches Prüfen	176
Abbildung	11.1:	Wartung	178
Abbildung	11.2:	Anlagendefekte	181
Abbildung	11.3:	Anforderungsgrad und technische Verfügbarkeit	182
Abbildung	11.4:	Maßnahmen gegen den Flaschenhals	184
Abbildung	11.5:	Leistungsfähigkeit von Maschinen	185
Abbildung	11.6:	Anordnung der Maschinen	186
Abbildung	11.7:	Anzustrebende Form der Maschinen	188
Abbildung	12.1:	Kanban	192
Abbildung	12.1:	Die Kanbanfunktionen	194
Abbildung	12.3:	Die Voraussetzungen für die Einführung der Kanban	196
Abbildung	12.4:	Grundregeln bei der Anwendung von Kanban	198
Abbildung	12.5:	Die Arten der Kanban und ihre Funktion (Teil 1)	201
Abbildung	12.6:	Die Arten der Kanban und ihre Funktion (Teil 2)	202
Abbildung	12.7:	Kanbansystem	203
Abbildung	12.8:	Gesamtdarstellung	204
Abbildung	12.9:	Fertigteilheranziehkanban	209

Abbildung	12.10:	Bestückungskanban	211
Abbildung	12.11:	Teileheranziehkanban	212
Abbildung	12.12:	Teilefertigungskanban	214
Abbildung	12.13:	Restzahlanzeige	215
Abbildung	12.14:	Briefkästen	216
Abbildung	12.15:	Roter Briefkasten	217
Abbildung	12.16:	Signalkanban für Pufferbestände	219
Abbildung	12.17:	Zukaufteilekanban	220
Abbildung	12.18:	Außerordentliche Kanban	222
Abbildung	12.19.	Begrenzungskanban	223
Abbildung	12.20:	Kanbanformate	224
Abbildung	12.21:	Zirkulationsweise der Kanban	227
Abbildung	12.22:	Kanbanpflege	229
Abbildung	12.23:	Verschiedenes zu Kanban (Teil 1)	231
Abbildung	12.24:	Verschiedenes zu Kanban (Teil 2)	232
Abbildung	12.25:	Kaizen durch Kanban	235
Abbildung	12.26:	Kanban als autonomes Nervensystem	236
Abbildung	13.1:	Darstellung des systematischen Zusammenhangs der einzelnen Schritte des synchronen Produktionssystems	240
Abbildung	13.2:	Gesamtüberblick über die Schritte des synchronen Produktionssystems (Teil 1)	242
Abbildung	13.3:	Gesamtüberblick über die Schritte des synchronen Produktionssystems (Teil 2)	244
Anhang 1		Fünf Punkte für verschwendungsfreie Bewegungsabläufe	
Punkt 1		Verlaß Dich nicht nur auf die rechte Hand, gebrauche auch die linke und die Beine.	256
Punkt 2		Das Material und die Werkzeuge in Reichweite so anordnen, daß sie möglichst gut zu greifen sind.	257
Punkt 3		Behälter und Arbeitsplätze so optimieren, daß das Material möglichst leicht zu handhaben ist.	258
Punkt 4		Andere Funktionen stärker aktivieren.	259
Punkt 5		Richtige Arbeitshöhe?	260
Anhang 2		Drei Prinzipien zur Verbesserung der Bewegungsabläufe	
Prinzip 1		Eliminieren von Arbeiten, die Kraft erfordern (Muskelermüdung)	261
Prinzip 2		Eliminieren von unnatürlichen Körperhaltungen (Ermüdung durch schlechte Körperhaltung)	262
Prinzip 3		Eliminieren von Arbeiten, die Aufmerksamkeit erfordern (geistige Ermüdung)	263
Anhang 3		One-points-hints	
One-points-hints 1		Schulung des Auges, Hinweise aufzunehmen	264
One-points-hints 2		Verschieben, Zusammenfassen, Trennen	265
One-points-hints 3		Entfernen, Hinzufügen, Größe verändern	266
One-points-hints 4		Standardisieren, Hilfsmittel verwenden	267
One-points-hints 5		Alternativen	268

Stichwortverzeichnis

A
Adressen 95
Anlagen-
- kaizen 160
- management 177
Arbeit, standardisierte 137
Arbeitsstandards 152
Autonomation 175

B
Behälter 104
Bewegungsverschwendung 155
Briefkästen, rote 213 ff.

D
Durchlaufzeiten, Verkürzung der 70

E
Effizienz 117
Einzelstück(satz)fluß 56 ff.

F
Fließfertigung 69

H
Herstellungskosten 117, 135

K
Kaizen
- der Bewegungsabläufe 157
- durch Kanban 234
Kanban(-)
- als autonomes Nervensystem 236
- Arten der 200 ff.
- Einführung der 207
- Funktionen der 193, 200
- Gesamtdarstellung der 204
- hilfsmittel 233
- pflege 228
- Verwendung der 197
- zirkulation 226

L
Lager 41, 79
Logistiker 85
Losgrößen, Verkleinerung der 80

M
Management
- Anlagen- 160
- Störungs- 75
- Stückzahlen- 125
- visuelles 58 ff., 93
Mitarbeiter, vielfach qualifizierter 74
muda (Verschwendung) 153 ff.

P
Personaleinsatz, flexibler 114
Poka-yoke 172
Produktion,
- geglättete 43, 117
- in Taktzeit 111
- nivellierte 46
Puffer, standardisierter 59

Q
Qualitätsmanagement 166

S
Schrittmacher 112
Signale, optische und akustische 76
Standardisierung 138
Stellflächen 95
Störungsmanagement 75
Stückzahlenmanagement 125
System-
- darstellung 21
- kaizen 162

T
Taktzeit 110, 117
Transportsystem 88

U
U-Linien 70
Umrüsten 82

V
Verpackungsart 104
Verschwendung 153 ff.

W
Warenhaus 106
Wartung 178
Werkerselbstkontrolle 169

Z
Zusammenhang, systematischer 240
Zyklenzahl 48